AF341843

Ex Libris Francisci Petit
Doct. Med. Suessionæi.

2123

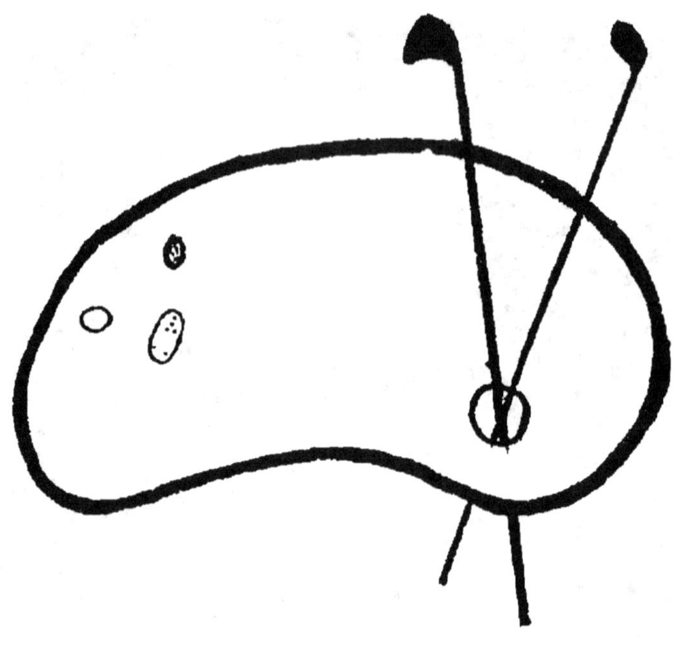

ORIGINAL EN COULEUR

NF Z 43-120-8

NOUVEAU RECUEIL DE SECRETS ET CURIOSITEZ,

Les plus rares & admirables de tous les Effets, que l'Art & la Nature font capables de produire. Très-utiles & néceffaires à tous ceux qui font curieux de conferver leur fanté.

HUITIE'ME EDITION.

Augmentée de plus de la moitié de merveilleux & beaux Secrets Galans & autres. Expérimentez & approu-yez par des GANS de Qualité, & compofez

PAR LE SR. D'EMERY.

TOME I.

A AMSTERDAM,

Aux dépens D'ESTIENNE ROGER Marchand Libraire, chez qui l'on trouve un affortiment genéral de toute forte de Muſi-que très-correctement corrigée, & qu'il vendra toûjours à meilleur marché que qui que ce foit, quand même il devroit la donner pour rien. Car outre qu'il reverra toûjours fur la partition avec la der-niere exactitude toute la Muſique qu'on lui contrefera il en abîmera le prix.

M. DCC. IX.

AVERTISSEMENT

DE L'IMPRIMEUR

AU LECTEUR.

Sur cette Nouvelle Edition.

NE penſez pas, mon cher Lecteur, que le tître de ce Livre ſoit au deſſus de ce qu'il promet. Il ne vous impoſe rien. Et quand vous aurez pris la peine de le lire, & d'en faire quelque expérience, vous avouërez franchement que l'Auteur le devoit rehauſſer d'un

* 3

plus

plus magnifique frontifpice, pour vous donner la curiofité de le connoître de plus près, & d'entrer dans fes lieux les plus fecrets. C'eft un Recueil de quantité de belles Curiofitez approuvées. Vous y trouverez des remédes infaillibles contre les maladies qui ont le plus de cours parmi les hommes, & contre les accidens les plus ordinaires de la vie. Les Oeconomes y trouveront des Secrets admirables pour les chofes domefti-ques. Les Curieux des Maximes & des leçons pour les plus beaux & les plus utiles des Arts. Les Dames mêmes n'y font pas oubliées; car ce Livre leur fournira des avis fidéles pour conferver leur Beauté, & pour

reparer

reparer les défordres & les bréches, que l'âge, leur plus grand ennemi, leur avoit pû faire. Tout y eft exquis, tout y eft nécef-faire, & rien de ce qu'il contient n'eft inutile, foit pour le divertiffement & la galanterie, foit pour les émolumens que l'on en peut tirer, felon le génie de ceux qui en aquerront la pratique.

Cette derniére Edition a été faite pour contenter & fatisfaire aux inftantes recherches & priéres de diverfes perfonnes de confidération, qui n'en trouvant plus des précédentes impreffions, ont donné fujet & occafion à l'Auteur de retoucher fes premiers Ouvrages, mêmes de les augmenter & enrichir de plu-

plufieurs rares & merveilleux
Secrets, la maniere de tirer les
odeurs des Fleurs, &c. ainfi
que le reconnoîtront ceux qui
les liront, & ils les trouveront
incomparablement augmentez,
& plus intelligiblement qu'ils
n'étoient auparavant. Adieu.

NOUVEAU
RECUEIL

De curiositez rares & nouvelles, dans
les plus admirables effets de la
Nature & de l'Art.

CHAPITRE PREMIER.

Pour rétablir la santé, & pour connoître assu-
rément laquelle des humeurs domine en
la personne malade.

Renez de la *soude*, une livre, *étain* très-
fin demi-liv. *Mercure* trois onces, fai-
tes-les fondre, prenez, puis almaga-
mez tout ensemble, & mettez dans
une cornue, il en viendra environ quatre onces d'eau, vous vous en servirez
comme s'ensuit.

Versez de cette eau une ou deux goutes dans l'urine du malade, vous verrez à l'instant les quatre
humeurs séparées, & en celle où vous verrez plus de
matiére, c'est celle qui domine, & quelquefois changera selon qu'elle peche ou nuit à la santé. La *soude*
pour être vraie s'éprouve ainsi : mettez-en dans la

Tome I.　　　　　　**A**　　　　　　uain.

main, & jettez par deſſus deux ou trois goutes de jus de citron, & elle devient à l'inſtant rouge.

Pour guérir une Fiſtule : choſe merveilleuſe.

Prenez un *crapaut* vif, que vous mettrez dans un pot de terre qui ſouffre le feu, & le couvrez qu'il n'en puiſſe ſortir, & l'environnez à feu de roue, & le faites reduire en cendres, ſans que le feu touche ledit *crapaut*. De cette poudre, mettez ſur ladite fiſtule, que vous aurez auparavant lavée avec du vin chaud, ou urine d'enfant mâle. *Eprouvé.*

Recéte remarquable du crane humain.

Prenez *poudre* de *crane* impalpable & en couvrez quelque plaie ou ulcére que ce ſoit, & elle guérira. *Expérience* faite par Monſieur Bolanger, Préſident, d'un ulcére qu'on n'avoit ſû guérir en dix ans.

Contre la diſſenterie : & le moyen de tirer la tein-
ture du coral.

Prenez une *pierre-ponce*, que vous éteindrez trois ou quatre fois dans du bon vinaigre, en un taiſſon, la faiſant rougir, puis la broyez, de même le *coral* bien ſubtil, & faites un lit de *pierre-ponce* dans un taiſ-ſon, puis de *coral*, juſques à trois fois, que le pre-mier & dernier ſoit de *pierre-ponce* : lutez bien le taiſ-ſon & le mettez au four des Vériers, ou Potiers, par deux jours, le retirez & mettez du vinaigre ſur leſdites poudres, & réitérez juſqu'à ce qu'il ne rou-giſſe plus : après, faites évaporer le vinaigre en un vaiſſeau de verre ou de terre plombée, auquel reſte-ra la *teinture* ou *couleur* de *coral*. Ainſi on peut tirer toutes ſortes de couleurs des *Minéraux* & *Métaux* ré-duits en poudre, la doze eſt une dragme dans un œuf.

Le Syrop ſe fait de la ſorte.

Prenez deux onces de ladite *teinture*, & trois on-

ces

ces de *fucre-candi* que vous mettrez en un vaiſſeau de terre verni, qui ſoit large, que vous aurez mis dans un autre vaiſſeau plein d'eau, ſous lequel vous ferez du feu en forme de bain, manierez & remüerez continuellement vôtre *matiére* avec une ſpatüle de bois, ſans jamais ceſſer juſqu'à ce qu'elle ſoit *cuite* en *ſyrop* : car cela empêche la *teinture* de ſe précipiter.

Autre maniére de tirer la teinture du coral.

Prenez de la *cire-vierge* & la gratez dans un pot neuf, où vous aurez mis du *coral* en morceaux ou petites branches, que ledit *coral* en ſoit couvert; faites fondre & bouillir legérement ſur la braize & la *cire* tirera toute la *teinture* du *coral* : ce que vous éprouverez en retirant un petit morceau dudit *coral*, ce qui arrive ordinairement dans un quart d'heure : tirez du feu & laiſſez refroidir la cire, laquelle vous prendrez & graterez dans un urinal de verre, & mettrez par deſſus du bon vinaigre diſtillé par trois fois, ou du fort eſprit de vin, & mettrez ſur les cendres chaudes, afin que la *cire* donne au vinaigre la *teinture* qu'elle a ôtée au *coral* : puis le tirez du feu, & étant froid ſéparez le vinaigre de la *cire* & le faites évaporer, étant évaporé vous trouverez au fond vôtre *teinture* rouge comme *cinabre*.

Contre le Calcul, ou la Pierre.

Prenez *huile d'Olive* deux livres, que vous diſtillerez par la cornue à feu de ſable, & de l'eau ou *flegme* qui en viendra prenez trois cuillerées le jour; le matin, après-dîné trois heures après avoir mangé, & le ſoir en ſe couchant, pendant neuf jours; cette *eau* diſſout la pierre des reins & de la veſſie : Ce qui reſte à la cornuë eſt pour la goute, contraction de nerfs venant de cauſe froide.

Pour la Gravelle, Excellente recéte.

Prenez deux livres de *racines d'orties griéches* & les

nétoyez, & les faites bouillir en deux pots d'eau, jusqu'à diminution d'un tiers; ajoûtez trois chopines de bon vin blanc, faites bouillir à petit feu une heure, puis laiſſez refroidir, étant preſque froid les tirez dehors, & preſſez les *racines*. Puis mettez le jus avec la décoction ſeulement dans un pot de terre neuf, & quand il ſera clair & que l'on en voudra uſer, prenez *trois pilules* de *beure frais*, & les ayant avallées, prenez un *verre* de ladite *decoction*, le tout à jûn & le plus matin que l'on pourra, & deux heures après un bouillon clair, & continuer durant 3. jours à chaque décours de Lune : les lavemens laxatifs y ſont excellens, il les faut prendre le ſoir que l'on voudra uſer de la décoction.

Pour le même.

Prenez le *fruit* qui demeure dans la *roze ſauvage*, appellée *Eglantier*, tirez les petits grains qui ſont au dedans, que vous mettrez ſécher au Soleil, ou au four, puis les pilerez en poudre, de laquelle mettrez une dragme dans un petit verre de vin blanc, que laiſſerez tremper ſept ou huit heures; puis prendrez le tout demi-heure avant que de ſe coucher, en remuant bien, que rien ne demeure au fond du verre, cela fait de grands effets, car il chaſſe toute ſorte de gravéle : & fait rompre la pierre, que l'on rend par petits morceaux. *Eprouvé*: Mais il n'en faut prendre que de deux jours l'un, & puis huit jours d'intervalle, & au décours de la Lune. Du fruit rouge qui demeure on peut faire un cotignac & en manger après les repas, il empêche que rien ſe conglutine.

Pour la même.

Prenez de la *graine* de *panêts ſauvages*, que vous ferez infuſer en vin blanc pendant douze heures, & en prendez un verre à jûn par trois matins.

Pour la même.

Prenez la *peau* du dedans des *geziers* de poules, que
vous

vous laverez avec du vin blanc, sécherez & mettrez
en poudre, la doze est une dragme dans du vin blanc,
tant qu'il vous plaira.

*Pour guérir toutes ruptures & décentes: reméde
bien éprouvé du Cardinal de la Rochefoucault.*

Prenez *poix-noire* une livre, *cire-jaune* & *résine* douze onces, *suif* de *mouton* huit onces: *Mastic* & *sang*
de *Dragon* quatre onces: *Gomme-dragant-Arabique*
& *Noix* de *Galle*, une once, *Pierre Ematite* deux onces séparément préparée & desséchée avec vinaigre,
poivre batu deux onces, *Cloportes* desséchées & en poudre, deux onces: *gland* de *chêne-vert*, & *cumin* préparé, avec vinaigre, & mis en poudre, *ana* deux
onces: le mélange se fait en fondant le suif avec une
livre de gros vin rouge; à quoi ajoûterez la *Noix* de
Galle concassée, & le ferez cuire jusqu'à la consom-
tion du vin; cela fait, il faut couler le tout & le remettre sur le feu, ajoûtant la *cire*, & la *résine* que
vous ferez fondre: il faut fondre la *poix-noire* en un autre vaisseau, puis verser la premiére mixtion dans cette poix fondue, mouvant continuellement avec un
bâton, pour incorporer tout ensemble: après il faut
l'ôter de dessus le feu & le mettre sur les cendres
chaudes, puis y verser les poudres peu à peu, en
mouvant bien fort, afin de bien faire le mélange de
l'emplatre: il faut, avant l'aplication, raser le poil
s'il y en a, & fomenter la place où est le mal, avec
du fort vinaigre, où il y aura de l'alun fondu dedans,
& changer d'emplâtre de deux en deux jours, & renouveller ladite fomentation de vingt-quatre en vingt-
quatre heures: d'abondant, que le malade tienne le
lit quinze jours plus ou moins, & se couchera sur le
dos, & la tête la plus basse qu'il pourra, & ne boira le vin que bien trempé, & ne mangera viandes
salées, légumes, ni bœuf.

Pour le même, soit homme ou femme, & vieux ; ex-
périmenté par un homme, qui étoit rompu
depuis trente ans.

Prenez une once & demie de *mastic blanc* à poids
léger, une once & demie de *térébentine* seméle qui
soit *rousse* & non de celle de Venise qui est *blanche :*
une once & demie de *masticorum,* qui est une *gomme* ou
liqueur gluante, qui se trouve à la tête des gros char-
dons sauvages piquans, qui ont la tête quasi comme
les artichaux, ausquels ayant tiré les fueilles épineu-
ses vous trouverez cette humeur gluante qui s'atache
aux doigts ; Mèlez tout cela ensemble dans un petit
pot de terre neuf verni, & d'autre part prenez environ *vingt nœuds* qui se trouvent dans les *aix de sa-*
pin, que vous hacherez ou raclerez bien menu, que
vous mettrez dans un pot qui soit presque plein d'eau,
& ferez bouillir fort doucement, & la graisse &
écume qui viendra par dessus, vous la prendrez subtilement avec une cuillier & la jetterez dans l'autre
pot parmi vos drogues, jusqu'à ce que vous voyiez
que cela soit bien mêlé en un onguent, qu'étendrez
sur du cuir & appliquerez sur la partie.

Pour les Hargnes. Eprouvé.

Prenez *Noix* de *ciprez,* *Acacia, Galles, Balaustes,*
de châcune cinq dragmes, *Tragagant, Myrrhe, En-*
cens, Gomme Arabique, Sarcocole, de châcune trois.
dragmes, *Sang* de *Dragon, Bol fin, Minium, Aloës,*
Sucotrin de châcun deux dragmes, faites de tout une
poudre subtile & la paîtrissez avec vinaigre, dont
vous ferez une emplâtre & en apliquerez sur le
mal.

Pour Rognons enflez. Eprouvé.

Prenez *racine* de *chicorée sauvage,* de *persil,* d'o
zeilles, *d'asperges,* de *chardon Roland,* de *scolopendre*
de *bétoine,* de *chiendent,* de *reglisse* de châcun une
poignée,

poignée, *miel blanc* cinq livres , un *citron fendu* en quatre , faites le tout bouillir dans une pinte de vin blanc , & le laissez consumer à la moitié ou à la troisiéme partie : passez le tout & en prenez le matin à jûn , trois doigts.

Pour arrêter l'urine de ceux qui pissent au lit.

Prenez *l'écorce intérieure* des *fleurs* de *grénade* , ro-zes de *Provins* , *mastic ana* une demi-dragme , *graine* de *sumach* une dragme , *sang* de *dragon* deux drag-mes, *santal rouge* demi-dragme, racines du *sceau Salomon* demi-once , *souris* préparée & écorchée , lui ayant ôté la téte & les piez, lavée dans du vin blanc & desséchée au four, une once : il faut mettre le tout en poudre à part, puis les mêler ensemble avec deux onces de sucre rozat en poudre, dont vous prendrez tous les matins une dragme dans du vin blanc bien trempé, deux heures avant manger.

Sudorifique prompt & assuré.

Prenez une dragme de *coquilles* de *Tortuës calcinées*, dans un verre de biére.

Antidote de l'Orviétan.

Prenez *racines* de *Carline* , *Gentiane* , *Dictame* , *Anthora* , *Vincetoxicum* , de châcun deux onces & de-mie , *Centaurée* grande & petite, *Aristoloche* ronde & longue, *Scordium* , *Bistorte* , *Bétoine* , *Tormentille* de châcun demi-dragme , *Dictame* de Créte , *Angelique* odorant, *Meum Impératoire* , *Scorsonére* , *Valériane* , *Fueilles* de *Bugloze* sauvage & de jardin , *poudre* de *Vipére* , de châcun une once ; faites une poudre de tout, de laquelle prenez cinq onces sur une livre de miel écumé , dans laquel on aura premierement dissous du Thériaque , & Mitridate de châcun demi once, avec un peu de bon vin.

A 4

La

La prife eft d'une dragme diffoute en un boüillon, ou avec du vin , & fi l'on connoît que l'operation ne foûlage pas , il faut réïtérer deux heures après, & pour la troifiéme fois fix heures, & pour la quatriéme douze heures.

Pour faire piffer, & guérir les Ecroüelles.

Faites brûler & bien reduire en cendres des *Cantarides* , & avec du vinaigre, tirez le fel defdites cendres, duquel il faut donner douze , quinze & feize grains.

Pour la Colique, & qu'elle ne revienne plus.

Prenez de la *premiére écorce d'orange* la plus fubtile , une once , & des *cloux* de *girofle* autant péfant, faites les bouillir avec un bon verre de vin jufqu'au tiers, le donnez à boire , & il guérira pour jamais.

Pour la même.

Prenez *trois grains* de *laurier* & les pilez bien menu, puis les mettrez dans un verre de vin blanc , & le prenez. *Eprouvé.*

Pour la même.

Prenez de la *fiente fraiche* d'un cheval noir , entier; que mettrez dans une ferviéte & pafferez au travers un verre de vin blanc, que ferez prendre.

Pour la même.

Prenez un *demi-verre d'eau de vie* , dans lequel mettrez 7. ou 8 goutes *d'efprit de fel.*

Pour la même.

Prenez le *Zeft* des *noix* , les *plus vieilles*, que vous met-

mettrez en poudre, dont vous prendrez une dragme dans du vin blanc.

Contre un flux de Diſſenterie. Reméde admirable.

Enfermez un chien par trois jours, de ſorte qu'il ne mange que des os : recueillez ſa *fiente* & la ſechez, puis la mettez en *poudre* : en après prenez des *caillous* de *riviére*, faites-les rougir au feu, puis les jettez dans un vaiſſeau plein de lait, dans lequel mêlez un peu de ladite poudre, & donnez de cela au patient deux fois le jour.

Pour la même.

Prenez de la *farine* de *ſégle* demi-quarteron, que vous détremperez avec *ſuc* de *graine* de *ſureau*, & en ferez une *pâte*, dont vous ferez de *petits pains*, que vous ferez cuire & bizoter au four, après que le pain en eſt dehors, leſquels vous broyerez & imbiberez derechef dudit ſuc, & ferez cuire de même; puis les broyerez de nouveau & continuerez ce procédé juſqu'à ſept fois, que vous les metrez en poudre, pour vous en ſervir aux ocaſions : la doze eſt une dragme dans un bouillon, ou dans du vin blanc.

Pour le flux de ſang.

Prenez la *peau* d'un *liévre*, que vous ferez brûler au four dans un pot de terre non verni, avec ſon couvert; de cette cendre ou poudre prenez une dragme dans un bouillon, ou dans du vin blanc, ſi l'on n'a pas de fiévre.

La même ſert pour l'Hémorragie, en tirant par le nez.

Pour le même.

Prenez de l'herbe, dite *langue de bœuf*, ſéchée, & en poudre, une dragme comme deſſus.

A 5

Ladite herbe arrête encore le flux, étant fraiche, l'apliquant sous la plante des piez.

Pour faire uriner, quand il y auroit quinze jours qu'on ne l'auroit pû faire, & faire sortir la pierre & la gravelle.

Prenez de la *corne de cerf sauvage*, avec sa *racine*, que laverez bien & essuyerez, pilez-la fort dans un mortier, & laissez tremper environ deux heures dans trois doigts de vin blanc : il faut qu'il y ait environ dix ou douze plantes de ladite herbe, passez par un linge & l'exprimez bien, & la donnez à boire au malade.

Pour la Fiévre tierce. Eprouvé.

Prenez du *jus* de *Vervéne* trois ou quatre doigts, avec un peu de vin blanc, devant le frisson, & se promener, ne point souper lors qu'on voudra prendre ce reméde.

Pour la même.

Prenez de *l'Ache, sauge menuë, rhuë, orties griéches,* de châcun un peu, pilez bien le tout avec un peu de sel, puis ajoutez un jaune d'œuf délayé avec une cuillerée de vinaigre, apliquez le tout sur le poignet, après avoir bien froté ledit poignet.

Pour la même.

Prenez un demi-verre *d'eau de vie,* dans lequel délayez un jaune d'œuf frais, avec la troisiéme partie d'une *noix muscade rapée,* & le prenez un moment avant le frisson : continuez ce reméde par trois fois, si à la premiére ni seconde vous n'étes pas guéri.

Nota. Qu'il est bon d'avoir été purgé de la médecine suivante.

Rhabarbe, scammonée, turbit, hermodates, gingem-
bre

bre gris, *sené mondé*, *anis*, *sucre*, de châcun une dragme : mettez le tout en poudre séparément, & tamisez de même, puis le mêlez ensemble & passez au tamis : la doze pour un enfant de dix ans, est demi-dragme : si pour une personne faite, une dragme dans un bouillon, une heure après un potage. *Nota*, Qu'il n'est besoin de tenir ni le lit, ni la chambre.

Pour la Fiévre tierce.

Prenez deux dragmes de *syrop* de *chardon-bénit* dans un verre d'eau, quand le frisson vous prend.

Pour la Fiévre quarte : remede assuré.

Prenez *giroflées jaunes*, *fueilles* & *fleurs* ; pilez-les bien avec un peu de sel ; & quand le frisson viendra, mettez le tout sur la suture de la tête entre deux linges, & l'y laissez vingt-quatre heures.

Pour la même.

Prenez pour un sou de *camfre*, le cousez dans de l'écarlate avec de la soye vrai cramoisie, & prenez un cordon de la même soye, le pendez au coû en façon que le tout vienne sur l'estomac ; & à mesure que le *camfre* diminuera la fiévre diminuera aussi, le *camfre* étant dissous remettez-y-en d'autre, jusqu'à guérison.

Pour la même.

Prenez *huile* de *scorpions*, & du *mitridate* de Monpélier, de châcun deux onces ; mêlez ces deux choses ensemble dans un mortier jusqu'à ce qu'elles soient parfaitement incorporées, & les mettez dans un pot de terre verni. Il faut froter de cela l'épine du dos, les temples, les aines, & les jointures, l'entre-deux des genoux, la plante des piez, les paumes des mains ; & toutes les fois que vous userez de cet

oigne-

oignement, il faut laver avec de l'eau-rose les endroits que l'on voudra oindre : Le reméde est admirable.

Astringent, pour arêter le sang d'une playe, ou du nez.

Prenez l'extrémité des *orties* les plus tendres , que vous froisserez entre les doigts, ou dans un mortier, & les apliquez sur la playe , le sang s'arêtera, ce qui est tout assuré.

Pour le même.

Prenez une demi-écuélée de *vers de terre* , dits *lumbrics* , des plus petits , de la *seconde écorce de sureau* une bonne poignée , *vin-rouge* une bonne écuélée, autant *d'huile d'olive*, une pleine main de l'*enrayadure*, un morceau de *sucre fin* ; autant de *cire-neuve* , trois grains de *sel*, faites bouillir le tout jusqu'à diminution de moitié , coulez & l'appliquez sur la partie.

Pour toutes Fiévres intermittentes.

Prenez une poignée d'herbe , dite *mille-pertuis*, que vous infuserez dans un verre de vin blanc, & vingt-quatre heures après coulez dans un linge net, & prenez démi heure avant l'accez.

Pour le même.

Prenez cette *pélicule* qui tient à la *coque de l'œuf*, de laquelle en eloperez le petit doigt de la main gauche , l'y laisserez pendant vingt-quatre heures, & vous guerirez.

Pour purger doucement, & sur tout les Hydropiques.

Prenez graine d'esburge bien menuë , que vous ferez tremper vingt-quatre heures durant en eau de vie, laisserez sécher au Soleil , la mettrez derechef

trem-

tremper pendant vingt-quatre heures , & ferez sécher
de même . puis tremper encore vingt-quatre heures
dans de l'huile d'olive , & la ferez bien sécher &
garderez : pour en user il faut l'écosser sur une assié-
te pour lui ôter la peau , mettre le blanc écrasé dans du
vin blanc , infuser une nuit ,. & en boire à jûn un
verre.

Pour l'Hydropisie.

Prenez lé *suc* de la *seconde écorce* de *sureau* , donnez
en deux doigts à boire au malade avec un plein verre de lait de vache , une heure avant le repas : cela
vous fera vuider quantité de flégmes , & purge doucement.

Pour l'Hydropisie ascite.

Prenez tous les matins un verre de *deux parts* dè
vin blanc , & d'un *quirt d'huile d'olive* , dans lequel
mettez une *dragme* de *sel d'absinte* : faites cela l'espace de huit jours , auquel tems vous vous purgerez
avec de la rhubarbe , turbit & jalap , réduits en poudre & mêlez ensemble : la doze est une dragme dans
du vin blanc : après laquelle purgation vous repren-
drez de l'huile ci-dessus pendant autres huit jours , &
de cette façon guérirez. *Nota.* Qu'il se faut froter le
ventre tous les soirs devant le feu avec de l'huile
d'olive , jusqu'à ce qu'il vienne une petite sueur au
front.

Pour la même.

Prenez telle *quantité* que vous voudrez, de *pierres* qui
viennent dans la *tête* des *écrevices* , que vous laverez avec du vin blanc , puis ferez sécher & mettre en
poudre , de laquelle donnerez le matin à jûn une
dragme dans de l'eau de lis , un demi-verre.

Pour guérir promtement le mal d'une foulure. Eprouvé.

Prenez *poix* de *Bourgogne* détrempée en eau de vie,
A 7.
&

& en faites une emplâtre fur du cuir , que vous appliquerez fur le mal, & guérirez promptement.

Pour les Apopleĉtiques.

Prenez fept ou huit goutes *d effence* de *rômarin* dans
un verre de bon vin. *Nota*. Qu'il faut que le malade foit debout, & lui froter l'eftomac pour faire
bien pénétrer le reméde ; s'il ne réuffit à la premiére fois, il ne manquera pas à la feconde.

Pour le boyau avalé.

Prenez *pié* de *lyon* en eau , ou en poudre dans un
bouillon , ou du vin blanc ; elle retire & arête les
boyaux : elle eft encore propre pour les femmes qui
ne peuvent enfanter.

Pour guérir la Chaude-piſſe & Carnoé. Eprouvé.

Prenez le *fuc* de *l'herbe* & *racine* de *chardon* aux
ânes, un travers de doigt , dans une fois plus de
bon vin blanc, pendant huit matins au plus, & ferez guéri.

eAutrement.

Prenez deux ou trois onces de *Mercure* bien *puri-
fié*, que vous mettrez dans un pot verni , que vous
remplirez de bonne eau de fontaine , y ajoûtant deux
bonnes cuillerées de *tartre cru* en poudre, & une
poignée de *falfepareille*, faites-les bouillir une demi-
heure , laiffez les refroidir, & en ufez à vôtre boire
ordinaire : ce qui vous guérira même d'un poulain.

Pour la Vérole , tizáne merveilleuſe.

Prenez *falfepareille* fix dragmes, *antimoine* en poudre autant ; envelopez l'antimoine dans un linge
blanc, atachez-le au milieu d'un bâton pour le fufpendre dans un pot, fans qu'il touche au fond ; met-

tez

tez en poudre la *salfepareille*, c'eſt à dire la battez
bien, ou la coupez en petits morceaux, mais elle
eſt mieux en poudre; mettez auſſi en poudre quarante *coques* de *noix* avec leur *zeſt*, les plus *vieilles* ſont
les meilleures, *bois* de la *Chine* ſix dragmes,& un peu
de *bois* de *Bréſil* rapé pour donner couleur à la tizane : puis ayant mis le tout dans le pot avec deux pintes d'eau & l'antimoine ſuſpenduë au milieu, faites
bouïllir à découvert deux ou trois bouïllons : mettez auſſi vos poudres de noix & de Chine, &
faites bouïllir à feu lent à la conſomption d'un
tiers.

Il faut refaire trois ou quatre fois le ſuſdit bruva-
ge & le bien couler cháque-fois pour l'entiére guériſon.

Il faut premiérement purger le malade avec une
purgation ordinaire, un jour après le faire ſaigner,
le troiſiéme jour lui faire boire un plein verre de ladite tizane à cinq heures du matin; & qu'il ne mange de trois heures, à huit heures il mangera, & trois
heures après prendra un verre de ladite tizane ; à
deux heures il mangera, à cinq heures un autre verre de tizane; à neuf heures ſouper, à minuit un autre plein verre, & continuera ce régime pendant
douze jours; il s'abſtiendra de la compagnie des femmes, de boire du vin pur, & de manger viandes
ſalées ou épicées, tout autre honête exercice lui eſt
permis.

Durant les dix jours il prendra ſoir & matin des
lavemens, s'il n'a le ventre libre ; il mangera à ſon
deſſert des pruneaux.

Parmi ſon vin il mettra moitié eau, de la ſuivante.

Jettez deux pintes d'eau de fontaine ſur le marc
reſté au fond du pot, ſans y mettre le nouët d'antimoine, faites bouïllir à la conſomption d'un tiers;
cette eau n'anul mauvais goût.

Pilules de Litarge, pour maladie vénérienne..

Prenez *trochique alhandel*, *crocumetallorum felgéme*, de châcun une dragme, *alloës*, *fucotrin*, deux dragmes, *électuaire* rofarum, *mefua* fix dragmes faites des pilules; la dofe eft douze grains qu'il faut prendre le matin à jûn, après laquelle prife il faut prendre un peu *d'anis confit*. L'ufage eft durant quinze ou vingt jours; & fi vous voulez au commencement vous pourrez ufer d'une *décoction* fudorifique, compofée *d'écorce* de *gajac* & *falfepare lle* fix dragmes, *Chine* trois dragmes, *faffafras* & *bois* de *roze*, *cubébes*, de châcun deux onces, que vous ferez infufer dans dix livres d'eau de fontaine ou de riviére pendant vingt quatre heures.

Emplâtre pour les poûmons & l'eftomac, qui dure
dix ans en fa bonté.

Prenez *aloës* deux dragmes, *rhué* un peu froiffée trois ou quatre poignées, *eau commune* fept ou huit cuillerées; faites cuire le tout dans un pot de terre plombé, jufqu'à la confomption, que fa liqueur puiffe abruver une ferviéte : après paffez & coulez dans un linge & trempez dans la colature une ferviéte, qu'elle en foit par tout empreinte, puis pliez ladite ferviéte en quatre & la laiffez fécher à l'ombre.

Un pulmonique abándonné a été guéri dans trois mois, ayant porté telle ferviéte en quatre doubles fur l'eftomac, atachée par derriere : le reméde ne manque point, & l'on en voit l'alégement en peu de temps, l'eftomac qui ne peut digérer eft bien-tôt remis en portant ladite ferviéte : fi l'on fue & que la ferviéte foit mouillée de la fueur, il la faut tirer, la fécher, puis la remettre.

Pour les mêmes pulmoniques.

Il faut ufer fi long-tems que l'on voudra de *tablétes* faites avec de la *fleur* de *foufre*.

Pour le même.

Prenez tous les matins pendant quatre ou cinq mois de la *décoction* des *herbes Vulneraires*, qui se cueillent dans le Païs de Vaux ; il en faut une petite pincée dans un pot de pinte ou chopine.

Pour l'enflûre, & même pour le poûmon.

Prenez onze *écrevices* en vie, que vous pilerez bien dans un mortier jusques à ce qu'elles soient toutes en bouillie, puis les mettrez sur un linge bien blanc pour les passer ; jettez par dessus deux pintes de vin blanc pour les faire mieux couler : mettez ce colatoire dans un pot en infusion pendant vingt-quatre heures, puis en prenez tous les matins à jûn deux travers de doigt, jusqu'à ce que vous trouviez du soulagement.

Remede excellent pour le poûmon, & contre la toux & courte-halcine.

Prenez des *raisins* de *Damas*, *jujubes*, *pruneaux* de saint Antonin sans pepins ni noyaux, de châcun deux onces, trois *figues grasses*, trois *dates*, mettez le tout dans un coquemart de verre de deux pintes d'eau, faites bouillir le tout à la consomption de moitié, puis mettez dans ledit coquemart les quatre *capillaires* & *fleurs* de *pas-d'âne*, de châcun une poignée ; faisant réduire ledit bouillon à une chopine, passez le tout ; & à la colature ; ajoûtez *sucre candi*, *diafénic*, *sucre commun*, de châcun quatre onces ; faites un syrop peu cuit : la doze est une cuillerée le soir, autant le matin : Et étant pressé de la toux, faites tremper tout le jour un bâton de réglisse & en suçez, en tirant de long.

Opiate merveilleuse pour rafraichir le foye & purifier le sang.

Prenez des *racines de chicorée* deux dragmes, raci-

cine de *patience*, *polypode*, *raifins* de *Damas*, *reglifſe*
& *chiendent*, de châcun une dragme, des quatre *ca-*
pillaires, *bourache*, *fcariole*, *endive*, *bétoine*, *aigre-*
moine, *houblon*, *pimprenelle*, *fcabieuſe*, de châcun une
poignée, des quatre femences froides grandes *fe-*
noüil, *endive*, de châcun deux onces, faites une décoction; Puis prenez fix onces de *fené émondé*, que
ferez boüillir dans la décoction ; puis prenez deux
onces *d'agaric blanc*, deux dragmes de *canelle*, & un
pugil de *fleurs cordiales*, que mettrez infuſer dedans,
cuiſez avec une livre de ſucre; puis ajoûtez de la *caſſe*
mondée quatre onces, *conferve* de *bourache* deux onces,
de *celle* de *bugloſe* & *de violéte*, de châcune une once;
de tout cela faites une Opiate : la doze eſt une dragme & demie, deux heures avant le repas, une fois la
femaine, ou deux fois le mois.

Pour tempérer la chaleur de foye.

℟ Prenez une quantité de *l'herbe Epatique*, autrement l'*herbe de foye*, qui vient dans les lieux aquati-
ques; pilez-la dans un mortier, & exprimez le ſuc
dans une preſſe, que vous clarifierez avec *b'anc d'œufs*
fur le feu, & l'écumerez bien, puis laiſſerez repoſer à froid, & verſerez par inclination, laiſſant la
lie au bas : ſur châque livre de cette eau diſſolvez
fix onces de *ſucre fin*, & ce ſera fait : l'uſage eſt une
once dans un verre d'eau, ou tout ſeul, ſi vous
voulez.

Reméde pour toute forte de flux de ſang, par haut, ou par
bas; ou les veines rompuës dans le corps, à hommes
ou à femmes qui ont flux extraordinaire.

Prenez *racine* de *biſtorte* une dragme en *poudre ſub-*
tile, que mettrez en deux doigts de vin blanc, & ſi
le malade a la fiévre, avec du boüillon, & ſans faute le flux ceſſera, quand même le malade jetteroit
ſes excrémens par la bouche; que ſi le flux de ſang
étoit

étoit si cruel, specialement à une femme, donnez-lui de cette poudre dans un *clystére* fait de *jus de chapon* avec deux *jáunes d'œufs* dedans. Et à qui n'aura qu'un peu de désordre, suffira de prendre la prise ci-dessus, & de mettre sur l'estomac vers le cœur, l'emplâtre ci-après. Prenez un *coin* que vous ferez cuiré sous les cendres chaudes, lequel vous battrez en pâte avec une cueillier d'argent, & la saupoudrerez avec de la *canelle* & *chux* de *girofle* battus, & l'apliquerez.

Pour la décente, Epreuves faites sur un homme de soixante & dix ans.

Prenez du *cresson* que vous battrez un peu, & mettrez bouillir en une pinte de vin blanc dans un pot neuf, qui ne revienne qu'à la moitié ou aux deux tiers, & en prenez trois doigts le matin & le soir, neuf jours durant, étant bandé.

Pour la douleur de tête, Epilepsie, Vertige, & Migraine

Prenez deux goutes *d'huile* de *soufre*, trois-fois la semaine, dans un verre d'eau avec vervéne, bétoine & *piment*, *feuilles* & *fleurs*, de châcun deux poignées, infusez vingt-quatre heures en deux pintes d'eau de riviére sur cendres chaudes.

Pour la même.

Prenez du *suc* de *pimprenelle*, & en faites dégoûter dans l'oreille, la douleur s'appaisera.

Autrement.

Prenez une dragme *d'éllebore blanc*, & autant de *noir*, avec une *poignée* de *sel*, que vous mettrez dans un coquemart de terre tenant six pintes d'eau, que vous ferez bouillir l'espace d'un quart d'heure : puis le tirez du feu, & le laissez sur une fenêtre, pour le faire
re

re par après bouillir jufqu'à la réduction de trois pintes, que vous mettrez dans une bouteille bien fermée, pour s'en fervir au befoin, l'attirant par le nez.
Eprouvé.

Pour la même & pour exciter le dormir.

Prenez des *rozes communes,* avec un *blanc d'œuf battu* & bien mêlez enfemble, & en faites un bandeau.
Eprouvé.

Plus pour exciter le dormir, faut faire un *bandeau*
de la *graine de pavot.*

Pour faire veiller, ou dormir.

Il faut *couper* fubtilement la *tête* à un *crapaut* tout
vif, & tout d'un coup, & laiffer fécher cette tête, en
obfervant qu'un œil eft fermé, & l'autre ouvert; celui qui le trouve ouvert fait veiller, & le fermé dormir au contraire, en le portant fur foi.

Pour toutes fortes de Catarres & tumeurs qu'on veut faire réfoudre.

Prenez un *oignon blanc* & le faites cuire dans les
cendres chaudes; étant cuit coupez-le en quatre, fans
pourtant rien féparer, & l'apliquez fur l'oreille, en
y mettant auparavant un peu de *tériaque,* puis une
ferviéte chaude par deffus: & lors que l'oignon fera
froid remettez-y-en promptement un autre avec de
la tériaque de même que la premiere fois, & faites
cela pendant quatre fois, & vous verrez fortir toute
la matiére par l'oreille: faites le même fur un poulain, fi vous voulez qu'il fupure.

Pour faire éternuer.

Prenez un peu *d'Ellebore blanc,* ou *Euforbe* mis en
poudre, & en foufflez avec un petit tuyau dans le nez.

Lave-

Lavement des piez & jambes pour exciter le dormir.

Prenez *huit* ou *dix laituës* ou davantage, cinq ou six *poignées* de *feuilles* de *vigne*, & cinq ou six *têtes* de *pavots* écachées, faites-les bouillir dans un moyen chaudron avec suffisante quantité d'eau, puis ayant bouilli trois ou quatre bouillons, versez-le tout dans une grande terrine, & de toutes ces choses lavez-en les piez & les jambes de haut en bas, l'espace d'un bon quart d'heure, & après les envelopez avec un linge.

Pour la Surdité. Eprouvé.

Prenez du *sang humain*, ou *sang* de *cerf* distilé en la cornue de verre, jettez le flégme, & changez de recipient quand vous verrez la liqueur blanche, de laquelle liqueur blanche, mettez-en trois ou quatre goutes dans l'oreille sourde, & l'étoupez avec du coton, & vous couchez sur l'autre côté.

Pour garder les yeux de pleurer & les tenir beaux & nets.

Il faut *distiler* grande quantité de *feuilles* de *mauves* en vin blanc ou vin rouge, & de cette eau se laver les yeux soir & matin. Le Pape Paul V. en usoit en sa vieillesse.

Pour le mal des yeux.

Prenez de *l'eau roze* dans un verre, faites durcir un *œuf* & en ôtez la coque, tout chaud sortant de la poele coupez-le par le milieu & en ôtez le *jaune* pour remplacer de *sucre-candi*, & rejoignez les deux parties lesquelles il faut nouer avec de la soye cramoisie; ce qu'étant fait, dissolvez un peu de *sel saturne* dans *l'eau-roze*, & mettez l'œuf dedans pendant vingt-quatre heures; après il se faut laver les yeux avec ladite eau : il n'y a rien de meilleur pour en ôter l'inflâmation.

Empâ-

Emplâtre pour apliquer sur l'artére, dont on se sert pour le Roi.

Prenez du *mastic* demi-once, *bol d'Arménie* deux dragmes, du *safran* quinze grains, *opium* un scrupule, le tout réduit en consistance dans un mortier chaud; faites une emplâtre avec un peu de *térébentine*, ajoûtant sur la fin tant soit peu de *vinaigre*.

Pour le mal des yeux.

Il faut apliquer de la *dépouille* de *serpens*, & faire brûler de ladite dépouille, & en recevoir la fumée dans les yeux.

Pour le même mal des yeux.

Prenez des *prunelles* de *buissons* lors qu'elles sont mûres; & les pilez dans un mortier de marbre, puis les faites distiler: de cette eau mettez-en une goute dans l'œil.

Pour le même: Secret de la Maréchale de Thorsten-son, en Suéde.

Prenez de l'*eau roze*, eau de *plantain*, de châcune deux onces; eau de *fontaine*, eau *de fenouil*, de châcune une once; *aloës* in vesica pulverisé demi-once, mettez le tout dans un mortier de marbre avec un *blanc d'œuf* & incorporez jusques à ce que l'*aloës* soit dissous. Pour s'en servir il en faut faire tiédir dans une cueillier d'argent, & en mettre une goute dans l'œil le soir & le matin.

Pour le même.

Prenez un peu de *vitriol blanc en poudre* une partie, *iris* de *Florence* en *poudre* une autre partie, *sucre candi* la même chose; mettez toutes ces poudres ensemble & les détrempez dans un verre d'eau de fontaine,

plus

plus ou moins, que vous ferez tiédir en remuant toûjours; il en faut mettre une goute sur l'œil le soir en
se couchant, tiéde.

Pour le même.

Prenez un *œuf frais*, que vous ferez durcir au feu
avec de l'eau; partagez-le & en ôtez le jaune, ce
qu'étant fait *égrugez-le menu* dans un verre, puis le
couvrez d'eau de fontaine & le faites infuser toute
la nuit, le lendemain le coulez & ajoûtez de la *tutie*
la grosseur d'une noisette, que vous ferez dissoudre
dedans, & vous en servez en faisant tomber une goûte sur l'œil.

Suite pour le mal des yeux.

Prenez des *feuilles* de *plantain* qui ne soient point
mangées de vers, nettoyez les bien de la terre & les
faites chauffer un peu, puis apliquez par le dos en
long sur l'œil, deux à chacun, & laissez-les toute la
nuit, si l'œil doit guérir la feuille séchera, autrement non.

Pour la surdité & bruit d'oreille.

Prenez un *oignon blanc* que vous fendrez en long
pour en tirer le germe, puis le rassemblerez & attacherez avec du fil, & remplirez le vuide *d'huile* de
camomile, & faites cuire l'oignon dans les cendres
chaudes, étant cuit pressez-le entre deux assiétes, &
du suc qui en viendra mettez dans l'oreille avec du
coton.

Eau de très-grande force, qui conforte les dents, gar-
de les gencives de putréfaction, & guérit les
yeux larmoyans.

Prenez du *vitriol blanc* demi-livre, *bol d'Arménie*
six onces, *camfre* une once & demie, de tout faites une
poudre, de laquelle prenez une once & demie que
vous jetterez en eau prête à boüillir, & la laissez un
petit boüillir, & la passez par un linge, puis en ôtez
le

le feu. Cette eau chaſſe toutes ſortes d'ulcéres ſans
autre choſe, guérit toutes fluxions & les modifie,
conforte les parties & tout ce qui eſt dit ci-deſſus,
fait belles mains, & guérit toute ſorte de gratéle.

Pour apaiſer le mal de dents.

Prenez autant *d'eau* que de *vinaigre* & les mettez
bouillir avec *cloux* de *girofle*, *ſel*, *poivre*, un peu *d'eau
de vie*, & faites un *gargariſme.*

Pour apaiſer la douleur de dents.

Prenez de la *ſeconde écorce* de *fraine*, & de la *ſeconde écorce* de *rômarin*, de châcun demi-quarteron,
faites-les brûler ſur une poéle rouge de feu, & de la
poudre, faites une pâte avec de l'eau de vie, & apliquez gros comme un pois ſur l'artére.

Pour la même.

Prenez du ſuc de *l'herbe* de *chélidoine*, que vous
couperez en deux, & mettrez ſur la dent.

Pour la même. Eprouvé.

Prenez du *camfre*, gros comme une *feve*, que
vous ferez diſſoudre avec tant ſoit peu *d'eau* de *vie*
dans une petite fiole de verre ſur les cendres chaudes,
puis avec une petite tente de coton ou de toïle, touchez la dent: que ſi elle eſt creuſe il faut laiſſer le coton ou linge mouillé dedans.

*Pour faire tomber une dent ſans douleur. Secret ad-
mirable.*

Prenez un *lezart vert*, en vie, que vous mettrez
dans un pot de terre neuf non verni, que vous boucherez & luterez bien, & mettrez dans un four, &
lors que vous connoîtrez qu'il ſera mort, retirez le
pot

pot du four, & l'ayant laissé refroidir, faites un trou
sur le couvert, de la circonférence d'un pois, par
lequel faites couler une once *d'eau forte*, & demi-
once *d'eau* de vie de la plus forte, mêlées ensemble :
puis bouchez le trou avec de la terre grasse, & remettez le pot au feu tant que le tout soit consumé & le
lézard réduit en poudre, laquelle vous prendrez & pilerez dans un mortier de bois & la garderez en lieu
sec, pour vous en servir comme il s'ensuit.

Frotez la gencive de la dent gâtée ou douloureuse,
& un moment après elle fera séparer la chair de la
gencive, même la dent de la mâchoire, & ainsi vous
la pourrez tirer facilement & sans douleur.

Pour la Jauniffe.

Prenez de *l'acier fin*, que vous ferez bien rougir
au feu dans la forge d'un Maréchal : & lorsqu'il fera bien rouge prenez un quarteron de *souffre* en billon
& le mettez contre l'acier, ayant un vaze de bois
au deffous dans lequel aurez mis trois pintes de vin
blanc, & lors que le souffre touchera l'acier rouge,
ledit acier fondra goute à goute que vous ferez tomber dans ledit vin ; cela étant fait, paffez le vin à
travers un linge & en faites boire pendant neuf matins après, s'abftenant de manger de deux heures :
la doze eft un verre chaque fois.

Vous pourrez auffi ramaffer l'acier fondu dans le
vaze de bois, & le mettre bien en poudre ; il eft excellent pour le même mal, & pour la retention des
mois des femmes, qu'il faut donner dans la décoction de bétoine ou pulmonaire.

Pour le mal caduc.

Prenez du *cerveau* d'un *corbeau* defféché & mis en
poudre, vingt grains dans un verre de vin blanc, le
matin au decours de la Lune.

Pour le même. Recéte éprouvée & infaillible.

Prenez un *crane d'homme*, si c'est pour homme; si c'est pour femme celui d'une femme; sur tout qu'il soit entier, c'est à dire tout le dessûs de la tête, que vous mettrez en poudre impalpable, à laquelle ajoûtez *racine de Pæonia* en poudre une once, avec neuf grains de sa graine, & une dragme de *guy-de-chêne*, le tout en poudre, dans une pinte de vin de Servagnac, au défaut duquel du meilleur vin d'Espagne rouge, ou du plus excellent vin rouge qu'on pourra trouver, boire le tout en neuf matins, les neuf derniers jours de la Lune, & si le mal reprend au croissant, il en faut donner pendant autres neuf matins de la nouvelle, & continuez ledit reméde trois Lunes.

Pour le mal de rate.

Prenez une *bille d'acier* que vous limerez en poudre, laquelle vous laverez douze fois, changeant d'eau châque fois, puis mettrez ladite poudre infuser en une chopine de vin blanc, au soleil, tout le long d'un jour, & la nuit sur la cendre chaude : puis ôterez le vin d'avec la poudre d'acier & y mettrez demi-once de séné, & un peu de scolopendre : vous en userez tous les matins quatre doigts dans un verre, vous vous proménerez par la chambre, & ne prendrez rien de deux heures, sinon un bouillon aux herbes, auquel on peut ajoûter du cétérach. *Eprouvé.*

Pour le mal de côté.

* Prenez *poix-noire*, *graisse* de *chapon*, *cire neuve*, & *rézine*, de châcune une dragme, *huile* de *camomille* une once, *souffre*, *iris*, de châcun environ demi-once, *térébentine* une once, faites de tout une emplâtre & l'appliquez sur le mal.

Pour la Pleuresie. Eprouvé.

Prenez une poignée de *pervenche*, que vous ferez tremper une heure ou deux dans un verre de vin blanc, passez, épreignez & donnez à boire au patient.

Pour la palpitation de cœur.

Il faut prendre de *l'eau* de *mélisse* distilée, elle guérit la palpitation de cœur, & empêche le vomissement.

Pour ceux qui sont empoisonnez de quelque métal ou minéral.

Prenez deux ou trois goutes *d'huile* de *tartre* dans du bouillon ou du vin, & l'avalez; cela précipite tout le poison.

Pour guérir un genoüil enflé, où le feu peut être mis.

Faites un *cataplâme* composé de *lait*, mie de *pain blanc*, de *miel*, de *beure*, & *guimauves*, le tout bien pilé & mêlé ensemble, & l'appliquez sur la douleur.

Contre la peste.

Prenez un ou plusieurs *crapaux*, des plus gros que vous pourrez trouver, que vous mettrez dans un pot de terre non verni, que vous luterez bien & mettrez dans un four jusqu'à ce que le *crapaut* soit *brûlé* & réduit en cendres, de laquelle donnez le poids d'une dragme dans un verre de vin; ce reméde est bon avant & après la peste.

Pour le même.

Prenez de l'herbe de *chardon-bénit* en poudre dans un verre de vin une dragme; ce qui aide avant & après la peste.

B 2

Le

Le *suc* de *chardon-bénit* en syrop eſt excellent pour le même ſujet.

Pour les génitoires enflez.

Prenez le *ſel* de l'herbe de *chardon-bénit* & le mêlez avec vin doux, & mettez un linge trempé ſur la partie malade.

Pour le même.

Prenez de la *fleur* de *ſouci*, que vous pilerez & en exprimerez le ſuc, duquel, l'ayant fait tiédir, vous fomenterez la partie affligée, & par deſſus le marc trempé dans le ſuc. *Eprouvé.*

Préſervatif contre la peſte.

Prenez juſqu'à trois ou quatre *gros crapaux*, ſept ou huit *araignées* & autant de *ſcorpions*, les mettre dans un pot bien bouché & les y laiſſer quelque temps, après, y ajoûter de la *cire vierge*, & bien boucher ledit pot, faire feu de roüe juſqu'à ce que le tout ſoit en liqueur, & lors qu'il y ſera bien, il faut bien mêler le tout avec une ſpatule & en faire un *onguent*, qu'on met après dans une boete d'argent, bien bouchée, que l'on porte ſur ſoi, étant très-aſſuré que tant qu'on la portera l'on ne ſera jamais infecté de la peſte.

Contre la peſte. Eprouvé.

Prenez rhuë, abſinthe, graine de geniévre bien menuë, ail émondé de ſes coſſes, angelique émondée de ſon écorce & ſon bois, cloux de girofle, noix muſcade, de chacun une once, concaſſez le tout groſſierement dans un mortier, puis mêlez enſemble dans une pinte du meilleur vinaigre & faites bouillir dans un pot neuf juſqu'à diminution d'un tiers, puis le paſſez & le laiſſez refroidir, étant froid vous le mettrez dans une bouteille de verre & en uſerez en la maniere ſuivante : il en faut mouiller un linge que

vous

vous porterez en l'odorant de tems en tems ; ou bien
en prendre tous les matins une demi-cuillier à jûn
étant parmi les peſtiferez , & vous en frotterez les
jointures du corps , & aux endroits où le mal prend
ordinairement : Que ſi l'on eſt attaqué du mal, il
en faut prendre un verre.

Remede par lequel Madame la Marquiſe de Chenoi-
ſe a gueri pluſieurs Frenetiques.

Il faut commencer par la ſaignée , trois jours
avant que de ſe ſervir de ce qui ſuit.

Prenez un pot de terre plombé , qui tienne ſix pintes , dans lequel mettez trois poignées de lierre rampant , avec trois chopines de bon vin blanc : bouchez le tout du couvert du pot avec de la pâte , de
peur que l'air n'y entre , puis le mettez ſur les cendres chaudes avec feu lent tout autour vingt-quatre
heures durant ſans ceſſer , l'entretenant toûjours de
même façon , puis le tirez & verſez le vin qui reſtera
dedans , & prenez le lierre que vous pilerez dans un
mortier de marbre une heure durant ſans diſcontinuer : ajoûtez-y ſix onces d'huile d'olive & mêlez
bien enſemble dans le mortier, le réduiſant en maniere d'onguent, lequel vous partagerez en trois parties égales , deſquelles prendrez une part , laquelle
paſſerez à travers un linge , & du ſuc qui en ſortira ,
il faut frotter la fontaine de la tête malade dont on
aura coupé les cheveux , puis les temples ; & ce qu'il
y aura de marc le mettre entre deux linges , & en
faire un bandeau qu'il faut laiſſer huit heures ſans le
remuer , puis recommencer ce procedé & continuer
juſqu'à cinq fois , toûjours huit heures d'intervalle ,
ni plus , ni moins , ſans y manquer.

Pour le Noli me tangere.

Prenez des yeux d'écreviſſes , que vous calcinerez,
une once par jour en vin blanc ou bouillon le matin
à jûn , & mettrez de ladite poudre ſur les emplâtres.

E 3

Pour

Pour guerir toute sorte d'Ulceres & Gangrenes.

Prenez une poignée ou deux de chaux vive & l'é-
teignez avec de l'eau commune; prenez une dragme
de sublimé, que vous dissoudrez aussi en eau commune, versez doucement par inclination l'eau de
chaux par dessus celle de sublimé, qui à l'abord deviendra rouge.   Il faut laver de cette eau la partie,
& elle fera tomber l'escarre.

*Emplâtre admirable pour Playes, Ulceres, Chancres,
Ecrouelles, Bubons, Cors des pieds, & tumeurs qui
viennent aux sourcils & autres lieux semblables.
Eprouvé.*

Prenez huile d'olive de la meilleure une livre, que
vous mettrez dans une terrine de terre sur le feu, &
quand elle sera chaude ajoûtez cire jaune taillée en
pieces trois onces, remuez avec une spatule de bois,
quand elle sera fondue mettez de la ceruse subtilement pilée six onces, remuant toûjours bien fort,
& la mixtion deviendra blanche, laquelle en cuisant
perdra cette couleur & deviendra obscure; & avant
qu'elle devienne ainsi, il faut ajoûter de la litarge
d'or une once, subtilement pulverisée & passée par
le tamis, & quand elle sera bien incorporée, ajoûter
de la terre sigillée demi-once, & toûjours incorporer le tout avec toute diligence: puis ajoûter demi-
once de baume blanc, remuant toûjours ladite mixtion, afin qu'elle ne s'attache: & pour connoître
quand le tout sera bien cuit, il en faut mettre une
goute dans une écuelle pleine d'eau, si elle est bien
noire, c'est signe qu'elle est cuite, ôtez le tout du
feu & y ajoûtez habilement deux dragmes d'huile de
rômarin en l'incorporant comme le reste, après laissez reposer environ demi-quart d'heure, & quand
vous le regarderez contre la lumiere, s'il commence à faire quelque rupture ou fente, alors le faut jetter

te, dans un grand baſſin d'eau fraîche , & l'y manier & incorporer avec les mains , & afin que le tout
ſe mélange bien , il le faut mettre en magdaléons
pour le mieux conſerver.

Pour toutes ſortes de vieux ulceres.

Prenez de la feüille de noyer ſéche & en poudre ,
de laquelle mettez ſur l'ulcere , que vous couvrirez
enſuite d'une feüille de noyer , laquelle feüille ſeule
peut guerir le mal.

Pour les Hemorroïdes.

Prenez une feüille de tabac , que vous ferez tremper du jour au lendemain dans de l'eau , & l'appliquez ſur les hemorroïdes elles gueriront.

Pour le même.

Prenez de la feüille d'oſeille , que vous plierez
dans un papier , & ferez cuire ſur les cendres chaudes , & après les battrez avec onguent roſat. & huile roſat égales parties faites en conſiſtance de cata-
plaſme , que vous appliquerez ſoir & matin , & verrez merveilles.

Autrement.

Frottez la partie avec l'onguent gris Neapolita-
num.

Pour les cors des pieds.

Prenez du diachilon une once , muſſilage une dragme , du vert de gris autant , le tout bien mêlé enſemble , & appliquez ſur le cor que vous aurez
auparavant paré. Eprouvé.

Pour le même.

Prenez de la racine de l'herbe dite capelotes , qui
eſt ronde & groſſe comme une noiſette , plus ou

moins

moins, feparez bien la terre qui tient autour & l'é
cachez avec les doigts, & l'appliquez fur le cor,
reïterant de trois en trois heures, ou quatre ou cinq
fois le jour, & en vingt-quatre heures il guerira fans
plus revenir.

Pour faire mourir les porreaux & verruës.

Prenez le fuc de l'herbe de chelidoine qui fortira
en coupant la plante avec un coûteau, excoriez la
verruë & faites dégouter par deffus.

Le même fe fait avec le lait de figuier.

Pour la brûlure.

Il faut éteindre de la chaux vive, & après filtrer
l'eau, dans laquelle plongerez la partie brûlée, ou
la mouillerez avec un linge.

Autrement.

Faites diffoudre du camphre dans l'eau de vie, &
faites comme ci-deffus.

Pour le même.

Prenez de la fiente fraîche de cheval, que vous
fricafferez dans une poële avec de la graiffe douce,
puis exprimerez le jus dans une preffe à travers un
linge, duquel jus graifferez la partie affligée, mettant un papier par deffus.

Pour le même.

Coupez de petites bandes de drap, ou ferge
bleuë & les trempez dans l'huile de la lampe, puis
les allumez & toute l'huile qui en tombera en brûlant, recueillez-là fur une affiette d'étain & engraif-
fez la partie, & mettez un papier par deffus.

Pour

Pour toutes sortes de douleurs de jointures ; même pour la goutte.

Prenez une cuillerée d'eau de sempervivum , ou de plantain diftilée , deux cuillerées d'huile de lumbrics, trois cuillerées de créme, deux onces de vieil oing de porc , que vous mêlerez enfemble avec la fpatule , puis en frotterez la partie affligée. Eprouvé.

Baume très-excellent.

Prenez de l'abfinthe trois poignées ; de l'armoife, rhue , rômarin , fauge menue , feuilles & fleurs de chacun deux poignées , graines de laurier felon la quantité que vous en voulez faire, mais il faut plus d'abfinthe & de rhue que des autres herbes , que vous ferez cuire dans un chaudron en fuffifante quantité d'huile de noix : & lors que ces herbes feront cuites, ce que vous connoîtrez quand elles feront noires, vous les ôterez du chaudron , en tirant doucement toute l'huile la plus claire ; puis vous prefferez les herbes dans un fort linge, même avec la preffe pour en titer toute la fubftance, que vous ajoûterez à vôtre huile claire : mettez dans icelle à proportion de la quantité, poix-refine battue une livre , cire neuve demi-livre ,. terebentine de Venife deux dragmes, l'huile d'afpic deux onces , remuant toûjours avec une fpatule de bois : quand le tout fera bien fondu vous le pafferez pour en ôter les ordures , & vous mettrez ce baume dans un pot verni que vous boucherez bien d'un parchemin & d'un cuir verni par deffus : & pour bien faire, il le faudroit enfouir dans du fumier de cheval pendant fix femaines, & s'en fervir felon l'ordre qui fuit : & fi vous voulez qu'il foit liquide n'y mettez pas tant de poix-refine.

Ses vertus.

1. Il guerit en vingt-quatre heures toutes bleffu-

res

res recentes, étant appliqué chaud, ayant premierement lavé la playe avec du vin chaud.

2. Guerit toute douleur de tête, appliqué chaud
aux temples, & un linge chaud par dessus.

3. Guerit la surdité quand elle n'est pas inveterée,
étant mis chaud dans l'oreille avec du cotton le soir
en se couchant, & mettant un linge chaud : ce qui
se doit observer toutes les fois que l'on se sert dudit baume.

4. Guerit le mal d'estomach & arrête le vomissement, il aide à la digestoin en frottant l'estomach,
avec un linge chaud par dessus.

5. Guerit les tranchées du ventre, toutes especes
de colique, la suffocation de matrice, étant appliqué sur l'estomach, sur le ventre, & sur les reins.

6. Soulage la paralysie, & toute douleur froide,
étant appliqué chaud avec les compresses ordinaires, mais il faut bien couvrir le malade pour le faire suër.

7. Guerit l'extorsion de nerfs, appliqué moyennement chaud.

8. C'est un souverain remede pour la difficulté
d'urine, appliqué chaud depuis les reins, le long
des vertebres, avec un linge chaud, ensuite boire du
vin blanc.

9. Il est excellent pour la sciatique appliqué chaud
sur la partie.

10. Guerit la morsure envenimée des chiens enra-
gez, des serpens, ou autres bêtes : mais avant que
d'y mettre de ce baume il faut faire saigner la playe,
& la laver avec du vin & de la charpie, & y mettre du baume.

Pour la Goutte, même pour la Verole.

Prenez de la scammonée préparée, de reglisse en
poudre, cursema ou terramerita, gayac, mecoa-
cam, jalap, turbith, de chacun deux dragmes ; créme de tartre, hermodattes, sené de levant, gutta-
gamba,

gamba, fquine, ellebore noir, rhubarbe, ellefi, falfe pareille, de chacun quatre dragmes, fucre fin une once, le tout mis en poudre feparément, foit mêlé enfemble : la dofe eft une dragme dans du vin blanc, ou un bouillon, par quatre matins diffe-rens, de quatre en quatre jours.

Pour la Goutte froide, chaude, ou autres douleurs.

Prenez de l'eau de fleurs d'orange, ou de limons, eau de rômarin, eau de fleur d'afpic, terebentine de Venife; mettez le tout enfemble, & faites bouïl-lir l'efpace d'un *Credo* dans un petit pot de terre verni, le tenant toûjours bien battu avec la fpatule de bois, & quand vous l'aurez ôté du feu, ajoûtez-y deux bonnes cuillerées d'eau de vie raffinée, autant de bonne huîle de cire, le tenant toûjours battu jufqu'à ce qu'il foit tiede : puis appliquez fur une peau de chevrotin blanche, & mettez fur la partie douloûreufe, & l'y laiffez trois jours fans remuer, & fi la douleur ne fe paffe, reïterez l'emplâtre.

Pour la fciatique.

Prenez de la glu & en faites une emplâtre fur du chevrotin, que vous appliquerez fur la partie malade, l'y laiffant jufqu'à ce que la douleur foit paffée, ou que l'emplâtre devienne noire, & fe léve d'ele-même, & que vous voyiez de petites gouttes d'eau fur la partie.

Pour la Podagre.

Prenez de la fuye la plus vieille une poignée, de la poudre à canon la plus fine deux onces & demie, deux oignons blancs pefant demi-livre les deux, pîlez bien le tout enfemble, & le mettez dans une bouteille de verre, avec deux grands verres de bon vinaigre, depuis la pleine Lune jufqu'à la nouvelle; expofez la bouteille à l'air, & de cette mixtion frot-tez les parties que vous favez.

Emplâtre pour la rupture.

Prenez une livre d'emplâtre contre la rupture, que vous mettrez en petits morceaux & ferez fondre à petit feu ; étant fondu ajoûtez-y une demi-once de pierre d'aimant en poudre, farine de féves une once, limaille d'acier une once, limaçons sans coquille une once, parietaire ovespargoute tant soit peu, huile de maſtic quatre onces, faites bouillir le tout enſemble juſqu'à ce que l'emplâtre ſoit bien noire & fort luiſante.

Emplâtre de Monſieur Vidal, Capitaine.

Prenez de l'huile d'olive trois onces, avec un demi-verre de bon vinaigre dans un pot de terre neuf plombé ; faites bouillir juſqu'à ce que le vinaigre ſoit conſumé, ce qui vous paroît quand il ne fait plus de bruit ; après quoi cómmencez à diminuer le feu & y ajoûtez du minera deux onces ; & remuerez toûjours, puis mettrez de la cire jaune deux onces, mêlez & remuez encore, & y ajoutez douze bayes de laurier en poudre, & ſéchées au Soleil s'il ſe peut, & la groſſeur d'une noix de graiſſe de cerf, & remuez inceſſamment juſqu'a ce qu'il devienne noir, le refroidiſſant en remuant toûjours, & l'emplatre ſera faite, appliquable ſur tout mal.

Emplâtre noire de Catalogne.

Prenez de l'huile d'olive ſix onces, litarge d'or trois onces, minera deux onces, plomb brûlé deux onces, gomme élemi, ſavon noir, de chacun deux onces, reſine trois onces, poix noire trois onces, cire jaune trois onces, les ſix onces d'huile, les trois de litarge, deux de minera, deux de plomb brûlé ſoient miſes enſemble, puis les trois de poix, & les trois de cire, quand le reſte ſera fondu, la gomme

éle-

élemi & la refine lors que vous l'aurez tiré du feu &
qu'il commencera à refroidir.

Huile pour toutes pleurefies, contufions, paralyfies de
nerfs & mal d'eftomach.

Prenez de l'huile d'olive une livre, du vin blanc
trois pintes, & demi-livre de fel, faites bouillir le
tout enfemble quelque tems, & y ajoutez une livre
de terebentine, laquelle difloudrez avec le vin, &
l'huile, & après de la cire, fi vous en voulez faire
un baume.

Baume d'azur.

Prenez de l'huile d'olive, terebentine de Venife,
gomme élemi de chacun trois onces, huile d'hypericum trois onces, huile rofat deux onces, avec demi-once de refine, faites bouillir le tout jufqu'à ce
qu'il foit fait. Il eft excellent pour les playes d'ar-
quebufades comme auffi pour toutes autres playes.

Onguent rouge.

Prenez de l'huile d'olive, litarge lavée, miel blanc
de chacun quatre onces, cire neuve deux onces, minium une demi-once; il faut faire fondre la cire dans
l'huile, puis y ajoûter le miel & les poudres, étant
bien fubtiles, ayant bien incorporé le tout, ôtez le du
feu, & vôtre onguent fera fait. Il eft bon pour les
tignes, les mamelles de femmes, pour les ulcéres,
pour incarner & deffecher tout enfemble.

Pour la tigne.

Prenez des boutons de concombres fauvages, &
à leur defaut leurs feuilles, une poignée, huile de
noix demi-livre, douze fardines des plus rances,
pilez le tout enfemble, & mettrez dans un pot de
terre plombé avec chopine de vin du plus noir que
l'on pourra trouver, & faites bouillir jufqu'à la confomption

fomption du vin ; puis bien rafer la tête , & la laver avec de l'urine de bœuf , & l'oignez de cet onguent pendant quatre jours , qui eſt environ le tems de la guériſon , & plus long-tems s'il le faut. Eprouvé.

Pour le Paraſimoſis.

Prenez telle quantité d'eſcargots qu'il faudra , que vous pilerez bien dans un mortier de marbre avec leurs coquilles , & ſur la fin y ajoûtez un peu de graiſ-ſe de pourceau que battrez & mélerez bien enſem-ble ; puis appliquez ſur la partie & réiterez ſoir & matin juſqu'a gueriſon.

Très-ſouverain remede pour une perſonne qui perd ſon ſang de quelquepartie que ce ſoit , homme ou femme.

Prenez de la fiente récente d'un âne , pilez-la dans un mortier , & en exprimez toute la ſubſtance par la preſſe à travers un gros linge ; prenez-en une cuillier d'argent avec deux fois autant de ſyrop de plantain.

Pour la Phtiſie.

Prenez une demi-once d'écreviſſes en vie , que pilerez bien dans un mortier de marbre & diſtilerez ; de l'eau en provenant donnez-en demi-verre tous les matins à jûn pendant huit ou dix jours.

Pour reſtraicie.

Prenez des noix de ciprez que vous concaſſerez & ferez bouillir en du vin rouge , duquel donnerez au malade.

Purgation facile.

Prenez une dragme de jalap , avec un peu de ca-nelle en poudre , que vous ferez infuſer le ſoir, dans un verre de vin blanc.

Tizanne qui purge doucement.

Prenez demi-ſeptier de verjus , dans lequel faites infuſer demi-once de ſené ſur cendres chaudes dans un pot neuf , & lors que le verjus ſera chaud mettez-

y dedans gros comme une noix de beure frais, & autant de ſel qu'il en faut pour ſaler un œuf, faites-
lui prendre un petit bouillon & le tirez du feu le laiſ-
fant infuſer toute la nuit : le matin vous paſſerez tout
dans un linge net,& vous en prendrez une priſe chaque
matin dans un bouillon gras ou maigre.

Tizanne de Felix.

Prenez de regliſſe, polypode, des roſes rouges, de
chacun une once, de ſené demi-once, une pincée
d'anis, du criſtal mineral une dragme, une pomme
de reinette, & un citron que vous couperez en tranches, le tout infuſé à froid vingt-quatre heures dans
une pinte ou trois chopines d'eau ; en prendre un verre le matin, & un autre verre le ſoir.

Medecine qui purge doucement.

Prenez une poignée de violettes de Mars, avec
une poignée de mercuriale, & les faites bouillir dans
un petit pot de terre, avec du bouillon du pot, puis
vous les preſſerez pour prendre à vôtre commodité :
ſi vous deſirez y ajouter un peu de mauves, une poignée d'oſeille, cela n'y ſera pas mauvais.

Tablettes fort excellentes pour la purgation.

Prenez des trois ſandaux, roſes rouges, noix muſcade, & canelle, de chacun demi-dragme, du turbith gommeux, ſcammonée, de chacun demi-dragme,
de feuilles de ſené fin deux ſcrupules, ſemence de
melon, & courges de chacun cinq ſcrupules; mettez-le tout en poudre, avec quatre onces de ſucre,
faites des tablettes de tout, ſelon l'Art : la doze eſt
de quatre ou cinq dragmes, ſi l'on eſt mal-aiſé à
émouvoir, toute la doze ci-deſſus doit peſer quarante
cinq grains.

Syrop pour ceux qui ſont agoniſans, & ne ſe peu-
vent ravoir.

Prenez de l'eau roſe autant que de celle de la Reine
de Hongrie, & du ſucre candi que vous ferez fondre
à petit feu, il s'en fait un ſyrop qui mêlé avec de
l'eau

l'eau de canelle, fait des miracles à ceux qui font agonifans.

Eau de mille fleurs de Madame la Comteffe de Daillon, par Monfieur des Fougerais M.

Prenez de la fiente de vache trois poignées, fleurs de fcabieufe, de pulmonaria, de la veronique, de chacun une poignée, de plantain, de l'urmaria, burfa paftoris, pimprenelle, buglofe, fenouil, bomberi, de chacun une poignée, deux écreviffes de riviere concaffées, le tout foit diftilé dans un alambic au B. M. la doze eft de quatre onces chaque matin.

D'autre façon.

Prenez de là fiente de vache quatre livres, fleurs de vinca pervinca, de palmaria, de leucoium, de chacun deux poignées, fleurs de pavot rouge quatre pincées, fleur de ruffilage, la fommité d'Hypericum autant, le tout diftilé comme deffus, & pris en la même doze que de l'autre.

Pour fe maintenir en fanté.

Il faut cueillir des hiebles dans la faifon, fans ferain & rofée, & les mettre fécher au Soleil, & les retirer fur les quatre heures du foir, c'eft pour s'en fervir en Hiver : vous ferez un lit de ces hiebles, & ferez coucher la perfonne deffus, que vous couvrirez entierement d'autres hiebles, puis d'un linceul & couverture ; ce qui le fera bien fuer, & par ce moyen on fe maintient en parfaite fanté.

Magiftere de perles.

Prenez des perles Orientales, que vous mettrez pilées groffiér ment dans un matras, & jetterez par deffus du vinaigre diftilé, ou du jus de citron, qui eft encore meilleur, d'autant qu'il n'a pas tant d'acrimonie ; faites qu'il furmonte la poudre de trois travers de doigt, après fermez le vaiffeau avec de bonne cire d'Efpagne, & le mettez en digeftion fur des

cendres

cendres chaudes ; le remuant deux ou trois fois le jour, jusqu'à ce que vous voyez les perles au fond du vaisseau converties en suc limoneux ; vous verserez doucement le suc de citron par inclination, & ferez évaporer le restant au feu lent, jusqu'à ce que les perles restent au fond du vaisseau en poudre blanche, laquelle vous laverez cinq ou six fois avec de l'eau de pluie distilée jusqu'à ce qu'elles ayent perdu toute leur aigreur, & alors la poudre étant tout à fait séchée, c'est le vrai Magistere de perles.

Nota. Il faut jetter quelques goutes d'huile de tartre, ce qui fait précipiter le Magistere au fond du vase.

Des Spagiriques lui attribuent les vertus suivantes admirables, approchantes de celles de l'or potable. Ils disent qu'il est bon pour chasser toutes indispositions, & particulierement la phrenesie.

Le Vertige.

L'Apoplexie.

L'Epilepsie, & autres afflictions du cerveau. Ils le font aussi un puissant cardiaque, & disent qu'il a de grands effets pour ceux qui font sujets aux syncopes, palpitations de cœur, & qui font atteints de quelque fiévre pestilente. Bref ils l'accommodent à la guérison de toutes les parties principales : la doze est de douze grains, ou un scrupule dans les juleps, ou autres liqueurs convenables.

Or potable, & trésor inestimable, qui guerit les ladres, le mal caduc, la peste, la verole, la paralysie, l'hydropisie, & tous maux incurables.

Prenez sept vieux doubles ducats, que vous cimenterez, avec demi-dragme de sel gemme bien préparé, couche sur couche, en un pot bien lutté, à petit feu, puis les laverez, & dessécherez, & les ferez rougir fort au feu, les tenant en un pot bien net & tout neuf ; étant bien rouges, éteignez-les dans de l'huile d'olive, réiterant tout ce que dessus sept fois, alors ils feront calcinez & se rendront en poudre tingeante

geante comme saffran quand on la maniera entre les doigts.

Prenez une livre de sucre candi en poudre subtile, & avec ledit or faites lit sur lit dans une retorte de verre bien sigillée, laquelle ensevelirez dans un pot plein de sablon d'Etampes, & couvrez ledit pot d'un autre pot pour conserver la chaleur, & lui donnerez un feu leger de charbon tant dessus que dessous, de chaleur semblable à celle quand on cuit le pain qui est au four, sans être excessive, par vingt-quatre heures, puis après le tirez du feu, & broyez le tout dans un mortier de marbre, & le mettez dans un vaisseau, & que le matras de dessus tienne trois fois autant que l'alambic, & à côté un bec pour la matiere, laquelle vous mettrez dans ledit vaisseau avec chopine d'eau de vie bien sigillé ving-quatre heures durant sur un bon feu, que l'eau de vie bouille toûjours, & lors que vous verrez une blancheur au fond qui est la chaux du Soleil, il est fait ; vuidez par inclination ladite eau où est la teinture violette, tirant sur le rouge & jaune, laquelle guerira les Ladres, leur en donnant un grain par jour, & toutes autres maladies abandonnées, & tous maux incurables.

Autre maniere d'or potable.

Prenez cinq parties d'or en feuille, trois parts d'antimoine en verre, trois parts de sucre candi, le tout bien pulverisé, soit mèle ensemble & mis dans une cornue de verre, laquelle étant couverte de son chapiteau & recipient, vous mettrez distiler à feu lent au commencement, & sur la fin un fort feu ; le tout passera en liqueur qui sera faite en cinq ou six heures : la doze est de trois ou quatre goutes en quelque eau specifique, & purge fort doucement

Trés-excellente préparation de l'Antimoine, & de ses vertus.

Prenez de l'Antimoine mineral, du moins quinze ou vingt livres, cassez-le grossiérement ; cela fait, ayez

trois

trois pots de terre d'alambic ou d'autre forte, qui tiennent bien au feu, percez-en un au cul de petits trous à y mettre un gros fer d'aiguillette, dans lequel vous mettrez vôtre Antimoine, puis le poferez fur un autre pot, & le couvrirez d'un troifiéme ; que la bouche de l'un entre juftement dans l'autre : luttez bien toutes les jointures, le lut étant fec & fans fentes, enfeveliffez le premier dans la terre, & faites tout autour de celui qui contiendra l'Antimoine, une forme de fourneau de brique en quarré, le dedans diftant de quatre doigts, que vous remplirez de charbons jufqu'au pot de deffus, & y continuërez un gros feu pendant une groffe heure ; laiffez-le amortir pendant une nuit, que le tout foit bien froid, puis les déluttez : vous trouverez dans vôtre pot de deffous tout vôtre Antimoine que vous mettrez en poudre impalpable, laquelle vous étendrez dans un plat de terre qui fera comme un plat de Patiffier, qui eft fort large dans le fond, lequel plat vous placerez fur un fourneau, dans lequel vous ferez un feu lent, en remuant avec une fpatule ladite poudre, & cela fans ceffer, jufqu'à ce qu'il ne fume plus, & qu'il foit de couleur grisâtre, prenant garde qu'il ne fonde pas par trop de feu ; lors fondez-le dans un pot neuf, à gros feu dans un fourneau à vent : lors qu'il fera fondu en eau plongez-y dedans une baguette ou verge de fer, & l'en ayant dès auffi-tôt fortie, il s'y attachera du verre, & verrez à la lumiere s'il eft tranfparent de couleur citrine ; lors vuidez-le promptement dans un baffin plat, de cuivre net : étant froid pulverifez-le en poudre impalpable, & le mettez dans une cucurbite de verre, & verfez deffus du vinaigre trois fois diftilé, couvrez la cucurbite avec une boëte de verre lutté avec bandes de toile empefée ; étant bien fec, mettez à demi ladite cucurbite dans le fient pendant trois jours ; puis l'ayant fortie du fient délutez-la, & ayant repofé une bonne heure, vuidez par inclination vôtre vinaigre coloré dans un vafe de verre fans

rien

rien troubler : bouchez bien ledit vase, puis versez
derechef d'autre vinaigre sur vos poudres, & faites
comme dessus par trois jours digerer dans le fient;
puis l'ayant vuidé doucement dans ledit vase, continuez cette extraction & procedé susdit tant que le vinaigre se colorera ; ce fait, jettez le marc qui restera dans vôtre cucurbite que vous laverez bien avec
eau claire, & l'ayant bien essuyée avec un linge blanc,
versez-y vôtre vinaigre coloré ; puis y ayant mis sa
chape le distilez à sec dans les cendres, & il restera
au fond une poudre jaunâtre, sur laquelle vous verserez le travers de deux bons doigts de bon esprit de
vin ; puis l'ayant bien agitée & couvert la cucurbite
de sa boete de verre, c'est à dire une boete de celles
où l'on met les cerises confites, luttez-les bien avec
des bandes empesées, & le lut bien sec, mettez-les
au fient de cheval à demi-ensevelies par trois jours ;
puis les ayant sorties du fient, déluttez les bandes,
& l'ayant laissé reposer une heure vuidez dans un
vase bien net ladite teinture, sans rien troubler : puis
bouchez bien le vase, & remettez dans la cucurbite
d'autre nouvel esprit de vin le travers de deux doigts,
réïterant cette operation tant que l'esprit de vin se colorera ; puis mettez tout ledit esprit de vin coloré dans
une cucurbite bien nette, & l'ayant couverte de sa
chappe, luttée avec le recipient, distilez entierement tout ledit esprit de vin, & conservez les poudres que vous trouverez dans le fond de l'alambic, sur
lesquelles vous passerez de l'eau de pluie distilée par
trois fois au sable, à feu fort doux, & la jetterez
sur vos poudres, & les distilerez comme dessus ;
après quoi vos poudres ne seront aucunement vomiti-
ves, dont les vertus, & les dozes suivent.

Quatre grains pris avec du vin blanc chassent la lâ-
drerie & la verole, purifiant le sang corrompu : ils
repurgent la melancolie, résistent aux venins, gue-
rissent les asthmatiques, purgent sans selles & vomis-
semens, mais par sueur, urines, & crachats, ôtent

la

la cause des maladies, & restaurent les choses cor-
rompuës.

Pour inciter à l'acte venerien.

Il faut cueillir à la fin du mois de Mars du satirion,
& en prendre les deux glandules qu'il a dans sa racine ; mais celle du côté gauche est la meilleure, &
mettre cinq ou six glandules entieres, ou en morceaux dans une bouteille de vin d'Espagne, & la boucher très-bien, & la mettre bien avant dans le fumier de cheval l'espace de deux ou trois mois : après
en prendre à discretion le matin à jûn, & le soir en
se couchant.

Pour le même.

Prenez une pinte de vin d'Espagne, dans laquelle
mettez une demi-dragme de sel de sauge ; & la bouchez bien, puis l'enseveliffez dans le sable quinze
jours ou trois semaines, & en prenez à discretion
le matin, & le soir en se couchant.

Pour dénouër l'éguillette.

Prenez de l'herbe de ros solis, qui est toute rouge,
& se trouve dans des prez, & qui dans la plus grande
chaleur du Soleil a toûjours de l'eau sur la feuille ; du
guy de chêne, & de l'armoise. *Nota.* Que le ros solis se doit cueillir le 23. Septembre au Soleil levant,
& l'armoise le 24. Juin à la même heure : Il faut porter le tout au cou, ou en faire une confection, dans
laquelle entrent toutes sortes de liqueurs.

Pour ôter l'entendement, & le faire revenir.

Mangez de la racine de faba inversa en poudre ;
& pour le faire revenir, prenez du suc d'oignon &
en mettez dans les oreilles.

Pour le même, & étourdir la personne.

Faites infuser par vingt-quatre heures la graine dite
stramonium en du vin blanc, que vous ferez boire,
& incontinent celui qui en aura bû tombera comme
mort

mort à terre. Pour le faire revenir, mettez-lui un linge trempé en fort vinaigre, au bout du nez.

Ce breuvage fait le même effet à un cheval : & au lieu de vinaigre il lui faut jetter de l'eau dans les oreilles.

Pour désenfler le ventre.

Appliquez sur le nombril du malade une tanche vive, la tête en haut vers l'estomach, & la bandez bien ferme avec une serviette, de façon qu'elle demeure sur ladite partie, & l'y laissez vingt-quatre heures, jusqu'à ce qu'elle soit morte ; en après enterrez-la dans le fumier, & vous verrez que l'enflure s'évacuëra.

Pilules dormitives que l'on met dans un rechaut, sous les cuisses, & qui font suer abondamment.

Prenez de la cire blanche une once, de l'encens deux onces, benjoin, giroffle, de chacun une once, petun demi-once : faites de tout une masse, & en formez des pilules selon l'Art.

Huile de beure pour la goute froide, & autres douleurs.

Il faut faire fondre le beure sur la cendre chaude, & lors qu'il bouillira l'écumer de toutes ses écumes ; puis y ajoûter autant pesant d'eau de vie rectifiée, & mettre le feu, jusqu'à l'évaporation d'icelle, & l'huile demeurera au fond.

Pour nettoyer & incarner les dents.

Prenez du sang de dragon & de la canelle trois onces, alun calciné deux onces ; faites de tout une poudre subtile, & vous en frottez les dents un jour, l'autre non.

Pour resserrer les gencives, & les dents, qui branlent.

Prenez des vers de terre calcinez ; dont on se frottera les dents ; ou bien un foye de veau séché au four & mis en poudre, ajoûtant autant de miel, & les faire cuire en consistance d'opiate.

Pour

Pour les creux de la petite verole.

Il faut se laver le visage avec de l'eau de vinaigre blanc distilé, un soir en se couchant ; le lendemain, avec de la décoction faite avec des mauves & du son, & réiterer huit jours durant qui est quatre fois de chacun, en même ordre que dessus.

Pour faire que l'Antimoine ne purge que par le bas.

Prenez du crocus metallorum & le mettez en poudre fort déliée, laquelle vous mêlerez avec de l'eau de vie, qui surnage de deux ou trois travers de doigt, ou plus : n'importe pas quelle quantité, car l'eau de vie ne prend que ce qu'elle peut, & laisse le reste : il faut passer ladite eau de vie pour ôter les ordures & ajoûter autant pesant de bon sucre candi, & mettre le feu à ladite eau de vie, jusqu'à ce qu'elle ne veuille plus brûler : il restera un syrop, duquel vous pouvez donner deux ou trois cuillerées, & même aux femmes enceintes, cela purge doucement.

Pour se garder de devenir gras.

Cassez des noyaux de cerises, & les mettez en sucre comme dragée, & en usez soir & matin : vous pouvez user de même de gravelée de vin blanc, comme du sel en vos viandes. Eprouvé.

Préparation du Caffé des Turcs.

Il faut mettre la graine du caffé dans une poële, de la hauteur d'environ un doigt ou deux au plus, & la mettre dans un four assez chaud, en ayant ôté tout le bois & le feu, remuant avec une spatule de bois : quand la graine qui est au fond commence à noircir, & qu'elle se séche également, & est comme il faut, la laisser refroidir, & la piler dans un mortier de fer, & la passer par le tamis : Pour connoître quand elle est assez séche, il en faut prendre avec le bout des doigts, & voir si elle se brise aisément, & se peut mettre en poudre.

Pour préparer la boiſſon.

Prenez de l'eau de fontaine ou de riviere : faites-la bouillir un bouillon, puis ſur deux pintes mettez cinq onces de poudre de caffé, remuant bien, & le faites bouillir doucement l'eſpace de cinq ou ſix minutes, ſans permettre qu'il ſorte du pot en bouillant ; il faut le faire bouillir dans un pot d'étain, ou étamé, bien net.

L'uſage.

On en boit une pinte en cinq ou ſix priſes fort chaud, & ſi l'on veut avec un peu de ſucre ; il eſt bon de manger un morceau quand on le prend.

Cette graine ou baye vient des déſerts d'Arabie, les Turcs en boivent à toute heure & en leurs repas, ſa qualité eſt froide & ſéche.

Il aide à la digeſtion, réveille les eſprits, réjouït le cœur, eſt bon pour les yeux en recevant la fumée, eſt bon aux rhumes & defluxions, excellent pour prévenir la goute & l'hydropiſie, ſupprime les vapeurs de la ratte & de l'eſtomach, guerit les maux de tête & de migraine ; il n'a point de qualité manifeſte de purger ou de reſſerrer le ventre.

Il n'eſt pas abſolument néceſſaire de faire cuire le caffé dans un pot d'etain, il ſuffit que ce ſoit dans un vaiſſeau étamé, comme ceux dont les Turcs ſe ſervent, qui ſont de fer blanc bien étamé

Il ſe garde fort bien trois jours dans un pot bien couvert ; mais le meilleur eſt de n'en faire cuire que deux ou trois priſes à la fois, & le garder dans une bouteille bien bouchée.

Je le tiens meilleur pour ceux qui s'en veulent ſervir comme de médicamens, au matin, qu'à toute autre heure, parce que l'eſtomach étant vuide, il pénetre plus aiſément ; quoi que les Orientaux, le prennent aux repas, au ſoir, & à toute heure, & que j'aye experimenté ſon effet pour la migraine, dont il m'a ſenſiblement ſoulagé quelque heure de jour que je l'aye pris.   Je

Je voudrois pour le commencement en prendre un
mois entier tous les matins, puis deux fois la femaine, & enfin une fois.

*Vertus finguliéres de l'herbe appellée Elatine, autre-
ment Velvote.*

Cette herbe eft fort commune & néanmoins peu con-
nuë par fon nom, elle eft fort fréquente dans les blez
& aux terres labourées environ le temps de la moif-
fon; les Païfans s'en ferveat par application, lors
qu'ils fe coupent de leurs faucilles; l'eau de fes feuïlles & raïnceaux tirée pendant qu'elle eft en fa force
par l'alambic au Bain-marie, eft miraculeufe pour
arrêter l'étenduë du cancer des mammelles, & le
polype rampant, encore qu'on les puiffe tenir pour
incurables; & fi vous appliquez la même herbe au
front, elle appaife infailliblement les douleurs de tête; en injection elle mondifie, & puis elle confolide
les plaies, & defféche fort promptement les fiftules
& ulceres, qui facilement s'irritent & empirent des
autres remédes; inftillée dans les yeux larmoyans elle les guerit, arrête toutes défluxions qui y avien-
nent, & caufent inflammation & éblouïffement;
auffi appliquée avec un linge fur dartres, gratelles,
veffies, rognes, boutons, feu volage, feu faint An-
toine, les éteint en bien peu de temps, comme auffi
toutes inflammations ardentes; buë par quelques
jours, elle arrête tous rhumes, vomiffemens, flux
de ventre, defféche l'eau des hidropiques, appaife
les douleurs de la colique, guerit les fiévres tierces
& quartes, & je croi qu'on la pourroit donner uti-
lement aux autres incommoditez.

*Recéte merveilleufe pour la cure des écrouëlles, &
autres ulceres.*

Prenez une pinte de vin blanc, mefure de Paris,
que vous mettrez dans un pot de terre, neuf, verni,

ni, & le ferez bouillir avec deux onces de sucre, & deux onces d'ariftoloche ronde coupée par tranches bien déliées, & les laifferez infufer fur des cendres chaudes pendant quatre heures, jufqu'à la comfomption de moitié.

Pour les écrouëlles il y faut ajoûter deux dragmes de zedoaria, & deux dragmes de rapontic bien pilé, & mis dans un nouet de linge.

Pour s'en fervir il en faut étuver la plaie auffi chaud qu'on le peut fouffrir, & fi elle eft profonde en feringuer dedans, puis avoir une feuille de chou, & l'ayant paffée fur le feu, l'appliquer fur le mal avec une compreffe de linge & une ligature, & la penfer trois fois le jour.

Pour faire l'emplâtre appellée Manus Dei.

Prenez une once & un quart de galbanum, trois onces & trois dragmes d'ammoniacum, & une once d'oppoponax, concaffez les gommes dans un mortier & les mettez infufer dans deux pintes de bon vinaigre blanc fans mixtion, s'il eft poffible, l'efpace de deux fois vingt-quatre heures, les remuant tous les jours deux ou trois fois avec une fpatule : puis mettez le tout dans un poëlon fur le feu, & le faites bouillir jufqu'à diminution de moitié ou environ : après quoi vous paflerez le tout par une étamine ou toile forte, afin de les preffer, en forte qu'il n'y demeure aucune fubftance, & puis vous le remettrez fur le feu, & le ferez bouillir comme devant, le remuant toûjours avec une fpatule de fer ou de bois, jufqu'a ce que les gommes prennent corps, & qu'elles foient en confiftance de miel ; ce que vous reconnoîtrez en en laiffant tomber quelques goutes fur une affiette avec la fpatule.

Cela fait, vous prendrez deux livres & demie d'huile d'olive que vous mettrez dans un autre poëlon à part, avec une livre & demie de litarge d'or,

&

& une once de vert de gris, l'un & l'autre premierement pulverifez & tamifez, & les ferez cuire fur
un fort petit feu, remuant toûjours fans ceſſer avec
une ſpatule de fer ou de bois : car autrement la litarge s'amaſſeroit enſemble, jufqu'à ce que le tout
ſoit bien lié & incorporé enſemble; & alors augmentez le feu, & le faites cuire juſqu'à ce qu'il devienne d'un rouge brun, quoi qu'il devienne noir
avant que de rougir : cela étant, il faut mettre une
livre de cire neuve coupée par petits morceaux, que
vous ferez fondre dedans, remuant toûjours avec
la ſpatule : après cela vous y mettrez les gommes
déja cuites & un peu rechauffées, afin qu'elles puiſſent mieux couler : & avant que de ce faire, prenez garde que l'huile ne ſoit trop chaude, car le
tout écumeroit dehors, & que le mélange s'en faſſe
hors du feu.

Cela fait, prenez ce qui fuit bien pulveriſé & ta-
miſé : ſavoir, quatre onces d'aimant de Levant fin,
deux onces d'ariſtoloche longue, une once d'oliban,
une once de myrrhe, une once de bdellium, &
deux onces d'encens le plus pur, que vous mettrez
dans la poéle, & les incorporez bien diligemment
enſemble, la poele étant hors du feu : & prenez
garde encore un coup, que quand vous y mettrez
leſdites poudres, l'huile ne ſoit trop chaude, car
tout s'enfuiroit : & après vous mettrez le tout fur
les cendres à fort petit feu, pour les incoporer encore mieux.

Et quand tout ſera froid, vous paîtrirez l'onguent
dans les mains mouillées de vinaigre, & en ferez
des magdaleons, ou roulotes fur une table arroſée
de vinaigre, que vous mettrez dans du papier quand
ils feront ſecs, pour les conſerver.

Ladite emplâtre ſe garde cinquante ans en ſa bonté, & n'eſt pas bon de s'en ſervir qu'elle ne ſoit faite
de deux ou trois mois.

Il ne ſe faut point ſervir de tentes, ni charpie,

ſi ce n'eſt que la plaie ſur laquelle on l'applique ſe referme , ou que la chair croiſſe trop.

Pour guerir promptement , il ne faut manger ni aux , ni oignons : il eſt fort bon à toutes playes vieilles & nouvelles : il mondifie & fait revenir la chair ſans corruption : il unit les nerfs coupez & fortifie les foulez : il guerit toute enflure , & même à la tête : il guerit les arquebuſades , il éteint le feu, fait ſortir le fer & le plomb des playes , & les eſquilles d'os , s'il y en a dans le corps.

Il guerit les morſures des bêtes venimeuſes & enragées , attirant ſenſiblement le venin : il guerit toute ſorte d'apoſtumes & de glandes , chancres , écrouelles , fiſtules, & même la peſte.

Il eſt auſſi fort bon pour faire fluer les hemorroïdes rebelles.

Et guerit le farcin des chevaux.

Bref on l'éptouve tous les jours pour guerir quantité de maux.

Memoire des drogues qui entrent dans ledit onguent pour en faciliter l'achat.

Galbanum , une once & deux dragmes.
Ammoniacum , trois onces , trois dragmes.
Aimant de Levant fin , 4. drag.
Ariſtoloche longue , 2. onces.
Encens pur , deux onces.
Litarge d'or , une livre & demie.
Huile d'olive , une livre.
Oppoponax , une once.
Vert de gris , une once.
Oliban , une once.
Maſtic , une once.
Myrrhe , une once.
Bdellium , une once.
Deux pintes de bon vinaigre blanc ſans mixtion.

Pour la Migraine.

Il faut au mois de May , & dans le beau temps,
pren-

Tome I.

prendre de bon matin avant le Soleil levé, la feüille des mauves, tirer par le nez la rofée qui eſt par deſſus : cela guerit abfolument la migraine, ſans retour.

Pour les Maladies des Femmes & des Enfans.

CHAPITRE II.

Pour faire perdre le lait à une femme, en un jour ou deux.

PRenez de la rhuë que vous mettrez entre les deux aiſſelles nuit & jour, il ſe perdra aiſément. E-prouvé.

Pour un enfant mort au ventre de la mere.

Donnez lui à boire du jus d'hyſope dans de l'eau chaude, & incontinent elle enfantera, ſon enfant fut-il pourri.

Pour faire bien-tôt accoucher une femme, & lui faire rendre l'arriere-faix & l'enfant mort, & pour les Apoplectiques.

Prenez de l'eſſence de rômarin ſept ou huit goû-tes, que vous mettrez dans un verre de bon vin blanc.

Nota. Qu'il faut que la malade ſoit debout, & frotter ſur l'eſtomach pour faire bien penetrer le re-mede : s'il ne reüſſit à la premiere fois, il ne man-quera pas à la ſeconde.

Pour le même.

Prenez des foyes d'anguilles demi-quarteron, que vous laverez avec du vin blanc, & ferez deſſécher ſur la brique, puis reduirez en poudre, de laquel-

le donnez à la femme en travail d'enfant une dragme dans du vin blanc.

Pour le même.

Prenez des mauves que vous pilerez dans un
mortier de marbre, & appliquerez en forme de cataplasme sur les reins, au dessus de l'épine du dos.
Nota. Qu'il ne les y faut pas laisser long-temps.

Pour les tranchées après l'accouchement.

Prenez deux œufs frais d'un jour, que vous ava-
lerez avec la grosseur d'une noisette de sucre, incontinent après l'accouchement, puis boirez un
peu d'eau & de vin.

Pour la fièvre de lait.

Prenez du populeum blanc & populeum vert,
que vous ferez fondre sur des cendres chaudes, puis
en frotterez les mammelles, & mettrez un papier
brouillard par dessus le teton, & le couvrirez d'u-
ne serviette en quatre, & ne prendrez point d'air
s'il se peut.

Autre pour la fièvre de lait.

Prenez de l'argille, des féves écossées, du blanc
d'œufs, des galles cuites en vinaigre, de l'huile
rosat, le tout broyé & bien mélé ensemble; faites-
en un cataplasme, & l'appliquez froid.

Pour faire revenir les mois aux femmes.

Prenez deux cassautes, que vous laverez en eau
bien nette & ferez sécher, puis ferez bouillir avec
un blanc d'œuf avec de l'eau dans un pot verni, &
les coulerez, puis les remettrez au pot avec du vin,
dans lequel détremperez demi-dragme de saffran que
vous aurez fait sécher, & ferez encore bouillir trois
ou quatre bouillons; & de cela prenez-en soir &
matin pendant trois jours un plein verre.

Pour

Pour le même.

Prenez des pois chiches noirs que ferez bouillir en eau , & coulez l'eau lors qu'ils feront cuits, de laquelle prenez un plein verre par trois differens matins.

Pour faire avoir les fleurs reglées à celles qui ne les ont pas.

Prenez de l'efpargoute une bonne poignée , que vous ferez bouillir en eau laquelle vous coulerez dans un gros linge pour en prendre un bon verre trois matins differens.

Pour éprouver fi une femme eft enceinte.

Ayez de fon urine , & la mettez dans un pot de cuivre ; dans laquelle trempez pendant une nuit une efquille de fer bien polie ; fi elle eft enceinte il y aura des taches rouges , fi au contraire elle deviendra noire & rouillée.

Pour provoquer les mois.

Prenez des feuïlles , l'écorce , ou graine de troëne , que vous pilerez & ferez infufer vingt-quatre heures dans du vin blanc , dont vous prendrez deux ou trois doigts par trois matins.

Pour faire fortir la petite verole.

Prenez un morceau de pourceau entrelardé de gras & de maigre, que vous ferez cuire à la broche , & tandis qu'il cuira l'arrofez avec de l'eau rofe jufqu'à ce qu'il ne dégoutte plus de graiffe: gardez tout ce qui reftera à la lechefrite , que vous ferrerez dans un vafe de verre , pour vous en fervir aux occafions : ils en faut graffer le vifage , & les autres parties , & cela la fera fortir parfaitement. Eprouvé.

Pour empêcher la petite vérole de creuser.

Prenez un poûmon de veau ou de bœuf, que mettrez fur un feu ardent de charbons, & lors qu'il commencera à fuer, prenez une éponge & en levez l'eau, & le preffez dans un vafe de terre, y ajoûtant autant pefant de graiffe de porc mâle, & autant de fuc d'abfinthe, mêlant bien & incorporant le tout enfemble fur un réchaut. puis avec un brin dudit ab-finthe que vous tremperez dedans, en jetterez fur le vifage en façon d'afpergez.

Pour ôter les creux de la même, voiez ci-deffus la page 47.

Nota. Qu'il faut attendre que les neuf jours foient paffez.

Pour les vers des petits enfans.

Il faut faire fondre plufieurs fois de l'étain fin, & chaque fois l'éteindre dans de l'eau de fontaine, de laquelle ferez boire aux enfans ordinairement.

Pour guerir les enfans des convulfions.

Prenez de la fiente de poule, encore mieux de celle de Paon féche, partagez en deux chaque pie-ce, & vous trouverez au milieu un petit endroit blanc que vous retirerez promptement avec la pointe d'un coûteau, & le broyerez avec une partie de fu-cre candi, & en ferez une poudre, pour en donner demi - dragme dans les occafions, ou un peu plus dans du bouillon, ou du vin blanc.

Pour guerir le goître.

Prenez de l'alun de roche deux onces, os de fé-che, éponge fabloneufe, de chacun une once; faites calciner dans un pot de terre non verni, dans un four, lors que le pain en eft dehors, du foir au ma-tin : de cette poudre il en faut mettre le foir fur la langue à difcretion, frottant bien fort le gofier de

haut

haut en bas : & le matin boire de l'eau de vie bonne & forte, & en ufer ainfi pendant douze ou quinze jours.

Pour le même.

Prenez les petits boyaux d'un mouton que vous mettrez autour du col, jufqu'à ce qu'ils foient froids, puis vous y en appliquerez d'autres chaudement, le mouton venant d'ère tué, & continuez ce remede tant qu'il vous plaira.

Pour le même.

Prenez la poudre de la tête d'une vipere, coufuë dans un ruban autour du col.

Pour arrêter le flux des femmes.

Prenez de la feuille de vigne blanche féchée à l'ombre ; la dofe eft une demi-dragme ou un peu plus dans du vin blanc.

Pour arrêter le fang aux femmes.

Prenez de l'écorce de grenade en poudre une dragme, avec deux doigts d'eau de plantain ; puis ayez un écheveau de fil neuf que vous tremperez en vinaigre bien fort, & mettrez fur la partie.

Pour les pâles couleurs Opiate.

Prenez du crocus Martis, corne de cerf préparée, de chacun une once, poudre aromatique de rofes deux onces, fucre candi deux onces, conferve de rômarin liquide une once, feuilles de chicorée, de meliffe & de ceterach, un peu de chacun, pilez & melez bien le tout enfemble, & en prenez foir & matin la groffeur d'une noifette.

Eau Imperale violette.

Prenez une pinte de bonne eau rofe, des violettes de Mars demi-quart ; mettez le tout dans une bouteille de verre découverte, qui contienne deux pintes & que lefdites violettes foient effeuilleés & le blanc coupé; il en faut mettre le plus que l'on pourra, & mettre le tout au Soleil tant que la feuille soit blanche, puis la passer & remettre au Soleil environ quinze jours, ou trois semaines, la retirant tous les soirs: puis y ajoûter une livre de sucre fin en poudre, & l'y laisser fondre; plus une once de bonne canelle battuë, que vous y laisserez environ vingt-quatre heures pour prendre toute la force, puis la passer & la boucher. Il en faut prendre une cuillerée quand on a le mal de mere, ou un catarre, ou en travail d'enfant, ou bien en des foiblesses, ou en la colique.

Pour l'Embellissement & Conserva-tion de la Beauté.

CHAPITRE III.

Recéte de l'eau de la Reine de Hongrie.

EN la cité de Bude, au Royaume de Hongrie, s'est trouvée ecrite la présente Recéte dans les Heures de la serenissime Princesse Donna Izabella, Reine de Hongrie.

Moi Donna Izabella, Reine de Hongrie, âgée de soixante & douze ans, infirme de membres & gouteuse, ai usé un an entier de la presente recéte, laquelle me donna un Hermite que je n'avois jamais vû, & n'ai sû voir depuis, qui fit tant d'effet sur moi, qu'à même temps je gueris & recouvrai les forces; en sorte que paroissant belle à un chacun, le Roi de Pologne me voulut épouser; ce que je refusai pour l'amour de Nôtre Seigneur JESUS-CHRIST, croiant que cette Recéte m'avoit été donnée par un Ange.

Pre-

Prenez de l'eau de vie diſtilée quatre fois, trente onces, des fleurs de rômarin vingt onces , mettez le tout dans un vaſe bien bouché l'eſpace de cinquante heures, puis diſtilez dans un alambic au B. M. & en prenez le matin une fois la ſemaine une dragme, avec quelqu'autre liqueur ou boiſſon, ou bien avec de la viande, & en lavez le viſage tous les matins, & en frottez le mal des membres infirmes.

Ce remede renouvelle les forces, fait le bon eſprit, nettoye les moelles , fortifie les eſprits de la vie en leur nouvelle operation, reſtitué la vûë, & conſerve en longue vie; elle eſt excellente pour l'eſtomach & pour la poitrine, s'en frottant par deſſus. Quand on ſe ſert de ce remede , il ne faut pas le faire chauffer.

Pour les boutons du viſage.

Enveloppez du ſalpêtre dans un linge bien délié , puis l'ayant trempé en eau claire, touchez en les boutons.

Pour les rougeurs du viſage.

Prenez de la patience & du mouron de chacun une poignée : & faites les bouillir enſemble, & vous lavez de cette eau.

Autre pour les rougeurs du viſage.

Sur une livre de veau mettez ſix œufs frais , pilez le tout enſemble, & y ajoûtez un demi - ſeptier de vinaigre blanc, & une poignée d'argentine, diſtilez le tout au B. M. & vous en lavez le viſage.

Pour le même.

Prenez de l'eau de plantain, avec de l'eſſence de ſoufre , & mettez tout enſemble , & vous en appliquez ſoir & matin ſur le viſage avec un petit linge.

Pour ôter les taches du visage.

Prenez de la racine de parelle & de melon, de chacun deux livres, dix œufs d'arondelle, du sel nitre demi-once, & du tartre blanc deux onces : battez & mêlez le tout ensemble, faites le distiler dans l'alambic de verre, & vous lavez de cette eau, vous verrez merveilles.

Toile à doubler les masques.

Prenez de la cire blanche quatre onces, graissé de chevreau, semence de baleine, de chacun deux onces, & de camphre une once : faites fondre tout ensemble, & y trempez vos toiles.

Très-excellente eau pour le visage.

Faites un pain de fleur de farine de froment, détrempé avec du lait de chévre blanche, que vous mettrez au four, & l'en tirez avant que d'être entierement cuit, & en ôtez la mie, que vous émierez le plus menu que vous pourrez, & la mettrez tremper dans de nouveau lait de chévre, auquel ajoûterez demi-douzaine de blancs d'œufs passez par l'éponge : ce fait, prenez une once de chaux, des coques d'œufs, & mettez le tout ensemble, étant bien mêlé dans l'alambic de verre, & le distilez à feu lent : & vous en aurez une excellente eau pour ôter toutes taches & rougeurs du visage, qui blanchit & décore merveilleusement.

Eau pour blanchir le visage.

Prenez de la racine de vitis alba, & de celle de narcisse : mettez les toutes deux dans un alambic de verre, avec une chopine de lait de vache, & une mie de pain blanc, distilez cette eau, & pour vous en servir, mêlez-la par moitié avec celle de la Rei-

ne de Hongrie, vous verrez qu'elle blanchira fort-
bien : vous pouvez en user au visage.

L'eau de Venise fort bonne pour le visage.

Prenez deux pintes de lait d'une vache noire, au
mois de Mai, que vous mettrez dans une bouteille
de verre, avec huit citrons & quatre oranges pilez
& mis en tranches, une once de sucre candi, & une
demi - once de borax ; mettez le tout au B. M. ou sur
le sable pour distiler à feu toûjours égal , qui est le
principal, & ne faut boucher la bouteille que le lendemain de la distilation.

Pour le même.

Prenez douze citrons sans écorce que vous couperez à tranches, douze œufs frais, six pieds de mouton par morceaux, avec les os, du sucre candi quatre onces, une bonne tranche de melon, autant de
citrouïlle, deux dragmes de borax ; distilez le tout
en alambic de verre, la chappe de plomb.

Pour ôter les lentilles.

Prenez de la joubarbe, & éclaire , que vous distilerez au B. M. & vous lavez de cette eau.

Preparation du fiel de bœuf.

Prenez telle quantité de fiel de bœuf que vous
voudrez, & le vuidez dans une fiole de verre , &
pour une livre pesant , ajoûtez-y une dragme d'a-
lun de roche , demi - once de sel gemme, ou sel de
verre ; une once de sucre candi , deux dragmes de
borax, & une dragme de camphre , que vous pilerez à part ; puis mêlerez tout ensemble, & le mettrez dans le fiel de bœuf, & l'agiterez l'espace d'un
quart d'heure ou environ, puis le laisserez reposer ;
& continuez d'en user ainsi deux ou trois fois par jour

pen-

pendant quinze jours, jusqu'à ce que le fiel devienne clair comme de l'eau, laquelle vous filtrerez par la carte emboietique, & la garderez. On s'en sert pour se préserver du hâle du Soleil, en mettant sur le visage quand vous voulez aller aux champs, vous lavant le soir avec de l'eau commune ; ce qui vous emportera tout le teint grossier.

Eau pour le visage.

Prenez du son de froment demi-quart & le repassez plusieurs fois, jusqu'à ce qu'il n'y reste plus de farine ; mettez-le infuser dans du bon vinaigre trois ou quatre heures pour le moins ; puis ajoûtez-y des jaunes d'œufs, que vous dissoudrez & distilerez au Bain M. de cette distilation viendra une eau admirable qui lustre merveilleusement le visage ; il est bon de la tenir au Soleil pendant huit ou dix jours, la bouteille étant bien bouchée.

Eau pour l'embellissement du visage, & pour ôter les rides.

Prenez de l'eau de riviere la plus battuë qu'il se pourra, c'est à dire de celle qui passe sous le moulin, s'il se peut ; autrement il la faut mettre dans quelque vaisseau qui ne soit pas entierement plein, & l'agiter pendant un bon espace de temps qu'elle soit bien battuë, après quoi vous la coulerez dans un linge blanc, & la mettrez dans un pot de terre neuf plombé, avec une poignée d'orge bien lavée & nettoyée de ses ordures, & la ferez cuire à feu de charbon, jusqu'à ce que l'orge soit crevée ; alors retirez-la du feu & la laissez rasseoir, & la coulez derechef à travers un linge, dans une bouteille de verre qui ait le quart de vuide, dans laquelle vous ajoûterez pour une pinte d'eau trois gouttes de baume blanc, ou baume du Perou ; le premier est le meilleur, & secouërez & agiterez ladite bouteille pendant dix ou
dou-

dóuze heures sans discontinuer , jusqu'à ce que le baume soit entierement incorporé avec ladite eau, & que l'eau en demeure trouble & un peu blanchie, & elle sera dans sa perfection. Elle fait merveille pour embellir le visage, & pour le conserver en jeunesse & fraîcheur : elle ôte même les rides avec le temps, en usant une fois le jour.

Nota. Qu'il faut laver le visage avec de l'eau de riviere, de pluye, ou de fontaine, avant que de se servir de cette eau.

Pour ôter les rides du visage.

Il faut avoir une poële à feu , & la faire bien chauffer, puis jetter par dessus de la poudre de myrrhe, opposant le visage par dessus pour en recevoir la fumée , mettant un gros linge autour de la tête pour mieux recueillir ladite fumée, reiterant ce procedé par trois fois : puis ayant derechef fait chauffer la poele, il faut prendre de vin blanc dans la bouche & en arroser ladite poele , recevant & recueillant de même ladite fumée qui s'élevera , & reiterant de même par trois fois , continuant ce procedé soir & matin si long-temps que vous voudrez, & verrez merveilles.

Très-excellente pommade pour le visage.

Prenez telle quantité que vous voudrez de pieds de mouton, & les ayant pelez , desossez-les , & cassez les os longs pour en tirer la moelle ; ce qui doit être fait en pleine Lune , tant qu'il se peut ; car il y a pour lors beaucoup plus de moelle : Pour bien faire il est bon de faire tremper lesdits os un jour ou deux à la cave dans de l'eau, que vous changerez trois ou quatre fois par jour ; ce qui fera que vous les casserez facilement ; il faut sur deux douzaines de pieds de mouton ajoûter tout au moins demi-douzaine de pieds de veau : & en ayant tiré

la

la moëlle , lavez-la en plusieurs eaux, même avec
de l'eau rose , jusqu'à ce qu'elle soit bien blanche :
d'autre part lavez bien les os après en avoir tiré la
moelle , & les faites bouillir en eau claire une bonne heure ou deux : puis les coulez à travers un linge , & laissez reposer l'eau du soir au lendemain :
qu'avec une cuillier d'argent vous tirerez promptement l'huile ou graisse qui nagera ou sera figée par
dessus , laquelle vous joindrez avec laditte moelle,
& mettrez fondre sur un feu de charbon , ajoûtant
sur le poids d'environ quatre onces , une dragme de
borax , & autant d'alun de roche calciné : & ayant
bouilli tant soit peu , ajoûterez encore deux onces
d'huile des quatre semences froides tirée sans feu ,
avec un peu de cire , ou de suif de mouton : mais
celui de la panne ou toile de chevreau est le meilleur
de tous : car on tient que le premier roussit le visage , & que la cire le coupe ; au lieu que celui-ci
ne fait ni l'un ni l'autre : puis la coulez & passez à
travers un linge , & vous en servez.

Pommade excellente pour les lévres.

Prenez d'huile d'amandes douces une once, mettez-la sur le feu , avec environ une dragme, ou un
peu davantage de suif de mouton fraîchement tué ,
& de l'orcanette rapée pour lui donner couleur : faites-les cuire quelque temps ensemble, & il sera fait
pour vôtre usage : l'on peut, si l'on veut, au lieu
de l'huile d'amandes douces , prendre celle de jasmin, ou d'autre fleur, si l'on veut lui donner bonne odeur : il faut que l'huile d'amandes douces soit
tirée sans feu.

Pour ôter les rousseurs du visage.

Prenez les os longs des pieds de mouton , que
vous ferez brûler au feu , jusqu'à ce qu'ils se redui-
sent facilement en poudre . laque le vous ferez infuser .

fuſer vingt-quatre heures durant dans du vin blanc:
puis le couler, & vous en ſervir, vous en layant
& décraſſant le viſage : il faut ſur quatre pieds un
verre de vin blanc.

Mouchoir de Venus.

Prénez de la craye de Briançon demi-quart, que
vous ferez calciner au feu dans un fourneau de verrerie, ou autrement : puis la détrempez avec bonne eau de vie : ou bon eſprit de vin, les laiſſant
bien incorporer enſemble pendant vingt-quatre heures : puis y trempant vos toiles, les laiſſer ſécher
à l'ombre, hors de la pouſſiere, du Soleil, & du
feu : il eſt bon de les imbiber de cette matiere juſqu'à trois fois, & vous en ſervez à ſec : cette
maniere eſt excellente par deſſus toutes celles que
j'ai vûes, & le mouchoir ne ſe ſalit preſque
point.

Lait virginal.

Prenez dû ſtorax & benjoin, de chacun deux onces, que vous reduirez en poudre, puis dans douze onces d'eſprit de vin paſſé par trois ou quatre
fois, mettez le tout dans une bouteille de verre,
qui ait les deux tiers de vuide, que boucherez avec
un parchemin dans lequel vous piquerez quatre ou
cinq trous avec un poinçon : puis vous la mettrez
au B. M. pour un quart-d'heure ſeulement, c'eſt à
dire que quand vous verrez bouillir l'eau, il faut
retirer promptement la fiole, & l'envelopper avec
une ſerviette, afin que la bouteille ne ſe créve, en-
ſuitte prendre du baume blanc, ou du Perou une
once, dans lequel mettez le germe d'un œuf qui
ait été démêlé dans la main avec tant ſoit peu d'eau
de vie, puis laiſſer repoſer le tout l'eſpace de quarante jours, & s'en ſervir.

Autre

Autre lait virginal plus prompt & fort excellent.

Prenez de l'herbe dite Sempervivum, autrement joubarbe, que vous pilerez dans un mortier de marbre; & en exprimez le jus à travers une presse, lequel jus vous coulerez, le faisant auparavant chauffer tant soit peu, ce qui aide à le bien clarifier: & lors que vous voudrez vous en servir, il en faut mettre dans un verre, & jetter dedans quelques goutes en bon esprit de vin & incontinent il se fera une maniere de lait caillé dudit jus, qui est très-excellent pour unir le visage & pour en effacer les rougeurs.

Très-excellent blanc d'Espagne.

Prenez de la semence de perles Orientales, du corail blanc, ou pâle, de chacun deux onces: pilez bien chaque chose à part, puis les mettez dans un matras, & y ajoûtez de l'eau forte selon que vous jugerez à propos; puis vous aurez encore un autre matras, où vous mettrez de l'étain de glace huit onces; l'ayant bien pilé auparavant, & par dessus de ladite eau, jusqu'à ce que le tout soit dissous; puis vous mêlerez les perles & le corail ensemble; & ce que vous aurez dissous de l'étain de glace vous le jetterez par dessus lesdites perles & corail, afin de les faire precipiter: & avant que de les mêler il y faut ajoûter de l'eau salée, & puis les laver avec de l'eau de fontaine tous les jours deux fois, jusqu'à ce que vous ne sentiez plus le goût d'eau forte, & lors vous vous en servirez avec de l'eau de fleur de pêcher, de minons de saules, & les ferez distiler chacune à part: lors que vous vous en servirez, vous en prendrez autant de l'une que de l'autre; & y mettrez de cette composition.

Le jus de citron est meilleur.

Pour blanchir les dents.

Prenez de l'eau rose, du syrop rosat, miel blanc, eau de plantain, de chacun demi-once; esprit de vitriol quatre onces, faut bien mêler le tout ensemble, & s'en frotter les dents avec un linge, & se laver avec eau rose & de plantain, égales parts.

Pour la même.

Prenez de l'herbe de sauge, des fleurs de roses rouges, de chacun deux pincées, racine d'iris une demi-once, du bois de gayac trois dragmes, bois de roses une dragme, os de séche deux dragmes, mastic trois dragmes, myrrhe une dragme, canelle une dragme, pierre ponce préparée six dragmes, santal rouge bien pulverisé demi-once, corail rouge six dragmes, le tout soit mis en poudre & en opiate, si bon vous semble.

Pour le même.

Prenez du corail rouge, des noyaux de dattes, le tout reduit en poudre subtile, des perles, de chacun une dragme, des écrevices calcinées une dragme, corne de cerf brûlée une dragme, sel d'absinthe un scrupule, de tout cela soit faite une poudre & opiate avec confection d'alkermez.

Pour le même.

Prenez du bois de rômarin, & le mettez en charbon que vous jetterez, étant embrasé, dans du vinaigre rosat, l'y laissant tremper vingt-quatre heures au serein, puis le sécher au Soleil, & le mettre en poudre, dont vous vous frotterez les dents.

Pour empêcher les cheveux de tomber.

Prenez de la graine de persil que vous mettrez en
poudre

poudre impalpable , dont vous vous poudrerez la tête par trois soirs differens , une fois l'année feulement , & il ne tombera jamais aucun cheveu.

Pour les faire croître.

Prenez la fommité du chanvre lors qu'il commence à fortir de la terre , & le faites tremper vingt-quatre heures dans l'eau, de laquelle vous mouillerez les dents du peigne duquel vous vous peignerez, & cela tous les croiffans de la Lune feulement. Il eft certain que cela fait beaucoup croître les cheveux.

Pour teindre les cheveux.

Prenez de l'huile de tartre chaud autant qu'il en faut, oignez-en l'éponge ou le peigne & en peignez les cheveux au Soleil , ayant premierement lavé la tête ; faites cela trois fois par jour , & dans fept jours au plus , ils deviendront noirs , que fi vous voulez les rendre odoriferans, oignez-les avec de l'huile de benjoin.

Eau pour teindre le poil en noir.

Faites diffoudre une once d'argent fin dans de la mine tres-déliée avec deux onces d'eau forte dans un matras fur feu lent ; l'argent étant diffous , ajoûtez-y demi-feptier d'eau rofe, que vous ferez bouillir un bon quart d'heure , ajoûtez-y enfuite le fuc de deux citrons ; puis faites rebouillir le tout pendant un quart d'heure : & pour vous en fervir vous prendrez une cuillerée de cette eau, que vous aurez en referve dans une bouteille , & y ajoûterez quatre cuillerées d'eau rofe, & autant de jus de citron, & ferez tout tiédir , & vous en laverez les cheveux ou la barbe ; & prendrez garde de ne pas toucher à la peau : il faudra mettre un petit morceau de linge au bout d'un petit bâton, & avec cela porter

l'eau

l'eau fufdite fur la barbe ou les cheveux, & les laiſſer ſécher.

Pâte pour les mains.

Prenez une livre d'amandes pilées, avec une once de ſantal citrin paſſé par le tamis : deux onces de
calamus paſſé, une once d'iris, deux verres pleins
d'eau roſe, une pomme de reinette coupée en petits morceaux, la mie d'un pain blanc d'un ſou bien
ſéche & paſſée, paitriſſez le tout avec deux onces
de gomme tragagant diſſous en eau roſe, & en faites une pâte pour vôtre uſage.

Autre pâte pour les mains.

Prenez des pommes de courpendu dont vous ôterez la peau, & les pilez dans un mortier de marbre,
étant auparavant coupées à tranches ; mouillez-les
avec eau roſe & vin blanc ; mettez parmi la mie
d'un pain blanc, & des amandes bien amolies, pelées & broyées avec du vin : puis y ajoûtez un peu
de ſavon blanc ; & cuiſez le tout à feu lent, & vous
en ſervez.

Autrement.

Prenez deux livres d'amandes douces, que vous
pilerez & battrez bien dans le mortier de marbre,
& mettrez infuſer dans deux pintes de lait de chévre, ou de vache, pendant deux ou trois heures,
que vous coulerez à travers un gros linge qu'il faut
bien exprimer par le moyen de la preſſe : mettez
cette colature dans une baſſine ſur un feu de charbon ; y ajoûtant la mie d'un pain blanc de deux ſous,
avec environ deux dragmes de borax, & autant d'a-
lun de roche calciné, & ſur la fin une once de ſperma
ceti ; il faut toûjours bien remuer en la cuiſant,
de peur qu'elle ne s'attache an fond de la baſſine :
e ſigne de la cuiſſon eſt quand e le ſe léve entierement avec la ſpatule : pour la bien cuire & à propos,

il

il convient y employer cinq ou six heures pour le moins. Cette pâte est excellente par dessus les autres.

Pour faire venir les cheveux promptement.

Prenez des orties qui viennent au Soleil levant ; tirez-en le jus, dans lequel trempez tous les matins les dents du peigne ; & vous en peignez à rebours, & ils viendront incontinent bien. Eprouvé.

Pour avoir bonne voix.

Prenez des fleurs de sureau en poudre, le matin à jûn, dans du vin blanc, une dragme.

Des Pierreries & Joyaux des Perles.

CHAPITRE IV.

Perles artificielles aussi belles que les naturelles.

PRenez des semences de perles des plus belles & des plus grosses, concassez-les, & les faites dissoudre en eau d'alun, qui est tout le secret ; puis les paîtrissez & lavez la pâte doucement avec eau distilée, & derechef les paîtrissez avec de l'eau de fleurs de féves, & les faites digerer dans le fient l'espace de quinze jours ; après étant en consistance de pâte, vous en formerez des perles avec un moule d'argent, & les percerez avec un poil de pourceau, & les suspendrez en un alambic bien bouché, afin que l'air ne les altere ; puis vous les ferez cuire de la sorte.

Enveloppez chacune à part dans une feuille d'argent, puis fendez un barbeau par le milieu, & les mettez dedans, faites une pâte dudit barbeau avec de la farine de froment, & le faites cuire au four comme du pain.

Si elles n'ont affez de luftre, faites de l'eau d'une efpece d'herbe nommée gras tuli, avec fix onces de perles en poudre, une once de falpêtre, deux onces d'alun de roche, & litarge d'argent, & les perles étant faites, vous les réchaufferez un peu, & les éteindrez dans cette compofition, puis les fécherez & relaverez, reïterant cinq ou fix fois.

Pour les durcir.

Prenez de la calamine en poudre une once, huile de vitriol une once, blanc d'œuf batu & reduit en eau ; mélez le tout & le faites diftiler, & il en fortira une eau claire ; de laquelle, avec de la farine d'orge bien fubtile, vous ferez une pâte, dans laquelle vous mettrez cuire vos perles artificielles dans un four.

Secret admirable pour blanchir les perles.

Prenez de l'alun de plume, alun taillé de chacun une livre, diftilez cela en eau ; camphre demionce, feau de Salomon deux onces, rectifiez, puis avec un linge mouillé ufez-en.

Autre plus excellent.

Prenez de fleurs de féves demi-once, de la chaux d'œuf une once, du fel des étrangers une livre, eau de confoude, alcohol de vin onze onces, diftilez & en ufez.

Pour le même.

Prenez une poignée de fon de froment, que vous mettrez bouïllir dans un poëlon avec une chopine d'eau ; & comme il bouïllira, verfez la moitié de ladite eau, dans une écuelle de terre vernie, dans laquelle feront les perles enfilées, que vous laifferez tremper là dedans jufqu'à ce que l'eau foit un peu

peu refroidie , pour les pouvoir frotter doucement
avec les mains, tant que l'eau foit tout à fait refroidie : puis jettez cette eau &. en mettez encore de
nouvelle fur lefdites perles , & faites toûjours comme ci-deffus : & après vous aurez de l'eau claire que
vous ferez tiédir , laquelle vous mettrez dans ladite
écuelle où vous égayerez lefdites perles , fans les
frotter , & ferez ainfi, & reïtererez avec une deuxiéme eau tiéde , enfuite vous mettrez lefdites perles, fans les effuyer, ni défiler, fur du papier blanc:
& ainfi lés porterez en une cave fur un ais ou efca-
beau , fans les couvrir , & les y laifferez l'efpace
de vingt-quatre heures feulement.

Nota. Que de peur que les chats , ou les rats ne
les entraînent , ou faffent tomber, il faut mettre au
bout de l'enfileure quelque chofe pefante.

Pour faire des Saphyrs excellens.

Prenez des cailloux blancs de riviere que vous calcinerez, les faifant rougir au feu , & les éteignant
dans du fort vinaigre, reïterant cette operation par
fix ou fept fois toujours dans le même vinaigre, reduifez-les en poudre dans un mortier de fer , puis
les mettez dans un creufet avec autant pefant, que
de cailloux , de mouffe de tartre qui fe doit faire
ainfi.

Calcinez le tartre , & le mettez en lieu humide
dans la chauffe à hypocras , & au bout de ladite
chauffe il s'y amaffe de la mouffe , que ledit tartre
fait en fe liquifiant & fe mettant en eau.

Puis couvrez le creufet, & le mettez fondre au
feu l'efpace de quatre heures.

Pour teindre les cailloux blancs & tranfparens.

Il les faut calciner en la maniere ci-devant pref-
crite , & reduire en poudre dans un pot l'efpace de
quatre heures , & jetter deffus du fel de tartre très-
pur,

pur , & du fel de chaux, & fur la fin y jetter du fel
Soleil fixé tant foit peu , un quart d'heure après le
laiffer refroidir de foi-même.

Avant que de mettre en infufion vos cailloux , il
en faut prendre une partie, & les piler dans un mortier de cuivre , & vous ferez une émeraude ; la feconde partie fera pilée dans un mortier de fer avec
un pilon de même, & ce fera couleur de rubis ; &
la troifiéme partie dans un mortier de verre, avec
un pilon de même, & ce fera un diamant.

Pour reduire un caillou en pâte , & le remettre en telle
forme que l'on voudra.

Prenez des cailloux de riviere que vous calcinerez & romprez par petits morceaux ; puis les laifferez tremper vingt-quatre heures ou plus , dans du
fort vinaigre , jufqu'à ce qu'ils fe puiffent mettre en
poudre , laquelle poudre vous détremperez dans de
la terebentine , & de l'orguaifon, le tout bien pêtri
enfemble : mettez-le en telle forme qu'il vous plaira,
& les faites cuire au four.

Pour rendre blanc l'Ambre jaune.

Prenez par exemple une livre d'Ambre jaune, &
le mettez dans une cucurbite de terre bien forte, &
ajoûtez deux livres de fel gemme , ou fel de mer ,
& par deffus autant d'eau de fontaine qu'il en faut
pour diffoudre le fel, lequel étant diffous, remettez
encore un peu d'autre eau fraîche de riviere, & faites bouillir le tout dans un alambic fans bec, l'efpace de quatre jours , puis tirez-en un morceau , &
voyez s'il eft affez blanc, finon continuez encore à
faire bouillir , continuant le feu : & prenez garde
qu'en bouillant, l'eau ne manque point , mais y en
ajoûtez toûjours de nouvelle qui foit chaude.

Secret pour empêcher le froid aux pieds.

Prenez du jus de rhuë , que vous détremperez avec

de l'Huile de noix , & en lavez les pieds une fois seulement, au commencement de l'Hiver.

Diverses sortes de Parfums.

CHAPITRE V.

Pour faire le Musc.

AUx trois derniers jours de la Lune , mettez de la semence d'aspic au lieu de millet , ou autres grains qu'on donne à manger aux pigeons , & la faites manger à des pigeons pattus des plus noirs que vous pourrez avoir , & les abreuvez avec de l'eau rose dans leur boire ordinaire ; en suite donnez-leur à manger chaque jour la quantité de féves & pilules qui sera ci-après designée.

Savoir le premier jour de la Lune suivante, quinze féves, & trois pilules à chaque pigeon, composées comme sera ci-après dit.

Au deuxiéme jour de la Lune quatorze féves , & quatre pilules.

Au troisiéme jour, treize féves, & cinq pilules.

Au quatriéme jour, douze féves; & six pilules.

Au cinquiéme jour, onze féves, & sept pilules.

Au sixiéme jour, dix féves, & huit pilules.

Au septiéme jour, neuf féves, & neuf pilules.

Au huitiéme jour, huit féves, & dix pilules.

Au neuviéme jour, sept féves, & onze pilules.

Au dixieme jour, six féves , & douze pilules.

Au onziéme jour, cinq féves , & treize pilules.

Au douziéme jour, quatre féves, & quatorze pilules.

Au treiziéme jour, trois féves, & quinze pilules.

Au quatorziéme jour, deux féves, & seize pilules.

Au quinziéme jour, une féve, & dix-sept pilules.

Le seiziéme jour, prenez une écuelle de terre de
fayen-

fayence, & la mettez fur des cendres chaudes, &
enfuite prenez chaque pigeon & lui coupez le col,
& recevez le fang dans ladite écuelle, duquel vous
feparerez l'écume avec une plume ; puis prenez le
fang étant écumé, ayant auparavant percé l'écuelle,
& fur trois onces de fang mettez une dragme de
mufc oriental diffous dans de l'efprit de vin, ou de
l'eau rofe, & mettez fur cette quantité de fang &
de mufc quatre ou cinq gouttes de fiel de bouc ; après
mettez vôtre compofition dans un matras à col long
bien bouché, lequel vous mettrez en digeftion dans
du fumier de cheval bien chaud pendant quinze
jours, après lequel temps paffé, mettez fur des cendres chaudes, & congelez vôtre matiere à tel feu.

Nota. Que dans l'Eté vous pourrez faire vôtre con-
gelation au Soleil ; après retirez vôtre matiere dudit vaiffeau qui foit de plomb, avec du cotton, &
elle vous fervira pour faire d'autre multiplication,
comme fi c'étoit du veritable mufc & naturel.

Compofition des pilules.

Prenez de bonne canelle, cloux de girofle, noix
mufcades, gingembre florum, fpica nardi, calami
aromatici, de chacun cinq dragmes, mêlez le tout,
étant bien pilé & tamifé à part, & en faites de la
pâte avec de la gomme adragant diffous dans de
l'eau rofe, autant qu'il eft néceffaire pour former vos
pilules, que vous ferez bien égales, lefquelles vous
ferez fécher à l'ombre, & donnerez à vos pigeons,
fuivant l'ordre ci-deffus prefcrit, dans un entonnoir
avec de l'eau rofe, & ils ne doivent avoir autre
nourriture, ni boiffon qu'autant qu'ils voudront de
femence d'afpic.

Pour falfifier l'Ambre gris.

Prenez de l'amidon, iris de Florence de chacun
une once, afpalathi demi-once, benjoin une once,

fpersperme de baleine une once & demie, musc une dragme, gomme adragant une quantité suffisante.

Prenez l'amidon, le benjoin, & le sperma ceti, & en faites une pâte, laquelle étant faite, en prenez une partie, en laquelle vous dissoudrez la moitié de l'aspalathum, l'autre moitié vous le dissoudrez en un morceau de la pâte noire, puis mêlez le tout ensemble avec la main.

Pour augmenter la Civette.

Prenez des Pulpes de passeriffe bien passées une once, du musc une dragme; mêlez bien & incorporez le tout ensemble, & le mettez dans la corne où se met la civette, la bouchant bien, puis dans le fient de cheval par sept ou huit jours : sur deux dragmes de civette, mettez une dragme de cette matiere.

Essence de canelle en consistance d'extrait.

Prenez de l'huile de muscade que vous mettrez au Soleil en Eté, pour lui faire perdre son odeur; puis mettez de l'huile de canelle demi-quart, que vous reduirez en consistance d'extrait.

Cassolette.

Prenez du storax deux onces, benjoin quatre onces, douze cloux de girofle, ladanum une dragme, calamus aromatique une dragme, un peu d'écorce de citron : Il faut prendre un pot plombé neuf, & faire bouillir le storax & le benjoin, avec demi-septier d'eau-rose, pendant un assez long tems, le pot couvert en bouillant, & mettre le girofle, le ladanum, le calamus, & le citron en un petit noüet de toile, & le mettre bouillir avec les choses susdites : après que le tout aura assez bouilli, il faut tirer le pot & passer tout à travers un linge, sans beaucoup exprimer, & retirer la pâte que vous trouverez au pot & la mettre en un papier.

Pastilles excellentes.

Prenez du benjoin deux onces , storax demi-once, bois d'aloës une dragme, & charbon de saule à discretion : mettez le tout en poudre subtile , ajoûtez-y vingt grains de bonne civette , & de sucre fin à discretion ; pulverisez & mêlez lesdites drogues, & les mettez dans un poëlon où il y aura de l'eau rose qui surnage lesdites matieres, & les faites un peu bouillir jusqu'à ce que la pâte soit cuite , remuant toûjours avec un bâton , de peur qu'elle ne brûle : alors , si vous desirez faire vos pastiles meilleures , ajoûtez y douze grains d'ambre que vous aurez auparavant broyé sur le marbre avec un peu de sucre, & le jettez dans ledit poëlon quand la pâte sera cuite, & non plûtôt ; le tout bien mêlé , formez vos pastiles.

Autrement & plus precieuses.

Prenez du benjoin quatre onces , storax deux onces, bois d'aloës une dragme & demie ; faites bouillir le storax & le benjoin dans un poëlon bien net, avec eau rose l'espace de demi-heure , puis y mettez le bois d'aloes en poudre bien subtile : cela fait, mettez le tout au mortier chaud avec deux dragmes d'ambre gris , & une dragme de civette , & puis chaudement faites vos grains.

Sachets de senteur.

Prenez de l'iris de Florence une livre & demie, bois de roses six onces, calamus demi-livre, santal citrin quatre onces, benjoin cinq onces, cloux de girofle demi-once, & canelle une once.

Pour garder les boutons de roses à faire des sachets.

Prenez des boutons de roses de Provins , & en ôtez le vert, & coupez le cul, dans lequel vous mettrez

trez un clou de girofle, avec un peu de civette au bout, & les ferez fécher à l'ombre entre deux linges.

Poudre de violette pour les couffinets, même pour le linge.

Prenez de l'iris de Florence une livre, rofes deux livres, bois de rofes une once & demie, fandal citrin une once, calamus aromatique, & de foucher; c'eft à dire, moitié de l'un & moitié de l'autre une once & demie: pour environ deux liards de coriandre, une noix mufcade, pour un fol de canelle, une once & demie de cloux de girofle, & un peu d'écorce de citron, & de fleurs d'orange: pilez le tout dans un mortier, puis le paffez & mêlez bien enfemble dans un fas de foye, ou de crin, felon que la voudrez bien déliée, pour la mettre en des fachets, ou parmi le linge.

Poudre de Chypre.

Prenez de la mouffe de chêne, & la mettez dans un fac de toile, & la laiffez tremper un jour entier dans de l'eau; puis la foulerez aux pieds par deux ou trois fois, & l'égayerez fouvent avec de l'eau nette, & la ferez fécher l'efpace de deux ou trois jours, & l'étendrez fur le plancher; puis étant féche il la faut piler, & derechef l'étendre fur le plancher pour la fécher; puis la repiler & l'étendre derechef, & l'arrofer avec de l'eau rofe, & la faire encore fécher, & repiler; puis paffer par un tamis ou tafetas, & la mêler avec les poudres ci-après écrites tant & fi peu que vous voudrez, felon que vous la defirez bonne.

Compofition du Parfum.

Prenez du mufc une dragme, quatre cloux de girofle, quatre onces de graines de lavande, civette une dragme & demie, ambre gris demi-dragme:

Fai-

Faites chauffer le pilon & le mortier : puis prenez le musc, cloux, & lavande, & environ pour un sol de sucre blanc, avec un verre plein d'eau d'Ange ou d'eau rose : puis broyez le tout dans le mortier, & prenez une poignée de cette poudre, & incorporez-la bien ensemble ; puis passez par le tamis, tant que vous tiriez de la force & senteur qui vous plaise : vous y pouvez ajoûter jusqu'à deux ou trois livres de poudre, même davantage, pour la civette il la faut mettre au bout du pilon, en brassant & broyant bien ladite poudre : puis prendre la pesanteur de six livres de ladite poudre que vous mettrez peu à peu dans le mortier, incorporant la poudre & la civette en broyant bien avec le pilon : puis la repasser avec le tamis de crin, pour l'incorporer avec l'autre poudre musquée ; & pour l'ambre, il le faut tres-bien piler dans le mortier, & y mettre peu à peu environ deux livres de la poudre blanche ci-dessous écrite, ou bien de la grise, tant que l'ambre soit tout à fait pilé ; puis la passer par le tamis de crin, & incorporer les trois poudres ensemble.

Vous prendrez un petit sac de peau de mouton blanche bien cousu, avec des nerveures aux coûtures : étant accommodé, vous mettrez ces poudres & parfums dedans pour les conserver, & en mêlerez tant & si peu que vous voudrez, selon que l'on desire les poudres parfumées.

Pour faire les corps desdites poudres. Pour le premier corps de poudre blanche.

Prenez une livre d'iris, & douze os de séche, huit livres d'amidon, une poignée d'os de bœuf, ou de mouton, brûlez jusqu'à la blancheur, pilez le tout ensemble dans un mortier, puis le passez par un sas de crin assez délié.

Pour la poudre grise.

Prenez le marc qui reste de ladite poudre, que

vous rebattrez & mêlerez avec un peu d'amidon, & un peu d'ocre jaune, pour le mettre en couleur, & du charbon de bois blanc, ou à faute de cela de la braise du feu de boulanger, & mêlez bien toutes ces choses ensemble dans le mortier, vous la pouvez colorer de telle couleur qu'il vous plaira ; puis la passer encore par le crin, & rebattre le marc, & le repasser jusqu'à ce que tout soit passé.

Autre corps de poudre.

Prenez du bois vermoulu, ou pourri, & le pilez & passez par un tamis, puis le mêlez avec ladite poudre.

Parfum de poudres communes.

Prenez de l'iris de Florence une livre, des roses séches une livre, benjoin deux onces, florax une once, santal citrin une once & demie, cloux de girofle deux dragmes, un peu d'écorce de citron ; mettez le tout en poudre dans un mortier, & y mettez vingt livres d'amidon, ou de la poudre ci-dessus, que vous incorporerez bien ensemble, & colorerez comme il vous plaira; puis passerez tout par un tamis.

Autre maniére pour faire la poudre de Chypre plus belle.

Prenez de la mousse de chêne, que vous laverez plusieurs fois en eau claire, puis la relaverez tant qu'elle soit privée de toute odeur ; après la mettez sécher sur une claie de bois qui soit suspendue en l'air : étant séche arrosez-la avec eau-rose très-bonne, & eau de fleurs d'orange, & la laissez ressécher : si elle est d'odeur trop forte, vous la relaverez en eau commune tant que l'odeur en soit très-bonne & très-douce ; après que le tout sera fait, vôtre mousse étant encore sur la claie, vous mettrez par dessous une caffolette avec du feu, dans laquelle vous mettrez du florax, & benjoin, tant que vôtre mousse soit assez

parfu-

parfumée; enfuite vous mettrez pour une livre de corps ainfi préparée, deux dragmes de bon mufc, & une dragme & demie de civette, fi elle eft très-bonne, finon autant que de mufc.

Poudre d'Ambrette.

Prenez fix onces de farine de féves, autant de bois vermoulu, paffez le tout par un tamis; quatre onces de bois de ciprez, deux onces de fantal, deux onces de benjoin, demi-once de ftorax, deux dragmes de calamus, autant de ladanum, le tout paffé par le tamis de foie; puis fur deux livres de cette compofition, prenez 4. grains d'ambre gris, demi-once de graine de mahaleb pilée & paffée par le tamis, que vous diffoudrez dans le mortier chaud avec vôtre ambre; puis mélangerez le tout, & ferrerez dans une bouteille de verre bien bouchée; fur les fachets vous mettrez une livre & demie de cette poudre.

Eau de fenteur de la Reine.

Prenez de l'eau de rofe rouge trois pintes, eau de rofe mufcade, & de fleur d'orange, de chacun trois chopines; eau de fleur de melilot, de fleurs de myrtilles, & de coftus hortenfis, de chacune trois chopines; toutes les eaux fufdites diftilées feront mifes dans une bouteille de verre, dans laquelle ajoûterez du benjoin en poudre une livre, cloux de girofle, canelle, écorce d'orange féche, de chacun demi-once, le tout concaffé, bouchant bien la fiole, la laiffant un mois fans l'ouvrir.

Pour faire une bonne eau d'orange.

Prenez du benjoin quatre onces, fturax deux onces, fantal citrin une once, cloux de girofle deux dragmes, deux ou trois morceaux d'iris, la moitié d'une écorce de citron, deux noix mufcades, canelle demi-once, & deux pintes d'eau ou environ: met-

tez le tout dans un coquemart neuf de terre, & la
faites bouïllir jufqu'à diminution d'un quart ; puis prenez environ fix grains de mufc que vous mettrez en
poudre, avec gros comme une noifette de fucre que
vous délayerez avec un peu de ladite eau : puis vous
mêlerez le tout enfemble, & remuerez bien & la
paffererez & remettrez dans une bouteille de verre bien
bouchée pour la conferver.

Il faut garder le marc, & le faire fécher pour le
mettre en poudre, & s'en fervir à parfumer les poudres ci-deffus.

Extraction des odeurs & couleurs de toutes fleurs.

Faites extraire par la cornuë, en façon de l'eau
forte, l'efprit de falpêtre, ou fel commun, & le
confervez bien en un vafe de verre bien bouché : puis
prendrez telle quantité que vous voudrez de feuilles
de rofes que vous mettrez dans l'alambic, avec une
once d'efprit dudit fel, & une livre d'eau de fontaine bien claire, & à proportion tant que vôtre alambic foit rempli, & le laifferez ainfi infufer & repofer
l'efpace de vingt-quatre heures, jufqu'à ce que vous
verrez vôtre eau bien colorée, laquelle vous retirerez par inclination dans un autre vafe de verre : elle
aura l'odeur & la couleur de la rofe, laiffant dans
l'alambic vos feuilles toutes vertes qui fembleront tout
fraîchement cueillies. Vous pouvez faire le même de
toutes autres fleurs, comme violetes, œillets, &
autres.

Savonetes de Bologne.

Prenez une livre de favon de Génes coupé à petites
pieces, & quatre onces de chaux vive que pilerez
bien, avec deux verres d'eau de vie, que vous laifferez tremper deux fois vingt-quatre heures : puis
prenez une feuille de papier, & l'étendrez deffus pour
fécher, étant fec, le pilerez bien dans un mortier
avec demi-once de mahaleb, une once & demie de
fantal

fantal citrin, demi-once d'iris, autant de calamus, le tout en poudre, & pêtrirez enfemble avec blancs d'œufs, & quatre onces de Gomme adragant détrempée avec eau rofe, puis formez vos favonetes.

Très-excellentes Savonetes.

Prenez une livre d'iris, quatre onces de benjoin, deux onces de ftorax, deux onces de fantal citrin, demi-once de cloux de girofle, un fol de canelle, un peu d'écorce de citron, une once de mahaleb, une noix mufcade, le tout foit mis en poudre.

Puis prenez environ deux livres de favon blanc qu'il faut raper, & mettre dans trois chopines d'eau de vie pour tremper quatre ou cinq jours, puis le pêtriffez fort avec environ une pinte d'eau de fleur d'orange, ou autre de fenteur.

Puis ayez de l'amidon à difcretion battu & paffé, que vous mêlerez avec lefdites drogues ci-deffus & le favon, pour en faire une pâte; puis ayez un peu de gomme adragant diffoute en eau de fenteur, & cinq ou fix blancs d'œufs, & en formez vos favonetes de la groffeur que vous voudrez.

Pour les bien parfumer.

Prenez du mufc telle quantité que vous voudrez, que vous délayerez en eau d'Ange; puis prenez gros comme une favonete de la compofition ci-deffus, & mêlez tout enfemble dans le mortier; après vous mettrez & incorporerez cela avec vôtre pâte en forme de levain, & enfin faites vos favonetes.

D f   Diverfes

Diverses maniéres pour ôter les taches d'huile, de graisse, & d'autres choses.

CHAPITRE VI.

Pour ôter une tache d'huile sur le satin, ou autre étoffe, même sur le papier.

PRenez des pieds de mouton calcinez, dont vous mettrez aux deux côtez du papier, ou étoffe à l'endroit de la tache, & les y laisserez une nuit; cette poudre ou cendre attirera toute la tache : que si elle n'étoit entiérement ôtée, il en faudroit mettre une seconde fois, mais il ne faut pas que la tache soit vieille.

Plus pour ôter les taches.

Prenez demi livre de savon, quatre onces d'argile, & une once de chaux vive; mêlez le tout avec de l'eau, & appliquez sur la tache.

Autrement.

Prenez de l'eau, & de l'amidon, & en faites une pâte, de laquelle couvrez la tache à l'épaisseur d'un teston, & laissez sécher sur la tache; puis la frottez le lendemain comme on fait la bouë séche, & la tache ne paroîtra plus. Eprouvé.

D'autre façon pour la soie.

Il faut froter la tache d'esprit de térébentine, cet esprit s'exhale, & emporte avec soi l'autre huile.

Pour ôter la bouë qui réjaillit sur un rabat.

Il faut mouiller un linge blanc, & l'apliquer par dessus.

deſſus : cela imbibe toute la boüë, & fait qu'elle ne
paroît plus.

Pour ôter la rouille de deſſus un linge.

Le linge étant blanchi, prenez de l'eau toute boüil-
lante dans un pot d'étain, & à l'inſtant mettez-y
vôtre linge & le mettez deſſus,pour recevoir la fumée,
l'y preſſant & frottant avec un peu d'oſeille, puis le
lavez en eau claire.

Pour ôter toute ſorte d'encre ſur le linge, ou ſur le drap.

Prenez du jus de citron, que vous mettrez ſur la
tache, que vous laverez incontinent avec de l'eau
nette, la frotant bien ; à faute de citron, du verjus
de grain ou d'oſeille.

Autrement.

Lavez la tache avec du ſavon blanc diſſous en
vinaigre.

Pour amolir l'yvoire, le blanchir & reparer.

CHAPITRE VII.

Pour amollir l'yvoire à pouvoir être jetté en moule.

Faites boüillir l'yvoire avec de l'eau commune,
dans laquelle vous aurez mis ſix onces de racine
de mandragore, & il ſera mou comme la cire.

Pour blanchir l'yvoire gâté.

Prenez de l'alun de roche ſuffiſamment, ſelon la
quantité de pieces que l'on veut reblanchir, & tant
que l'eau en ſoit bien blanche, laquelle vous ferez
boüillir

bouïllir un bouïllon, & y mettrez tremper l'yvoire dedans, pendant une heure ou environ, & le froterez avec des petites broffes de poil; & puis après le mettrez dans un linge mouïllé, afin de le laiffer fécher à loifir, autrement tout fe fendroit.

Autrement.

Le favon noir appliqué fur l'yvoire, mis auprès du feu, & le laiffer peu à peu bouïllonner, puis l'effuyer.

Pour blanchir l'yvoire vert, & reblanchir celui qui feroit roux.

Prenez de la chaux vive, & la mettez avec de l'eau dans un pot de terre où fera l'yvoire que vous voudrez blanchir; mettez-le fur le feu, & le faites bouïllir jufqu'à ce que vous voyiez que l'yvoire foit blanc; pour le polir, il le faut enchaffer fur le tour, & après l'avoir mis en ouvrage comme vous défirez, prenez de la preffe, & de la pierre ponce en poudre bien menuë, & avec de l'eau frotez tant que vous voyiez qu'il foit bien uni par tout; & pour le polir vous l'échauferez fur le tour en frotant & tournant avec un linge bien blanc, & un morceau de cuir de mouton; étant bien échaufé, prenez du blanc d'Efpagne, avec un peu d'huile d'olive, & le frotez encore à fec avec du blanc feul, & pour le dernier le frotez avec un linge blanc feul & fec, & vous aurez vôtre yvoire extrémement blanc & poli.

Pour blanchir les os.

Prenez de la chaux vive, avec une poignée de fon que vous mettrez dans un pot neuf, les laiffant bouïllir jufqu'à ce que qu'ils foient dégraiffez.

Curiositez rares & admirables.

CHAPITRE VIII.

Repréſentation des quatre Elemens dans une fiole de verre.

PRemierement vous teindrez de l'eau de vie avec du tourne-ſol, pour repréſenter l'air ; puis prendrez de l'huile étherée de térébentine que vous teindrez en couleur de feu, avec du ſaffran, & de l'orcanete, & de l'huile de tartre, à laquelle vous ajoûterez un peu de la roche d'azur pour lui donner la couleur de mer ; & pour repréſenter la terre, un peu d'émail concaſſé : on a beau remuer & les mêler enſemble, tout revient à ſon rang après un peu de repos ; ces trois liqueurs ne ſe mêlent jamais.

Pour faire paroître le ſang à un Crucifix.

Il faut faire les cloux de bois de breſil de Fernembouc, & les laiſſer infuſer dans de l'huile de tartre, puis les mettrez dans l'eau.

Pour faire des couleurs ſur l'eau.

Si vous jettez quelques goutes d'huile de noix ſur l'eau dormante qui ne coure pas vîte, & qui ſoit oiſeuſe, il vous paroîtra autant de couleurs que dans le triangle.

Pour rompre un fer gros comme le bras.

Prenez du ſavon fondu, avec lequel oignez le fer par le milieu ; puis avec un filet nettoyez le lieu où vous le voulez rompre : après prenez une éponge imbibée

bibée avec eau ardente, de trois cuites entourez le fer, & dans six heures il rompra.

Pour le même.

Prenez de l'eau forte deux livres, faites dissoudre l'espace de vingt-quatre heures orpiment, souffre, régal, verdet, de chacun une once, chaux vive étoufée en deux onces de vinaigre, trois fois distilé; mettez le tout dans un alambic, avec salpêtre une once, & antimoine en poudre deux onces, & toute l'eau qui en viendra remettez-la sur le marc avec deux onces d'arsenic en poudre, & le distilez; & voulant vous en servir, mouïllez-y une serviete, ou un mouchoir, que vous mettrez autour de la barre de fer, & lors qu'il y aura été trois heures vous la romprez facilement; il faut prendre garde aux fumées en la distilant.

Esprit qui dissout toutes sortes de pierres, pour dures qu'elles soient.

Prenez de la farine de seigle, & en faites de petites pelotes que vous ferez sécher: puis les mettrez dans une cornuë bien lutée, lui donnant bon feu comme on fait à l'eau forte, il en sortira une espece qui fera ce que dessus.

Pour faire fondre toutes sortes de métaux dans la coquille d'une noix, sans la brûler.

Prenez du salpêtre deux onces, soufre demi-once, sciure de chêne, de noyer, ou autre bois séché demi-once: que ladite sciure soit bien menuë, le salpêtre & le soufre broyez impalpablement: mêlez le tout ensemble, & de cette poudre remplissez la coquille d'une noix jusqu'au bord: après mettez une piece d'or, d'argent, ou autre matiére par dessus, & la couvrez de ladite poudre, & mettez le feu à la

poudre

poudre qui eſt deſſus : cette matiere qui ſera entre les deux poudres fondra & demeurera au fond de la coquille.

Pour faire réjoindre une chair coupée, & la rendre entiere.

Prenez les racines de bugloſe, & de grande conſoulde que mettrez cuire enſemble avec la chair coupée, & fort vîtement elle ſe réjoindra, de façon qu'elle ne paroìtra pas coupée.

Pour diſſoudre de l'or ſur la main.

Il faut faire diſtiler du ſang d'un cerf, qui vienne d'être tué, au B. M. & cohober, ou reïterer cétte diſtilation trois fois de ſuite, & aſſurément à la troiſiéme il diſſoudra.

Mouvement perpetuel.

Prenez de l'eau forte, dans laquelle jettez de la limaille de fer qui ne ſoit pas graſſe, & l'y laiſſez juſqu'à ce que l'eau ait pris la quantité de fer qu'il lui faut, qui ſera dans ſept ou huit heures : tirez vôtre eau, & la mettez dans une fiole d'un doigt de vuide, & que l'ouverture ſoit large & y mettrez une pierre de calamine, bouchez bien la bouteille & la tenez bien fermée.

Pour rendre un viſage hideux à voir.

Prenez du ſel de mer, & craie de Briançon en poudre, de laquelle poudrez du chanvre ou des étoupes que vous humecterez avec bonne eau de vie, & y mettrez le feu, éteignant auparavant toutes les autres lumieres, & verrez merveilles.

Pour faire ſortir les pois d'un pot.

Prenez de l'herbe dite Orvale, & en mettez un brin dans le pot où cuiſent les pois ; que l'eau ne ſoit

pas

pas trop baſſe, ni le pot trop couvert, & verrez qu'il arrivera à vôtre ſouhait.

Pour faire marcher un œuf.

Il le faut premierement vuider par un petit trou, puis y mettre tant ſoit peu de vitriol au dedans, le boucher promptement, & verrez l'effet.

Le même ſe fait en y mettant dedans une ſangſuë, & tenant de l'eau répanduë dans quelque endroit de la chambre.

Pour faire que tout le monde dorme dans la maiſon, ſans ſe pouvoir éveiller.

Prenez demi-quart d'once de l'herbe dite ſerpentine, que vous mettrez dans une cucurbite ou terrine, que vous couvrirez d'une autre, & mettrez au fient du cheval pour neuf jours, après lequel temps vous la trouverez convertie en petits vers rouges, deſquels vous tirerez une huile ſelon les préceptes de l'Art, que vous mettrez dans la lampe, laquelle étant allumée endormira d'un profond ſommeil tous ceux qui ſeront dans le logis, ſans qu'ils puiſſent être éveillez qu'en éteignant ladite lampe.

Pour nettoyer l'argenterie ſans boulitoire.

Prenez quatre onces de ſavon blanc rappé dans un plat, avec chopine d'eau chaude, pour un ſol de pain de lie de vin dans un autre plat, avec autant d'eau chaude que dans l'autre ; & dans un troiſiéme plat pour un ſol de cendres gravelées, avec pareille quantité d'eau que dans les autres ; puis prendrez une broſſe de poil que vous tremperez premiérement dans vôtre liqueur de pain de lie, ſecondement dans vôtre gravelée, puis dans votre ſavon, enſuite la lavez en eau chaude, & l'eſſuyez avec un linge ſec.

Toile

Toile qui réfiste à l'épée.

Prenez de la toile neuve bien forte que vous mettrez en double, & frotterez avec de la colle de poiſſon diſſoute en eau commune, puis la ferez ſécher ſur un aix, & après prendrez de la cire jaune, reſine, maſtic de chacun deux onces : faites fondre le tout avec une once de terebentine, remuant bien, & mettant le tout ſur la toile juſqu'à ce qu'elle ſoit toute imbibée : bon éprouvé.

Colletin à l'épreuve du mouſquet.

Prenez une peau de bœuf, & lui coupez le poil tout fraichement écorché ; & faites tailler le colletin, le faiſant coudre & parfaire, & le faites tremper dans du vinaigre, l'y laiſſant vingt-quatre heures ; puis le retirez & le faites ſécher, non au feu, ni au Soleil, mais à l'air ; il faut reiterer ces infuſions de vinaigre ſix fois, changeant de vinaigre à chaque fois, puis lui donner la couleur.

Pour garder le pot de boüillir & empêcher de cuire la viande.

Il faut mettre dedans de la graine d'ortie, il n'eſt feu qui le puiſſe faire bouillir.

Pour faire ſaigner de la chair cuite.

La poudre de ſang de liévre éparſe ſur la chair cuite, fait ſaigner la viande en apparence.

Pour faire ſortir le vent d'une riviere.

Prenez un œuf, & vuidez ce qui eſt dedans par un des bouts ; & l'empliſſez moitié de chaux vive, & l'autre moitié de ſoufre vif, puis étoupez le pertuis de cire, & mettez l'œuf dans l'eau & verrez merveilles.

Eau qui éclairera dans l'obscurité de la nuit.

Prenez des vers qui luisent la nuit & les pilez & mettez dans une fiole de verre que vous enfermerez dans le fient de cheval tout chaud, & l'y laisserez quinze jours, & après lesquels distilez par l'alambic de verre, & mettez l'eau qui en sortira dans une fiole de cristal, & elle donnera si grande clarté que l'on pourra lire facilement. Eprouvé.

Pour tenir du feu en sa main sans se brûler.

Prenez du vitriol que vous mettrez en fort vinaigre, avec jus de plantain, également, & vous en oignez les mains. Eprouvé.

Pour toucher au feu sans se brûler.

Prenez du jus de guimauves, semences de psillium en poudre; mêlez le tout ensemble avec blancs d'œufs, & jus de reffort, & en oignez les mains, & les laissez sécher; puis les oindre encore une fois, & vous toucherez au feu sans danger, si vous n'y mettez de la poudre de soufre.

Pour faire une clarté de nuit dans la chambre.

Prenez de la chaux vive, & la mêlez en eau, la laissant tant qu'elle soit claire, puis la mettez dans une fiole en une chambre, & vous aurez une grande clarté.

Pour éclaircir du verre ou cristal.

Il faut frotter le verre ou cristal, avec un morceau de plomb, cela le fera fort clair; ce qui est admirable.

Pour faire de chassis de parchemin, clairs comme le verre.

Prenez une peau de parchemin bien blanc & délié, que vous ferez tremper vingt-quatre heures dans des blancs d'œufs & miel bien mêlez ensemble;

puis

puis lavez bien vôtre parchemin & l'appliquez sur
vôtre chassis ; étant sec appliquez du vernis par
dessus.

Pour blanchir le papier collé sur le verre & chassis,
afin de ne le point recoller tous les ans.

Prenez du blanc de plomb broyé à l'eau, étant
sec, le rebroyer à l'huile, & en peindre le papier,
mais pour le mieux, il y faut mêler un peu d'huile
crasse, ce qui le fera resister davantage à la pluye:
& pour être plus de durée couchez-le deux fois.

Pour faire l'huile crasse.

Prenez une plaque de plomb, & faites un rebord
autour, & l'emplissez d'huile de noix, ou de lin,
& la couvrez d'un verre, & l'exposez au Soleil, elle
fera bien-tôt crasse.

Pour se garder de rencontres mauvaises.

Mettez la langue d'une couleuvre dans le fourreau
de vôtre épée.

Pour faire fondre ou calciner une lame d'épée sans en-
dommager le fourreau.

Il faut faire décendre au bout du fourreau de l'arsenic en poudre, & jetter par dessus quelques gouttes de jus de citron, & rengaíner l'épée ; puis dans
un quart d'heure ou un peu plus verrez l'effet.

Pour écrire sur la chair vive blanc & invisible,
& faire paroître l'écriture.

Il faut écrire avec une plume neuve & de l'urine,
ce qu'il vous plaira à la paume de la main, ou tel
autre endroit de la personne, & le laisser sécher
de soi-même : & desirant faire paroître l'écriture,
passez par dessus de la cendre de papier brûlé, &
frottez un peu, le tout paroîtra en perfection. E-
prouvé.

Pour écrire blanc fur le papier, & faire paroître noir.

Ecrivez avec du lait ce qu'il vous plaira, & faites comme ci-deſſus. Eprouvé.

Diverſes préparations utiles & curieuſes.

CHAPITRE IX.

Encres de differentes ſortes.

Pour effacer l'écriture noire, & la faire revenir.

PRenez une livre de tartre brûlé que vous ferez
diſſoudre en quatre livres d'eau commune, laquelle vous filtrerez : & voulant vous en ſervir,
vous en paſſerez par deſſus l'écriture, & ſoudain elle s'effacera. Et pour faire revivre & paroître les
caractéres : Prenez une once de vitriol blanc que
vous ferez diſſoudre dans une livre d'eau, laquelle
vous filtrerez, puis paſſerez ſur le papier, & incontinent les caractéres paroîtront comme auparavant.

Pour écrire ſans encre, ou la lettre double.

Prenez du vinaigre diſtilé demi-ſeptier que vous
mettrez dans une fiole en laquelle vous aurez mis
demi-once de litarge d'or en poudre ſubtile, remuant de temps en temps quatre ou cinq fois pendant une heure : après laiſſez repoſer douze, quinze, ou vingt-quatre heures ; puis verſez le clair dans
une autre fiole par inclination, & jettez les feces,
bouchant bien la bouteille, & la gardez pour vous
en ſervir quand vous voudrez écrire en blanc, ou
la double lettre avec l'encre qui ſuit.

Encre

Encre deuxiéme.

Prenez du linge , ad libitum , & le faites bien brûler , & comme il ne flambera plus jettez-le dans une écuelle avec un peu d'eau de vie par deſſus , & couvrez vôtre écuelle d'une autre ; après pilez-le bien , & en faites une maſſe que vous garderez pour vous en ſervir en cette façon.

Prenez de ce linge brûlé & broyé , & le détrempez avec de l'eau & du cotton diſtilé , juſques à ce que vôtre encre ſoit coulante & qu'elle écrive.

Pour faire une eau à effacer cette ſeconde , & faire paroître la premiere écriture.

Prenez de l'eau roſe , & eau d'oſeille de chacun chopine , que vous mettrez dans une fiole, à laquelle ajoûterez de la chaux vive deux onces, & de l'orpine une once , tous deux bien broyez & mêlez enſemble , remuant le tout de temps en temps comme à la premiere fois ; puis prendre le clair par inclination après qu'elle aura repoſé quinze ou vingt heures , jettez les feces : & quand vous voudrez effacer l'encre deuxiéme , & faire paroître la premiere ou bien ſur le linge , mettez en une ou deux gouttes , avec du cotton , faites-la courir à l'endroit où eſt vôtre écriture , & elle paroîtra.

Encre qui s'efface comme on veut.

Prenez du linge brûlé & embraſé , éteint en eau de vie, puis broyé ſur le marbre en pâte, que vous mettrez dans un petit pot de terre neuf , le couvrant bien de peur qu'il ne devienne en cendres : détrempez avec eau gommée ou commune , & en écrivez : toute ſorte d'eau efface cette écriture.

Encre

Encre qui s'en ira dans six jours.

Prenez du charbon de faule bien broyé & détrempé en eau commune, & en écrivez.

Encre fur le parchemin , qui durera jufqu'à ce qu'on l'efface.

Prenez de la poudre à canon détrempée en eau claire , & en écrivez fur du parchemin ; puis quand vous voudrez l'effacer , prenez un mouchoir, & le frottez.

Encre de la Chine.

Prenez des féves féches toutes noires , reduifez-les en charbon, puis en faites une poudre ; détrempez la en eau de rofée de Mai , dans laquelle vous aurez diffous auparavant de la gomme arabique , & en faites une pâte , laquelle vous formerez en tels moules que vous voudrez , & la laifferez fécher à l'ombre.

Encre portative.

Prenez du noir de refine une partie , charbons de noyaux de péches , ou abricots une partie , vitriol & galle égales parts, & gomme arabique quatre parts , le tout en poudre & en maffe fi vous voulez.

Excellente encre pour écrire.

Prenez demi-livre de bois d'Inde rabotté en coupeaux , & le faites bouillir en deux pintes de vin de baiffiere , ou vinaigre , jufqu'à diminution de moitié : puis retirez le bois, & ajoûtez dans le pot quatre onces de bonne galle concaffée , & mettez le tout dans une bouteille forte que vous expoferez au Soleil durant trois ou quatre jours ; le remuant deux ou trois fois par jour, puis y mettez deux on-

ces

ces de bon vitriol Romain, ou couperofe verte, &
la laiffez infufer deux jours, & après deux onces de
gomme arabique concaffée, le lendemain la couler
dans un autre vaiffeau pour la conferver; le marc
qui refte peut fervir une autre fois avec la même dofe, faudra l'augmenter feulement d'une chopine de
jus de bois d'Inde : pour la rendre luifante, il y faut
ajouter une poignée d'écorce de grenade qu'il faudra mettre dans la bouteille avec la noix de galle :
étant preffé d'encre, on peut la faire bouillir un
quart d'heure au lieu de la mettre au Soleil, mais
elle n'eft jamais fi bonne, & eft bourbeufe.

Secret pour écrire fur la graiffe & faire couler l'encre.

Prenez un fiel de bœuf que vous piquerez & mettrez dans un pot, avec une poignée de fel, & un
peu de vinaigre, & remuez bien le tout; & de la
forte vous le garderez un an fans fe corrompre :
lors que vous écrirez, & que vous trouverez quelque papier, ou parchemin gras en quelque endroit,
vous prendrez une goutte de ce fiel, que vous mêlerez avec l'encre dans le cornet, & vous écrirez
facilement : le fiel de carpe eft excellent dans
l'encre.

L'eau de pluye, ou de noix eft excellente, & l'encre qui en eft faite eft fort bonne.

Le vin blanc eft extrémément bon pour l'encre
luifante.

Pour écrire d'or & d'argent.

Prenez une once de pierre de touche, deux onces de fel ammoniac, demi-once de gomme arabique, le tout en poudre, & les mêlez enfemble;
puis quand vous voudrez écrire, il faudra démêler
vos drogues en eau, ou en lait de figuier; & quand
vos lettres feront feches, frottez-les de tel métal
que vous voudrez.

E

Encre

Encre qui s'efface en quarante jours.

Prenez de l'eau forte, en laquelle vous ferez bouillir des noix de galle, du vitriol Romain, & du sel ammoniac tant que ladite eau en pourra dissoudre ; & pour la fin, ajoûtez-y la gomme arabique, puis en écrivez, elle est fort noire avant que d'être effacée.

Encre sur du verre.

Prenez des pailles de fer, de la rocaille bien broyée sur la platine de cuivre, parties égales ; puis détrempez-les en eau de gomme, & en écrivez avec une plume de verrerie.

Couleurs de plusieurs sortes.

Prenez de la Tutie que vous incorporerez avec du jus de chelidoine sur le marbre, & en écrivez.

Pour faire paroître des vins de differentes couleurs.

Rappez du bois d'Inde, que vous humecterez avec eau commune, en sorte qu'il soit comme pâte, & le laissez sécher dans un verre tant qu'il boive son eau.

Prenez une pincée de cette rappure que vous mettrez dans un verre d'eau, laquelle soudain deviendra rouge, de couleur de vin clairet.

Et dans un autre verre que vous aurez rincé de bon vinaigre, vous verserez ladite eau rouge, & elle deviendra jaune ; versez-en la plus grande partie, & n'en retenez que trois doigts, & y ajoûtez de nouvelle eau par dessus, & elle deviendra de couleur de vin gris ; sur quoi mettez un peu de vinaigre, & elle deviendra de couleur de muscat, tirant sur le jaune : mettez sur cela de l'eau, & elle sera de couleur de vin blanc ; mettez sur cette derniere deux gouttes d'encre à écrire, & soufflez dans vôtre eau, & elle deviendra d'un beau bleu gris de-lin.

Huile

Huile incombuſtible.

Huile d'olive, chaux vive, & ſel, diſtilez enſemble, font l'huile incombuſtible.

Pour faire l'Arſenic fuſible comme l'huile.

Prenez du ſavon blanc que vous diſtilerez : il en ſortira une huile où vous ferez bouillir vôtre Arſenic juſqu'à la conſómption de ladite huile, & il ſera fuſible comme cire.

Pour éteindre la chaux qui ſert à divers uſages.

Il la faut mettre en un pot, & le remplir d'eau, & lors qu'elle commencera à bouillir, il ſe fait une petite peau par deſſus, qu'il faut ôter avec la pointe d'un couteau, & continuer de même juſqu'à ce qu'il ne s'en faſſe plus ; & pour lors elle ſera propre à vôtre uſage.

Pour faire un feu ſans fumée pour la lampe à diſtiler, & l'excellente mèche.

Faites diſtiler une livre ou plus d'huile d'olive, & vous en ſervez pour la lampe : ce feu eſt fort proportionné & égal : la mêche ſe peut faire de talk, ou d'alun de plume en forme de mêche : Et notez, qu'il faut faire quantité de petits trous dans cette mêche avec une halêne, ou groſſe éguille, pour faire monter l'huile.

Eau ardente.

Mettez dans un alambic de terre bien plombé, deux pintes de bon vinaigre du plus fort, avec une poignée de tartre, & autant de ſel, & les faites diſtiler.

Chan-

Chandelle qui ne se puisse éteindre.

Emplissez un chenevis de souffre vif, & l'enveloppez de drapeaux, puis de cire, & l'allumez.

Pour faire l'eau salée servant à divers usages.

Remplissez une vessie de sel de mer, & l'aiant bien liée, la mettez dans un pot plein d'eau, & faites-la bouïllir jusqu'à ce que le sel soit fondu, ce qu'étant fait, retirez l'eau salée de la vessie, & la gardez.

Pour empêcher que l'huile ne fume.

Il faut faire distiler du jus d'oignon, & le mettre au fond de la lampe, & l'huile par dessus : ce qui empêche qu'il ne fait point de suye.

Pour blanchir l'huile d'œuf.

Il faut mettre parmi l'huile de douze œufs, tirée à la façon vulgaire, une cuillerée d'huile de tartre, & les bien mêler ensemble, & les mettre au Soleil; il se fait une residence épaisse au fond, & l'huile qui nage par dessus, il la faut couler dans une autre fiole, & la laisser au Soleil & au serein : elle se fait aussi blanche que la crême.

Des feux d'Artifice, de la Chasse, & de la Pêche.

CHAPITRE X.

Excellente composition pour les Grenades, Lances, Piques & Cercles à feu.

PRenez de la fine poudre à canon six parts, salpêtre, resine, de chacun un cinquiéme, poix gréque, le tout reduit en poudre & arrosé

d'huile

d'huile de noix , jufqu'à ce qu'il foit reduit en pate
un peu ferme.

Lances à feu.

Prenez de deux pieds en longueur la lance, laquelle vous emplirez de la matiere fufdite environ à deux
doigts près, que vous remplirez de fine poudre à canon ; puis là-deffus faites une pelote de la fufdite
matiere couverte de filaffe ; faifant un bois dedans
pour faire vôtre amorce , que laifferez après avoir
baigné ladite pelote en poix fonduë , doublant cette
compofition tant qu'il vous plaira.

Pots à feu.

Prenez de la fine poudre fix onces, poix refine une
once pulverifée, arfenic quatre onces en poudre fubtile , & mèlez le tout enfemble avec les fufées & pé-
tards : rempliffez vôtre pot, & jettez comme vous
favez, & en verrez l'effet.

Bonnes fufées.

Prenez de la poudre fine une livre, falpêtre deux
onces, le tout bien battu enfemble & paffé par un
tamis ou crible : puis arrofez d'eau de vie, ou bon
vin blanc, vous étouperez & battrez fort ladite matiere dans vôtre cartage collée avec blanc d'œuf &
amidon, ou autre fine colle.

Joyeufe invention pour tuer le gibier.

Faites un tampon d'étoupes, avec du fuif fondu,
& fain-doux , & mettez ledit tampon , au lieu de
bourre, dans vôtre canon, & le chaffez avec la baguette contre la poudre : puis prenez un petit linge
& l'étendez fur l'embouchure du canon, & le pouffez tant foit peu dedans avec la baguette , y faifant
la place de vôtre dragée ou plomb ; puis pliez ou

E 3   renver-

renverſez les quatre coins du linge qui ſortent hors le canon, & les pliez l'un ſur l'autre, & les pouſſez avec la baguette juſqu'au fond du canon, & tirez, ſoit ſur ramiers, bizets, canars, &c. & vous verrez merveilles : & n'eſt beſoin d'approcher tant qu'à l'ordinaire, car cela porte fort loin; auſſi quand les oiſeaux courent ſur la terre, il les faut tirer en s'é-levant.

Pour fortifier la poudre.

Sur huit onces de poudre, mettez une once de bo-rax bien pulveriſé & les mêlez enſemble.

Pour prendre les perdrix.

Infuſez du froment en eau de vie, puis le ſemez où il y aura du repaire de perdrix, & elles demeu-reront enivrées.

[Pour faire ſortir les lapins hors du terrier ſans furet.

Prenez de la poudre d'orpiment, du ſoufre, & des ſavattes qu'il faut brûler, ou du parchemin ou du drap, dans les trous du clapier où le vent don-ne, & tendre les poches au deſſous du vent.

Autrement.

Mettez une ou deux écrevices dans les trous du clapier, & elles feront ſortir les lapins, ſans faute.

Pour aſſembler multitude de liévres.

Prenez le jus de Juſquiame mêlé avec le ſang d'un jeune liévre, & couſez-en une peau de liévre, & l'enfouiſſez en terre.

Pour empêcher une arquebuſe de tirer droit.

Il en faut frotter le bout avec du jus d'oignon.

Pour faire qu'elle puiſſe percer une porte fort épaiſſe.

Il faut mettre au lieu de plomb, un bout de chan-delle, ou de bougie.   *Pour*

Pour faire qu'une balle puisse percer une muraille.

Il faut prendre du jus d'oseille ronde, & jetter la balle dedans toute brûlante.

Pour garder les armes de se rouiller, & en ôter la rouille.

Prenez une livre & demie de suif de bœuf, une livre & demie d'huile d'amandes douces tirée sans feu, une livre d'huile d'olive dessalée, quatre onces de camphre, douze onces de plomb brûlé avec soufre, en faire une composition, & le tout bien bouillir en consistance d'onguent, duquel vous frotterez les armes pour empêcher la rouille.

Nota. Que le plomb se brûle en le fondant, & jettant sur le fondu du soufre pulverisé, faisant toûjours remuer le plomb avec une verge de fer, jusqu'à ce qu'il demeure en poudre noire. L'huile d'olive se dessale avec l'eau tiéde, les battant ensemble, & les laissant rasseoir, & puis verser dans un entonnoir à filtrer : L'eau passera la premiere en débouchant le trou de dessous.

Pour le même.

Prenez de la cire blanche neuve, & chauffez fort le fer que vous voulez frotter de la cire ; & lorsqu'il est chaud, qu'on ne le peut quasi tenir, frottez-le bien & l'imbibez de ladite cire, le faisant après sécher devant le feu, pour reboire ladite cire, le frottant & essuyant avec un morceau de serge ; & de la façon il ne se rouillera jamais.

Pour faire un feu Grec.

Prenez du soufre vif, tartre, sarcocolle, poix, sel cuit ou decrepité ; petroleum, & huile commune, & les faites bien bouillir ensemble : Il ne peut être éteint si ce n'est avec du vinaigre.

E 4   *D'autre*

D'autre façon.

Prenez de l'huile de petréole, huile de terebentine de chacune une once, camphre six dragmes en poudre, colophone demi-once, fondez le tout ensemble ; puis prenez des étoupes ou filasses & les trempez dans la matiere, puis jettez contre tels lieux que vous voudrez.

Feu brûlant sur les harnois.

Prenez de la poudre à canon cinq parties, salpétre trois parts, soufre deux parts, resine, & terebentine, de chacun une partie ; du vitriol blanc la moitié d'une partie, huile de gland de même, autant d'huile de lin, & une partie & demie d'eau de vie.

Pour faire porter loin un pistolet.

Mettez une bonne charge de poudre dans vôtre pistolet, & au lieu de papier mettez sur la poudre une balle de camphre, avec force, que vous battrez bien fort, après, ayez une peau déliée trempée dans l'huile de petréole, de laquelle vous entourerez la balle, & par dessus encore un peu de camphre que vous ne battrez guéres.

Pour prendre des Corneilles.

Il faut hacher du foye ou poûmon de bœuf, avec de la noix vomique, & en faire comme des pilules grosses comme noisettes, que vous jetterez dans quelque champ, & incontinent que les corneilles en mangeront, elles tomberont étourdies, & vous les pourrez prendre aisément avec la main.

De

De la Pêche.

Pour prendre du poisson.

Prenez fiente de cheval recente , & la mettez
dans un sachet ou un rets , & jettez le tout dans
l'eau , & le poisson s'y assemblera.

Pour le même.

Prenez du mercure cru que vous mettrez dans
une petite fiole de verre bien épaisse , laquelle vous
attacherez à une ficelle & décendrez au fond de
l'eau la nuit, specialement quand il fait clair de Lune , & vous verrez assembler multitude de poissons.

Pour prendre du poisson.

Prenez de l'huile de camomille, & la mettez dans
une fiole , & quand vous voudrez pêcher , il faut
avoir des vers de terre, & les faire mourir dans ladite fiole d'huile , & de ces vers en amorcer l'hameçon.

Pour faire venir le poisson au lieu où l'on voudra.

Cuisez de l'orge en eau tant qu'elle soit crevée ,
& la cuisez avec reglisse, & un peu de momie, &
de miel ; broyez le tout ensemble en un mortier ,
tellement qu'il soit dur comme pâte , laquelle vous
mettrez en des boétes que vous étouperez bien ; &
quand vous voudrez pêcher en un lieu , prenez-en
la grosseur d'une noix & le mettez cuire dans un pot
de terre , avec deux poignées d'orge nouvelle , &
un peu de reglisse , & le laissez tant qu'il n'y demeure quasi point d'eau ; puis le jettez au lieu
où vous voudrez faire venir le poisson , & il s'y assemblera.

E 5

Pour

Pour prendre du poisson.

Prenez l'herbe dite serpentaria, de laquelle tirez le jus, dont vous frotterez vos mains, & le poisson s'en approchera, & se laissera prendre, les tenant dans l'eau ; heure propre à pêcher est les cinq & six heures du matin.

Pour le même.

Prenez de la chair de Héron, & la mettez dans un pot bien lutté, avec du musc ; de l'ambre, & de la civette ; mettez le pot dans un chaudron plein d'eau, que vous ferez bouillir, jusqu'à ce que vous connoissiez que ladite chair soit convertie en huile : alors tirez le pot du chaudron & en retirez l'huile, de laquelle vous frotterez vôtre ligne ou filet, & tous les poissons s'y viendront prendre.

Pour le même.

Prenez de la graisse de Heron, momie, galbanum, de chacun deux dragmes, musc un grain, eau de vie deux onces ; mêlez le tout ensemble dans une écuelle de terre sur un feu doux, & le remuez jusqu'à ce qu'il soit épais comme bouillie : Gardez-le dans une écuelle de plomb, & en frottez l'hameçon ou la jambe d'une ligne, ou le liége, & tous les poissons viendront, & on les prendra à la main.

Autrement.

Prenez une mulette de Heron, qui est le boyau, ou la fressure, coupez-la par morceaux, & la mettez dans une fiole de verre que vous étouperez bien avec de la cire ; puis la mettrez dans du fient de cheval, bien chaud, & la laissez reduire en huile qui sera dans dix ou quinze jours ; puis prenez une once d'assa fetida & la mêlez avec ladite huile ; tout

viendra.

viendra en miel, duquel vous graisserez une corde, bâton, ou perche, ou bien l'apât que vous mettrez à l'hameçon.

Pour le même.

Il faut tuer un chat en l'étouffant, sans le faire saigner ; & l'ayant écorché sans le larder, ni arroser, & garder ce qui en dégoûtera, qu'il faut mêler avec jaunes d'œufs, & huile d'aspic par parties égales, que vous incorporerez bien ensemble dans un mortier en consistance d'onguent, & vous en servirez comme dessus.

Pour faire sortir les vers de terre servant à l'hameçon.

Prenez du vert de gris, & le faites bouillir dans un peu de vinaigre, & en arrosez la terre & les vers sortiront.

De la Cuisine.

CHAPITRE XI.

La veritable methode pour faire de Saucissons de Bologne.

PRenez de la chair de pourceau, grasse & maigre, que vous hacherez bien menu, & sur le poids de vingt-cinq livres vous ajoûterez une livre de sel, & quatre onces de poivre entier, avec une pinte de vin blanc, & une livre de sang de la bête, puis pêtrirez & remuerez bien le tout ensemble pendant un bon quart d'heure, & mettrez dans vos boyaux, lesquels vous environnerez d'une serviette, de peur qu'en bien pressant la viande, le boyau ne vienne à crever : il faut faire les separations de la grandeur que bon vous semblera, que vous nouerez d'une ficelle,

E 6

celle , & les pendrez à l'air, ou à la fumée, pour les faire fécher , étant fecs, coupez , fi bon vous femble , la peau qui fepare un fauciffon d'avec l'autre : car les vers s'y peuvent mettre , & les frottez avec un peu d'huile d'olive après leur avoir ôté la pouffiere qu'ils pourroient avoir prife, & les mettez dans une terrine de terre vernie que vous couvrirez de fon couvert ordinaire , & de cette façon vous les garderez en bonté fi long-tems que vous voudrez , fans fentir mauvais.

Cervelats de Milan.

Prenez fix livres de chair du meilleur porc maigre, plus une livre de bon lard , quatre onces de fel , une once de poivre , le tout bien haché, foit mêlé enfemble , ajoûtant le vin blanc , & le fang ci-deffus , avec demi-once de canelle, & girofle , pilez & mêlez enfemble , & des morceaux en maniere de gros lardons que l'on fait de la tête de porc, qu'il faut bien faupoudrer de ces épices , & larder dans lefaits cervelats en les faifant, & poudrer comme deffus ; ceux-ci doivent être cuits pour être mangez.

Jambons de Mayence.

Il faut lever de beaux jambons de porc, les faire mortifier quinze jours , puis les laver avec moitié vin blanc & moitié eau , les effuyer avec un linge, les frotter avec du fel blanc broyé, d'un & d'autre côté : puis faut avoir de grands paniers d'ecliffe, & mettre au fond un doigt de fel epais & bien menu, & au deffus dudit fel un lit d'hyfope, fauge, farriette, laurier , & rômarin, qui ne foit pas trop épais; & encore fera-t'il meilleur de mettre lefdites herbes au fond du panier, & le fel deffus , afin que lefdits jambons prennent mieux le fel, fur lequel vous mettrez toûjours la chair du jambon ; après vous met-

mettrez sur la couëne autant desdites herbes, & sel,
& ainsi mettant lesdits jambons l'un sur l'autre, jusqu'à ce que le panier soit plein, & les presserez bien
fort par dessus, les laissant quinze jours là-dedans
prendre leur sel.

Aprés il les faut ôter, & les pendre en un lieu bien
bouché, faire aü dessous, pendant cinq ou six jours,
du feu de geniévre, avec la graine, afin qu'ils fument
bien, & les y laisser jusqu'à ce que les fagots soient du
tout morts, qu'il faudra mettre tout à un coup.

Ensuitte vous les pendrez tous dans un grenier, &
ils se garderont trois ou quatre ans. Pour les manger
bons, s'ils sont trop secs, il les faut battre avec un
pilon, & après les frotter avec eau tiéde le temps d'un
jour ou deux en de l'eau, avec unè poignée de son; &
le soir avant qu'on les mange, il les faut enveloper de
bon foin sec, & les mettre dans un chaudron, avec
eau bouillante, & le remplir toûjours d'eau crué à mesure que l'eau se consume en bouillant, tant qu'ils
soient cuits; & avant que de les servir, il faut lever
là couéne étant encore chauds, & les poudrer entre-
deux de canelle, girofle, poivre, gingembre, &
muscade, le tout seulement concassé, & les tenir chaudement, & ainsi les manger.

Jambons de Madame de B.

Ayez un jambon d'un jeune pourceau salé de huit
jours, après avoir essuyé avec la main le sel qui est pardessus, levez la peau jusqu'au manche; puis fichez-y
des cloux de girofle, & de la canelle, & le saupoudrez
de force sucre, & remettez la peau dessus: faites-le
cuire dans le four, l'arrosant parfois de ce qui dégoutte; c'est un excellent manger chaud.

Excellente tête de Porc à la Piemontoise.

Prenez une tête de porc fraîche, avec les pieds,
& les faites cuire ensemble tant que le tout se desosse

 faci-

facilement, tirez-la du feu, & l'ayant égoutée de l'eau, coupez les oreilles à petits morceaux de même que les pieds, & étendez fur un gros linge ladite tête, mettant par deffus lefdits morceaux d'oreilles, & de pieds; faupoudrez le tout avec fel & épices compofées de canelle, girofle, poivre, gingembre, & mufcade, de chacun demi-once, & un peu d'écorce d'orange rappée; puis roulez le tout dans ledit linge, & tout chaudement le mettez fous la preffe, l'y laiffant l'efpace de cinq ou fix heures, que le tout foit refroidi. Cette compofition fe conferve trois mois en fa bonté: il faut la feparer du linge, & la mettre dans un pot de terre verni, que vous couvrirez de fon couvert; lors que l'on en fert on la coupe à tranches fur une affiette avec du vinaigre rofat, & du fucre par deffus fi l'on veut.

Pour bien faler le Porc, le bœuf, & autre chair, comme il fe pratique en Allemange, & en Flandres.

Il faut premierement que le faloir foit compofé du bois de quelque vieux tonneau, ce qui le rend beaucoup meilleur; puis faire bouillir deux ou trois bonnes poignées de graine de geniévre, plus ou moins, dans une chaudronnée d'eau, dans laquelle ayant bouilli quelque temps, imbibez de ladite eau, laiffant ladite graine dans ledit faloir, en forte que tout le bois en prenne l'odeur: ce qu'étant fait, jettez-la & y paffez de l'eau fraîche que vous jetterez de même, après en avoir entierement lavé le faloir, & il fera propre à vôtre ufage: il faut pour bien faler la viande la tremper auparavant dans l'eau, puis la bien effuyer avec un linge, & faire un lit de fel, & un lit de viande dans ledit faloir, jufqu'à ce qu'il foit plein, que le dernier lit foit de fel, duquel pour ne point fe méprendre il faut mettre une livre pour vingt cinq livres pefant de viande, & y ajoûter, fi l'on veut, la quantité que bon vous femblera de girofle groffierement concaffé, & non du poivre, comme abufivement

quel-

quelques-uns font : car il fait noircir la viande. Il
faut que la viande demeure un mois dans le saloir pour
être parfaitement bien salée ; & prendre garde sur
tout qu'aucune femme ayant ses fleurs n'en approche :
car elle y provoqueroit la corruption. Ayant tiré la
viande hors du saloir, & desirant la faire sécher promptement, il faut tremper chaque piéce en eau bouillante promptement, & la pendre avec une ficelle d'o-
sier dans un lieu acré.

Pour faire des Jambons de Mayence.

Salez vos Jambons, & les gardez cinq jours en
leur sel ; puis les tirez & les mettez dans la scieure ou
limeure de fer l'espace de dix jours ; puis les lavez en
vin rouge, & les enfermez en quelque petit lieu, &
faites deux fois le jour du feu de geniévre pendant dix
jours ou plus, & ils seront bons & excellens.

Pour faire des Cervelats, & Saucissons de Lombardie.

Prenez quatre livres de chair de pourceau, trois livres & demie de chair de bœuf, une livre de chair de
veau, & quatre onces de lard frais ; la chair soit hachée menu, & le lard tranché, & mettez tout ensemble, avec 2. onces de poivre, 2. onces de gingembre, cloux, & muscade de chacun demi-once,
du sel par mesure : puis le mettez dans des boyaux de
porc, ou de bœuf, & les faites sécher, il les faut cuire pour les manger, & suivre la methode ci-dessus pour
les conserver longuement.

Blanc-manger.

Prenez demi-livre d'amandes émondées, faites-
en une pate fort battue, y ajoutant du lait afin qu'elles se mettent mieux en pâte, & qu'elles ne rendent leur
huile. ayez une cuilleree & demie de farine de ris,
mêlez cela ensemble, & le passez par le tamis, avec
une grande écuellée de lait : faites bouillir cela doucement, remuant toûjours, & y ajoûtez du sucre autant
que

que le goût vous un plaise, & le cuisez plus épais que
bouillie : si vous y voulez ajoûter du blanc de chapon
haché, il le faut piler vec les amandes & le ris, & le
passer par le tamis, & faites comme dessus.

Bignets d'Italie d'André Doria.

Prenez de la farine que vous détremperez en un
mortier de marbre, avec du lait chaud, ou pour le
mieux avec du bon consommé : il faut long-temps battre cette pâte, puis y ajoûter un jaune d'œuf, & bien
battre toûjours, & enfin autant presque de sucre que de
pâte, & battre long-temps ; puis à chaque fois que
l'on les frit, changer de sain-doux en la poéle : ils
sont delicieux au goût, un verre de farine, & demi-
septier de lait bouillant.

Brochet à la Polonoise.

Prenez de l'eau de décoction de racine de persil,
du vin blanc, du vinaigre, & du sel : quand cela bout,
il faut jetter le brochet dedans, puis quand il sera temps,
ajoûter du citron, du poivre, du sucre, & un peu de
saffran : le brochet est excellent à cette sauce.

Pour faire que l'on puisse manger les arêtes des Alauses, & que l'on les puisse garder d'une année à l'autre, étant cuites.

Il faut premierement couper à tranches épaisses de
deux doigts les Alauses ou autre sorte de poissons ; &
observer que la tête, ni la queuë n'en doivent pas
être, puis les bien laver en plusieurs eaux, & avec
un petit bâton de bruyere en retirer toute la moelle qui
est dans l'épine du dos, faisant en sorte qu'il n'y demeure rien : car c'est le grand secret pour faire que le
poisson se puisse conserver sans putrefaction, puis ajoûter sel & épices en poudre à chaque tranche en particulier, avec quelques cloux de girofle qu'il faut larder
dans lesdites tranches ; mais il les faut avoir essuyées
avant que de les assaisonner, puis les mettre dans

un pot neuf de terre plombé, lit fur lit, y ajoûtant
d'huile d'olive deux parties, & une partie de vin blanc
qui furmonte de deux doigts le poiffon; puis couvrir
& bien boucher le pot, fcellant les bords, & faire
bouillir doucement fur un feu de charbon, jufqu'à ce
que le vin foit confumé; ce que vous connoîtrez lors
que le pot ne fera plus de bruit en bouillant, retirez-
le du feu, & le laiffez refroidir : vous le pouvez conferver de cette forte tout le long de l'année en parfaite
bonté, étant beaucoup plus ferme de cette forte qu'à
l'ordinaire, & les arétes en font tout-à-fait confu-
mées : il faut tirer les morceaux avec une fourchette
d'argent, ou de bois, & non de fer, car il le feroit
corrompre; & le mettre fur une affiette avec un peu
de vinaigre, il eft fort excellent.

Crême fans feu.

Prenez un plein plat de lait de deffus avec la crême,
dans lequel ajoûtez environ quatre cuillerées de fucre rappé, & en même temps gros comme la tête
d'une épingle de bonne preffure, que vous diffoudrez
dedans, puis remuerez le tout enfemble, afin qu'il
fe prenne un peu. Quand on veut fervir cette crême,
il faut rapper du fucre deffus, & y verfer dix ou douze
gouttes d'eau de fleurs d'orange : fi la preffure eft bonne, elle fait prendre dans une heure : quand on veut
on y met gros comme la pointe d'une éguille, de mufc :
on y met l'eau de fleur d'orange quand on la veut fervir, de peur qu'elle ne fonde la crême.

Créme cuite en forme de flanc.

Ayez un jaune d'œuf, & un œuf entier, battez-
les bien enfemble dans un plat, y verfant peu à peu
du fucre à mefure qu'il fond, & un peu d'eau rofe, le
moins que l'on peut, au plus le quart d'une cuillerée,
& pour le fucre rappé, il en faut du moins quatre onces; puis y mêler le lait avec fa même crême en remuant ?

muant, puis on la met sur les cendres chaudes dans le plat qui ne doit point bouillir, ni être remuée depuis qu'elle est sur le feu; elle est cuite quand elle est prise: il luy faut donner couleur avec une poele rouge, la servir froide, & rapper du sucre dessus; elle est une heure à se prendre, le plus long-temps est le meilleur, quand elle n'est point ôtée.

Pour faire une Crème bouillie, excellente.

Prenez crême ou lait nouveau, & le mettez en une poêle à bouillir, avec mie de pain blanc, bien sec, & emié bien menu, avec du beurre frais, & faire bouillir tout ensemble bien fort, tant qu'il fremisse: il la faut bien fort remuer avec la cuillier, afin qu'elle ne prenne à la poele; puis prenez des jaunes d'œufs, & les délayez & passez par l'étamine, & y ajoûtez sucre & sel selon la quantité qu'il y aura de crême, avec un peu de saffran si vous voulez; puis quand il aura bouilli, & qu'on verra qu'il commencera à monter, mettez lesdits jaunes d'œufs dedans, la remuant toûjours bien qu'elle ne hausse, & la laisser bouillir tant qu'elle rende le beurre; & quand elle commencera à le rendre, ôtez-la du feu, & gardez bien qu'elle ne brûle: puis la serrez, & la servez quand vous en aurez à faire, avec du sucre.

Pour faire un excellent gâteau, d'une façon particuliere.

Il faut prendre une douzaine de blancs d'œufs avec leurs coques que vous aurez auparavant bien lavées, battez bien le tout dans un mortier de marbre, tant & si longuement que le tout soit bien dissous; puis ajoûtez sucre en poudre & farine: mais il faut beaucoup plus de sucre que de farine, & battre bien tout ensemble, jusqu'à ce qu'il se fasse une pâte dure, laquelle vous étendrez sur du papier en forme de galette, & ferez cuire au four moyennement chaud.

Pour confire & conserver des choux-cabus.

Il faut couper les choux en plusieurs tranches, lesquelles vous saupoudrerez avec bien de sel, & des cloux de girofle grossierement concassez, & les coucherez dans un pot de terre plombé, faisant une couche de sel, puis une de choux, jusqu'à la sommité du pot; que le premier & le dernier lit soit de sel, puis le remplir de bon vinaigre, & le tenir bouché; & lorsque vous en tirerez pour en manger, il faut que ce soit avec une cuillier d'argent, ou de bois, & non de fer, & que la main ne touche pas le vinaigre: on s'en peut servir en salade, y ajoûtant quelques feuïlles de laituë, ce qui fait qu'on les prend pour laituës pommées; mais pour lors il n'y faut point mettre de cloux de girofle, mais seulement du sel.

Pour les Concombres.

Il les faut choisir des plus petits sur l'arriere-saison, & proceder comme dessus.

Pour le Pourpier.

Il faut faire de même, observant que celui qui est un peu doré est le bon seulement, & non celui qui tire sur le brun.

Pour les Artichaux.

Il faut proceder de même.

Pour les Asperges.

La même chose.

Pour les Pois verts.

Ayez un pot de terre, que vous remplirez moitié eau, & moitié vinaigre, dans lequel vous mettrez

vos

vos pois verts, couvrez le pot, & le bouchez bien:
& lors que vous en tirerez pour les manger, trempez
les dans de l'eau fraîche.

Pour conserver les Féves.

Il les faut cueillir quand elles sont dans une parfaite maturité, c'est à dire quand la gousse commence
à noircir: & les ayant égrenées, ôtez la peau qui
couvre chaque grain de féve, & faites sécher le reste
sur une claye dans un four, quand on en a tiré le pain
dehors, ou bien au Soleil si l'on veut, & prendre
garde sur tout qu'il ne leur reste point d'humidité:
& lors que vous voudrez les apprêter, si c'est dans le
renouveau, vous pouvez ajoûter un peu de fleur &
herbe de féves nouvelles, pour leur donner le goût,
& faire accroire qu'elles sont de l'année courante, &
mettre sur le bord de l'assiette, où on les servira, des
fleurs de féves pour l'embelliffement.   Avant que de
les fricasser, il leur faut faire prendre un bouillon avec
de l'eau.

Pour garder les Champignons.

Il les faut faire cuire avec l'eau qu'ils rendent en cuisant seulement avec sel & poivre, ajoûtant un peu de
persil, & étant moyennement cuits, ajoûter environ
un verre de vin, & environ demi-quarteron de beurre, les mettre dans un pot de terre plombé, & le
bien couvrir; ils se conservent de cette sorte deux ou
trois mois: il faut observer qu'il y faut mettre un peu
plus de sel & de poivre que si c'etoit pour les manger
sur le champ.

Pour rendre tendre la viande dure.

Mettez des noix séches communes dans le ventre de
ce que vous faites rôtir ou bouillir.

Pour rendre promptement tendre la volaille.

Il leur faut faire avaler une cuillerée de bon vinaigre

gre un quart d'heure, ou demi-heure avant que de les tuer, & les faire marcher, puis les tuer & mettre dans la cheminée, du soir au matin, & elle sera bonne & tendre : il y en a qui les vuident, & leur mettent dans le corps un caillou chaud, & les mettent de même dans la cheminée, à la fumée.

Pour garder du verjus de grain, jusqu'à Pâques, aussi vermeil & frais que s'il étoit sur le sep.

Il faut cueillir le verjus assez vert environ huit jours devant le temps qu'on a coûtume de le cueillir, & que ce soit en beau Soleil, & lorsqu'il est sec, & non pourri, moisi, ou moite : puis l'arranger dans un petit baril, grappe contre grappe, fort doucement : puis étant plein, renfoncer ledit baril, & l'emplir par le bondon de verjus vieux, comme de l'année précédente, & laisser ledit baril à la cave ; quand on en voudra avoir, il faudra défoncer le baril, & il sera très-beau.

Pour dessaler un potage.

Il faut mettre dans le pot un cornet de farine de froment.

Pour rougir des Ecrevices en vie.

Il les faut seulement frotter avec de l'eau de vie, & les mêler avec des écrevices cuites, sur une assiette : ce qui sera d'un agréable divertissement.

Pour dérancir l'huile d'olive.

Mêlez-y de l'alun de glace, ou bien de l'eau bouillante : il faut remarquer que l'huile ne se prend pas, dans laquelle l'anis aura trempé ; si on l'expose au Soleil, ou au feu, il en arrivera de même.

*Pour garder toute sorte de gibier l'espace d'un mois,
sans se gâter.*

Il faut avoir un tonneau, duquel on aura tiré le
vin :

vin : puis défoncer une planche ou deux, à laquelle vous attacherez des cloux pour y pendre le gibier, après l'avoir vuidé, & prendre garde qu'il ne touche pas à la lie qui sera au bas, & que le gibier ne se touche l'un l'autre.

Epices tres-saines & excellentes.

Prenez de l'écorce d'orange séche deux onces, marjolaine une once, thin, hysope une once, le tout bien sec & bien battu, soit mêlé ensemble : c'est la plus saine épicerie dont on puisse user

Pour conserver le Sain-doux.

Quand vous le voudrez faire fondre, mettez-y un peu de bon verjus : puis quand ils commenceront à bouïllir, sur six livres pesant versez-y une pinte de verjus, & le laissez consumer : le même peut être employé pour conserver la pomade.

Une maniere de gâteau très-excellente & particuliere.

Prenez deux blancs d'œufs frais, & en ôtez le germe, puis les frottez le plus long-temps qu'on pourra ; mettez dedans un quarteron de fleur de farine, & autant de sucre broyé ; battez bien tout ensemble : puis y versez pour un double d'eau de vie, & un peu de coriandre en poudre, & bien mêler tout ensemble ; puis l'étendez sur du papier bien mince, large comme des assiettes ou environ, puis les saupoudrez de sucre, & les faites cuire au four.

Sommellerie, Fleurs, & Fruits.

CHAPITRE XII.

Biscuits de Génes.

PRenez une livre de farine, quatre onces de sucre, coriandre, & anis à discretion, mêlez avec quatre

tre œufs, & autant d'eau tiéde qu'il en sera besoin: faites une pâte dont vous ferez un pain que vous cuitez au four ; étant cuit, coupez-le en cinq ou six rouelles ou tranches, que vous ferez recuire au four.

Biscuits de la Reine.

Prenez douze onces de farine, une livre de sucre fin, douze œufs dont vous aurez ôté trois jaunes, de peur qu'il ne jaunisse trop, & ajoûtez anis, & coriandre à discretion; battez & mélez bien tout ensemble tant qu'il s'en fasse une pâte assez liquide : aucuns y ajoûtent un peu de levain pour rendre l'ouvrage plus sain : cette pâte soit mise dans des cornets de papier, ou de fer blanc, larges de deux doigts, & deux fois plus longs, que vous mettrez dans une tourtiére au four non trop chaud; & quand vous les mettez sur une feuille de papier recuire à chaleur lente du four: gardez-les en lieu bien chaud.

Macarons.

Prenez une livre d'amandes douces, pilez-les soigneusement en un mortier de marbre, les arrosant d'eau rose, ajoûtant une livre de sucre, battant bien tout ensemble, & en faites un grand rondeau qui remplisse un plat ou bassin, que vous mettrez dans un four tiéde, cuire à feu lent, puis les reduirez en morceaux, étant à demi-cuits, vous les mettrez recuire au four sur du papier blanc.

Pour faire une pâte, de quelque fruit que ce soit.

Prenez la quantité de fruit que vous voudrez, & l'ayant pelé faites-le cuire parfaitement avec bonne eau, puis le passez par le tamis ou étamine, & laissez reposer; après prenez dix livres de pâte dudit fruit, six livres de bon sucre en poudre fort délié, & en mettez dedans six livres seulement, cinq livres dans lesdites dix livres de fruit, & les brouillez fort : puis faites cuire quelque peu la pâte, & la mettez avec

une

une cuillier fur des plaques de fer blanc , cuillier à cuillier en diftance l'une de l'autre , & faupoudrez lefdites plaques avec cette livre de fucre qui eft reftée, & les faites fécher comme les macarons, les tournant de côté & d'autre, foir & matin, & qu'elles foient en un lieu affez chaud , ou deffus un fourneau, au Soleil, ou en un grand air , & fouvent vifiter ladite pâte en la tournant & faupoudrant comme deffus, jufqu'a ce qu'elle foit fort feche : puis les mettez en boetes de fapin pour les garder féches, enveloppées de papier, & ne les laiffer toucher l'une l'autre, de peur qu'elles ne fe ramoliffent : l'on peut faire ainfi les conferves de rofes , bouraches , buglofes , & toutes autres en façon de pate , comme grofeilles rouges , &c.

Gelée de Coins , ou autres fruits , admirable.

Il faut prendre de la décoction de la pelure , & de la chair de coins, ou autres fruits qui ait longuement bouilli en quantité d'eau , & la décoction étant faite, laiffez-la épurer au Soleil, ou au feu, ou par refidence, & de cette décoction faites vôtre gelée avec du fucre.

Pâte de Génes.

Prenez des pulpes de coins , & de pommes odorantes , de chacune parties égales , avec eau rofe, pilées & paffées par un tamis, puis après deffechees avec une fpatule de bois fur le feu : après on y ajoûte autant de fucre que de pulpes, & on le cuit jufqu'à confiftance requife.

Pour garder du fruit de quelque forte que ce foit un fort long-tems , particulierement le raifin.

Preparez du fable de riviere, & le faites bien fécher au grenier, puis faites cueillir le raifin, ou autre fruit quand le Soleil donne deffus ; car il faut qu'il foit fec, & faire un lit de fable dans une caiffe d'un pouce d'épais , puis ranger le fruit par deffus , &

couler

couler proprement du sable dessus, afin qu'il entre par tout: & ainsi continuer de lit en lit: puis vôtre caisse, ou autre vaisseau de bois étant rempli, fermez-le bien, de peur qu'il n'y entre aucun air, & le mettez en lieu sec sans le remuer: il faut que le raisin ne soit pas trop mûr, mais tant soit peu vert, comme de huit jours devant sa maturité: le raisin se garde jusqu'au nouveau: l'on peut faire le même pour les poires, prunes, cerises, pommes, groseilles, pêches, &c.

Il y en a qui le gardent dans la cendre, ou paille d'avoine, & environnent leur vaisseau de ladite paille, que l'on appelle petite paille, dans laquelle le grain d'avoine s'est nourri, & ils se gardent deux ans si l'on veut; d'autres mettent du millet en place du sable.

Pour plus de sûreté, l'on peut tremper la queuë du raisin, ou autre fruit dans de la cire fondue.

Pour garder les pommes de pourrir.

Il les faut frotter du jus de l'herbe dite baume, autrement menthe.

Pour conserver les fruits à noyaux, même les figues.

Ayez un pot de terre & l'emplissez moitié de miel, & moitié d'eau commune que vous aurez bien battu ensemble auparavant, dans lequel mettez vos fruits tous frais cueillis, & bien couvrir le pot; lors que vous les tirerez du pot, mettez-les dans de l'eau fraîche.

Pour conserver toute sorte de fleurs.

Prenez un pot que vous remplirez moitié d'eau, & moitié de verjus, mettez autant de sel qu'il en faut pour saler le potage; cueillez vos fleurs en boutons & les mettez dans cette liqueur, & couvrez le pot & le mettez à la cave, & lors que vous prendrez vos fleurs, que ce soit par la queuë, & secouez un peu la fleur, & montrez-la tant soit peu au feu pour lui faire revenir sa couleur.

Pour conserver des roses vermeilles toute l'année.

Il faut cueillir les roses lors qu'elles sont à moitié ouvertes, puis avoir un pot de grés qui soit bien recuit, & le faire encore recuire au four, puis prenez vos roses, & les rangez debout, les pressant assez près l'une de l'autre, & en faites une rangée ou un lit, & semez par dessus des cloux de girofle, & des cloux de fer, comme à latte, tout par tout dessus, & continuez lit à lit, jusqu'à ce que le pot soit plein ; que le dernier lit soit de cloux, & bouchez bien le pot, qu'il n'en sorte aucun air : ces cloux que l'on doit mettre au dessus de ceux de girofle servent à conserver la couleur vermeille des roses, desquelles ayant à faire vous les leverez bien doucement ; puis reboucherez bien le pot, de cette sorte vous aurez en toute saison des roses aussi belles qu'au mois de Mai.

Pour le même.

Cueillez les roses étant en boutons, & prêtes à fleurir, qu'elles soient rouges comme de Provins, & les cueillez avec les queues assez longues, & les enveloppez dans des feuilles de vigne, ou dans des étoupes par paquets, y en mettant douze à chaque paquet, que vous salerez avec du sel blanc, les rangeant ensuite dans un pot de terre de Beauvais, & les saupoudrez avec ledit sel, comme si l'on vouloit saler du pourpier ; puis emplissez ledit pot de verjus de treille, & le couvrez tellement avec un couvert bien lutté qu'elles ne prennent point d'air ; & à Noel ou autre tems quand vous en voudrez tirer, il le faut faire avec une fourchette d'argent ; ou de bois, & recouvrir le pot pour les garder d'être éventées ;

tées ; l'eau qui eſt dans le pot eſt admirable pour faire des caſſolettes , & leſdites roſes ſont excellentes tant en leur ſaveur qu'en leur beauté , & ſe gardent ſix ſemaines ouvertes ; la methode de les ouvrir eſt de faire tiédir de l'eau commune , & les mettre tremper deux bonnes heures dedans , tellement qu'après cela , en les ſoufflant ſeulement, elles s'ouvrent. Il faut Noter que le pot doit être mis au fond de la cave.

Pour faire de l'Hypocras incontinent.

Prenez de l'eau de vie cinq onces , canelle deux onces, poivre deux onces, gingembre deux onces, girofle deux onces , graine de Paradis deux onces , ambre gris trois grains , muſc deux grains , le tout ſoit mis infuſer pendant vingt-quatre heures dans un matras ſur des cendres chaudes, le matras bien bouché ; & lors que vous voudrez vous en ſervir pour faire de l'hypocras , prenez une livre de ſucre , & trois chopines de vin , dans lequel le ſucre étant fondu verſez-y trois ou quatre gouttes de cette eſſence , & vous aurez de l'hypocras fort excellent.

Autre Eſſence pour le même.

Prenez de la canelle groſſierement concaſſée & battuë deux onces , macis une once , gingembre une once , ambre-gris dix grains, muſc ſix grains, le tout en poudre ſeparément, ſoit mélé & mis dans un matras, avec quatre onces d'eſprit de vin, & en tout faire comme deſſus.

Pour faire Roſſolis.

Prenez une livre & demie de pain blanc tout chaud ſortant du four , & mettez-le dans un pot d'alambic , avec demi-once de cloux de girofle concaſſez, anis vert , coriandre de chacun une once , & par deſſus une pinte de bon vin rouge , & autant

de lait de vache ; puis appliquez la chape, & le recipient, & fermez les jointures avec papier collé,
laiſſez les ainſi repoſer vingt-quatre heures durant,
après leſquelles faites diſtiler au Bain-Marie, pour
en tirer toute la liqueur, laquelle vous garderez.

Il faut ſeparément faire le ſyrop avec de l'eau de
vie, ou eſprit de vin encore mieux, en le brûlant
ſur du ſucre en poudre dans un plat ou écuelle de
terre, & remuant toûjours avec une ſpatule, ou
cuillier juſqu'à ce que la flâme ſoit éteinte.

Il faut auſſi diſſoudre l'ambre-gris avec du très-
pur eſprit de vin, mêlant premierement un gros
d'ambre, avec autant de ſucre, & les broyant bien
enſemble, puis y ajoûtant dans un petit matras une
once d'eſprit de vin, & les faiſant digerer par vingt-
quatre heures au Bain vaporeux où le tout ſe diſſoudra, mais il ſe congelera au froid.

Pour faire la compoſition, il faut mêler le ſyrop
d'eau de vie, avec ladite eſſence d'ambre, tant que
l'on le juge à propos, pour les mettre enſuite avec
ladite eau diſtilée : ſi on le veut plus fort, on met
l'eſprit de vin en plus grande quantité.

Autrement.

Faites cuire vôtre ſyrop en conſiſtance à la façon
ordinaire ; étant cuit, ajoûtez-y de l'eſprit de vin
du meilleur la quantité que vous jugerez à propos,
de même que de l'eſſence cy-deſſus, où telle autre
que bon vous ſemblera, & vous l'aurez tel qu'il
vient de Turin.

Pour faire le Populo.

Prenez une pinte de ſyrop cuit en conſiſtance,
une pinte de vin blanc du plus clair, & une pinte
d'eſprit de vin, & faites chauffer tant ſoit peu pour
le faire bien mêler, puis paſſez par la chauſſe avec
deux ou trois amandes pelées & battues pour le chauffer,

fer , & un nouet de senteur si vous n'avez point d'essence.

Pour faire le bon Esprit de vin.

Il faut avoir un alambic de verre , & distiler de bonne eau de vie par le Bain-Marie , & mettre un morceau de feutre bien huilé avec huile commune entre la chape & l'alambic , & au-dessus mettre la fleur de rômarin dedans une seule fois , vous en tirez l'esprit le plus pur du monde.

Limonade à peu de frais.

Rappez de l'écorce de citron à discretion dans de l'eau sucrée , à laquelle ajoûtez quelques gouttes d'essence de soufre , avec quelques tranches de citron, elle sera fort bonne & rafraîchissante. Il faut demi-livre de sucre pour une pinte d'eau , ou un peu moins.

Pour faire l'eau de Franchipane.

Il faut mettre des fleurs de jasmin demi-quart par dessus vôtre eau sucrée , & laisser infuser quelque temps, puis sentir s'il y a de la senteur assez, sinon en remettre des nouvelles , couler l'eau quand elle sera au point où vous la souhaiterez , & y ajouter quelques gouttes d'essence d'ambre.

Pour faire l'eau de Jasmin.

Il faut faire comme ci-dessus, sans y mettre aucune essence , ni mélange d'autre senteur que celle que les fleurs lui auront laissée.

Celle de Tubéreuse se fait de la même façon.

Celle de Jonquille & celle de toutes autres fleurs, se fait de la même sorte.

F 3

L'eau

L'eau de Fraises , Framboises , Cerises , Grioles
& Abricots.

Il faut exprimer le jus desdits fruits, & bien mêler l'expreſſion en eau ſuffiſamment ſucrée, & faire
comme ci-deſſus.

Pour les glacer de même que les fruits.

Prenez une cuvette de bois, & un vaiſſeau de fer
blanc de la grandeur qu'on voudra, puis mettez les
fruits en l'eau que l'on veut congeler, un peu plus
ouvert en haut qu'en bas, afin de ſortir la glace en-
terrée avec ſon couvert de fer blanc , puis emplir
ledit vaiſſeau de fer blanc deſdites eaux, ou bien
des fruits avec de l'eau commune , pour les faire
congeler , & mettre au fond de la cuvette un peu
de paille, & un lit de nége, avec un quart de ſel bien
pulveriſé : puis un autre lit de nége , & de ſel par deſſus , & mettre ledit vaiſſeau par le milieu aſſez diſ-
tant des bords de la cuvette , afin qu'il y ait place
en cet intervalle à mettre aſſez de nége & de ſel
comme auparavant , & continuer de cette façon
juſqu'à couvrir ledit vaiſſeau de demi-pied par deſſus , & le laiſſer en lieu frais quatre ou cinq heures
en cét état, & l'eau ſera gelée : & parce qu'elle
tiendra attachée audit vaiſſeau , faudra faire chauffer du linge bien chaud pour en frotter ledit vaiſſeau
tout autour, & elle ſe détachera.

Pour faire de la glace en Eté.

Prenez une bouteille de terre de ſix pintes, mettez dedans deux onces de ſalpêtre raffiné, & d'iris
de Florence demi-once, & empliſſez cette bouteille
d'eau toute bouillante , & la bouchez bien, & tout
promptement la décendez dans un puits, & l'y laiſſez deux ou trois heures ; tirez la bouteille hors du

puits

puits & la caſſez pour en avoir la glace qui ſera très-forte , & bonne comme la naturelle.

Pour rafraîchir extrémément le vin , ſans glace.

Mettez diſſoudre environ une livre de nitre dans un ſeau d'eau , & mettez-y rafraîchir vos bouteilles dedans.

Diverſes ſortes de Vins , & pour remettre le Vin gâté

CHAPITRE XIII.

Pour faire que le Vin tourné revienne bon.

IL faut vuider le tonneau par la canelle , c'eſt à dire le clair , juſqu'à ce que la lie ſorte , & le mettre dans un autre tonneau où il y aura de la lie de bon vin , fraîche : puis y prendre une livre de bonne eau de vie raffinée , avec demi-livre de cire jaune rappée dans ladite eau de vie , que vous y ferez fondre à feu fort doux , puis tremperez un linge dans cette mixtion , & l'allumerez avec du ſoufre , & le ferez brûler par le bondon , après quoi vous boucherez bien le tonneau.

Autrement.

Prenez une poignée de vieilles noix avec leurs coquilles , ſi c'eſt pour un tonneau d'un quart de muid: ſi c'eſt un demi muid deux poignées : puis mettez leſdites noix au four tout chaud , & les faites fort ſécher qu'elles deviennent toutes rouſſes : en après , prenez autant de coupeaux de ſaule du premier bois après l'écorce , & mettez vos noix toutes chaudes & rouſſes dans vôtre tonneau , & faites un tampon

deſdits

defdits coupeaux , & le laiffez trois jours & trois nuits repofer , verrez merveilles.

D'autre forte.

Tirez-en un feau , & le faites bouillir , ou bien un autre feau , de bon vin , & tout bouillant le jettez dans le vaiffeau puant , à la place de celui que vous en aurez tiré , & bouchez bien le tonneau, & le laiffez quinze jours , & en ce temps-là il fe remettra au premier état.

Pour le vin tourné ou éventé.

Agitez le vin par le bondon avec un bâton, fans toucher à la lie , puis y verfez une livre de bonne eau de vie , & le laiffez repofer dix jours, & il fera remis.

Le vin éventé fe corrige auffi en mettant dans le pot, avant que de le boire, une croûte de païn toute brûlante.

Pour remettre le vin gâté & fûté.

Il faut tirer tout le vin hors du tonneau , & le mettre dans un autre fur une bonne lie : puis couler dans un fachet de toile qui foit un peu long , quatre onces de bayes de laurier pulverifées, & un peu de limure d'acier au fond, afin que le fachet décende mieux, & l'enfoncer jufqu'au milieu du tonneau, & le baiffer à mefure qu'on en boira le vin.

Pour remettre le vin tourné.

L'eau de Saturne , ou de Litarge rouge remet le vin tourné , c'eft à dire le vin rouge : & pour le blanc , il faut de la Litarge blanche

Pour ôter la fenteur du moifi au vin.

Il faut faire comme un bâton de pâte de froment & le faire cuire à demi au four ; après, le fortir & le piquer de cloux de girofle , & le mettre au four jufqu'à ce qu'il foit bien cuit , puis mettez le bâton fufpendu dans vôtre tonneau qui ne touche pas au
vin :

vin : on peut le jetter dans le tonneau, & il en ôtera la mauvaife fenteur.

Pour empêcher que le vin ne fe tourne.

Il faut mettre une livre de grenaille de plomb dans le tonneau.

Pour le vin qui fent l'aigre, ou l'amer.

Faites bouillir un picotin d'orge dans quatre pintes d'eau, tant qu'elles reviennent à la moitié, puis la paffez, & la mettez dans le tonneau par le bondon, & le remuez avec un bâton fans toucher la lie.

Pour adoucir un vin vert.

Mettez dans une pinte de tel vin une goutte de vinaigre empreignée de litarge, & il perdra fa verdeur.

Pour le vin tourné.

Mettez dans le tonneau de l'efprit de tartre.

Pour le vin vert.

Il faut faire bouillir du miel pour en faire fortir la cire, & le paffer par un linge : après en mettre deux pintes fur un demi-muid, ce qui le rendra fort bon. Et fi c'eft en Eté, & que vous voyiez qu'il rifque de fe tourner, il y faut jetter une pierre de chaux vive.

Pour garder le vin de s'aigrir.

Prenez du fable de riviere au mois de Mars, & le lavez bien & féchez au foleil, & en jettez deux écuellées pleines dans un tonneau de demi-muid de vin, avec deux pintes d'eau.

Autrement.

Prenez à la Saint Martin un demi-muid de vin, & le faites bouillir jufqu'à la troifiéme partie, & de ce vin en mettez dans vos autres tonneaux quatre pintes, ou environ, dans chacun, avec deux

F 5

mor-

morceaux d'encens gros comme une noix chacun,
& les bouchez bien.

Pour bien clarifier le vin.

Il faut mettre fur un tonneau deux pintes de lait,
que vous aurez bien fait bouillir & écumer, pour
en faire fortir la crême.

Pour faire un vin mufcat.

Il faut faire infufer des fleurs d'orvale dans le
tonneau, ou bien y mettre un fachet de fleurs de
fureau.

Pour faire le vin doux.

Il le faut entonner fur le pied, mettre au fond
du tonneau demi-livre ou plus fuivant la groffeur,
de finapi pulverifé.

Pour le noircir.

Mettez deux pots d'étain, quand la cuve boût.

Pour le vin blanc-roux.

Il faut agiter le vin & la lie, & en tirer cinq pintes, dans lefquelles vous diffoudrez un picotin de
fleur de froment, que vous mettrez par le bondon;
puis vous y ajoûterez une chopine d'eau de vie, &
le laifferez repofer trois jours.

Pour faire le vin bourru excellent.

Prenez deux litrons de froment que vous ferez
bouillir en deux pintes d'eau tant qu'il fe créve, &
y touchant du doigt, faites quafi paffer toute la fleur,
& l'exprimant dans un linge neuf, verfez deux pintes de cette eau en un muid de vin blanc pendant
qu'il bouillira, mettez auffi en même temps un
petit fachet un peu long rempli de fleurs de fureau
féches.

Pour faire que le vin blanc devienne rouge, & le rouge blanc.

Prenez de la cendre de vigne blanche, pour faire blanc le vin rouge ; & au contraire de la cendre de vigne noire, pour rougir le blanc. Eprouvé.

Pour faire la Malvoisie.

Prenez de la galangue tres-bonne, girofle, gingembre une dragme, concassez tout grossierement, & mettez infuser vingt-quatre heures en eau de vie dans un vaisseau de bois bien couvert, puis mettez ces choses dans un fil dans le tonneau, tenant une charge & demie de vin clairet, & l'y laissez trois jours, & vous aurez un aussi bon vin & fort, que la malvoisie naturelle.

Pour faire du vinaigre-rosat en une heure.

La moële de lierre mise en bon vin, fait du vinaigre en une heure.

Pour faire du vinaigre rosat à l'instant.

Prenez des mûres vertes de buissons, des roses communes de chacune quatre onces, de l'épine-vinette une once ; faites secher le tout à l'ombre, & le mettez subtilement en poudre, de laquelle vous servant, vous en mettrez environ un quart-d'once sur la moitié d'un verre de vin rouge, ou blanc, les mêlant & laissant reposer un moment ; puis le couler.

Autrement, & dans une heure.

Prenez de la farine de seigle pure, & la détrempez dans du fort vinaigre, & en faites une galette que vous ferez cuire au four, & la mettez en poudre, laquelle vous détremperez derechef dans du

fort

fort vinaigre , & cela jufqu'à trois fois . & mettrez ladite galette dans un poinçon de vin qui commencera à s'aigrir.

Vinaigre de feu M. le Gr. Connétable.

Prenez une livre de raifins de Damas des plus nouveaux , & en ôtez les pepins ; puis les mettez dans un pot de terre verni, avec deux pintes de bon vinaigre rofat , & le laiffez infufer toute une nuit fur les cendres chaudes, & le matin le faites un peu bouillir ; & après l'avoir tiré du feu, & être refroidi , le coulez & le gardez dans une bouteille bien bouchée.

Vinaigre admirable.

Ce vinaigre fe fait en trois heures , fi vous infufez de la racine de bette dans du vin ; & le vin retourne en fon premier état, fi on y ajoûte de la racine de choux.

Pour la Peinture.

CHAPITRE XIV.

Pour calciner l'Inde.

Prenez vôtre Inde , & le mettez en poudre, & le faites bouillir avec du vinaigre diftilé , tant que le vinaigre foit confommé , puis mettez l'Inde fur la poele du feu, qu'elle foit chaude , & le faites fécher deffus avec une feuille de papier , après le broyez avec de l'huile de noix , & vous en fervez.

Pour calciner le Noir de fumée, & le rendre plus beau & meilleur.

Prenez une poële du feu que vous ferez rougir, & y mettez le Noir, & lors qu'il aura jetté sa fumée, il sera fait : on en pourra user avec l'eau gommée ; & pour l'huile il ne seroit pas bon de la broyer.

Noir de fumée plus fin que celui que l'on achete.

Il se doit faire avec des lampes à huile, mettant quelque chose sur la fumée pour la recevoir.

Noir d'os de pieds de mouton.

Prenez telle quantité d'os de pieds de mouton qu'il vous plaira, & les calcinez dans un creuset, & les éteignez dans un linge mouillé ; & les broyez à l'eau avant que de les mettre à la gomme : ce Noir se mêle avec la laque, & avec la terre d'ombre pour la carnation, pour la miniature.

Blanc de plume pour la Miniature.

Prenez une once d'argent de coupelle en grenaille, ou la mine, que vous ferez dissoudre en eau forte pendant vingt-quatre heures ; étant dissous & reduit en crystaux au bas du vase, jettez l'eau forte, & lavez bien la matiere dans de l'eau commune, bien claire, par cinq ou six fois, tant qu'elle ne sente plus ladite eau forte ; & pour éprouver si elle ne sent plus, il en faut mettre sur la langue, puis le mettre sécher dans un petit godet : & pour s'en servir, il le faut delayer en eau gommée, avec un peu d'eau de sucre candi.

Tres beau blanc d'œuf.

Prenez une grande terrine vernissée : & ayez une plaque de plomb neuve, qu'elle déborde de deux doigts hors de la terrine ; mettez dans cette terrine

F 7

deux

deux livres de graiſſe de rognons de mouton, coupée par morceaux comme des noiſettes, puis ajoûtez dans la terrine une douzaine d'œufs frais, avec trois pintes du plus fort vinaigre, & mettez la plaque deſſus la terrine, & y collez tout autour du papier, afin que rien ne s'évapore, & mettez cela dans un lieu temperé, qu'il n'y faſſe ni chaud, ni froid ; & au bout de quinze jours vous leverez vôtre plaque, à laquelle vous trouverez quantité de blanc attaché, lequel vous ratiſſerez doucement avec un couteau, & remettez dans la terrine une pinte de bon vinaigre, ôtez les œufs, & en remettez autant de frais, & recouvrez la terrine comme devant, & au bout de quinze jours levez ladite plaque, & en prenez le blanc qui y ſera attaché, & pouvez continuer ce procedé tant qu'il vous plaira ; après prenez ce blanc, & le mettez dans une terrine qui ne ſoit point vernie ; verſez deſſus une pinte d'eau, & delayez bien le tout en le remuant, & l'eau viendra comme en lait que vous verſerez dans une autre terrine, & le filtrez, & alors il vous reſtera un tres beau blanc, & ce qui ſera demeuré dans la terrine ; rejettez y d'autre eau, & lavez comme la premiere, & le filtrez de même, & vous aurez encore du blanc qui ne ſera pas du tout ſi beau que le premier.

Nota. Qu'en verſant & filtrant l'eau, il faut prendre garde que le fond n'aille avec l'eau, lequel fond eſt inutile, & partant il le faut jetter.

Pour rendre le blanc de plomb fin extraordinairement.

Prenez du blanc de plomb en écailles, choiſiſſez le plus beau, & broyez bien ces écailles ſur la pierre, avec du vinaigre, & il deviendra noir ; alors prenez une terrine pleine d'eau, & lavez bien vôtre blanc, puis le laiſſez bien raſſeoir, & verſez l'eau par inclination ; broyez-le encore avec du vinaigre & le relavez, faiſant cela trois ou quatre fois, & vous aurez

un

un blanc qui fera parfaitement beau tant pour l'enluminure que pour la peinture à l'huile.

Pour faire l'outre-mer du lapis lasuli.

Prenez une livre de lapis, & le calcinez dans un
creufet, que vous couvrirez d'huile, étant affez calciné, jettez-le dans du vinaigre pour le faire concaffer ; puis l'ayant féché, pilez-le dans un mortier
de cuivre ou de fonte, & le broyez fur une écaille de
mer, avec de l'huile de noix, ou d'afpic, qui eft
meilleure, & le broyez bien fin, & non trop clair ;
puis prenez pour une livre de ladite pierre de lapis,
une livre d'huile de lin, une livre de cire blanche,
une livre de refine, une livre de poix de Bourgogne,
une livre de terebentine, demi-livre de colophone,
& mettez toutes ces chofes dans un pot neuf, fondre doucement à petit feu, empêchant qu'elles ne
bouillent, remuant toûjours avec un bâton, tant
que le tout foit bien incorporé enfemble; puis y mettez vôtre pâte de lapis, & avec une fpatule de bois
tirez vôtre matiere dehors, la mettant fur une table
de bois, ou de pierre, & la tournant de côté &
d'autre : après vous aurez une petite fontaine où il y
aura de l'eau tiéde, qui coulera deffus vôtre pâte,
& fera fortir l'outre-mer, qui fera reçu dans une terrine, qui doit être replacée au deffus de la table ; puis
verfez l'eau par inclination, & la filtrez comme aviferez bon & reïterez par plufieurs fois avec de l'eau
tiéde, & vous aurez le plus parfait outre-mer.

Pour tirer l'outre-mer d'autre façon.

Prenez du lapis, faites le rougir dans un creufet,
& le jettez dans de bon vinaigre par deux ou trois
fois, puis vous le pilerez facilement dans un mortier : après vous le broyerez fur le marbre avec l'huile de lin, & efprit de vin de chacun une once, que
vous aurez auparavant mis fur les cendres dans un

ma-

matras, les agitant fort, avant que d'en verfer fur
vôtre matiere pour la broyer; laquelle étant mife en
poudre impalpable, vous l'incorporerez avec le ciment fuivant,

Prenez deux onces d'huile de lin, terebentine,
maftic, affa fetida, colophane, autant pefant, cire
& refine de pin trois onces; faites bouïllir tout cela dans un pot plombé pendant un quart d'heure,
puis le paffez par un linge, le laiffant tomber en eau
claire; cela eft un ciment duquel vous prendrez une
partie, & autant de vôtre lapis, que vous broyerez
& incorporerez enfemble dans une terrine plombée;
puis jettez de l'eau claire & nette par deffus & laiffez
repofer un quart d'heure, & enfuite agitez fort avec
une fpatule de bois vôtre matiere, & vous verrez
dans un quart d'heure une eau toute azurée, laquelle vous jetterez dans une autre terrine plombée; re-
verfez d'autre eau fur vôtre matiere, continuant l'a-
gitation & le changement d'eau jufqu'à ce qu'elle ne
fe colorera plus.

Notez, qu'il ne faut point jetter l'eau fur les matieres qu'elle ne foit chaude; puis évaporez toutes
vos eaux azurées, & il vous reftera le vrai azur d'outre-mer quatre onces pour livre, & prefque tout le
furplus en cendres d'azur.

Verts excellens.

Prenez du vert de gris tant qu'il vous plaira, &
le broyez avec du vinaigre, & mettez dedans de la
pâte de pain bis, & le faites cuire comme le pain;
puis fendez votre pâte cuite, & retirez vôtre vert
de gris, que vous mèlerez avec huile ou eau, & en
travaillez; & il fera excellent.

Vert de veſſie ſervant à la Miniature & Enluminure.

Prenez de la graine de Nerprun qui fe cueille à la
fin d'Août, quand elle eft mûre; il la faut concaffer,

fer, & faire bouïllir fept ou huit jours en quelque lieu. chaud, d'elle-même elle bouïllira & deviendra comme du vin doux; ajoûtez-y de l'eau pour l'éclaircir : cela fait, paffez-la dans un linge, & exprimez le marc tant que vous pourrez, & faupoudrez l'expreffion avec de l'alun en poudre, plus ou moins felon que vous verrez à propos, il y en a qui y ajoûtent du vinaigre, mais il eft beaucoup plus long à fécher, & eft roux : il la faut mettre dans une veffie, à l'ombre ou à la cheminée; & cela fait, elle fe gardera & fe confervera fort bien : cette graine de Nerprun eft une efpece de graine d'Avignon, qui croît le long des hayes.

Pour faire un fort beau vert liquide.

Prenez une livre de verdet, & demi-livre de tartre blanc de Montpelier en poudre; mélez les enfemble, & les faites tremper une nuit dans deux pintes de fort bon vinaigre, que vous ferez bouillir jufqu'à diminution de moitié; puis étant repofé deux jours, le verfez dans une bouteille de verre par inclination, ou le filtrez : Pour vous en fervir en l'enluminure, & glacer fur la graine d'Avignon, gomme gutte, & faffran, pour l'employer; étant melangez enfemble avec le ftil de grain, vert de veffie, & l'inde, on peut faire diverfes fortes de verts.

Pour faire du ftil de grain.

Prenez quatre onces de graine d'Avignon, qué vous concafferez & ferez bouillir dans deux ou trois pintes d'eau, que vous laifferez enfemble, & ferez bouïllir le tout jufqu'à diminution de moitié : puis paffez tout par un linge, & mettrez dans ce fuc du blanc d'Efpagne en poudre très-fubtile, à difcretion : en après faites des pelottes, & les faites fécher fur des tuiles, étant féches, l'employez avec de la gomme : pour le rendre plus beau, il faudroit prendre de

la,

la gofée bien bouillie & chargée : elle fera encore plus belle, y mêlant de l'eau de gomme gutte.

Du Cinabre & Vermillon en pierre.

Le cinabre ou vermillon eſt rendu plus beau, ſi l'on y mêle en le broyant de l'eau de gomme gutte, avec un peu de ſaffran, & il ne noircit point.

Pour le rouge, & autres couleurs.

Vermillon préparé comme ci-deſſus.

Pour l'orangé, y mêler un peu de minium.

Pour le jaune, orpin du plus beau broyé parfaitement à l'eau, puis mis par petits pains ſur le papier, comme on doit faire à toutes les autres couleurs, pour le ſécher. Quand il eſt bien ſec, & bien pulveriſé, l'on s'en ſert.

Pour le gris-de-lin, orſeille de Lyon, que vous ferez bouillir toute ſeule en eau, pour en avoir la teinture la plus épaiſſe & plus colorée qu'il ſe pourra, de laquelle on ſe ſert pour colorer le blanc de plomb, qui aura été déja broyé & ſéché, & le broyer avec cette teinture une ſeconde fois ; puis le ſéchant & rebroyant de nouveau avec cette même teinture, le ſécher & lui donner autant de charges que vous jugerez à propos pour le colorer ; étant ainſi broyé & pulveriſé, il le faut incorporer avec les autres.

Pour faire que les Tailles douces ſemblent des Tableaux à huile.

Il faut prendre vôtre taille-douce, & la coller par les bords, de papier blanc ſur un chaſſis, comme quand on fait des chaſſis pour les fenêtres ; & avant que de la coller il la faut humecter & l'aſperger avec de l'eau, afin qu'elle ſe bande en ſéchant ſur le chaſſis : puis prenez de l'huile de terebentine, ou autre qui ne ſoit point jaune, & en frottez la taille-douce ;

étant

étant bien séche , appliquez vos couleurs broyées à l'huile , & couchez à plat sur vos tailles-douces par derriere , comme si vous vouliez peindre sur une toile, hormis qu'il faut coucher les couleurs tout à plat, sans les ombrer , parce que les traits de burin qui font les ombres, font leur effet. Cela étant bien sec , il faut du côté du burin où la couleur n'est point couchée, frotter de vernis bien clair & siccatif, qui est celui de Venise , ou le vernis blanc , & verrez l'effet d'un veritable tableau peint en toile.

Nota, Que la carnation doit être couchée à peu près, comme si vous peigniez sur un autre tableau, à cause de la sujettion du coloris , qu'il faut exprimer comme la couleur de chair.

Pour laver des vieux tableaux, & leur donner un beau lustre.

Prenez une once de grávelée, & autant de soude blanche, que vous ferez bouïllir dans une pinte d'eau reduite à la moitié , que vous coulerez, & prendrez cette lexive, de laquelle vous frotterez promptement le tableau avec une éponge; il faut que la lexive soit un peu tiéde , puis tout à l'heure laver la tableau avec de l'eau tiéde, & l'essuyer.

Pour les vernir.

Prenez une once de terebentine de Venise trèsclaire, avec une once & demie d'esprit de terebentine, & trois ou quatre gouttes de vernis siccatif, & mêler tout cela dans une fiole de verre, & faire dissoudre au Bain-Marie ; & étant froid en passer par tout avec un pinceau.

Un autre.

Prenez des blancs d'œufs & les battez tous en mousse avec un bâton de figuier , puis du clair en frottez le tableau.

Pour

Pour nettoyer les tableaux de platte-peinture.

Frottez les avec un éponge trempée en lexive de farment, ou bien mêlée en égales parts avec de l'urine.

Pour faire des Images de Flandres.

Prenez du verdet en poudre quatre onces, que vous mettrez en un pot verni, avec deux pintes d'eau, & les mêlez bien avec un baton, les laiffant infufer trois jours & trois nuits : le fecouant de tems en tems, puis le paffer par un linge à quatre doubles ; & dans cette eau, faites fondre de la cole de poiffon fur un petit feu, prenant garde qu'elle ne foit trop épaiffe, puis la verfez fur les planches avec un bord de cire.

Pour en faire des jaunes, prenez du faffran, avec un peu d'alun de roche.

Pour rouge, du Brefil infufé dans de l'eau.

Pour les Images d'or ou d'argent, vous mettrez dans vôtre cole de l'argent, ou or en coquille : & vôtre cole étant fonduë, il faut jetter le fond dans un linge avant que de jetter le tout fur la planche.

Pour tirer tel Deffein que l'on voudra, fans le percer ni poncer : ce qui s'appelle calquer.

Il faut frotter vôtre Deffein ou Taille-douce par l'envers, avec de la fanguine, pierre noire, ou craye, fi c'étoit pour tirer fur le noir, & paffer par deffus tous les traits avec un poinçon, ou le bout du manche du pinceau ; & la feuille de papier mife deffous fera deffignée fort bien ; Que fi on ne veut pas frotter la Taille-douce, il ne faut que frotter une feuille de papier, & la mettre fous la Taille-douce, & paffer par deffus les traits fans rien gâter.

Pour faire l'or bruni fur le velin, auffi beau qu'on le faifoit anciennement ; Secret trouvé par de Jary.

Prenez une once de bol fin, avec deux dragmes

de sanguine fine , une dragme de pierre de mine
de plomb, & demi-dragme de pierre noire, autant de
blanc de plomb , le tout broyé , foit mêlé enfemble
avec du blanc-d'œuf battu en mouffe , & repofé du
jour au lendemain , & prendre ce qui en coule, dans
quoi vous mettez tremper quatre ou cinq pepins de
coin , d'un jour à l'autre , & cela étant un peu épais,
le laiffer fécher : pour s'en fervir il le faut délayer
avec de l'eau commune , & bien broyer tout enfemble : il faut y racler avec un couteau un peu de favon : fi vous y mettez gros comme une noifette de
bol , mettez gros comme un pois de favon. Il faut
écrire avec une plume , & laiffer fécher l'écriture , puis
paffer le pinceau par deffus avec de l'eau claire feulement , & y appliquer l'or en feuille , ou l'or en coquille , & quand il fera bien fec , le polir avec la dent :
mais obfervez qu'il doit être bien fec avant que de l'y
paffer , ou plûtôt attendez du jour au lendemain.
Prenez un papier blanc qui foit bien liffé , & mettez
le côté liffé par deffus l'or , puis polir deffus le papier l'or qui fera deffous, afin qu'il foit fort uni : puis
lever le papier , & le liffer fans papier , & il fera
très-beau.

Pour faire des Crayons de paftel très-excellens & auffi
fermes que la fanguine; Secret trouvé par Monfieur
le Prince Robert , frere du Prince Palatin.

Prenez de la terre blanche toute préparée pour faire les pipes à tabac, que vous broyerez fur le porphyre ou écaille avec de l'eau commune , en forte
qu'elle foit en pâte, & prenez les couleurs que vous
voudrez chacune en fon particulier , & les broyez fé-
chement fur la pierre , le plus fin qu'il fe pourra ;
puis les paffez par un taffetas ou toile très fine , &
mêlez chacune defdites couleurs avec ladite pâte, felon que vous voudrez faire les crayons forts de couleur , ou foibles , y mêlant un peu de miel commun,
& de l'eau de gomme Arabique à difcretion.

Nota ,

Nota, Que de chaque couleur il en faut faire de plus chargez de couleur les uns que les autres, afin qu'ils soient en nuance.; puis prenez lesdites pâtes chacune en particulier, & en faites de petits rouleaux gros comme le doigt, ou comme le pouce, & les roulez entre deux petits aix bien unis pour les reduire à la grosseur que vous voudrez pour vous en servir: cela fait, vous les mettrez sécher sur un aix bien net, ou sur du papier, sans feu, ni Soleil, pendant deux jours: puis pour les achever de sécher, il les faut mettre au Soleil, ou devant le feu, & lors qu'ils seront secs, ils seront en leur perfection pour s'en servir. Ce secret est très-beau & très rare pour ce sujet.

Pour conserver l'argent sur le bois ou sur le plâtre, & l'empêcher de rougir.

Nota, Qu'il n'est point parlé de cette cole.

Lavez-les tous les mois avec de la cole de poisson faite comme ci-dessus, avec un pinceau.

Pour dorer le plomb, ou le fer blanc, & toute autre chose, pourvû qu'on applique la feuille d'étai par dessus.

Prenez de la poix noire, huile de terebentine, deux onces, resine tant soit peu; faites fondre le tout sur le feu, & en faites un vernis, duquel vous passerez sur l'ouvrage.

Pour faire l'Email sur le fer blanc, ou bouquets: excellens.

Il faut bien nettoyer le fer blanc, & qu'il soit bien sec, & broyer les couleurs toutes en particulier, comme font les Peintres, & que ce soit avec de l'eau nette, & les laisser sécher: étant séches, il faut pour les appliquer, les bien délayer avec du vernis liqui-de:

de : étant bien délayées chacune à part , il les faut prendre avec un pinceau pour les appliquer , & faire telles figures que l'on veut ; & puis après les laisser éventer, afin que les couleurs ne coulent pas , & après les chauffer doucement sur un rechaud.

Pour faire amollir les os , & l'yvoire.

Il faut prendre de l'alun de glace & le fondre sur le feu en eau, puis y mettre une partie d'eau rose, & de la cendre passée bien menuë, & y laisser tremper les os, ou l'yvoire, l'espace de vingt-quatre heures, & ils s'amolliront : & en les faisant bouillir dans de l'eau claire, ils reviendront en leur premier état.

Pour dessiner sans encre ni crayon.

Il faut frotter le papier de tripoli.

Pour empêcher que la Fayence ne se casse sur le feu.

Il la faut faire bouillir dans de l'eau claire.

CHAPITRE XV.

Diverses Sortes & imitations de Marbres, & Jaspes, & pour reparer le Marbre gâté.

Pour faire du Marbre ou Jaspe très-beau.

PRenez de la chaux vive, que vous détremperez avec des blancs d'œufs, & huile de lin ; & de cela faites plusieurs boules, dans l'une vous mettrez de la laque pour la faire rouge, & que la laque soit bien pulverisée : à l'autre de l'inde pour faire bleu :

à

à l'autre du vert de gris pour vert, & les autres d'autres couleurs, & en reſervez une ou deux blanches;
ayant applati l'une de ces boules comme une galete
de pâte, vous ferez le ſemblable à toutes les autres,
& les ayant couchées l'une ſur l'autre, & les blanches au milieu, avec un grand couteau vous couperez
des grandes tranches tout du long de ces plaques, &
après avoir tout coupé, vous mêlerez toutes ces tranches dans un mortier pour les broyer, & ainſi mêlez, vous aurez un beau jaſpe, lequel vous prendrez,
& avec une truelle à maſſon l'étendrez ſur la colomne
ou table que vous voudrez faire, ou avec les mains,
& les polirez avec la truelle tant que vous verrez
qu'elle demeure: le tout étant poli, ſi d'aventure
vous n'y avez pas mis d'huile, mais ſeulement du
blanc d'œuf, vous en ferez bouïllir, & tout bouillant vous en jetterez ſur la matiere, la faiſant couler & gliſſer par tout tandis qu'elle ſéchera; cette huile s'imbibera dedans, & donnera un beau luſtre à
vôtre jaſpe: que ſi dès le commencement vous avez
mis de l'huile de lin pour detremper la chaux vive,
il n'eſt plus beſoin d'y en remettre: tout cela étant
fait, vous mettrez ſécher vôtre piéce à l'ombre.

De ce Jaſpe vous pouvez encore faire des chape-
lets, dont les grains étant faits dans un moule vous
les jetterez dans un pot plein d'huile de lin, où ils
ſécheront & ſe verniront.

Pour jaſper noir.

Prenez de l'eau de chaux vive, & de l'eau forte,
avec du brou de noix vertes; faites détremper &
mêler le tout enſemble: puis prenant ce noir qui eſt
très-beau, le couchez avec une broſſe ſur ce que vous
voulez jaſper, ſoit colomne, table, ou autre choſe:
cela fait, mettez vôtre colomne ou table ainſi noire
dans du fumier, l'eſpace de huit jours, & la retirez
au bout du temps, vôtre piéce ſera toute marbrée.

Au-

Autrement.

Faites une grosse boule de vôtre noir , & la mettez autant de temps dans le fumier , & en frottez vôtre colomne en la maniere que dessus , &
tant d'une façon que d'autre, vôtre colomne ou table
étant ainsi marbrée , il la faut frotter de vernis pour
lui donner le lustre.

Le vernis pour donner lustre ausdits marbres jaspez , est
écrit au long au Chapitre du vernis , article, 5. Nota

Qu'il n'y a rien.

Pour contrefaire le Marbre.

Prenez du plâtre blanc bien pilé & pulverisé , &
passé par le tamis , & faites de la colle de parchemin,
& lors qu'elle sera fonduë , mêlez vôtre plâtre dedans jusqu'à ce qu'il se puisse faire une pâte, dans laquelle vous mêlerez les couleurs qu'il vous plaira, &
étendrez ladite pâte sur une table de bois avec une
truelle , & la polirez le mieux qu'il vous sera possible,
& la laissez sécher quinze jours , puis la polissez
quand elle sera bien séche , avec une pierre ponce un
peu forte au commencement, puis un peu douce, y
jettant dessus du fin tripoli , en suite passez une pierre dont on éguise les coûteaux & rasoirs : & pour la
fin une peau de bœuf pour la rendre luisante , & après
tout sera fait.

Pour blanchir l'Albâtre , & le Marbre blanc.

Mettez de la pierre ponce en poudre fort subtile ,
& l'infusez dans du verjus l'espace de douze heures
ou environ : après, ayez une éponge & la trempez
dans les susdites matieres, & en frottez l'albatre , ou
le marbre blanc : puis prenez de l'eau claire avec un

linge, lavez l'albâtre ou le marbre , & enfin l'effuyez avec un linge blanc & net.

Pour blanchir ou plutôt reblanchir les murailles
de plâtre.

Il faut fuppofer toûjours que la muraille foit bien
dreffée , & qu'elle ait eté enduite avec du plâtre bien
fin & bien uniment : après quoi on la blanchira
avec du lait de chaux fort clair, tel qu'il fera ci-après
defigné & mêlé : il faudroit avoir mouillé la muraille avec de l'eau abondamment : car tout le fecret
confifte que le blanc ne féche point avec précipita-
tion , mais tout lentement : ce qui donne lieu à
la chaux de faire fa prife , féchant à loifir : ainfi
les murailles ne blanchiffent ni les mains , ni les
habits : & s'il y avoit quelque chofe de fale à la muraille , il le faudroit racler , de même fur la pierre
de taille , & y paffer le riflar deux ou trois fois également : il faut dans une heure ou deux y paffer la
paume de la main , il prendra le poliment comme
le marbre.

Le lait de chaux le meilleur eft fait après que la
chaux a été éteinte de longue main , dans laquelle
ayant mis fuffifante quantité d'eau, on l'agite & re-
muë tant qu'il fe fait une écume par deffus, laquelle il faut retirer proprement , & la garder pour vôtre ufage. Le dernier enduit doit être fait avec du
lait de chaux vive , afin que le blanc en foit plus
poli.

D'autre façon.

Il faut que l'enduit foit fait à chaux & à fable ,
bien dreffe avec la regle & le plomb , & que le bou-
clier ait paffé par deffus: puis blanchir deux ou trois
fois de lait de chaux tout de fuite ; que le premier
blanc foit fort clair ; le fecond un peu plus épais ,
& le troifiéme encore davantage , y ajoûtant plus
ou moins d'eau à difcretion. Cette maniere de blanchir

chir se peut dire blanchir à froid, la meilleure, la plus belle & la plus prompte de toutes.

Pour frotter & donner couleur aux planchers de plâtre.

Il faut bien ratisser le plancher, puis mettre de l'urine, avec suye de cheminée, ou de four, qui est meilleure, & la bien mêler & délayer, la laissant infuser pendant deux jours; puis avec des brosses ou torchons en frotter les planchers, & les laisser sécher avant que de marcher dessus; & étant secs les frotter avec des décrotoires, comme des planchers de bois.

CHAPITRE XVI.

Pour teindre les Martres blanches à long poil commun, en tres-beau noir, irrevocable, comme les Zebelines.

IL faut faire cuire deux livres de noix de gale nouvelle, à feu lent, avec deux onces de moële de bœuf dans un pot de terre, félé & bouché, remuant souvent le pot, de peur que la noix de gale ne brûle, la laissant cuire jusqu'a ce que le pot ne fasse aucun bruit quand on le remue; laquelle vous pilerez & passerez par un tamis, puis en prendrez demi-liv. pesant, avec 3. onces de couperose verte, 3. onces d'alun de Roche, 2. onces de litarge, une once de vert de gris, une once de sumach, une once de sel ammoniac; le tout broyé separément, puis mêlé ensemble, faites bouillir, & le gardez pour teindre.

Notez, qu'avant que d'appliquer la teinture, il faut laver deux ou trois fois la peau en eau de chaux bien claire & nette; & quand vous appliquerez la

teinture , que ce ſoit avec un pinceau à contrepoil,
& à droit poil, s'il en eſt beſoin.

La Martre étant ſéche ne differe en rien des Zebelines.

Toutes les poudres étant aſſemblées ſeront miſes
au feu ſans autre liqueur, elles ſe fondront & bouilliront : le vert de gris peut être ômis , quoi qu'il
ne gâte rien.

Pour faire l'Incarnadin d'Eſpagne.

Il faut prendre du ſaffran bâtard , le bien laver,
l'eſſuyer , & le broyer : en le broyant mettre ſur
une livre un quarteron de gravelée ou ſoude, & bien
broyer le tout enſemble : puis, mettre le total dans
une double chauſſe de groſſe toile , & faire tiedir
demi-ſeptier de jus de citron , & le jetter ſur ledit
ſaffran , & mettre l'étoffe que vous voudrez teindre
au deſſous , & elle ſera teinte.

Il faut auparavant faire bouillir l'étoffe dans de
l'eau d'alun , puis la laver, & l'eſſuyer, & la mettre dans la teinture.

Pour faire du papier rouge excellent.

Prenez du ſaffran bâtard demi-livre que vous laverez dans un ſac à la riviere , juſqu'à ce qu'il ne
rende quaſi aucune teinture, & mettrez le marc dans
un baſſin , le ſaupoudrant avec de la cendre d'alican appellée ſoude , une once , & le mettez dans
un petit ſeau d'eau tiéde en remuant toûjours ; &
après l'avoir paſſé , ajoûtez-y un peu de jus de citron , qui lui donne la couleur rouge ; il faut que
ce ſoit du papier de cotton , & le tremper dans le
baſſin.

Pour marbrer & jaſper du papier.

Broyez vos couleurs comme laque, maſſicot, inde, ocre jaune, mine de plomb, ocre rouge , &
au-

autres, avec du fiel de bœuf : puis ayez un baſſin de terre que vous remplirez d'eau tiéde, & d'un bâton vous la mouvrez en rond tant qu'elle s'agite en tournant, en même temps ayez vos couleurs prêtes, & en prenant de chacune avec un gros pinceau vous viendrez à toucher le milieu de l'eau ; alors vous verrez toutes les couleurs s'épartir : puis promptement faut prendre d'un autre pinceau, ou de l'empanon d'une plume une autre couleur ; dont vous toucherez l'eau au même lieu que la premiere couleur, & incontinent y placerez toutes les couleurs pendant que l'eau eſt agitée & qu'elle tourne : puis étant arrêtée vous la verrez toute bigarrée de couleurs, alors vous aſſeoirez vôtre papier ſur l'eau, & ſans le laver vous prendrez vôtre feuille par un des côtez & la tirerez à vous, la faiſant traîner ſur l'eau juſqu'à ce que la feuille ſoit au bord du baſſin de terre, puis la laverez & la ferez ſécher, & la brunirez enſuite. Il convient que le papier ſoit bon, & que l'eau ſoit gommée de gomme adragant.

CHAPITRE XVII.

Pour faire retourner la tapiſſerie en ſa premiere beauté, quand les couleurs en ſont ternies & gâtées.

VOus ſecouerez & nettoyerez bien la tapiſſerie ; puis vous prendrez une broſſe de poil fort rude pour faire-en-aller la craye que vous aurez miſe par tout, après y avoir demeuré ſept ou huit heures : l'ayant ôtée remettez-y-en de nouvelle, & l'y ayant laiſſée comme auparavant, vous la retirerez de même avec leſdites broſſes : & après cela vous ſecouerez ladite tapiſſerie & la battrez bien avec une baguette pour faire en aller la pouſſiere, & enſuite

la

la nettoyerez bien proprement avec les vergettes ; & elle retournera en sa premiere beauté.

Pour récolorer les tapis de Turquie.

Il faut bien battre le tapis avec un bâton qui ne soit pas poudreux : & s'il y a des taches d'encre, il les faut frotter de jus de citron , & les laisser bien imbiber, puis les bien laver avec de l'eau fraîche , & à l'instant donner des chiquenaudes à l'envers du tapis jusqu'à ce que l'eau en soit toute sortie ; & quand il sera bien sec, prenez la mie d'un pain blanc tout chaud & en frottez tout le tapis : & après vous choisirez une belle nuit ou deux, & mettrez vôtre tapis au serein toute le nuit.

Pour remettre le passement d'or , ou d'argent , en sa premiere beauté.

Prenez un fiel de bœuf , & un fiel de brochet, mêlez-les avec eau nette , & en frottez vôtre or ou argent , & vous le verrez changer de couleur.

Pour faire fuir les Puces , Punaises & autres insectes.

CHAPITRE XVIII.

Pour faire mourir les punaises.

PRenez du jus d'aluine , & de l'huile d'olive vieille , à suffisance de chacun , que vous ferez cuire ensemble jusqu'à ce que le jus soit tout consumé : puis coulez l'huile , & faites fondre dedans du soufre vif, & de cette huile frottez les lits & toutes les fentes.

Autrement.

Prenez du fiel de bœuf, & huile de chenevis, &
mêlez tout enfemble , & en frottez les jointures &
le bois du lit , & au lieu où vous aurez frotté il n'y
viendra jamais de punaife.

Plus.

Frottez le bois avec du jus de vieux concombre,
qu'on laiffe pour en avoir la graine.

D'autre forte.

Détrempez du fort vinaigre , & du fiel de bœuf
enfemble , & en lavez vos châlits , & mettez de la
grande confoude fous le chevet du lit. Eprouvé.

Plus.

Prenez des noix , ou gales de ciprés & les concaffez , puis les mettez infufer dans de l'huile qui
furnage de deux doigts , & laiffez au Soleil & au
ferein par deux fois vingt-quatre heures , & ayant
coulé l'huile en exprimant bien lefdites gales, en frottez bien vos châlits.

Pour faire mourir les puces.

Sur une livre de couperofe blanche , mettez un
feau d'eau, & la couperofe étant fondue, afpergez
de cette eau la chambre. Affûré.

Autrement.

Afpergez la chambre avec la decoction de rhuë
mêlée avec l'urine d'une jument. Cela eft éprouvé.

Pour

Pour le même, qui est encore bon pour les punai-
ses, & les calendes des blés, & les
vers des coffres.

Faites sécher de l'ellebore noir , & le mettez en
vôtre chambre comme jonchée, ou dans le lit, ou
parmi le blé , ou les habits, & jamais tout ce que
dessus ne les endommagera. Eprouvé.

Pour la tigne des habits.

L'herbe nommée Botris , séchée & mise parmi
les habits , les conserve de tigne de vers.

Pour le même.

Chandelles de suif de mouton envelopées de papier , les racines d'iris ou absinthe y sont aussi
bonnes.

Pour les punaises.

Faites bouillir de la coloquinte , avec de la rhuë
& de l'eau & en lavez les châlits, & il n'y viendra
aucune punaise.

Pour faire mourir les mouches.

Mettez du tabac en feuille dans un pot, & le faites infuser en eau par vingt-quatre heures , après y
ajoûtez du miel & le faites bouillir une heure , &
ensuite mettez-y de la farine de froment, en forme
de sucre ; cela attire les mouches , & toutes celles
qui en boivent meurent assurément.

Autrement.

Prenez telle quantité que vous voudrez de feuilles de citrouille , ou de courge , & les pilez
pour en exprimer le jus, duquel lavez les murailles,
ou autre chose que vous desirerez de preserver des
mouches, & elles n'y viendront pas; bien assûré
en

on peut frotter les cuisses & le ventre des chevaux, pour le même.

Pour chasser les souris de la maison.

Prenez de la verveine & la détrempez d'eau, l'y laissant infuser vingt-quatre heures ; puis en jettez par la maison, & les souris s'en retireront.

Pour se préserver des serpens.

Il faut porter sur soi de la feuille de frêne, & en mettre des branches dans l'écurie, & autres lieux que l'on en veut préserver.

De la Menagerie.

CHAPITRE XIX.

Pour faire du pain beaucoup plus substantiel que l'ordinaire.

VOulant faire du pain, prenez le son que l'on a bluté, & le mettez dans une chaudiere d'eau, & le faites bouillir : puis le passez, & pêtrissez vôtre pain de cette eau blanchie, & il sera beaucoup plus substantiel, & vous aurez un quart plus de pain qu'à la façon ordinaire.

Autre pain, qui, outre qu'il est plus excellent, se garde un mois plus que l'ordinaire.

Prenez des citrouilles, & les faites cuire en eau à perfection, tant que l'eau soit pâteuse : & de cette eau de citrouille cuite pêtrissez vôtre farine, & en faites du pain qui sera très-excellent, & qui aussi augmentera d'un quart, & se gardera un mois davantage que le pain commun. Eprouvé.

G 5

Pain

Pain , dont un morceau peut suſtanter. huit jours
un homme , ſans manger autre choſe.

Prenez quantité de limaçons , & leur faites vuider leur mouſſe , puis les faites ſécher , & les re-
duiſez en poudre déliée , de laquelle vous ferez un
pain , duquel un homme , avec un morceau, peut
être huit jours ſans manger.

Pour graiſſer un mouvement de bois.
Il le faut frotter de ſavon , & cela ſuffit.

Pour empêcher de faire du beurre.
Mettez du ſucre pulveriſé dans la crême dont on
fait le beurre.

Pour avoir quantité de crême de lait.

Prenez un limaçon rouge : & le pendez à un filet
au milieu de la place où ſera le lait , & tout ce
qui ſera au deſſus du limaçon ſe convertira en
crême.

Pour nourrir les volailles.
Il faut avoir du marc du vin qui reſte dans la cuve , après en avoir coulé le vin , & le bien mêler
avec du ſon, puis faire un creux en terre, dans lequel vous mettrez par lits & couches ledit marc &
ſon : puis par deſſus, un lit de terre graſſe , en
après un de marc mêlé avec le ſon , & ainſi continuerez juſqu'à la derniere couche.

Pour engraiſſer en quinze jours toute ſorte de volailles,
ſoit poules , oyes , canards , ou autres , depuis la
Touſſaint juſqu'au Carême.

Prenez des orties , feuilles & graines , cueillies
& ſéchées en leur temps, que vous mettrez en poudre & paſſerez par un tamis , & quand vous voudrez vous en ſervir , vous les pétrirez avec du ſon
ou farine de froment de chacun demi-once , les délayant

layant avec les laveures de vaisselle, à faute dequoi avec eau chaude, & en donnerez à la volaille une fois le jour, & vous verrez merveilles.

Pour engraisser la volaille comme il se pratique au Mans.

Il les faut premierement mettre dans une muë, & leur donner à manger trois fois par jour d'une pâte composée de deux parties de farine d'orge, & d'une partie de blé noir, ou millet d'outre-mer moulus ensemble, & la farine sassée, & le gros son ôté, de laquelle ferez des morceaux un peu plus longs que ronds, de grandeur convenable, dont vous donnerez sept ou huit par fois, & dans quinze jours au plus ils seront chargez de haute graisse.

Pour engraisser les Coqs & Poules d'Inde, comme il se pratique à Laval.

Il les faut mettre dans des muës comme il a été dit de l'autre volaille; puis les nourrir avec de l'herbe d'ortie, mêlée avec du son, & des œufs durs; savoir deux œufs chaque fois, trois fois le jour; il leur faut faire en maniere de pilules grosses comme de petites noix.

Pour empêcher les chalançons.

Il faut mettre le marc du vin aux quatre coins des greniers, & de la grange.

Pour blanchir les toiles comme on le pratique en Flandres.

Il faut premierement laver la toile comme elle sort du Tisserand, dans de l'eau chaude, afin d'ôter la pâte qui y reste; puis la mettre en lexive, qui doit être composée de cendres bien fortes, avec des racines d'hieble: la lexive étant faite, & la toile bien lavée en eau claire, & savonée avec du savon noir, vous l'étendrez à l'air, au serein, & à la rosée sur l'herbe, & l'arroserez au Soleil, la laissant de la sorte sept ou huit jours, & elle sera très-

blan-

blanche : Que si elle ne vous le paroiſſoit aſſez , remettez-la à la lexive , & elle le ſera en perfection.

Autre façon qui ſe pratique à Laval en Bretagne.

La toile ſortant de chez le Tiſſerand , doit être miſe tremper dans de l'eau chaude ; puis la très-bien laver , afin d'ôter la pâte qui y tient , & la faire ſécher , & relaver dans de l'eau tiéde ; enſuite la plonger dans de la fiente de vache, delayée avec eau chaude , & l'y laiſſer pendant vingt-quatre heures ; après la laver derechef avec de l'eau chaude , & la mettre cinq ou ſix jours à la roſée , & l'arroſer au Soleil , puis mettre à la lexive ; & dans huit ou dix jours elle ſera très-blanche.

Du Jardinage , des Fleurs , & des Fruits.

CHAPITRE XX.

Pour faire croître des herbes promtement.

CEndres de mouſſe d'arbre , & du fumier bien terroté , que vous arroſerez de jus de fur par pluſieurs fois , & les ſéchez tout autant de fois au Soleil , tant qu'il ſoit ſorti de cette affuſion une terre graſſe ſiccable, laquelle vous garderez en quelque vaiſſeau de terre de Beauvais ; car les autres de terre commune mangent la graiſſe , & vous en ſervez en Hiver & en Eté.

Si c'eſt en Hiver , mettez la terre dans une terrine , & remuez & travaillez toûjours , l'arroſant peu à peu avec du jus de fumier , tant qu'elle ſoit de ſorte humectée, qu'elle reſſemble à la terre qu'on veut ſemer, ainſi preparée mettez-la ſur un rechaut.

chaut, & lui donnez chaleur égale à celle de Juillet :
& étant rechauffee en ce degré, femez la graine, favoir pourpier & laitues, l'ayant auparavant humectée d'une nuit à l'autre en chaleur, avec jus de fumier
bien pourri : étant femée comme l'on feme ces deux
graines fur la pleine terre, arrofez-la felon que vous
verrez la terre fe fécher, avec eau de pluye tiéde :
en moins de deux heures ces femences auront produit
chacune felon fon efpece, dequoi faire une falade
bonne à manger : & par femblable induftrie on pourra faire grainer les plantes, & porter leur fruit & leur
fleur fans l'aide du Soleil, même hors de faifon.

Pour conferver les greffes.

Il les faut mettre dans des tuyaux de fer blanc, &
les enfevelir dans du miel, ils fe conferveront quatre mois.

Pour faire fortir les Taupes d'un Jardin.

Faites un fagot de chanvre vert, & le mettez
dans une foffe de deux ou trois piés de profondeur,
que vous couvrirez de terre, & en fe pulverifant il
donnera une telle puanteur qu'elle fera mourir, ou
chaffera les taupes qui y feront.

Pour faire fuir les Taupes d'un Jardin.

Il y faut répandre de la fiente de pourceau.

Pour faire tomber les Chenilles.

Rempliffez un pot neuf de charbons ardens, & y
mettez de l'encens, avec gomme noire, & préfentez
le pot aux branches où il y aura des chenilles : ladite
fumée les fera toutes tomber & mourir.

Pour faire mourir les Fourmis.

Il faut lâcher le ventre, droit fur la taupiére. E-
prouvé.

Pour prendre des Taupes.

Mettez dans leurs trous de l'oignon , porée , ou huile , & elles sortiront incontinent.

Pour avoir des roses en toutes saisons.

Il faut au temps d'hyver découvrir le pié du rosier , c'est à dire les racines , & y mettre de la fiente de cheval bien menuë , & mêler avec ledit fient de la poudre de soufre , puis recouvrir le tout de terre.

Pour faire des Tulipes , & autres oignons de telle couleur que l'on voudra.

Faites tremper les oignons des tulipes dans de l'encre noire pour les noires , vert de gris pour les vertes , & azur pour être vrai violet , & elles feront de telle couleur que la peinture dans laquelle elles auront trempé.

Pour avoir des Œillets doubles de quelque graine que ce soit.

Prenez des féves creuses , dans lesquelles mettez des graines d'œillets simples , & les bouchez avec de la cire , & les semez ; & les œillets en provenans , seront doubles & de grandeur extraordinaire : ce qui est assûré.

Pour faire que les Œillets doubles viennent de grandeur extraordinaire.

Il faut faire une couche de fumier , puis une de farine de féves , planter l'œillet , & continuer de stratifier de la sorte , & vous verrez merveilles.

Pour faire le raisin de telle couleur que l'on voudra.

Faites un trou à la tige , qui pénetre jusqu'à la moële , & remplissez-le de telle couleur que vous voudrez , & le raisin viendra de même.

Pour

Pour faire venir des pêches écrites.

Prenez le noyau de quelque belle pêche, & l'enterrez l'espace de sept ou huit jours, tant qu'il soit à
demi-ouvert ; puis tirez le noyau adroitement de sa
coque sans le gâter, & avec du vermillon écrivez dessus ce qu'il vous plaira, & après que l'écriture sera
séche, le remettez dans sa coque, & le liez avec un
fil bien délié ; & l'arbre rapportera de pareil fruit.

Pour savoir quelle grosseur d'eau a une fontaine.

Mettez à la chûte un seau percé de plusieurs gros-
seurs les uns les autres, comme de lignes, pouces,
& autres : si l'eau qui tombe dans le seau monte
plus haut que le trou plus bas, il y a plus d'eau, &
faut étouper le trou bas, & aller jusqu'au haut ; &
selon la grandeur des trous l'on trouvera la grosseur
de l'eau.

CHAPITRE XXI.

De la Maladie des Animaux.

Pour la morve des Chevaux.

FAites lui premierement un séton sur la queuë, &
au garot ; puis prenez un demi-pot d'eau de morelle distilée, que vous ferez boire au cheval, le
faisant courir en après deux cens pas, aller ou revenir, à toute bride, le laissant vingt-quatre heures
sans bouger de l'écurie, & six heures sans manger,
puis le purgez avec de la coloquinte, du séné, &
agaric, de chacun deux onces, que vous ferez infuser une nuit dans une pinte de vin blanc, puis le
parfumerez de turbit, ellebore, & lui donnerez le
plu-

plumaceau une fois le jour, avec huile de laurier; après vous prendrez de l'huile rofat, & du beurre frais que vous ferez fondre tout enfemble, & lui en mettrez dans les oreilles tant chaud qu'il le pourra fouffrir, & les boucherez avec du cotton, & continuerez jufqu'à guerifon, qui arrive environ au bout d'un mois.

Pour les dégraiſſer.

Prenez des feuilles de figuier que vous ferez fécher à l'ombre, & mettrez en poudre, de laquelle vous mettrez fur la partie à difcretion, l'ayant auparavant fcorié & rafé le poil.

Pour la galle des Chevaux.

Prenez deux livres de beurre frais, un fol d'argent vif, & gros comme une livre de beurre des os de féche; mêlez tout enfemble dans un pot, puis frottez les chevaux dudit onguent deux jours d'intervalle d'une fois à l'autre.

Pour le même.

Il leur faut faire avaler de la decoction de fcabieufe, ou une chopine de vin blanc, dans laquelle vous aurez diffous une once de cinabre, & un peu de croute de pain rôtie, une once de foufre fixé avec ladite decoction, & leur faire boire par quatre divers jours.

Pour les Chevaux, Bœufs & Vaches malades.

Quand vous verrez un cheval trifte & malade, ne mangeant comme à l'acoûtumée; prenez une racine d'ellebore, & couvrez la peau de la tête au long du poitrail ou deécnte du col, au long de l'aine du pié droit ou du gauche, & y faites deux tranches pour pouvoir larder ladite racine que vous pafferez entre la peau defdites deux fentes, comme l'on feroit un lardon dans une volaille, & l'y laiffant un peu de temps, l'on verra que le mal s'amaffera à ladite partie lardée, & s'y fera une groffe apoftume,

la

laquelle étant faite, il faut percer en trois ou quatre
endroits, & la matiere fortira : il faut faire une emplâtre & l'appliquer par deſſus , & il ſera plûtôt,
gueri.

Pour guerir les chevaux des avives.

Prenez de la cigué que vous pilerez , & mettrez
du gros ſel parmi; puis en exprimez le jus que vous
ferez diſtiler dans l'oreille du cheval, & du marc par
deſſus , & le faites promener quelque temps.

Pour faire venir la corne à un cheval.

Prenez du vieil-oing , du ſuif de bouc , ou de
mouton , huile d'olive de chacun une once ; de la
ſeconde écorce de ſureau, ou hieble , avec de la cire neuve, dont vous compoſerez un onguent.

Pour Chevaux enclouez.

Prenez de l'onguent de Ville-magne , & en mettez dans l'encloueure.

Pour le même.

Prenez le jus de la feuille de ſureau, puis le marc
par deſſus, & faites ferrer.

Pour le même, recepte de feu Mr. le Maréchal de Biron.

Prenez de la reſine , picis navalis , ceræ novæ, onguent baſilicon, de chacun deux onces, ſevi hircini
trois onces, tereb Venet. olei optimi, de chacun quatre onces, omnibus liquefactis & permixtis adde ſac-
charum pulveriſatum, ut fiat emplaſtrum.

Il faut tirer le clou, ou l'écot, & faire une tente
de longueur, puis avoir un fer chaud pour le faire fondre & dégoutter dedans, & mettre de la bourre par
deſſus, ou de la poix en la retraire, qui eſt un clou
recourbé par le milieu, qui preſſe le pie, qui eſt plus
dangereuſe que la ſimple encloueure ; car l'apoſtame y
vient à fouſtiller quelquefois entre la corne & le poil ;

on la découvre quand on vient à frapper sur les deux piés ; celui duquel il se feint, c'est celui qui fait le mal.

Pour le second, il faut verser de l'onguent par dessus & en graisser l'entour deux fois le jour, si vous ne pouvez avoir l'écot il le fait tomber en deux jours.

Il ne faut point s'arrêter en chemin pour l'encloueure ou faire déferrer le cheval.

Cette recepte est venue de Monsieur le Maréchal de Biron, qui la tenoit bien secrette, & donnoit de l'onguent à ses amis.

Autre pour l'encloueure, de Monsieur de Turenne.

Prenez de la poix de Bourgogne, gomme elemi, & galbanum de chacun deux onces; fondez tout ensemble avec huile rosat : il n'en faut appliquer que deux fois au pié du cheval.

L'usage.

Il faut mêler avec ladite emplâtre un peu de suif, & quand on découvre l'encloueure, l'appliquer tout bouillant, & mettre par dessus un peu d'étoupes; cela guerit en un jour.

Pour la piqueure; Recepte de feu Monsieur le Duc de Weimart.

Prenez de l'ortie blanche & la pilez, y ajoûtant du sel, & du poivre tant soit peu; exprimez le jus, & le faites dégoutter dans le trou, puis le marc par dessus, & bouchez avec du suif, ou de la cire, & faites ferrer.

Pour le même.

Prenez de la cire jaune, terebentine de Venise une once & demie, gomme elemi une livre, resine, storax liquide, benjoin quatre onces, betoine & plantain huit poignées, sommité d'hypericum quatre poignées,

gnées, de l'huile d'hypericum la quantité qu'il en faut;
de tout soit fait un onguent, duquel desirant vous servir, vous en ferez fondre un peu dans une cueillier
d'argent, & ferez dégoutter dans le trou, & ferrer
en même temps. Cette recepte m'a été donnée pour
bien experimentée.

Pour le farcin des Chevaux.

Prenez de la graine de frêne quatre onces, pommes d'églantier une once & demie, du cumin une once, chenevis une once & demie; de toutes ces choses
il faut faire une poudre comme s'ensuit.

Premierement il faut sécher ladite graine de frêne,
après lui avoir ôté une petite pellicule qui est dessus,
la mettant pour cet effet sur une brique dans le four
mediocrement chaud; on en fera de même du cumin,
& des pommes d'églantier, prenant garde toutefois
que les uns & les autres ne bouillent; le tout étant ainsi
séché, il le faut piler ou conjointement ou séparément.

L'usage.

Il faut faire saigner le cheval le matin, & à midi
commencer à lui donner de la poudre; trois jours.
après il le faut faire saigner derechef, & au huitiéme
jour reïterer encore la saignée: Si le mal est grand on
donnera trois fois le jour de ladite poudre, au matin,
à midi & au soir.

La dose de ladite poudre est une pincée.

La maniere de la donner est dans du pain, jusqu'à
guerison.

Pour le même.

Prenez du lierre terrestre une petite poignée, que
vous froisserez dans la main, ajoûtant une pincée de
sel, & mettez dans l'oreille du côté du farcin, bouchant bien l'oreille avec du cotton, & la garottant
avec

avec un cordon, & l'y laisser environ trente heures, qui est le temps de la guerison.

Pour le même.

Prenez des racines d'oseille ronde, & feuilles de lierre terrestre hachees ensemble, que vous mettrez parmi l'avoine du cheval, & il guerira, pourvû que le Maréchal n'y ait mis le ferrement.

Pour un Javart.

Prenez le levain blanc de cinq ou six poiraux, quatre onces de vieil-oing, cire neuve, huile d'olive de chacun deux onces, demi-septier de vinaigre, mettez tout dans un pot neuf, & le faites bouillir deux ou trois bouillons jusqu'à ce que le vinaigre soit consumé, c'est pour faire quatre emplâtres, & plus.

Pour la pousse des Chevaux.

Après la purgation sous-écrite, s'ils ne sont que gros d'haleine qui suffit seule, il leur faut mêler dans leur avoine pendant trois jours soir & matin une pinte de lait tiéde, une poignée de lin concassé; cette semence est fort particuliere pour cela, les Maquignons s'en servent fort pour donner à leurs chevaux.

Pilules pour purger les Chevaux.

Prenez de l'aloës caballin une once & demie, agaric demi-once, coloquinte préparée une dragme, theriaque une once & demie, mêlez tout ensemble & l'incorporez dans une livre de lard qui ait trempé deux fois vingt-quatre heures dans de l'eau fraîche, qu'il faut changer de trois en trois heures; formez-en des pilules grosses comme noix, que vous couvrirez de poudre de reglisse ou de son, & les ferez avaler; il faut que le cheval ait demeure bridé auparavant, l'espace de trois heures.

Après

Après les avoir prifes, vous lui ferez avaler de l'huile d'olive demi-livre, mèlee dans une pinte de vin qui foit tiéde, le couvrant bien, & promenant l'efpace de trois heures; après quoi le remettre à l'écurie, & ne lui donner point d'avoine de trois jours.

Il ne fera abbreuvé que le lendemain à midi, que l'on lui fera boire dans l'écurie de l'eau blanche, avec de la farine & un peu de fon; au même temps vous le menerez à la riviere, lui faifant tremper tout le ventre jufqu'aux côtez l'efpace de demi-heure, & ne le laifferez boire, car il auroit des tranchées; puis le remenerez en l'écurie, & lui donnerez du foin, la purgation eft trente heures avant que d'agir ordinairement: c'eft au fortir de la riviere qu'elle fera fon effet qui dure quelquefois deux jours : ils vuident des puanteurs incroyables, & quelquefois des glaires.

Durant la purgation ils font triftes & dégoûtez; après les trois jours, il leur faut nettoyer la bouche avec du poireau, du fel, & du vinaigre, & leur donner un coup de corne.

Après quoi ils ont un appetit incroyable, & deviennent fort gras en peu de temps: c'eft la meilleure recepte du monde pour remettre les chevaux qui femblent être perdus: il y en a qui purgent leurs chevaux de trois en trois mois de ces pilules, cela leur donne le port bon.

Pour faire un breuvage à un Cheval.

Prenez du miel rofat, poudre cordiale, anis battu, de chacun une once, pour cinq fols de fcammonée; huile d'olive deux onces, pour un fol de faffran, une pinte de vin blanc, de la coloquinte & rhubarbe.

Breuvage pour un Cheval morfondu.

Prenez des cloux de girofle, mufcade, poivre, de chacun demi-once, cumin, anis, de chacun une once & demie, gingembre une dragme, miel commun,

mun, huile d'olive de chacun quatre onces, vin blanc du plus fort, chopine; mêlez tout ensemble, & le faites boire au cheval.

Pour les maux de tête des Chevaux.

Il leur paroît sous la langue comme la pepie, sur laquelle il faut appliquer avec une petite éponge, de la theriaque détrempée en du vinaigre rosat, & y en remettre souvent, & ils gueriront assûrément.

Pour le même.

Prenez de la farine de froment, terebentine, sang de dragon, de chacun quatre onces, mastic en poudre une once ; & quatre moyeux d'œufs, le tout bien mêlé ensemble, soit appliqué sur le front du cheval pendant trois jours.

Pour faire écumer un Cheval afin qu'il ait la bouche fraîche.

Il faut envelopper l'embouchure du mords, de poudre de staphisagria.

On estime un cheval qui a la bouche fraîche, parce que ceux qui l'ont séche sont plus dégoûtez, & sont presque demi-heure avant que de manger quand ils sont arrivez à l'écurie.

Pour teindre le sillaire à un cheval quand il est vieux.

Prenez égales parts de chaux vive éteinte, & de litarge d'or preparée, mêlez-les en forme d'onguent, duquel frottez le poil, à contre-poil; & mettez par dessus quelque feuille verte ; il est tout-à-fait teint en deux fois : cela teint bay, si on y met de l'encre noire.

Pour lui faire avoir bon poil en Hyver.

Prenez de la myrrhe, aristoloche, gentiane, angelique,

gelique, raclures d'yvoire, de chacun deux onces, croci une once, faites-les fondre ; il leur en faut donner deux ou trois cuillerées dans une pinte de vin blanc le matin, durant trois jours confecutifs, & qu'ils foient trois heures fans manger, & leur donner leur même ordinaire ; cela leur fortifie l'eftomac & l'appetit, & leur tient le poil uni.

Pour la galle aux chevaux.

Il leur faut faire avaler de la decoftion de fcabieufe dans une chopine de vin blanc, dans laquelle fera diffoute une once de cinabre en poudre, avec un peu de croute de pain rôtie : leur faire boire trois jours de fuite du foufre fixé, avec de la decoftion, la dofe eft une once chaque fois, leur donnant le quatriéme jour le même breuvage.

Pour les fics des Chevaux.

Prenez de l'efprit de nitre, efprit de fel, de chacun une once, mercure deux onces, frottez-en le fic, & il fera efcarre ; étant tombé, on guerira l'ulcere avec l'emplâtre de Welfer.

Pour les jambes d'un Cheval.

La tête & la queuë de viperes, lors qu'elles font bien fouettées, mifes avec le fang qu'elles ont rendu en les tuant, & le vin blanc duquel on les a lavées, le tout mis dans un pot, avec un petit chien, couvrant le tout d'huile d'olive, que vous ferez cuire jufqu'à la confomtion du vin, le paffant à travers un gros linge ; Cela eft excellent pour les douleurs, & guerit affurément les jambes d'un cheval, les en frottant.

Pour les piés d'un Cheval.

Prenez de l'herbe de courpié ou courpré, & des feuilles de fureau une quantité, deux onces de couperofe, le blanc de quatre œufs, pour un fol de
miel,

miel , demi-verre de vinaigre , le tout mis dans un pot neuf , que vous ferez bouillir jufqu'à ce qu'il foit en onguent , & avant que de frotter le pié du cheval , il faut couper le poil le plus près qu'il fera poffible , & le laver avec de la faumure de lard.

Pour faire paroître le crin & la queuë d'un Cheval.

Prenez de l'urine de vache , & du vin blanc , faites-les bouillir enfemble trois ou quatre heures, puis en lavez la queue , & le crin.

Autrement.

Frottez le crin , & la queuë avec de la lexive faite de cendres de bois de vigne.

Pour empêcher les Chevaux de hennir après une Jument , & la mener avec des Chevaux par le païs.

Prenez de l'huile de petréole , & en frottez la nature de la Jument avec le bout d'une plume , de huit en huit jours , ou de quinze en quinze , & les chevaux ne fe tourmenteront pas après.

Pour garder un Cheval de hennir.

Frottez le mords de la bride en le bridant , avec huile d'olive , & huile de verre mêlées enfemble , & le cheval ne hennira de trois heures : ou bien mettez une pierre fous la queuë du cheval.

Pour un Cheval qui a été échauffe.

Prenez une chopine de lait que vous ferez bouillir avec quatre onces de beurre frais, puis de la graine de laurier , poivre , fené , fucre fin de chacun une once , le tout pulverifé & mêle enfemble , foit mis dans du vin que vous ferez prendre au cheval fans le couvrir , ni promener , & il jettera par les nafeaux , & guerira.

Pour

Pour engraisser un Cheval.

Prenez du bon vin blanc , deux livres , jus d'oseille une livre , huile d'olive une livre, mettez tout ensemble , & le faites tiédir , puis après le faites avaler au cheval ayant été bridé auparavant ; après quoi vous le couvrirez bien, le promenant une heure durant , puis le remettrez dans l'écurie , continuant quinze jours durant , & il ne manquera de devenir gras.

Pour les Chiens.

CHAPITRE XXII.

Pour la galle des Chiens.

PRenez de la racine de millet rampant , & de naveaux gallante , que vous ferez bouillir dans du pissat de vache , jusqu'à ce que le tout vienne en forme de bouillie , de laquelle vous frotterez le chien.

Pour les Chiens mordus de bêtes enragées.

Prenez de la rhuë, consoude, & armoise : il faut plus de rhuë que de consoude , & de celle-ci que d'armoise , avec une tête d'ail : pilez le tout ensemble avec une poignée de sel , & détrempez les herbes avec du vin blanc en eau claire, donnez-en à boire au chien malade à jeun , & gardez que de deux heures après il ne mange , ni ne boive , ni ne dorme. Il faut de plus faire saigner la playe, & mettre par dessus le marc de ces herbes : cette recepte est tres-assurée.

Pour guerir les Chiens de la prise.

Lavez-les en l'eau , en laquelle on a fait bouillir de la ciguë , puis coupez la chair sans qu'il le sente, lavez le lieu du jus de ciguë.

Pour faire mourir les puces d'un Chien.

Prenez une quantité d'absinte, & la faites bouillir en eau l'espace d'une heure & demie, & la tirez du feu ; étant froide prenez cette herbe; & en frottez le chien à contrepoil, & le lavez avec cette eau, & les puces mourront infailliblement au lieu où vous l'aurez touché.

Pour le mal des Brebis.

Brûlez & pulverisez de leur laine , & leur en faites boire.

Pour guerir la Ladrerie des Pourceaux.

Prenez un peu d'antimoine mineral en poudre , que vous envelopperez dans un linge , & mettrez infuser dans une lexive faite de vigne blanche pendant vingt-quatre heures , y ajoûtant une pincée de sel de Saturne , puis en faire boire un verre plein mêlé dans du son pendant huit ou neuf jours, & il guerira.

Pour les Oiseaux blessez.

Plumez doucement l'endroit où est le mal ; ou bien coupez la plume , & prenez une emplâtre de Ville-magne fait sur du cuir doux , & le posez sur le mal , & il guerira.

Pour mettre en appetit les Oiseaux.

Prenez de la rhubarbe , agaric , aloës, saffran,

ca-

canelle, anis, sucre candi, de chacun une dragme,
faites-en une poudre.

Donnez-leur-en le soir dans la cure ce qu'il en
pourroit tenir sur un sol, cela leur tire force humi-
ditez du cerveau, & la cure se trouve pleine d'eau
le matin si on la presse.

Il faut donner de cela quand l'oiseau est plein, ou
quand on lui veut faire merveilles.

Pour les purger.

Pour purger les oiseaux, & les mettre en appetit
l'on se sert de deux pilules de vieille conserve de
rose de Provins liquide, de la grosseur d'un pois.

Pour faire la Pommade pour la galle.

*Il faut faire le précipité blanc de Mercure, qui se
fait en la maniere suivante*

PRenez une once de vif argent, que vous ferez
dissoudre dans deux onces de bonne eau forte,
étant dissous, il faut faire de l'eau marine avec du
sel & de l'eau, laquelle étant coulée par un linge
blanc, il en faudra jetter dans le matras où vous aurez
fait vôtre dissolution, une verrée qui fera précipiter vôtre Mercure au fond du matras ; il faudra ensuite couler l'eau de dessus, & y en remettre autant
d'autre sans sel, qui sera chaude, & faire le semblable trois ou quatre fois, puis il faudra bien dé-
sécher vôtre poudre, de laquelle il faut en mettre le poids d'un écu sur une once de sain-doux, &
bien mêler le tout, & s'en servir au besoin.

Pour faire la Pierre Medicinale de Crollius.

Elle se fait en prenant une livre de vitriol vert, & demi-livre de blanc anatrom, qui est une eau petrifiée qui se trouve aux voûtes des vieilles caves, du sel commun, de chacun trois onces, alun demi-livre, sel d'absinthe, de tartre, d'armoise, de chicorée, de plantain, & de pericaire, de chacun demi-once, il faut mettre le tout dans un pot neuf avec suffisante quantité de vinaigre rosat, & cuire tout sur un feu de charbon qui soit lent, jusques à ce qu'il s'épaississe : en ce temps il faut y ajoûter demi-livre de ceruse en poudre, & quatre onces de bol fin en poudre, & bien agiter le tout jusqu'à ce qu'il se fasse du tout une maniere de pierre, que serrerez au besoin. Pour s'en servir il faut sur une livre d'eau de pluye ou de riviere dissoudre une once de cette pierre en poudre, puis la filtrer, & se servir de l'eau pour la galle, dertres, ulceres, pour la puanteur des gencives, &c.

Methode pour jetter en sable liquide ou autrement, toutes sortes d'animaux, après le naturel, & generalement mouler en plâtre.

CHAPITRE PREMIER.

Pour jetter des figures de toutes façons, ou des animaux, d'étain, d'argent ou de cuivre, qui seront creux & fort legers.

AYANT vôtre figure à mouler, il la faut huiler, & en tirer le creux de plâtre comme s'ensuit. Etant huilé il le faut coucher sur de la terre à potier,

Tome I.

tier , puis choisir les pieces que vous jugerez se pouvoir dépouiller , où vous ferez un bord avec ladite terre. Cela fait , vous y jetterez du plâtre bien recuit & détrempé de bonne forte , ni trop clair , ni trop épais , & étant bien pris vous le leverez par pieces , & avec un coûteau vous le reparerez aux bords , & vous ferez de petits repaires ou hoches, puis graisserez les bords d'huile d'olive, & les remettrez ensemble bien justement , & ferez un bord de terre au lieu de vôtre figure qui soit dépouillé; l'ayant fait vous y jetterez du plâtre , comme il a été dit , & releverez la piece pour la reparer : & la remettrez en son lieu , & continuerez ainsi jusqu'à ce que vous ayez toutes ses parties , lesquelles étant féches , vous dresserez vôtre moule avec un fer ou coûteau par dehors, & étant bien endurci , dépeindrez les pieces l'une après l'autre, puis les laisserez fécher à loisir , les rejoindrez & les lierez avec de la corde , & ainsi vous aurez un creux de plâtre ; & selon que les figures font aisées ou non , on les moulera de trois , quatre , six pieces , dix ou douze , cela dépend du jugement de celui qui moule.

Pour jetter une figure creuse.

Il faut huiler vôtre creux de plâtre tant de fois qu'il rende l'huile , l'essuyer avec du coton , puis assembler toutes vos pieces & les lier d'une corde , & regarder le lieu le plus commode pour le jet, & après avoir fondu vôtre cire , qu'elle ne soit ni froide ni chaude, vous la jetterez dans le jet de plâtre; si c'est une petite figure vous l'employerez, & la laisserez reposer un peu de temps ; puis ôterez le tampon de terre dont vous aurez bouché le trou du jet , & à l'instant tournerez vôtre figure du haut en bas pour laisser couler la cire dans quelque vaisseau, puis laisserez bien reposer la cire dans vôtre moule, que vous couvrirez ensuite , & vous aurez

la figure de cire creufe. Que fi elle a trop peu d'efpace, il la faut laiffer repofer davantage dans le
moule avant que de la vuider; fi au contraire elle eft
trop épaiffe, il l'y faut laiffer moins de temps.

Pour favoir le poids que peferont vos figures,
ayez les poids de quatre ou cinq onces, plus ou
moins, & ayant moulé vôtre poids dans vôtre moule, vous verrez combien la groffeur d'une livre de
cire pefe de cuivre, & faurez par ce moyen du
petit au grand en multipliant; mais le plus fûr eft
d'emplir le moule de cire.

Pour mettre les noyaux dans les figures de cire, & mettre les chappes pour les mouler après en metail.

Ayant vôtre figure, comme il a été dit, fi c'eft
un animal, vous le pouvez couper en deux de long
ou de travers avec un coûteau; puis étant feparé,
vous prendrez de la terre d'argile, mêlée d'un peu
de pouffiere de charbon bien déliée, que vous battrez enfemble avec une verge de fer, qu'elle foit
molle comme pâte; alors de cette terre vous remplirez vôtre figure de cire, & le noyau étant fec,
vous coucherez les endroits de terre fort humide
& claire par où le noyau & figure fe doivent rejoindre, & prendrez garde que la terre humide ne re-
gorge fur les bords de la cire, & étant rejointe
vous reparerez avec un ébauchoir de cuivre ou de
fer un peu chaud, & fondrez le lieu rejoint : Cela
fait, vous ferez un jet de cire au lieu le plus commode, & affez long avec des foupiraux. Si vous
voyez qu'il y ait quelque partie en vôtre figure où
le métail eût de la peine à couler, vous roulerez
de petits bâtons de cire de la groffeur d'une plume d'oye, ou plus gros, felon la groffeur de votre
figure, lefquels vous ferez avec un fer chaud en
quelque lieu de la figure, & que le bout du bâton
vienne au lieu où vous douterez que le métail ait

peine

peine à couler , & les attacherez , comme a été
dit , contre ladite figure. Après vous prendrez de
petites pointes de latton ou de fer , de la groffeur
d'un fer d'eguillette , ayant un demi-doigt ou environ de long, felon l'epaiffeur de la cire ou du noyau,
vous ferez entrer lefdites pointes à travers de la cire , tant qu'elles portent le noyau , & furpaffent-la
cire d'un coup de ligne , & placerez les pointes tant
devant que derriere la figure , & qu'aux bouts, afin
que le noyau foûtenu de toutes parts fur lefdites pointes ne touche ni ne joigne aux chappes.

Pour faire les chappes fur la figure.

Prenez de bonne argile de Fondeurs , laquelle
vous détremperez en eau claire comme du lait dans
une terrine , puis verfez par inclination dans un
vaiffeau , & par ce moyen le gravier demeurera au
fond du premier : Ayant laiffé raffeoir ladite terre,
coulez l'eau , & y en mettez de la bonne , & le
mêlez bien enfemble , vous prendrez de cette terre
avec un gros pinceau, & donnerez une couche claire fur vôtre figure de cire , & étant féche une feconde , & ainfi jufqu'à fix , puis étant féche, ren-
forcez-la avec de la terre battuë , mêlée de bourre
étant parfaitement féche , mettez vôtre moule fur
des verges de fer en forme de gril de feu , & gardez que la cire ne bouille dans le moule , car elle
le romproit , il le faut pencher , afin que la cire
forte par le jet à mefure qu'elle fondra , jufqu'à ce
qu'il n'y en ait plus ; ce qu'étant fait vous écuviez
vôtre moule à petit feu , tant qu'il foit tout penetré , le plus eft le meilleur ; & ne vous ennuyez
point de le cuire long-temps. Pendant qu'il cuira
vous ferez fondre vôtre métail bien chaud ; & afin
qu'il foit bien net , il eft néceffaire d'avoir deux
creufets dans le fourneau , afin de verfer le métail
de l'un dans l'autre pour en ôter l'écume, & vôtre
métail étant bien chaud , vous enfouirez vôtre moule

H 4

dans

dans du fable pour laiffer couler vôtre métail, & le laifferez refroidir, puis cafferez vôtre terre, & vous aurez vôtre figure fans coûture, que fi elle eft un peu grande, vous lierez vôtre moule de fil de fer recuit.

Autre maniere de faire les noyaux dans les chappes.

On peut faire un trou au deffus de la tête ou aux piés, par lequel on coulera dans la figure de cire du plâtre & de la brique égales parties, bien déliez & diffous avec eau, en laquelle y aura alun de plume diffous en forte que cela puiffe couler par un entonnoir, le laiffer fécher à loifir, & y mettre les pointes.

On peut faire un plus grand trou, & y paffer avec un bâton de la terre mêlée avec de la pouffiere de charbon, & remettre la piece fur le trou que l'on aura fait. On peut fendre la tête avec un coûteau chaud pour l'emplir plus aifément & la rejoindre.

On peut, après avoir feparé la figure de cire en deux, & fait le noyau, l'ôter & le recuire bien rouge, qui eft le moyen le plus fûr pour jetter bien net fans reparer, à caufe que les noyaux & la chappe font forts à atteindre au recuit, & long-temps à fécher dans la figure de cire.

CHAPITRE II.

Pour mouler des figures de cuivre ou d'étain, revétuës de vétemens fort déliez.

AYant une figure de cire neuve fans vêtement, le noyau dans ladite figure étant recuit, comme il a été dit, vous prendrez une piece de verre bien poli de cinq ou fix pouces en quarré, & la nettoyerez, de peur qu'elle ne foit graffe, puis la laiffer tremper dans l'eau; alors ayant de la cire fonduë

dans

dans un pot, vous y tremperez vôtre piece de verre avec des pincettes, puis la retirant vous la tremperez dans l'eau, & tirerez la cire qui sera sur le verre en façon de peau, que vous ferez de telle épaisseur qu'il vous plaira, ou bien fondrez vôtre cire, y mêlant un peu de terebentine, elle en sera plus souple, & l'étendrez avec un ébauchoir sur du verre, & la ferez de telle épaisseur qu'il vous plaira, & de telle grandeur que vous revêtiez vôtre figure de cire, comme de quelque morceau de drap ou de linge volant, le faisant porter sur un bras ou sur une aîle, comme vous aviserez, façonnant les plis avec l'ébauchoir selon l'art, & la couvrirez de terre, comme il a été dit.

Il se fait encore autrement.

Prenez de la toile bien déliée, & faites de l'empois de farine détrempée avec de l'eau de vie, ou de la colle détrempée avec de ladite eau de vie; afin que recuisant le moule le linge se brûle, il le faut charbonner, vous tremperez vôtre linge dans l'empois ou la colle, & en revêtirez vôtre figure à vôtre volonté, faisant soûtenir les plis avec de petits bâtons, jusqu'à ce qu'ils soient secs, & le linge demeurera vuide, & endurera d'être moulé de terre, principalement avec du plâtre. Cette invention est fort propre à mouler des figures d'étain, parce qu'on peut faire la chappe de plâtre recuit, un quart de brique bien déliée en poudre avec l'alun de plume, détremper le tout avec de l'eau où on aura dissous du sel ammoniac, qui est le moyen de faire de petites & moyennes figures fort nettes; mais il faut se donner de garde qu'en chauffant le moule pour faire sortir la cire, elle ne bouille, & recuire le moule à petit feu tant qu'il soit rouge. Si vôtre figure est d'étain, il faut laisser refroidir le moule dans le feu, & qu'il ne soit que rechauffé en jettant l'étain: L'experience en fera plus que les longs discours.

H 5

Pour

Pour faire confumer & fortir le linge, de peur
qu'il n'arrête le métail, vous mettrez vôtre figure par
un pié, & ferez un cercle de terre ou contre-moule
à l'entour de la figure pour arrêter le plâtre ; & avant
que de le jetter fur vôtre figure vous aurez plufieurs
bouts de fil de fer, que vous ferez paffer à travers du
contre-moule du cercle de terre, & lefdits fils de fer
iront toucher contre les endroits des fils de fer graif-
fez ; puis ayant jetté vôtre plâtre & raffermi, vous
tirerez vos fils de fer, & la cire étant tirée & les moules rec. its, vous fouflerez les linges par les trous,
puis les étouperez d'argile. Si vous voulez tremper
de la toile bien fine dans de la cire fonduë, vous en
pourrez revêtir vôtre figure cuifant le moule : la cire
fonduë, la toile fe confommera facilement.

L'on peut encore pour vuider la cire, mettre la
figure fur un vaiffeau d'airain le jet en bas afin qu'elle coule quand on a tiré le pain du four, pourvû qu'il
ne foit trop chaud ; ce qui fe peut voir mettant fondre de la cire dans une petite fiole, fi elle ne bout,
ou n'écume point, il eft de bonne chaleur ; il faut
être foigneux de la manier avec un linge, pour rendre la cire par le jet.

· Ces manieres décrites font experimentées & propres pour mouler de petites figures à orner des cabi-
nets, &c. de la forte il fe fera des figures d'argent,
cuivre & étain fort déliées & legeres. Il en a été fait
d'un pié de haut, qui n'avoient que l'épaiffeur d'une
carte, & dont les noyaux étoient vuides au dedans :
Il faut avoir la patience de bien lutter le noyau, & y
mettre des pointes de fer, de peur qu'il ne fe rompe,
faire le jet affez long & des foûpiraux, tant pour faire vuider la cire que pour le métail, bien recuire les
moules ; & fi c'eft cuivre ou argent, qu'ils foient
bien chauds avant que de les jetter, & mettre un
peu de borax dans le creufet ; que les moules foient
b en rouges en jettant la matiere, & bien liez de fil
de fer, & enterrez dans du fable de métail bien écu-

mé

mé & nettoyé, autrement on gâteroit tout, parce
qu'en une si petite épaisseur il ne faut qu'une ordure
pour tout gâter, c'est pourquoi il faut pratiquer le
tout avec patience.

CHAPITRE III.

Pour mouler de grandes figures & moyennes sans culures.

QUand vous aurez fait un creux de plâtre, soit
d'une moyenne ou grande figure, vous prendrez une piece de bois de chêne, de la longueur
d'un pié ou plus, & de demi-pié de large, de l'é-
paisseur d'un peu plus de deux doigts, afin qu'elle ne
se jette en équierre, premierement bien dégauchée,
puis vous ferez un ravalement tel qu'il vous plaira donner à vôtre cire pour faire vôtre figure, & rehaufferez des bois autour dudit ravalement d'un doigt de
largeur, vous aurez des cendres passées par un sas,
& en mettrez dans un linge pour saupoudrer legerement le fond de vôtre piece de bois dans l'engravûre ou ravalement, afin que la terre n'y adhere ; vous
prendrez alors de la terre d'argile bien battuë qui ne
retire pas, & en pêtrirez les pieces de la grandeur
de l'engravûre ou ravalement, & la presserez de la
main ; puis ayez une regle, & coupez-la par le côté, ou un rouleau de bois, tant que la terre soit à la
rase de vôtre piece de bois, puis levez la piece de terre dans l'engravûre, & en ferez plusieurs après,
Cela fait, ayez votre moule de plâtre, & donnez une
couche de ces épaisseurs de terre que vous aurez tirée
du bois, que vous presserez doucement avec le pouce pour les faire joindre entre les concavitez du moule, & faites en sorte, comme si vous vouliez faire
une figure de terre creuse, à laquelle vous mettrez des

pointes qui passeront d'outre en outre ladite épaisseur
& à fleur d'elle, qui servira d'étançon pour soûtenir le noyau, dont vous remplirez tout le moule de plâtre, & faites en forte que la terre dont sera fait le noyau n'empêche que le moule de plâtre ne se rejoigne, alors vous representerez les pieces du moule de plâtre & les assemblerez, ensorte que le noyau se rejoigne & adhere l'un à l'autre, & n'oubliez pas de le garnir de verges de fer par le lieu que vous jugerez être nécessaire pour empêcher qu'il ne se rompe; & ayant rejoint vôtre moule de plâtre, vous en dépouillerez une moitié, & le laisserez sécher. Puis étant sec, vous tirerez vôtre figure du moule, & l'épaisseur se dépouillera du noyau que vous reserverez pour le passer, afin que vous soyez assuré de la quantité de cuivre qu'il vous faudra pour faire vôtre figure; ce que vous connoîtrez faisant de même forte qu'il a été dit au Chapitre precedent. Ayant vôtre noyau bien sec, vous le recuirez peu à peu dans un feu de charbon, entouré de briques, & le faites parfaitement rougir de part en part, le laissant refroidir à loisir.

CHAPITRE IV.

Pour mouler la cire, & enfermer le noyau
au milieu.

AYant fait de la forte vôtre noyau, vous oindrez vôtre moule de plâtre avec de l'huile d'olive, comme il a été dit, vous mettrez vôtre noyau dans e moule de plâtre, & le lierez, afin qu'il ne se dééoigne, vous le placerez debout, ayez pour lors vôre cire toute fondue, que vous jetterez par le jet qui sera au haut de vôtre moule de plâtre, tellemem qu'en jettant la cire assez chaude, elle environnera le

noyau,

noyau, & se formera par même moyen avec le moule de plâtre. Et la cire étant refroidie, déliez vôtre moule de plâtre, & le déjoignez, & vous aurez vôtre figure de cire avec son noyau. S'il y a quelque chose de cire à reparer, vous le ferez après de la terre d'argile préparée, comme il a été dit, assez claire, dont vous coucherez avec une brosse bien douce sur vôtre figure de cire, frappant du bout de la brosse, afin que la terre se forme bien, dont vous lui donnerez la force qu'il convient, & associerez des verges de fer & des cercles de fer pour empêcher que vos moules ne se joignent, & ne se rompent, & les fortifierez, tant desdites verges, & cercles, que de fil de fer selon la grandeur de votre figure. Et ayant fait ces choses, vous ferez vuider la cire par le feu, & mettrez vôtre moule au recuit: Cette maniere est excellente pour avoir toute sorte de figures au naturel de diverses postures, dont l'experience a été faite par diverses personnes tirées au naturel par le plâtre, & pour jetter en cuivre, comme il a été dit: Et ainsi l'on fait des figures que l'art ni l'étude ne peuvent imiter.

CHAPITRE V.

Pour mouler avec du plâtre des personnes toutes nuës en telle posture qu'il vous plaira, & dans le creux de plâtre, & former un noyau, puis faire la figure de cela, & la jetter en bronze.

VOus élirez des personnes telles qu'il vous plaira, que si la personne a du poil sur les cuisses ou à l'estomac, il le faut raser, pour celui qui est sous les aisselles, il ne faut que le graisser assez épais avec de la graisse de pourceau, ou le couper, que la per-

 sonne

sonne ne soit contrainte de son corps, mais naturelle, ainsi que vous le jugerez être propre. Vous aurez un peu de graisse, dont la personne que vous desirerez mouler se frottera fort peu ; puis l'ayant placée sur quelque grand aix, comme quelque table couchée contre terre, vous la ferez placer au milieu, & graisserez la table, alors vous ferez autour de la personne un contre-moule de briques & de terre pour enclore la personne, & enduire le contre-moule de terre par dedans, que vous ferez approcher trois doigts près de la figure : Que si les jambes sont un peu ouvertes, vous mettrez de la terre avant que de faire le contre-moule, ou mettrez un aix bien menu entre les jambes, qui ne touche ni les jambes ni les cuisses, lequel aix sera graissé ; puis vous aurez d'autres petits aix fort menus en façon de coûteaux ou d'un coin, qui seront aigus d'un côté, & plus épais de l'autre, vous les graisserez, puis regarderez le lieu où vous voulez que vôtre moule se separe, soit en deux, trois ou quatre pieces, vous ferez tenir lesdits aix contre terre dans le contre-moule, le côté aigu du côté de la personne que vous desirerez mouler. Que si vous placez un aix depuis le bas des piés qui le moule, jusqu'aux chausses, ou jusqu'à-la ceinture, ou aux genoux, ou plus haut, faites en-sorte qu'il soit situé comme la jambe, ou la cuisse, ou autre partie du corps en quelque lieu que vous appliquerez ledit aix : Car vôtre figure étant moulée, vous tirerez les petits aix qui auront fait le chemin pour ouvrir vôtre moule, comme je l'ai figuré ci-dessus. Ayant élevé vôtre contre-moule jusqu'aux épaules, vous ferez passer un petit auget qui se rendra au haut de vôtre moule, joignant le col de la figure, & à l'autre bout dudit auget, y aura un entonnoir de bois, gros comme un seau, éloigné de la figure de deux ou trois piés, alors vous aurez quelques douvelles de tonneau, comme six ou sept, que vous mettrez contre vôtre contre-moule, & le lierez de

corde,

corde, de peur qu'il ne s'entr'ouvre ; puis ayez du plâtre recuit de bonne forte, que vous gacherez dans une cuve, ou plufieurs grandes pocles d'airain, duquel affez clair & non pas trop, vous emplirez une poele d'airain des plus grandes, & le coulerez par l'entonnoir, afin que par l'auget il s'écoule dans le contre-moule, & que plufieurs foient à apporter le plâtre, qui foient auffi prêts qu'ayant jetté vôtre plâtre ils en ayent de tout gaché pour remplir vôtre moule, lequel étant plein vous laifferez un peu repofer jufqu'à ce que le plâtre foit pris ; ce qu'étant fait vous démolirez vôtre contre-moule, puis avec quelque fer qui coupe bien, vous drefferez vôtre moule par dehors pendant que le plâtre eft encore aifé à couper, & le reprenez par dehors en même temps, afin que le rejoignant vous le raffembliez aifément ; cela fait, vous tirerez les petits aix fortant autant dehors du plâtre que vous les avez enfoncez dans la terre du contre-moule pour les y faire tenir. Les aix tirez, vous en aurez d'autres d'un pié & demi, plus ou moins en façon de coin & de taillant de coûteau ; & ledit aix aura l'autre côté en tranchant aigu, un bon doigt d'épaiffeur, & de largeur de demi-pié ou plus ; vous placerez lefdits aix dans les fentes dont vous aurez tiré les petits aix, afin de faire ouvrir vôtre moule, que vous ferez ouvrir avec le moins de pieces que vous pourrez ; il fe peut dépouiller, une piece étant debout, de deux pieces, horfmis les bras ; ce qui fe fait, parce que la chair obeit, & fe délivre incontinent dans le moule ; mais aux figures couchées, il convient que le moule foit fait de plufieurs pieces : Que fi la figure a longe un bras, ou tous les deux, vous marquerez avec un pinceau d'encre rouge rayé autour du bras comme un braffelet, environ demi-pié près de l'épaule, afin que cette marque s'imprimant au moule, même à la figure qui en fortira en moulant, le bras qui s'étendra à part fera auffi marqué de la trace ou

mar-

marqué d'encre qui vous conduira à couper aifément,
& ajuſter de longueur le bras fur le corps de la figure,
ayant dépouillé la perſonne du moule de plâtre; ſi
vous déſirez une figure, vous dreſſerez vôtre moule;
puis étant raſſemblé & lié bien ferme, jettez du plâtre dedans. Que ſi vous déſirez jetter une figure de
bronze, vous acheverez de ſéparer vôtre moule par
les lieux où vous aurez mis de petits aix, ou bien
avec un fil de fer, ſciez vôtre moule le plus près que
vous pourrez du creux du moule, afin que mettant
un coin dans la fente, vous faſſiez ouvrir vôtre moule par la ſéparation que vous déſirez, ayant vôtre
moule ſéparé enforte que vous puiſſiez en dépouiller vôtre figure de cire; vous ferez des épaiſſeurs de
terre, comme il a été dit au Chapitre précedent : puis
vous laiſſerez ſécher ladite epaiſſeur & la graiſſerez,
faiſant enſuite un noyau, mettez des broches de fer
pour le ſoûtenir, & tirez vôtre épaiſſeur de terre, coulant l'épaiſſeur de cire, laquelle vous ferez
après ſortir, & recuire vôtre moule, comme il a
été dit.

De cette maniere on peut tirer toutes ſortes de figures & de poſtures ſur le naturel, il faut remarquer
de jetter le plâtre tout d'un coup, ſi on le jette à pluſieurs fois, autant de fautes arrivent au moule; ce
qui eſt arrivé, même la perſonne ayant le plâtre juſqu'au col, la fraîcheur de l'eau lui fit battre l'eſtomac,
& par ce moyen ſoulever les épaules, ce qui rendit le
moule difforme : Pour y remédier on fit chauffer de
l'eau tiéde, avec laquelle on gacha le plâtre, & cela empêcha cette agitation des épaules. Tellement
que les figures qui ſont faites par cette voye, il n'y
manque pas un pore de la chair : Que ſi vous voulez
mettre un tiers de brique battuë, mêlée avec le plâtre, & de l'alun de plume, vous pourrez jetter du
bronze dans le plâtre, y faiſant ſeulement une épaiſſeur de terre pour faire le noyau, comme il a été dit,
mais ayant que de recuire le moule, donnez une cou-

che

éhe ou deux d'eau, où il y ait du fel ammoniac diffous
en toutes les concavitez de vôtre moule, puis le recuifez, le liant auparavant de cercles de fer & de broches : Par cette pratique il fe peut faire de belles figures, principalement en plomb, ou étain : Le principal eft de trouver des perfonnes bien formées, comme gens de travail, defquels les mufcles font mieux
formez, que des perfonnes qui ne font occupées, ou
qui font ferrées & contraintes dans leurs habits.
Ne font auffi propres ceux qui veulent être bien chauffez, parce que les orteils font couchez les uns fur
les autres : il les faut faire bien placer, autrement
les figures auront des poftures niaifes, principalement aux perfonnes qui font plantées debout.

Pour mouler des vifages fur des perfonnes, fans les
incommoder.

Ayant la perfonne dont vous défirez mouler le vifage, vous lui coucherez avec une petite broffe, de
la colle faite de farine ; fur les fourcils des yeux & fur
le front & au long de la racine des cheveux : Couchez la colle un peu chaude & épaiffe : Que fi c'eft
quelque jouë qui ait de la barbe, vous mettrez de ladite colle affez épaiffe avec les doigts, vous lui froterez le vifage legerement d'un linge, puis vous ferez
coucher la perfonne fur le dos, & avec une ferviete
roulée comme un tourteau, vous lui environnerez le
vifage, pour empêcher que le plâtre ne tombe dans
le col & fur les cheveux ; vôtre plâtre étant bien gaché & détrempé, ni trop clair, ni trop épais, & qu'il
foit bon : Et afin d'avoir plûtôt fait, foyez deux à
coucher le plâtre avec la main, commençant au front,
& continuant au long du vifage, excepté au trou
des narines qu'il ne faut pas boucher : il faut laiffer
tout le deffous du nez fans le boucher, & chargeant
vôtre moule de bonne épaiffeur, vous le laifferez un
peu fécher, fi vôtre plâtre eft bon, il fera auffi-tôt
raffermi ; alors vous le dépouillerez bien aifément,

&

 & vous aurez le moule d'un viſage au naturel: Et pour remedier au deſſous du nez qui n'a été moulé, vous le ferez avec un ébauchoir, jettant un peu de plâtre deſſus; étant bien ſec vous pouvez mouler une tête de plâtre ou de terre dans ledit moule; puis ayant la perſonne devant vous, vous ouvrirez les yeux de la tête que vous aurez moulée de plâtre ou de terre, quelques-uns mettent des tuyaux de plume dans le nez, choſe qui ne ſe peut bien faire, cette pratique ici étant plus ſûre & aiſée; & quand vous voudrez mouler des Viſages, vous devez avertir-les perſonnes de ne ſe contraindre pas, & auſſi pour mieux faire qu'ils ne ſe refrognent appliquant le plâtre ſur le viſage; vous détremperez vôtre viſage dans de l'eau tiéde, & ayant encollé le poil, comme il a été dit, il ne tiendra nullement dans le moule. Par cette voye on peut mouler toutes ſortes de viſages rians ou pleurans, & faiſans des grimaces.

Pour mouler les mains ſur le naturel.

Vous placerez vos mains en telle poſture que vous déſirerez, & les graiſſerez, obſervant les mêmes choſes que ci-deſſus, & de mettre de petits aix graiſ-ſez pour les tirer de diverſes pieces; & ainſi il ſe peut faire des piés & des jambes de toutes poſtures, & obſerver de mettre un linge ſous vôtre moule en l'ouvrant, afin que s'il ſe rompt quelque choſe on le puiſſe recoller avec de la colle forte: car le moule étant ſec, il ne ſe peut autrement qu'il ne s'eclate quelque piece par le dedans de la main, non par le dehors: Si vous déſirez qu'elles tiennent quelque choſe, vous formerez avec de la terre ce que vous déſirez qu'elles tiennent, & ſe dépouilleront plus facilement: Puis ayant jetté vôtre platre en vôtre moule, vous romprez avec un fermoir les pieces qui ne ſe peuvent dépouiller, & le tout avec patience, afin que vous ne rompiez votre ouvrage.

C H A-

CHAPITRE VI.

Pour mouler des poissons sur le naturel, soit en plâtre, ou en terre recuite, pour mettre dans une fontaine, ou les mouler de bronze, d'étain, plomb, ou carton, & les peindre au naturel, & les faire tenir en sorte que les uns floteront sur l'eau, & d'autres entre deux eaux.

PRenez tel poisson que vous voudrez, que vous placerez en telle posture qu'il vous plaira, & le moulerez en plâtre bien net, après l'avoir bien lavé en eau nette pour en ôter le limon, & froterez d'huile d'olive legerement, puis jettez le plâtre dessus que vous moulerez en deux parties : Après vous tournerez vôtre plâtre, dans lequel la moitié de vôtre poisson a été moulé, & faites des repaires ; puis avec de l'ocre rouge détrempée en eau, vous en coucherez la jointure du moule que vous graisserez ; puis frotant l'autre moitié du poisson avec de l'huile, comme il a été dit, jettez le plâtre par dessus, lequel étant sec, vous redresserez avec un coûteau au long des jointures, puis couvrirez de terre vôtre poisson, & le laisserez sécher.

Pour les mouler, vous prendrez vôtre moule bien apprêté & graissé, mettrez dedans de la pâte de papier pilé, que vous presserez bien avec du linge & une éponge pour en tirer l'eau, puis coucherez un linge dessus, & le presserez tellement avec l'éponge qu'il ne reste point d'eau, & pressez les concavitez & engravûres, & étant sec le retirez, & joignez ces deux parties avec de la colle forte, puis y donnez une couche de colle à peindre, & ensuite les couchez de blanc, puis les pressez.

Pour colorer le poiſſon de carton.

Ayant les poiſſons moulez de carton couchez de blanc, & preſſez : Si c'eſt une carpe, il la faut coucher d'or en feuille à huile, avec aſſiette d'or-couleur aux endroits où la carpe ſe montre dorée : Le reſte, comme le deſſous du ventre & le dos, ſe doit peindre avec des couleurs, puis tirer avec un pinceau, & de la terre d'ombre broyée à huile bien claire, & portraire les écailles de poiſſon, & leur donner les ombrages ſuivant le naturel, & glacer de terre d'ombre les endroits où il eſt requis de brunir ; Peindre auſſi la tête & les yeux, ayant du naturel devant ſoi. Pour le dos de la carpe, il ne faut point d'or, mais de la couleur brune ſuivant le naturel, que le Peintre ſaura mieux faire qu'on ne ſauroit exprimer. Ayant peint vôtre carpe, vous la laiſſerez ſécher, puis vous la vernirez de vernis ſiccatif, qui eſt fait d'huile d'aſpic, & lui donnerez pluſieurs couches, ainſi qu'on a accoûtumé de vernir. Vous prendrez du même vernis, & avec le doigt vous donnerez derechef une couche legerement ſur la tête du poiſſon, ou bien plus avant ſur le corps, & la tête ſéchée non toût à fait, mais qu'en y mettant le doigt il ſe prenne un peu, comme qui voudroit dorer à huile ; Alors prenez de l'or de co-quille détrempé en eau ſimple, & avec un pinceau vous arriverez les endroits que vous verrez ſur le poiſſon être dorez ; même tirerez du pinceau le re-haut d'or ſur chaque écaille, de même que les écailles de deſſus le dos, avec la laveure des coquil-les, afin qu'il n'apparoiſſe pas tant ; cela fait vous vernirez avec le doigt l'autre partie de vôtre poiſ-ſon, & continuerez comme il a été dit : Cela fait vous coucherez le ventre de vôtre vernis comme deſ-ſus, le laiſſant ſécher ; puis avec des laveures de coquilles d'argent, avec un gros pinceau, vous gla-cerez les endroits qui paroiſſent argentez ; puis d'un

petit

petit pinceau , avec de l'argent en coquille, vous tirerez les écailles ; & le tout étant fec , il faut derechef donner une couche de vernis fur le poiffon & le laiffer fécher : Pour faire les yeux parfaitement , il faut faire fouffler à la verrerie des patenottes de verre qui foient creufes , de la groffeur de l'œil du poiffon : vous feparerez ces patenottes en deux parties ,. & dans elles vous peindrez avec de l'or & de l'argent des couleurs de l'œil des poiffons , au plus près du naturel , & étant fec, vous le placerez au poiffon en fon lieu , faifant un trou pour le placer par le dedans ; ce qui doit être fait premier que d'affembler le poiffon , favoir y appliquer les yeux lors qu'il eft en moule ; & afin que celui qui voudra travailler en cet ouvrage n'y foit trompé , voulant peindre & colorer un poiffon qui paroît argenté , d'autant que l'argent rougit , perdant en peu de temps fa couleur, foit qu'il foit vert ou noir , pour faire qu'il ne meure , fi vous voulez colorer un poiffon qui paroiffe argenté , vous coucherez vôtre poiffon avec l'or-couleur, comme il a été dit , & lors que vous verrez qu'il fera propre à prendre l'argent , vous aurez de l'argent de coquille détrempé avec de l'eau pure , & avec un gros pinceau vous le coucherez fur vôtre poiffon , puis coucherez vos couleurs & vernirez à part vôtre ouvrage , & vous aurez une couleur argentée qui ne mourra point : Autrement ayant couché vôtre poiffon d'or-couleur , vous coucherez d'argent en feuille , puis avec de la colle de poiffon bien claire , vous lui donnerez une couche, puis peignez les couleurs & linéamens à ce néceffaires , & verniffez tant qu'il y ait un bel éclat : La patience eft requife à ces ouvrages : Mais étant ainfi faits ils trompent la vûë : Pour les mouler en bronze , il faut obferver la même chofe qu'en la moulure des figures.

Pour

Pour mouler des poissons à mettre dans une eau, qui paroîtront naturels ; savoir les uns au fond de la cuve, les autres au milieu & les autres à fleur d'eau & hors de l'eau.

Prenez tel poisson qu'il vous plaira, que vous placerez sur le ventre, sur quelque tablette de terre, en façon de taille bien unie & lui placez les fanons ou nageoires à la façon que le poisson les place étant dans l'eau : Vous ferez autour dudit poisson un cercle de terre qui l'environne : Afin de retenir le plâtre, ayez du plâtre recuit, non éventé, que s'il l'est, faites-le recuire dans quelque poêle ou chaudiere de fer, tant que vous voyiez vôtre plâtre bouillir ; ou bien le mettez dans une terrine au four bien chaud : ayant vôtre plâtre, mettez dedans une troisiéme partie de brique nouvellement partie de la terre la plus tendre, & que la brique n'ait servi, ni été mouillée, la plus recente est la meilleure, vous la reduirez en poudre la plus déliée que vous pourrez, puis vous la mêlerez avec vôtre plâtre ; ayez après un tiers d'alun de plume que vous broyerez sur le marbre, & le mêlerez derechef avec vôtre plâtre & vôtre brique. Vous détremperez & gacherez vôtre plâtre ainsi préparé, & le jetterez comme il a été dit au Chapitre des Moules de poisson de plâtre ; Mais quand vous jetterez vôtre plâtre ainsi composé, soyez soigneux de ne le verser qu'en un endroit, afin qu'il ne s'engendre des vents, & que vôtre plâtre ne soit trop épais, mais coulant. Quand vous aurez fait ce que dessus, vous ôterez vôtre cercle de terre, & tournant vôtre moule de poisson ensemble, le laisserez sécher quelque quart d'heure, ou demi-heure, plus ou moins tant que vous jugerez vôtre plâtre être bien pris, vous huilerez alors la jointure, c'est à dire les bords du plâtre qui doivent remonter l'autre côté du moule : puis

hui-

huilant avec du cotton un bien peu vôtre poiffon, vous y ferez un cercle de terre, comme il a
été dit, puis jetterez vôtre moule de plâtre comme deffus, le tout fe fait en deux ou trois heures : Puis
ouvrez vôtre moule & ôtez vôtre poiffon, que vous
laifferez fécher parfaitement de lui-même; étant fec,
vous ferez une peau de cire ou de terre à potier,
ou de pâte, à la façon que l'on fait les couverts des
pâtez, avec un rouleau vous ferez votre cire de
telle épaiffeur qu'il vous plaira, puis vous la coucherez avec le pouce fur vos moules, ou creux :
Vous ferez au bas de la tête un trou pour paffer le bout de l'entonnoir de fer blanc, avec un autre trou tout proche pour fervir de foupirail, qui foit
de la groffeur à paffer un fer d'éguillette ; Ayez a-
lors de petits bouts de fil de latton étamé d'étain,
qui foit plus gros que des éguilles, & pouffez ces
bouts de fil aux lieux & endroits requis pour fervir
d'étançon à porter le noyau, pouffant chaque fil
de latton à travers de la terre, cire, ou pâte, jufqu'à ce qu'il touche le plâtre ; ayant fait, rejoignez
vôtre moule & le liez ; mettez l'entonnoir au trou
que vous aurez fait, & verfez du plâtre préparé
comme il a été dit, & gardez-vous de le faire trop
épais, d'autant qu'il faut qu'il coule : Etant fec
vous ouvrirez vôtre moule, & dépouillerez vôtre
plâtre ou terre, puis laifferez fécher vôtre noyau
à loifir ; Etant fec vous le ferez recuire à petit feu,
qu'il rougiffe, étant rouge vous le couvrirez de cendres chaudes & le laifferez refroidir de lui-même;
puis affemblez vos deux moules que vous lierez d'un
petit fil de fer recuit : Puis avec de la terre d'argile
dont on moule les cloches, on enduit les jointures
du moule, & mettrez le tout recuire à petit feu tout
doucement : déliez-le & le laiffez refroidir, le couvrant de cendres, ayant auparavant bouché les trous
& foûpiraux qu'il n'y puiffe rien entrer, alors vous ferez un jet long de plus de quatre doigts de hauteur au
de là

de là tête du poiſſon, qu'il ſoit en façon d'entonnoir.
Vôtre moule étant encore chaud, mais qui ſe puiſſe
manier ſans ſe brûler, vous jetterez de l'étain fondu dedans, qui ſera allié d'un quarteron de plomb
non trop froid ; Pour en faire la preuve quand il
ſera fondu , jettez un morceau de papier dans l'é-
tain fondu , & ſi le papier ne ſe rouſſit il n'eſt pas
aſſez chaud, il faut qu'il rougiſſe & non qu'il brûle ;
Alors étant ſec ouvrez vôtre moule & vous aurez un
poiſſon ſans reparer, où il ne manquera rien de toutes ſes écailles, quelques déliées qu'elles ſoient ; Pour
lors avec une verge de fer, vous vuiderez le noyau
par un trou que vous ferez à l'endroit le plus commode, puis le reboucherez avec une piece que vous
ſoudrez au trou , afin que l'eau n'y entre ; Car les
étançons étant étamez ils y ſeront fondus.   Si vous
deſirez les mettre à l'eau, & vouliez qu'ils demeurent au fond de l'eau, vous emplirez le poiſſon de
ſable , premier que de le boucher : Si vous voulez
qu'il ſe tienne ſur l'eau , vous lui filaſſerez du liége
s'il eſt d'égale peſanteur, c'eſt à ſavoir s'il verſe plûtôt d'une part que de l'autre ; Alors vous mettrez un
contrepoids de plomb, que vous attacherez avec de
la cire & de la terebentine fondué, juſqu'à ce que
vôtre poiſſon ſe trouve droit ſur l'eau ; alors vous
fondrez vôtre plomb avec de la ſoudure, & parmi
la ſoudure , mettrez un peu d'étain de glace , pour
le rendre plus leger, alors vôtre poiſſon flottera ſur
l'eau : Et pour le faire tenir entre deux eaux , vous
attacherez un fil de latton bien menu, peint à huile
noire, au poiſſon , & l'autre bout de fil tiendra au
bout de la cuve à telle hauteur qu'il vous plaira.

Pour peindre les poiſſons que l'eau ne les efface.

Vous y procederez en la même ſorte qu'il a été
dit ci-deſſus, ſinon qu'il ne ſe faut ſervir de vernis
ſicatif, mais bien du ſuivant : les couleurs doivent
être

être broyées avec huile de lin, dans laquelle fera incorporé sur le feu du maftic en larmes pulverifé, & que le maftic étant fondu dans l'huile à petit feu, comme on fait le vernis, étant froid, l'huile paroiffe auffi épaiffe que du vernis liquide; Cette huile ainfi compofée tient extrémément.

Pour faire le vernis qui ne déteint point à l'eau.

Prenez de l'huile de lin la plus pure, que vous mettrez dans un pot de terre plombé, fur un réchaud plein de braife, dans laquelle huile ajoûtez de la refine environ une quatriéme partie : faites fondre le tout enfemble & bouillir tout doucement, de peur qu'il ne forte hors du pot : l'huile au commencement fe formera tout en fumée; mais continuant à la faire bouillir, l'écume fe confumera; continuez le feu tant que prenant avec un petit bâton de cette huile, vous la voyez filer comme le vernis : Alors vous l'ôterez du feu, que fi elle eft trop claire vous y ajoûterez derechef de la refine, & continuerez le feu à faire tout bouillir; & étant fait, vous vernirez vos poiffons, que vous ferez fécher au Soleil en la faifon d'Eté. Ce vernis a telle force, qu'on en peut vernir la vaiffelle de bois que l'eau chaude ne peut ruiner, & fe peut appliquer en plufieurs ouvrages : Mais il faut être foigneux d'avoir la refine bien nette, & qu'il bouille long-temps pour le cuire.

CHAPITRE VII.

Pour mouler toutes fortes de petits animaux, comme Lézards, &c. toutes fortes de Fleurs & Feuilles, pourvû que la fleur ne foit trop déliée.

SI vous defirez mouler un Lézard, foit en étain ou argent, vous préparez du platre comme a

été dit, avec de la brique & de l'alun de plume:
Vous aurez de la terre à potier, & ferez une petite
tablette, fur laquelle avec le doigt vous ferez une petite concavité pour y affeoir la moitié de vôtre Lézard, & apprêtez vôtre terre avec un ébauchoir,
qu'elle fe joigne contre les extremitez du Lézrrd,
fans le fouler, ni corrompre fa forme, & ferez vôtre terre la plus vive que vous pourrez, & le mettez
en telle pofture qu'il vous plaira, foit deux ou trois
Lézards nouez enfemble ou autrement; Alors jettez
vôtre plâtre, que vous détremperez avec de l'eau
où aura été diffous fur un pot d'eau quatre onces de
fel ammoniac, ou plus. Jettez vôtre plâtre fur ce
Lézard, & vôtre plâtre étant bien fec, vous ôterez
le cercle de terre, & tournerez vôtre plâtre & Lézard le deffus deffous: Et fi vous voyez que vôtre
plâtre ait paffé fous le ventre du Lézard qui vous
pourroit empêcher de le tirer du moule, ou que les
piés ou autres parties foient couvertes de plâtre,
vous découvrirez avec la pointe d'un ganif ce qui
en fera couvert, tout doucement, & avec patience:
Puis cela fait huilerez la jointure de vôtre moule &
y ferez un cercle de terre, & jettez derechef du plâtre & le laiffez fécher un jour ou environ; puis ouvrez vôtre moule & tirez le Lézard & le laiffez fécher un jour ou environ; puis le liez de petit fil de
fer recuit, & recuifez vôtre moule comme il a été
dit au Chapitre des Poiffons, puis coulez de l'étaim
dedans, & vous aurez un Lézard qui ne differe en
rien du naturel.

Si vous voulez le couler d'argent, il convient que
le moule foit un peu rouge, en jettant l'argent dedans, & que l'argent foit allié d'un peu de cuivre,
mais bien peu: Que fi c'eft une groffe grenouille,
vous y pouvez mettre un noyau, comme il a été
enfeigné au Chapitre pour mouler les poiffons.

Pour

Pour jetter les mêmes animaux en sable liquide.

Si vous voulez mouler des Papillons, ou des Fleurs, ou Lézards sans couture qu'il n'apparoisse la place de la jointure du moule, vous placerez vôtre Lézard en telle forme qu'il vous plaira ; puis jetterez le plâtre en la maniere ci-dessus, & étant sec le tournez, & sans huiler la jointure du moule, jettez derechef du plâtre, & le faites sécher ; étant bien sec, vous le vernirez & rougirez au feu tant que le Lézard se brûle dans le moule ; le moule étant refroidi, il s'ouvrira par la jointure : Alors tirez doucement avec la pointe d'une éguille, ou d'un tranche-plume les os du Lézard qui seront convertis en charbons : puis rejoignez vôtre moule & coulez l'argent ou l'étain au dedans, ayant fait un jet le plus long que vous pourrez d'environ trois doigts : Que si vous ne voulez ouvrir vôtre moule, vous ferez en cette sorte : Premier que mouler vôtre Lézard, ou autre animal, vous attacherez deux petits morceaux de cire en façon de jet, l'un que vous placerez au bout de la tête du Lézard, & l'autre à la queuë, puis moulez vôtre Lézard ; étant sec tirez vôtre jet de cire & le recuisez & rougissez tant que le Lézard soit consumé : Etant froid, vous soufflerez par un des trous où étoient les jets de cire pour faire sortir les cendres du Lézard, puis jettez le métail comme il a été dit.

Pour jetter des fleurs, ou feuilles de vignes, ou branches de laurier, &c.

Vous ferez un cercle de terre comme si c'étoit une boëte, que vous ferez de la grandeur de la fleur, branche, ou feuilles que vous voudrez mouler ; si c'est un œillet ou bouton de rose, ou autre fleur que vous jugerez propre à mouler, c'est à savoir qu'elles ayent de l'épaisseur assez ; Car celles qui sont

minces & menuës, le métail n'y sauroit couler:
Ayant donc fait élection de vôtre fleur, vous passerez un fil avec une éguille depuis le tour de la queuë,
jusqu'au milieu de la fleur, puis vous attacherez un
des bouts de fil au bas de vôtre cercle, & l'autre
bout à quelque petit bâton qui sera porté par le
haut de vôtre cercle de terre, afin que vôtre fleur
ne touche aux extremitez de vôtre cercle fait en façon de boëte ; & n'oubliez premier que d'attacher
la fleur, d'appliquer un petit morceau de cire au
bout de la queuë pour servir de jet, lequel jet de cire touchera au bas où est attaché le fil : Cela fait,
jettez du plâtre mixtionné de brique & d'alun de plume, comme ci-dessus, & gacherez avec de l'eau de
sel ammoniac ; puis étant bien sec & sans humidité,
vous le recuirez tant que la fleur se consume dedans,
savoir que le moule rougisse au feu, & étant presque froid, vous coulerez vôtre étain ou argent : Que
si c'est de l'étain, il y faut un tiers de plomb, si c'est
de l'argent, il le faut allier d'un peu de cuivre, &
vous aurez des feuilles ou fleurs jettées fort nettes,
que vous dépouillerez en cassant vôtre moule peu à
peu : Car toutes ces manieres de jetter en sable liquide ne serviront qu'une fois. Si vous jettez en argent, le moule doit être rouge ; la même chose se
peut faire de tous les reptiles.

Autre maniere pour mouler une feuille de vigne.

Vous la placerez sur une petite platine de terre
bien unie, puis faites un bord de terre à l'entour,
puis jettez du plâtre mixtionné, comme il a été dit ;
Etant sec, vous huilerez les bords de vôtre plâtre
& referez un cercle, comme a été dit ; puis jettez
du plâtre & le laissez sécher de lui-même sans qu'il
y ait aucune humidité : Vous le recuirez au four &
le laisserez refroidir couvert de cendres ; puis jettez
vôtre argent ou étain dans ledit moule, mais le moule

le ne sert qu'une fois; tellement que vous faites plusieurs feuilles de diverses grandeurs : Vous pouvez après mouler en la même façon une branche ou une tige seulement, telle que vous la jugerez propre; puis avec de la soudure d'argent & du borax, vous y soudrez les feuilles, même y appliquerez quelque Lézard que vous agencerez sur la branche, comme si vous entortilliez la queuë du Lézard à l'entour de la tige ou de la branche, le liant d'un petit fil bien délié, & l'attachez contre elle si vous le pouvez bien faire; ou autrement vous gâterez la tige & le Lézard tout ensemble; Mais il ne faut pas ouvrir vôtre moule qu'il ne soit recuit, le moulant à deux fois comme il a été dit; Vous y pouvez placer des sauterelles, cerfs-volans & autres bestioles. Ces choses ont été pratiquées par plusieurs fois, entr'autres un bouquet d'une branche de vigne où étoient les feuilles grandes & petites, avec plusieurs petites bestioles, qui furent moulées en argent, où rien ne defailloit tant elles étoient nettes.

Pour mouler une Couleuvre ou un Serpent.

Ayant une grosse Couleuvre, vous ferez une platine de terre, comme il a été dit, puis placerez vôtre couleuvre ou deux ensemble : si vous voulez vous les noüerez & entre-noüerez ensemble, ou une seulé, l'environnant de terre; cela fait, faites un cercle de terre à l'entour, j'entens garnir les extremitez de la couleuvre qu'il y en ait la moitie dans terre, puis jettez du plâtre mixtionné, & moulez l'autre en la même façon, ainsi qu'il a été dit ci-dessus; puis le plâtre étant sec & endurci, vous ferez une épaisseur avec de la pâte, comme il a été dit & enseigné au Chapitre d'apposer des noyaux dans les ouvrages moulez; puis vous y mettrez des etançons de fil de latton : Mais si vous voulez vos couleuvres d'argent, il convient que les étançons soient

de-

de fil d'argent: Cela fait, vous joindrez vôtre moule à jetter du plâtre mixtionné, qui foit bien clair,
par un trou où il y ait un entonnoir, & n'oubliez à
y faire un petit foupirail, autrement le moule ne
s'empliroit pas bien; Etant plein laiffez-le fécher un
peu, puis ouvrez vôtre moule & tirez la pâte, puis
faites le jet, & rejoignez vôtre moule, & le laiffez fécher; Etant parfaitement fec, & qu'en ouvrant le moule il fe rompe quelque piece, vous la
collerez, le moule étant bien fec, vous le lierez de
fil de fer recuit, puis le ferez rougir au feu, puis
jetterez foit argent, cuivre, plomb ou bien étain,
& vous aurez une couleuvre fi bien imitée, qu'il n'y
manquera pas une écaille; Mais fouvenez-vous que
vôtre moule doit être bien recuit.

De cette maniere il fe peut faire des chandeliers
dont la verge fera entourée d'un ferpent ou d'une
couleuvre; l'on peut le tirer à noyau, auffi bien que
maffif, mais moulant en deux parties, il faudroit
que la couleuvre eût le moule premier que de le recuire, & mettre une épaiffeur de pâte, & le noyau
comme a été enfeigné ci-deffus.

Vous prendrez un plat d'étain bien tourné & bien
forgé, que vous affeoirez dans la terre jufqu'à raze
de bord dudit plat; Alors fi vous s voulez mouler une
couleuvre, vous la placerez dans le plat au lieu qu'il
vous plaira, de même que tous les autres animaux
que vous y defirerez mettre: Mais il fera néceffaire
que vous liez vos petites beftioles avec un petit fil
bien délié, que vous attacherez ferme au plat, faifant des trous avec la pointe d'une alêne bien déliée pour y paffer le fil, parce qu'en jettant le plâtre, les animaux floteroient deffus: Vous ferez tenir au fond de vôtre plat des feuilles, avec de la
cire

…re fonduë avec de la terebentine de Venife, vous placerez vos beftioles par deffus, ainfi que vôtre jugement vous dictera ; Vous ferez vôtre cercle , & jetterez vôtre plâtre comme a été dit, frapperez fur la table où fera vôtre plat , avec la main, afin de lé faire entaffer : Vous moulerez puis après l'autre côté ; après vous recuirez vôtre moule, & ôtant vôtre plat vous tirerez des beftioles autant que vous en pourrez tirer, y faifant des noyaux aux lieux requis , chacun à part, pour éviter que le plat ne foit trop pefant , puis le recuirez comme il a été dit , pour le mouler d'étain : Si vous voulez le mouler en argent, vous moulerez toutes les beftioles & feuilles à part, & mettrez un noyau , & laifferez un petit rivet ou deux fous le ventre des beftioles & feuillages pour les river après dans le plat, paffant les rivets par de petits trous qui feront faits au plat : Ainfi l'on peut faire tels autres ouvrages que l'on voudra, avec patience , & fur tout que les moules foient bien nets & bien recuits : Si c'eft argent qu'il foit bien chaud, & le moule rouge , qu'il faut bien lier avec du fer : On peut enrichir par ce moyen des vafes & toutes fortes d'ouvrages : Il faut garder les pieces caffées des moules , parce qu'elles fervent à faire un fable à chaffis, qui fera enfeigné au Chapitre fuivant.

CHAPITRE VIII.

Pour faire du fable des moules qui auront fervi à mouler en fable liquide.

POUR préparer les fables des moules qui auront fervi à mouler en fable liquide ; Ayant dépouillé de vos moules ce qui aura été moulé dedans, vous l'arroferez avec de l'eau de fel ammoniac, & le mettrez dans un pot de terre au four d'un potier :

Etant

Etant bien recuit vous le reduirez en poudre fort déliée ; le plus que vous pourrez , puis vous l'arroferez de la même eau , & ne le gueres arrofer , il ne
faut pas qu'il mouille la main : Alors vous aurez
vôtre chaffis de fer à la façon ordinaire pour les fables artificiels : l'Albâtre calciné & arrofé d'eau de
fel ammoniac plufieurs fois , & mettre fur quatre
livres de cette poudre , quatre onces de fel ammoniac , le fpeculum afini & le plâtre en font de même, ainfi préparez, l'alun calciné & reduit en poudre, arrofé d'eau de fel ammoniac fait le meme &
eft fort dur, & reçoit tous les métaux ; l'Alun de plume recuit , rouge & broyé en poudre bien déliée reçoit tout métail : Le faffran de Mars fait le même.

*Sable qui fouffre plufieurs fufions fans rompre , & l'Ou-
vrage vient fort net.*

Prenez du fpas d'Allemagne qui reffemble au fel
ammoniac, & non celui d'Angleterre, faites le recuire dans le fourneau des Teinturiers , tant qu'il
foit fort rouge ; Puis ayez du fel ammoniac environ
une livre, que vous ferez diffoudre dans environ deux
pots d'eau, & de cette eau vous arroferez vôtre fpas
refroidi, puis le mettrez dans une terrine rougie au
feu, & le retirez & laiffez un peu paffer fa rougeur,
puis l'arrofez de ladite eau tant qu'il foit éteint ; puis
les mettrez au feu comme auparavant, & continuez
cela cinq ou fix fois, le plus eft le meilleur, & il
recevra mieux le metail ; puis vous le réduirez en
poudre fort fubtile & le broyerez à fec fur une écaille de mer, & vous en fervez dans un chaffis de fer
ou de cuivre , & non de bois, & l'arrofez un peu
de l'eau ci deffus, comme l'on a coûtume de faire,
& ferez bien chauffer vos formes avant que de jetter le métail, l'impreffion en eft plus belle : quand
vous voulez vous en fervir pour autre ouvrage, il

le

le faut rougir derechef & l'arrofer de ladite eau à
chaque fois que l'on veut s'en fervir.   Il eft excellent,
& eft fi dur, qu'il n'y a point de plâtre qui l'égale,
pourvû auffi qu'il foit vrai fpas d'Allemagne : Plus
le jet eft long, plus l'ouvrage eft net, & ne faut
oublier en imprimant l'ouvrage d'y mettre de la poudre de pierre-ponce recuite, de peur que le plâtre ne
s'attache l'un contre l'autre.

Sable pour jetter en fable-liquide des Médailles, & tou-
tes fortes d'animaux après le naturel, & mou-
ler generalement en plâtre.

Calcinez le fpeculum dans un pot de terre non
verni, & le mettez dans une terrine avec de l'eau
par deffus, & le mêlez avec-ladite eau, & en prenez le double, puis étant raffis recommencez tant
qu'il fe trouvera du fpeculum: Cela fait, prenez
ledit fpeculum & en faites des pelotes, que vous
mettrèz derechef calciner, puis vous les pilerez &
arroferez de vinaigre & ferez une pâte : Que fi vous
le mettez derechef calciner, puis étant froid le jettez derechef, le pilant fubtilement & le paffez au tamis, l'imbibant de fel ammoniac, une once diffous
en eau pour chacune livre, ou douze onces de fpeculum, & le remettez à la cave, pour ainfi en ufer
fans l'humecter davantage.
   Il fe fait encore un autre fable avec le crocus de
Mars, dans lequel, comme à celui-ci, vous pourriez mouler un poil fort nettement.

CHAPITRE IX.

*Pour imprimer les feuilles de vigne, ou autres,
de latton, dans des moules de Cuivre.*

Prenez du latton en feuille dont on fait les éguillettes, le plus menu & délié est le plus propre,
vous le recuirez dans le feu tant qu'il soit rouge ;
Alors prenez-en la grandeur de vôtre feuille, que
vous asseoirez sur le moule de cuivre, puis ayez une
lame de plomb que vous asseoirez sur la feuille ; Puis
sur le plomb une petite lame de fer menue, & frapperez d'un marteau sur le fer & sur le plomb, tant
que la feuille d'airain ait pris la forme du moule,
ce que vous verrez en la levant hors du moule ; S'il
y a quelque endroit qui ne soit pas marqué, vous
la replacerez, y posant le plomb & le fer à l'endroit
où elle n'est pas marquée : que si elle fait peine à
imprimer il la faudra derechef recuire, & la remettre sur le moule comme devant : Etant bien imprimée, vous la ferez bouillir dans de l'eau de gravelée & de sel, puis brosserez avec la gratte-brosse :
& la plierez en telle maniere qu'il vous plaira ; Puis
vous souderez avec de la soudure d'argent & d'é-
tain, les queues ou tiges que vous ferez avec du gros
fil de latton, selon la grandeur de la feuille : Cette
maniere de mouler des feuilles est propre à appliquer
aux grottes & lieux que l'air ne peut endommager :
Pour les coller, le vert de gris y est le plus propre,
broyé avec le vernis d'huile de lin, & de racine, jufqu'à ce qu'elle ne jette plus d'écume.

De cette maniere on peut mouler toutes sortes de
petites figures dans les moules, soit de plâtre ou autre avec de la pâte de terre, comme a été dit ci-dessus : Que si vous voulez appliquer quelques figures
dorées, vous prendrez de la feuille de cuivre que vous
do-

dorerez d'or moulu, lui donnant plusieurs couches, vôtre latton ou cuivre ayant été auparavant bien recuit. Alors vous l'imprimerez sur vôtre moule : Que si c'est un ovale, ou un cadre, ou autre forme, vous l'asseoirez sur le lieu où vous désirez, faisant la place avec un petit ciseau qui relevera les bords de l'ovale ou du quarré : Pour la rabattre dessus, vous ferez tenir vos pieces, & par cette voye vous verrez des ouvrages de bas-relief, faits d'or ou d'argent promptement & à peu de frais.

CHAPITRE X.

Pour mouler des médailles avec de la pâte qui paroissent fort nettes.

PRenez un pain blanc venant du four tout chaud, dont vous prendrez la mie que vous pêtrirez avec un rouleau tant que vous la voyiez souple comme cire chaude ; plus vous la corroyerez avec le rouleau mieux elle vaudra ; & ainsi vous l'imprimerez dans des moules ; étant séche elle sera fort dure ; & de peur que la vermine n'y aille, vous mèlerez un peu d'aloës parmi.

On peut faire une pâte de toutes les poudres dont on fait des médailles, soit de craye, azur, émail, ou grosse smalto, mine de plomb, ou autre couleur en poudre, de sole farine de moulin à than. Pour ce faire :

Prenez de la gomme adragante, que vous détremperez en eau environ huit jours tant qu'elle soit bien forte, & de cette eau vous détremperez les poudres que vous voudrez incorporer ; puis les moulerez dans les creux de plâtre, les ayant huilez auparavant ; l'on peut mouler toutes sortes de figures de sole farine de than, qui sembleront être de bois ; étant séches, el-

les

les se poissent avec la dent de loup, ou bien on les peut vernir après les avoir moulées; elles sont assez fermes pour s'en servir à plusieurs lieux; tellement que les Menuisiers s'en pourront servir, imprimant des figures de basse-taille, lesquelles enchassées dans les frises, ou paneaux, ou niches ne pourront être endommagées; mais afin qu'elles soient bien dures, il convient y mettre de la gomme assez; ce que la pratique enseignera.

L'on peut encore faire, si l'on veut, une sorte de bois marqueté comme la serpentine, le Porphyre, ou autre marbre.

CHAPITRE XI.

Pour contrefaire le Porphyre.

PRenez du brun rouge d'Angleterre; s'il est trop rouge, mettez-y un peu de terre d'ombre, ou de la suie, mettez le tout en poudre; puis ayez un ais ou un marbre bien poli, ou bien un verre que vous huilerez; puis ayez du brun rouge, & un peu de rozete, ou lague-plate, que vous broyerez sur le marbre avec de l'eau de gomme adragante; puis avec une grosse brosse, vous prendrez cette couleur, & vous secouerez sur vôtre verre à la façon d'aspergez; & quand vous verrez vôtre verre ou marbre picoté par tout de ce rouge, vous le laisserez sécher, puis détremperez vôtre brun rouge & terre d'ombre ensemble avec l'eau de gomme, dont vous ferez une pâte que vous asseoirez sur vôtre verre marqueté de rouge, le laissant sécher sur ledit verre ou marbre, étant sec il se peut polir.

Pour contrefaire la Serpentine.

Prenez de l'orpimant bien broyé avec de l'eau mêlée

lée avec de l'inde, que vous laisserez sécher; Etant
sec vous le mettrez en poudre bien déliée, puis le
detremperez avec de l'eau de gomme adragante, &
en ferez une pâte, & après vous aurez du vert plus
gai, vous mettrez de l'orpimant davantage avec l'inde tant qu'il se rapporte a la couleur des taches qui
sont sur la serpentine; vous prendrez de cette couleur avec un pinceau, vous en toucherez les marques sur le marbre ou le verre, lesquelles étant séches, vous asseoirez la pâte que vous aurez faite de
vert brun.

L'on peut faire une quantité de sortes de marbres
& de fantaisies dessus, avec un pinceau, & étant sec
y appliquer la pâte.

Autre maniere de contrefaire le marbre.

Ayez diverses couleurs dont vous aspergerez avec
un pinceau sur un verre, ou marbre, & les penétre-
rez jusqu'à ce qu'elles se mèlent ensemble; puis asseoirez vôtre pate de telle couleur qu'il vous plaira;
si vous la voulez blanche, prenez du blanc de plomb &
de la craye; & y mettez un peu d'ocre jaune: Cet
ouvrage se peut vernir de vernis siccatif l'ayant collé de colle claire premierement.

Pour mouler des figures de bêtes, ou basse-taille en façon de jaspe.

Après avoir huilé vos moules avec un pinceau,
vous les bigarrerez de telles couleurs que vous dési-
rerez, détrempées avec gomme adragante, & les
ferez couler dedans: Que si elles ne coulent vous y
mettrez un peu de fiel de bœuf, & que les couleurs
soient assez épaisses, elles en seront plus de durée,
puis faites une pâte de telle couleur que vous voudrez,
dont vous emplirez vôtre moule, puis le liez & le
laissez sécher; étant sec vous le brunirez & le vernirez;

rez ; vous pouvez mettre des fils de fer dans les endroits qui sont déliez.

Figure en façon de corail : autre jaune rehauſſé d'or.

Prenez de l'ocre de Berry réduite en poudre, détrempée d'eau gommée moulée en vôtre figure, & étant féche, vous coucherez le rehaut avec de l'or de coquille par des endroits, l'or étant détrempé avec auſſi gros comme la tête d'une épingle d'eau gommée, puis étant ſec le bruniſſez, & vous aurez un ouvrage agréable.

Figure en baſſe-taille ; en façon d'agathe.

Si vous moulez une figure de baſſe-taille, comme une médaille, vous coucherez le champ de vôtre moule avec du noir à noircir, détrempé en eau gommée, & coucherez épais ; puis détremperez du blanc de plomb, & de la ceruſe autant de l'un que de l'autre, dont vous ferez une pâte avec eau gommée, de laquelle mouillerez vôtre médaille, & étant féche & polie, vous aurez une façon d'agathe.

Il ſe fait divers changemens par cette voye, qui paroiſſent extrémément beaux & faciles à faire.

Pour le Corail.

Prenez du vermillon bien broyé, dont vous ferez une pâte comme il a été dit ; puis vous en prendrez de petits morceaux de la grandeur d'un ſol, & de l'épaiſſeur d'une carte que vous preſſerez dans vôtre moule, afin que la pâte s'informe bien nette ; puis prenez de l'ocre jaune, & craye pêtrie en eau de gomme adragante, dont vous emplirez vôtre moule : Étant ſec le polirez, & aurez une figure qui repréſentera le corail.

Pour le Lapis.

Prenez de l'azur de roche, que vous pêtrirez & ferez

nez en tout comme ci-deſſus, vous pourrez mettre
dans le champ des pailles d'or, puis appliquez vôtre
pâte d'azur : pour lui donner corps, vous prendrez
de l'azur d'émail, dont vous ferez vôtre pâte en la
façon preſcrite.

Pour contrefaire le Marbre avec le Soufre.

Ayez une pierre de marbre bien polie & huilée,
faites un cercle de terre autour, de la grandeur que
vous déſirerez faire vôtre piece de marbre : cela fait,
ayez de toutes couleurs en poudre, pulveriſées bien
menu, comme ceruſe, vermillon, lague-plate, orpin, maſſicot lavé, orpin rouge, inde ; pour faire
le vert, l'orpin jaune, & l'inde le font, étans mêlez
enſemble : ayant toutes ces couleurs, vous ferez fondre du ſoufre à petit feu dans divers creuſets ; & dans
chaque creuſet mettrez une des ſuſdites couleurs que
vous mêlerez bien avec ledit ſoufre, gardez de le
trop chauffer qu'il ne brûle, puis avec une broſſe
prenez le ſoufre ainſi coloré, & parſemez de larmes
ſur le marbre promptement, ou faites verſer quelqu'un pendant que vous tiendrez le marbre pour le
faire couler : cela fait, aviſez de quelle couleur vous
voulez faire la maſſe & le corps de vôtre marbre, ſi
vous le voulez gris, prenez des cendres bien paſſées
& les mettez avec du ſoufre tant qu'il paroiſſe gris,
ou ſi vous le voulez brun-rouge, vous y mettrez du
brun-rouge d'Angleterre avec du noir : ſi vous le voulez blanc, vous mettrez de la ceruſe ou du blanc de
plomb : ſi noir, vous y mettrez du noir à noircir,
ou de l'yvoire, brûlé dans un pot de terre lutté, puis
broyé avec l'eau ſur le marbre, puis réduit en poudre, & allié avec le ſoufre, ſelon vôtre choix, prenez l'un d'eux & le jettez ſur vôtre marbre, que
le ſoufre ſoit de bonne chaleur, qu'étant jetté ſur ledit marbre il s'attache aux larmes du ſoufre coloré,
parce qu'il n'eſt pas huilé, & ſur tout huilez bien
vôtre moule, & ne le verſez pas trop promptement ;

mais

mais tellement qu'il ne s'y fasse des yeux; étant ainsi
jetté, si vous voulez y appliquer un petit ais de bois
de chêne; mais il faut que ce soit pendant que le soufre n'est pas encore pris, & que l'ais soit le plus chaud
qu'il se pourra, afin qu'il s'y attache, & qu'il l'empêche de se rompre, parce que le soufre est fragile;
étant retiré de dessus le marbre, vous le dresserez sur
les bords avec un couteau, puis avec un morceau de
drap vous le polirez, & il prendra l'éclat & le poli
du marbre.

Pour colorer le marbre en façon de Corail.

Vous mettrez du vermillon dans le soufre, & si
vous voulez jetter des médailles en façon de Corail,
vous aurez vos moules de plâtre bien huilez, ou de
terre à potier; jettez vôtre soufre aussi-tôt que vous
aurez imprimé vôtre médaille sur la terre, sans la
laisser sécher, puis roulez vôtre soufre & le polissez
avec du drap, ainsi qu'il a été dit.

La serpentine se peut aussi contrefaire avec de l'orpin, & de l'inde, comme les autres marbres.

L'on peut jetter des figures de ronde bosse dans les
moules de plâtre bien huilez. Pour ce faire vous aurez vos couleurs bien mêlées comme dessus en divers
creusets, que vous jetterez les unes après les autres
dans vôtre moule; elles se mêlent au commencement,
mais peu après elles se séparent, pourvû que vous
les laissiez refroidir à loisir, parce que le soufre se re-
froidit & s'endurcit plûtôt aux extremitez qu'au centre. Si vous faites ainsi, vous aurez des figures de
ronde bosse, très-agréables & diversifiées, qui se
plieront en y mettant de gros fils de fer assez forts;
si vous les voulez de Corail, vous y mêlerez du
vermillon avec du soufre.

CHA

CHAPITRE XII.

Manière de mouler des Basses-tailles de plusieurs couleurs transparentes, pour embellir les vitres tellement qu'elles semblent être de Rubis, Corail, & Ambre.

PRenez la médaille, ou basse-taille, que vous désirez mouler. & la moulez sur de la terre préparée, qu'elle soit dans un chassis de bois pour le
mieux, puis élevez autour un bord de terre de l'é-
paisseur que vous désirez vôtre piece, qui doit être
de demi-doigt, dont la pratique vous instruira. Si vous
la voulez de couleur d'ambre clair, prenez de la terebentine de Venise, faites-la bouillir à petit feu dans
un pot de terre bien plombé, jusqu'à ce qu'y trempant un petit bâton, & en tirant une petite goute que
vous ferez tomber sur l'ongle ou sur un couteau, vous
voyez qu'elle devienne si dure que l'ongle ne la puisse casser: si elle n'est assez ferme faites la bouillir,
ayant ainsi vôtre terebentine préparée, vous en jetterez les médailles.

Pour les couleurs de Rubis.

Vous y mêlerez de la lague fine, bien pulverisée
& mêlée avec de la terebentine, & jetterez cette
composition dans vos moules de terre encore toute
molle; & parce qu'elles sont aisées à froisser, ayez,
une piece de verre taillé de la grandeur de vôtre médaille, que vous chaufferez au feu le plus qu'il se
pourra; puis aussi-tôt que vous aurez jetté vos médailles, & que la terebentine est encore fonduë, vous
y asseoirez promptement vôtre verre ou piece, afin
qu'elle s'y attache; vos médailles étant féches, soyez
habile à les depouiller de la terre; c'est pourquoi avec
patience

patience vous ôterez la terre avec une pointe de bois
de faule, tout doucement; & fi vous ne le pouvez
ainfi faire, prenez une fayette de foye de pourceau
avec de l'eau & vous en ôterez la terre le plus adroitement que vous pourrez. Si vous les voulez affeoir
entre les vitres, vous verrez qu'il ne s'eft rien perdu
des traits de vôtre médaille, & difcernerez les figures de couleurs fort agréables, ne fe pouvant bien
voir qu'à travers le jour. On peut mouler de grandes
pieces comme des affietes ou plus grandes, comme il
s'en voit de plâtre; puis on peut faire une encaftilleure de bois tourné dans des chaifes de parquetage,
la figure par dedans la maifon: il y a moyen, après
avoir moulé la médaille, de faire un bord à y mettre une piece de verre à faire un jet, & donner telle
épaiffeur qu'il vous plaira à vôtre médaille, parce
que fi elle eft trop épaiffe, elle fera fombre. On peut
fur le verre appliquer de l'or ou de l'argent le matin
à jûn, le mouillant de falive avec un pinceau, puis
y appliquant l'or ou l'argent, & mettre la partie ainfi
argentée fur vôtre cercle en moulant, & la figure
vous paroîtra comme la feuille appliquée fur les an-
neaux; & parce qu'en ôtant la terre, cela lui ôte
fon poli, il fera bon après être bien nettoyée de la
préfenter au feu, de loin, & garder de la trop échau-
fer: il eft impoffible de coucher bien l'or & l'argent
qu'avec la falive.

Médaille de couleur d'Emeraude.

Vous ferez des médailles couleur de Rubis & d'E-
meraude, mélant du vert de gris bien pulverifé avec
de la terebentine: & pour le rouge & la lagne fine
pulverifée, on peut mettre lefdites médailles dans
des encaftilleures, & par derriere y appliquer une
affiete.

C H A'

CHAPITRE XIII.

Pour mouler des figures de ronde-boße, ſoit de plâ-
tre figuré & coloré, ou de pâte détrempée en eau
gommée, les drapperies ſemées de nacre, de per-
les & médailles.

SI vous voulez mouler des figures de ronde-boſſe,
vous concaſſerez de ces petites coquilles qui ont
pluſieurs trous : il s'en trouve à grand-Ville ; celles
qu'on apporte d'Orient ſont beaucoup meilleures &
plus belles ; alors vous aurez un peu de colle de pâte,
ou gomme diſſoute en eau épaiſſe comme miel, ou
du vernis, & avec un pinceau vous coucherez ladite
colle ſur la partie de ladite coquille luſtrée vers le
moule de plâtre, & continuërez à arranger par pieces toutes les petites parties de vos coquilles concaſ-
ſées, couchant ſur chaque piece une larme de ladite
gomme ou colle, afin de la faire tenir dans les moules, appliquant dans ſes concavitez les plus petites
pieces ; mais ſouvenez-vous de les faire joindre contre le moule ; & s'il y a pluſieurs concavitez au moule où vous ne puiſſiez mettre d'aſſez petites pieces de
coquilles, vous y arrangerez de la ſemence de perles : Cette pratique ſe peut obſerver principalement
ſur des perſonnes vêtuës ; ce qui ne peut être ſur
le nud.

Mais ſouvenez-vous que les plus petites pieces rendent l'ouvrage plus beau, & ne difforment pas tant
la boſſe que feroient les grandes pieces : Ayant
ainſi aſſis dans vôtre moule vos petites pieces le plus
près que vous pourrez, ayez un plâtre fait d'ocre
jaune, de craye, ou d'autre couleur que vous déſirerez, vous ferez de petites plaques de l'épaiſſeur de
demi-doigt ou environ avec le pouce ; vous coucherez & preſſerez de ladite pâte dans ledit moule, afin
qu'elle s'imprime dedans ; l'ayant ainſi garni, vous
pla-

placerez de petites chevilles de bois dans les parties que vous verrez avoir befoin d'être fortifiées : Cela fait, vous remplirez toutes les parties de vôtre moule avec de l'eau de gomme adragante, afin que les parties de la figure fe collent enfemble ; puis apprêtez toutes les figures de vôtre moule, que vous prefferez avec la main, & les lierez d'une corde ; étant prefque féches, vous les dépouillerez, & verrez que toutes les petites pieces de coquilles de nacre feront attachées à vôtre figure : Que fi vous défirez y appliquer en quelque endroit, foit or bruni ou à huile, vous le pouvez, puis colorer le vifage & le nud de camanoie ; vous verrez un vifage agréable à l'œil : mais il convient faire ces chofes avec patience.

Vous pouvez mouler vôtre figure de plâtre colorée, foit avec du noir, ou brun rouge, ocre jaune, ou azur, comme il a été ci-devant ; & ayant placé toutes vos petites pieces de coquilles, vôtre moule affemblé & lié, jettez le plâtre affez clair dans vôtre moule : mais il faut que le moule foit bien huilé, autrement vous ne dépouillerez pas vôtre figure, parce que la colle ni la gomme ne tiendroient pas à caufe de l'huile ; il convient au lieu de cela faire tenir vos pieces avec un peu de terebentine, dont vous mettrez une goute fur chaque piece de nacre : puis la polirez avec du drap, & peindrez à nud.

Les médailles fe font en la même façon, & étant féches faut les dorer d'or bruni, où avec la falive à l'huile.

L'on peut au lieu de nacre fe fervir de verre, fur lequel on aura couché de l'or ou de l'argent, comme il a été dit, puis le caffer en petites pieces & appliquer la partie dorée du côte du creux, puis mouler avec de la pâte ou du plâtre.

Le foufre fait mourir les couleurs, fi l'on s'en fert ; ainfi on aura des figures en façon de Mofaïque qui brilleront comme des pierreries : On peut fe fervir de patenottes de diverfes couleurs, felon la fantaifie.

C. H A-

CHAPITRE XIV.

Pour faire des Médailles ou des figures de ronde-bosse, de plâtre, en façon de jaspe.

AYez une feringue d'Apotiquaire, & au bout le brucheret d'une platine de fer percé de petits tous comme de fers d'éguillettes, les uns plus petits, les autres plus grands; ayez de la pâte de toutes couleurs affez claire & non trop, que vous mettrez dans la feringue, puis pouffant le bâton faites fortir la terre par les petits trous qui font en la platine de fer qui eft au bout de la feringue; alors vous aurez vôtre pâte toute formée en petits filets, lefquels vous feparerez à part, & prendrez lefdits filets de pâte avec le pouce, & remplirez le moule de la pâte faite, comme il a été dit, de craye, ocre-jaune ou rouge; vous le brunirez & vernirez, lui ayant donné premierement une couche de colle de poiffon, & vos figures fembleront être jaspées: On peut au lieu de pâte mouler de plâtre.

Autrement.

Prenez une pâte de toutes couleurs, comme il a été dit ci-deffus, favoir d'azur, de lague-plate, vermillon, mine de plomb, mafficot, vert de gris, de blanc, noir, rouge-brun, jaune-brun; Vous les détremperez chacune à part avec eau gommée, & ferez de chaque couleur un petit gâteau à la façon des couvertures de petits pâtez, avec un rouleau, puis vous affeoirez vos couleurs les unes fur les autres, & étant jointes l'une fur l'autre, feparant les couleurs avec ordre, favoir l'azur auprès de l'orangé ou blanc, ainfi des autres couleurs, puis vous pafferez le rouleau, & étant étendues vous les roulerez comme fi c'étoit du papier roulé en forme d'un bâton;

alors

alors avec un couteau, vous couperez par le bout de petites rouelles comme si c'étoit une rave, & asseoirez ces petites pieces ainsi coupées dans vôtre moule, les pressant du pouce, étant rempli le fermerez & y jetterez vôtre pâte, mettant de petits bâtons de fer aux endroits déliez ; puis étant sec, brunissez avec la dent, & recuisez après l'avoir collé.

On peut y mettre de petits miroirs d'Allemagne enchassez dans du fer blanc, les concassant & appliquant, comme il a été dit ci-dessus, & vous aurez une figure qui aura grand éclat, les miroirs ne quitant leur feuille en le cassant comme les autres font.

CHAPITRE XV.

Pour faire des médailles de colle de poisson.

PRenez vôtre médaille de plomb, ou d'étain, que vous huilerez, puis essuyerez d'un linge ; que la médaille ne soit seulement qu'un peu grasse : Ayez alors de la colle de poisson, que vous ferez tremper dans un pot de terre l'espace de trois jours, puis la faites bouillir de pareille épaisseur ou un peu plus claire que qui en voudroit coller du bois ; vous passerez vôtre colle par un linge, alors prenez vôtre médaille, où vous ferez un petit cercle de terre qui sera d'environ un doigt de hauteur ; cela fait, vôtre colle étant chaude, vous en verserez sur vôtre médaille à la rase du cercle, que vous couvrirez d'une feuille de papier pour éviter la poussiere, la laissant sécher tant que vous voyiez que la colle soit du tout séche & ferme, alors levez vôtre médaille peu à peu, vous la trouverez creuse d'un côté & emboutie de l'autre, & plus transparente que la corne dont on fait les lanternes. Voilà comme cette recepte a été pratiquée.

Pour

Pour les colorer.

Ayant fait fondre vôtre colle, prenez des raclures de brezil, que vous ferez bouillir en eau colorée : Que si vous voulez changer de couleur vôtre brezil, prenez une partie de ladite eau, & y mettez plein une cuillier de lexive, & pour le faire plus brun, mettez-y un peu d'eau de chaux : de ces trois couleurs d'eau differentes teintes de brezil, vous en teindrez autant de parties de vôtre colle dont vous désirez faire vos médailles : Que si vous voulez du jaune, prenez du saffran, que vous ferez bouillir ou détremper avec ladite colle, puis la passer par un linge. Pour le vert, du vert de gris bien pilé & pulverisé, broyé avec de l'eau, puis ajoûté avec ladite colle, le mouvant bien avec un bâton, & le passer. Pour faire le violet, du tournesol en peinture, détrempé de chaux mêlée avec ladite colle, moulant toutes les médailles de toutes ces couleurs : Que si vous les voulez toutes approprier à la vûe de quelque cabinet de plaisir, vous pouvez lés coller sur une piece de bois de la grandeur desdites médailles : puis asseoir vôtre médaille avec de la colle par les bords, la collant sur la piece de verre pour la placer où il vous plaira.

CHAPITRE XVI.

Pour mouler des médailles de colle de poisson en plâtre, & en faire des médailles de plomb, ou d'étain.

Ayant fait une piece de basse-taille de colle de poisson, environ l'épaisseur d'une piece de cinq sols; ayant une médaille, vous la placerez sur une petite plaque de terre à potier, & avec le pouce vous presserez la médaille par le bord; cela fait, faites un

cercle

cercle de la même terre; puis jettez fur vôtre médaille du plâtre mixtionné avec de l'alun de plume &
détrempé avec eau de fel ammoniac, *ut dictum eft
fupra*; étant moulé, ôtez le cercle, & tournez vôtre plâtre: dont vous huilerez les bords, puis vous
y ferez dérechef un cercle, & jetterez du même plâtre par deffus, & vous aurez un moule d'une médaille, dont d'un côté fera le creux, & de l'autre la boffe, & le moule étant fec, vous le recuirez, comme
il a été dit ci-devant au Chapitre des Moules; le plomb
ou l'étain étant recuit, vous y jetterez du plomb ou
de l'étain, pour leur donner de l'épaiffeur, à caufe de
fa tendreffe ou foibleffe; vous mettrez un peu de terre d'argile avec un couteau fur un des côtez du moule de plâtre, puis le rejoindrez & lierez de fil de fer,
& le recuirez pour couler du métail.

CHAPITRE XVII.

*Pour faire le creux de foufre à mouler des médail-
les de plâtre fort nettes.*

AYant la piece que vous defirez mouler, &
tirer un creux de foufre, vous la chaufferez
bien chaudement devant le feu, puis vous l'huilerez
d'huile de lin; vous ferez enfuite un cercle de terre
à potier à l'entour de ladite piece, puis ayez vôtre
foufre fondu qui ne foit pas trop chaud, mais qu'il
commence à cremer un peu; vous le verferez doucement autant que vous pourrez, pour éviter qu'il
ne s'y faffe des clochettes.

*Pour mouler des médailles de plâtre dans le creux
de foufre.*

Ayant dépouillé vôtre creux de foufre, vous le
frotterez d'une broffe courte, avec de l'huile d'oli-

ve , & l'effuyez legerement qu'il n'y ait trop d'huile , puis gachez du plâtre de l'épaiffeur de la bouillie , duquel vous prendrez un peu dans une écuelle
de terre , & avec une broffe vous l'épartirez promptement fur vôtre moule ; puis prenez de ce plâtre
gaché , avec vôtre main , vous en coucherez fur
vôtre moule une couche , & prefferez avec le pouce le plâtre aux concavitez ; puis vous coucherez du
plâtre avec un couteau pour lui donner telle épaiffeur que vous voudrez. Il faut que le plâtre foit broyé
dans un mortier avec un pilon de bois.

Pour imprimer du papier fur le moule de foufre.

Il convient huiler le moule pour y coucher le papier pilé , & mettre une piece de toile deffus vôtre
papier , & preffer avec le pouce pour tirer l'eau,
puis lever la toile pour voir fi le papier eft affez fort
d'épaiffeur; alors vous prefferez avec l'éponge tant
qu'il n'y demeure point d'eau , & que le papier foit
entré dans toutes les concavitez ; vôtre ouvrage étant
fec , vous aurez une petite dent de chien , dont
vous frotterez vôtre papier moulé , pour le faire entrer en toutes les engravûres : pour raffermir vôtre
moule de foufre , vous le pouvez renforcer avec du
plâtre par derriere.

Pour faire le vernis dont on vernit le plâtre.

Prenez du favon d'alican , qui eft le blanc, & le
rappez par petites raclettes , puis le mettez dans un
pot plombé & le détrempez avec le doigt peu à peu,
qu'il foit bien défait en eau , y ajoûtant de l'eau jufqu'à ce qu'il foit comme du lait épais ; puis laiffez
repofer ladite eau fept ou huit jours , la couvrant
d'un couvert pour la conferver de la pouffiere : cela
fait, prenez une broffe douce & courte & lavez la
piece de plâtre avec ladite eau , puis la mettez devant le feu affez loin , qu'elle féche à loifir , étant

féche vous la frotterez d'un linge doucement, vous plaçant contre le jour, afin de mieux voir les lieux qui fe poliront, & vous aurez des médailles de plâtre, qui fembleront polies comme albâtre.

Pour faire une affiette à coucher l'or en feuille fur lefdites médailles, qui ne s'emboira pas fur le plâtre.

Prenez de l'huile de noix & non de lin, & la faites bouillir avec un peu de litarge, qu'elle foit affez épaiffe ; puis broyez un peu de blanc de plomb, avec autant d'ocre-jaune, avec de l'eau, le mieux que vous pourrez, & étant fec, vous le broyerez derechef avec ladite l'huile ; & avec un pinceau affez long & fort pointu, vous prendrez de cette affife avec la pointe qui en fera toûjours couverte, & foyez foigneux que vôtre pinceau regarde toûjours la pointe, c'eft à dire que prenant de ladite affife avec le pinceau vous le couchiez de plat de peur de le groffir, mais vous ramenerez vôtre pinceau étant couché de plat vers vous hors de ladite affife, afin que la pointe foit toûjours déliée; alors vous ferez des filets fur vos médailles fi déliez que vous voudrez, qui ne s'emboiront nullement ; & ce que vous aurez couché d'affife étant fec & bon à dorer, vous coucherez deffus de l'or en feuille : on a coûtume de le coucher fur un couffin, & l'appliquer avec un pinceau de cotton, ou avec un morceau de carte.

CHAPITRE XVIII.

Pour mouler.

PRenez une livre de cire neuve, de colophone la troifiéme partie, que vous ferez fondre à petit feu : Etant fondus vous les laifferez un peu refroidir, jufqu'à ce qu'en verfant fur vôtre main, la cire ne vous brû-

brûle point, & avec une broſſe, couchez ce que
vous deſirez mouler, l'ayant hujlé d'huile d'olives
ſi c'eſt le viſage d'une perſonne vivante, vous coucherez les ſourcils, & cils des yeux avec de la colle de
pâte, de même que la barbe, puis coucherez avec la
broſſe promptement tout le viſage tant qu'il ait l'épaiſſeur d'une piece de vingt ſols, mais gardez de bou-
-cher les trous du nez, & que la perſonne ne s'éfor-
-ce de fermer les yeux, parce que cela rendroit le viſage difforme : Ayant ainſi moulé le viſage de cire,
vous le dépouillerez doucement ; puis ayez de la terre dont vous appuyerez vôtre moule par le derriere de la cire, afin que verſant du plâtre dedans, le
moule ne s'ouvre, puis jettez du plâtre : il ne ſe perdra pa une piece qui ne paroiſſe : vous moulerez
des viſages qui riront ou pleureront, ou feront autres grimaces, & toute autre choſe, comme des piés,
des mains, &c. des fruits, des poiſſons, des moules ſur d'autres figures de plâtre ou autre choſe, la
ſeparant après avec un couteau un peu chaud; puis
rejoignez enſemble vôtre moule, & le renforcez de
terre à potier : il n'y aucun autre moyen de mouler
plus net. J'ai moulé des perſonnes vivantes leur ouvrant les yeux avec un ciſeau ou gouge, qui reſſem-
bloient tellement, qu'ils paroiſſoient en vie : mais pour
les colorer, il convient mettre de l'huile d'aſpic avec
la carnation, pour empêcher qu'elle ne reluiſe : Cette
maniere de mouler eſt fort propre aux Peintres & aux
Sculpteurs, qui pourront mouler telle partie du corps
humain qu'ils deſireront, pour leur ſervir d'exemple.

CHAPITRE XIX.

Pour figurer toutes ſortes de meubles & de bois.

CEla ſe peut faire avec de la nacre de perles,
vous caſſerez des coquilles & les taillerez ſui-

vant les figures que vous defirerez;& après avoir entaillé vôtre bois, vous les appliquerez; l'on peut
faire toute forte de fruits; vous trouverez en ces endroits les uns couleur de pourpre, & les autres bleus,
les autres verts, ou jaunes; tellement que voulant
faire une grappe de raifin, vous la ferez d'une nacre
couleur de pourpre; fi ce font des fruits, d'un jaune, fi des feuilles, vous les ferez d'une nacre verte; & percez chaque piece d'un petit foret, où vous
paſſerez un petit filet d'argent gros comme une épingle, afin de la mieux faire tenir; après prenez de
l'huile de lin, & de l'orcanette; frottez-en vôtre bois
& l'eſſuyez, puis le laiſſez fécher; & ne vous fervez point d'huile d'olive, car elle ne féche jamais;
vous le vernirez après d'un vernis ficcatif, ci-après
décrit: Si vous defirez vernir premier qu'huiler, l'on
peut faire des compartimens avec des filets qui paroîtront d'argent: après avoir entaillé vos deſſeins avec
de petites gouges bien tranchantes, vous aurez de
l'étain fondu, dans lequel vous mettrez autant de vif-
argent, puis le remuerez avec un bâton, & étant froid,
vous en mettrez dans la paume de la main: que s'il
eſt trop mou, vous y mettrez un peu plus d'etain, &
vous broyerez cette compofition fur le marbre avec
de l'eau, puis la mettrez dans une coquille: gardez
cette compofition pour en faire entrer dans les engravûres que vous aurez faites, tant qu'elles foient
pleines; puis après l'avoir laiſſé fécher deux ou trois
heures, vous polirez avec la main tant qu'il prenne
une poliſſure telle que l'argent, & vous aurez une
compofition d'étain & de mercure où il y aura moins
d'étain, dont vous prendrez avec le pouce pour frotter vôtre ouvrage, tant qu'il foit beau comme argent. Au lieu d'étain on peut mêler avec l'argent-vif
de l'argent en feuille, ce qui rend l'ouvrage plus beau
en le frottant. Cela fe pratique ordinairement fur les
bois colorez & noircis, puis polis avec la dent.

Si vous voulez avoir vôtre compofition plus belle;
broyez

broyez de l'étain de glace & le lavez tant qu'il rende l'eau nette : puis le gommez dans une coquille avec un pinceau, & en emplirez vos gravûres , & le laisserez sécher trois ou quatre heures, puis l'animerez avec vôtre composition de feuilles d'argent & de mercure.

CHAPITRE XX.

Pour faire des Bois de plusieurs couleurs.

Pour le Rouge.

PRenez du fernemboucq demi-livre , ou tel autre que vous voudrez, eau de pluie, une poignée de chaux vive, deux poignées de cendres, mettez le tout dans ladite eau , & la laissez tremper demi-heure, tant que le tout soit bien rassis ; puis prenez un pot neuf, où vous mettrez vôtre fernemboucq , avec la lexive de ladite chaux & cendres ; après avoir le tout trempé demi-heure , vous le ferez bouillir & le laisserez un peu refroidir, puis verserez dans un autre pot un vaisseau neuf, & y ajoûterez demi-once de gomme arabique : Prenez un autre vaisseau de terre & y mettez de l'eau de pluie, pour deux liards d'alun de glace , & ferez bouillir ce vaisseau ; trempez le bois dans ladite eau d'alun , puis le tirez & le laissez un peu sécher : alors vous ferez un peu chauffer vôtre rouge, & avec une brosse frotterez le bois autant qu'il vous plaira, puis le laisserez sécher : quand il sera sec , prenez une dent de vache, ou de chien , & en frottez le bois , qui deviendra luisant & rouge comme de l'écarlatte.

K 3

Autrement.

Prenez du brezil haché bien menu que vous ferez bouillir, & vôtre eau étant si bien teinte qu'elle soit agréable, passez la par un linge, & gardez qu'elle n'approche du fer ; puis vous donnerez une couche de jaune sur vôtre ouvrage, avec du saffran détrempé en eau ; & étant d'un jaune pâle, & de bois sec, vous donnerez plusieurs couches de vôtre eau de brezil tant que la couleur vous plaise ; étant sec vous le brunirez d'une dent, & vernirez de vernis siccatif avec la paume de la main, & vous aurez un rouge qui, à cause du jaune qui sera dessous, tirera sur l'orangé. Si vous voulez mettre sur vôtre brezil une cuillerée de lexive, le teint en sera plus brun, ou bien le faire bouillir avec eau de chaux raffise, ou avec un peu d'alun ; mais il faut que le bois soit jauni de saffran ; pour ces couleurs, plus le bois est blanc, plus le rouge est beau & clair.

Autre Rouge.

Faites tremper du brezil haché dans de l'huile de tartre, de laquelle rougissez vôtre bois à la façon ci-dessus.

Pour faire du Violet.

Prenez du tournesol d'Allemagne, de celui dont les Peintres se servent à peindre, & à détremper, que vous ferez tremper en eau, & le passerez par un linge ; & premier que de le coucher sur vôtre ouvrage, ayez un morceau de bois blanc, sur lequel donnez une couche dudit tournesol, afin de voir s'il n'est pas trop brun : il vaut mieux le coucher clair du commencement, que de le faire trop brun, même la couleur en tient mieux : ayant donc couché vôtre couleur, vous la laverez d'eau de tournesol ; c'est à dire, que vous mettrez davantage d'eau dans le teint

pour

pour laver vôtre ouvrage, lequel étant fec vous brunirez avec une dent, puis le vernirez, & aurez un beau violet; mais fouvenez-vous que cette couleur fe doit appliquer fur du bois blanc, autrement elle ne feroit pas belle.

Autre Violet.

Prenez de l'eau rouge dudit Fernemboucq, dans laquelle mettez un peu de couperofe : pour l'avoir bien brun, il en faut un peu davantage, & la faites tant foit peu bouillir, & mettez vôtre bois dans ladite eau d'alun, & le laiffez un peu fécher ; puis de cette compofition frotez trois ou quatre fois vôtre bois avec la broffe : étant fec, le frotez bien avec la dent, & il fera très-reluifant.

Couleur jaune.

Prenez du tournefol, que vous mettrez tremper dans un pot d'eau; puis prenez de la fleur, que vous broyerez fur le marbre avec ladite eau de tournefol, & la mettez dans un vaiffeau, avec un peu de colle claire & le faites chauffer fur le feu le laiffant fondre : Quand il fera fondu, prenez un pinceau & en frotez vôtre bois, étant fec vous le polirez avec la dent.

Pour le vert.

Prenez du vert d'Efpagne broyé en poudre avec du fort vinaigre, y mettant deux onces de vitriol, faites tremper vôtre vert dedans ; s'il n'eft affez vert laiffez-l'y davantage, & procedez comme ci-deffus.

Pour faire le blanc poli.

Prenez de la fine craye d'Angleterre, que vous broyerez fubtilement fur le marbre, & la laifferez un peu fécher, puis en prendrez ce qu'il vous plaira, & la mettrez dans un petit vaiffeau de terre, avec de la colle bien claire fur le feu, prenant garde qu'el-

K 4

le

le ne devienne rouffe : Etant un peu chaude , collez-
en vôtre bois , & le laiffez un peu fécher , puis mettez vôtre blanc deffus avec un pinceau , une charge
ou deux : Etant bien fec , prenez de la preffe & le
frotez gentillement : Quand il fera bien fec & net ,
vous le polirez avec la dent.

Pour faire une couleur qui tire fur le pourpre.

Ayant vôtre tournefol détrempé comme ci-deffus ,
ajoûtez-y du teint de brezil , qui ait bouilli avec eau
de chaux , & que vous appliquerez comme les autres , toutes les couleurs doivent être vernies , tant
pour embellir le bois , que pour conferver la couleur.

Pour contrefaire le bois marqueté.

Ayez un jaune d'œuf , que vous battrez avec de
l'eau jufqu'à ce qu'on en puiffe écrire ; puis prenez
dudit jaune avec une plume taillée , ou un pinceau ,
& faites des veines telles que vous voudrez fur le
bois qui ne doit pas être huilé ; & étant fec de deux
heures , prenez de la chaux éteinte avec de l'urine ,
mêlez-les bien enfemble en forme de boué , & couchez avec une broffe fur vôtre ouvrage , lequel vous
froterez étant fec , avec une broffe de foye de porc ,
courte comme des décrotoires , afin de faire tout partir avec le jaune d'œuf : puis le frotez d'une piece de
toile neuve , & le bruniffez ; étant brun le vernirez ,
& aurez un bois marbré bien agréable.

Pour faire des Vafes en façon de Porcelaïne.

Il faut que les vafes foient tournez comme les naturels : il n'importe pas de quel bois , excepté le hê-
tre , parce qu'il fe tourmente & fe déjette ; Il le faut
premierement encoller , & le blanchir bien uniment ,
jufqu'à trois ou quatre fois , puis le bien endurcir avec
le linge mouillé , enfuite avec la preffe , puis y mettre deux couches de blanc de ceruze l'une après l'autre ,

tre, délayées avec de l'huile de terebentine & du vernis blanc fur la palete avec un couteau, y mêlant tant foit peu d'émail, afin de faire feulement la couleur un peu bleuître : Pour le blanc de ceruze ou de plomb, il le faut bien broyer fur la pierre le plus fin qu'il fe pourra avec de l'eau pure, & le laiffer fécher, puis en ayant affaire en prendre un peu fur la palete. Cette derniere couche de blanc étant bien féche, vous deffinerez vos figures deffus, telles que vous voudrez, avec de l'émail très-fin délayé fur la palete avec de l'huile de terebentine ; puis en l'appliquant fur les pots, tremperez le bout du pinceau dans du vernis, pour le mêler avec l'émail : il faut prendre garde que mêlant l'émail avec le vernis, il deviendroit dur comme la roche, & ne pourroit s'appliquer qu'à peine ; il n'en faut prendre qu'au bout du pinceau à mefure que l'on travaille, & l'appliquer affez clair ; puis une feconde fois aux endroits où il faut les figures ombrées, & un peu plus épais : étant fec, fi les figures n'étoient à leur perfection faut y retoucher un peu.

Autre façon de bois marqueté.

Prenez du blanc de plomb, & craie broyée fur le marbre avec de l'eau, & le mettez dans un godet, & le détremperez dérechef avec du jaune d'œuf batu & mêlé avec autant d'eau ; puis avec un gros pinceau couchez ce blanc, & étant fec, vous lui donnerez encore une couche, & le laifferez encore fécher ; puis avec une pointe de corne de Cerf vous découvrirez le vernis fur le blanc, & l'arroferez de chaux détrempée en urine. Le bois violet dont les Teinturiers teignent, devient noir comme ébéne, l'arrofant de cette eau de chaux, & le bois de prunier, cérifier, rougiffent d'un rouge brun : celui de poirier & cormier rougiffent un peu, le bois de noyer noircit ; y mêlant de la noix de gale en poudre avec la chaux d'urine.

Un crayon de fuif de mouton pour frotter vos ou-

 vra-

vrages, au lieu de jaunes d'œufs, & faire comme ci-dessus; il est excellent, pourvû que ce soit du mérisier prunier, ou bois déja noir.

Pour contrefaire le bois d'Ebéne.

Il faut du bois solide & sans veines, comme le poirier, pommier, cormier, lesquels il faut noircir, & quand ils seront bien noirs, les froter avec un morceau de drap; puis ayez une petite brosse de jonc liée fort proche du bout, & de la cire fonduë dans un pot avec un peu de noir à noircir, & étant bien mélé, trempez le bout de vôtre brosse dans cette cire & la secouez, puis brossez vôtre bois noirci jusqu'à ce qu'il reluise comme ébéne, & le frotez avec un drap, & la cire noire : Mais il faut que le bois soit bien poli, & dûement pressé.

Pour contrefaire le bois d'ébéne, le houx est le plus propre, dont vous ferez vos ouvrages, que vous mettrez dans la cuve des Chapeliers où ils teignent leurs chapeaux, tant que vôtre ouvrage soit bien pénétré de noir, ce que vous connoîtrez le coupant en un coin : S'il est pénétré l'épaisseur d'un sol, c'est assez, vous le retirerez & laisserez sécher à l'ombre, parce qu'il sera abreuvé d'eau, puis le polissez avec un fer pour racler l'ordure de la teinture; puis avec de la presse, & de la poudre de charbon, & huile d'olive comme l'ébéne, le bois de Tunis, quoi que tendre, se polit & noircit facilement, & se brunit bien avec la dent de Loup, & se taille mieux que l'ébéne qui est trop cassant.

Pour faire le noir poli.

Prenez du noir de lampe que vous broyerez sur le marbre avec de l'eau gommée : Quand il sera bien broyé, le mettrez dans un vaisseau de terre; puis avec un pinceau couchez sur le bois; étant sec le polissez avec la dent, & il sera beau.

Autre

Autrement.

Mettez de la bonne encre avec de petits morceaux de fer bien rouillez, que vous laiſſerez tremper quelques jours, puis en froterez vôtre bois, & il ſera beau & bien pénétré, & le polirez avec la dent.

Pour faire du bois de couleur d'argent.

Prenez de l'étain de glace & le broyez dans un mortier tant qu'il ſoit réduit en poudre; puis y ajoûtez de l'eau claire, avec laquelle vous le broyerez derechef, de ſorte qu'il ſoit réduit en peinture, & le mettez dans un vaiſſeau de terre, le lavant deux ou trois fois tant qu'il ſoit bien net, y ajoûtant auſſi gros que le pouce de colle, le faiſant chauffer ſur le feu, puis l'appliquez ſur vôtre bois avec un pinceau; étant ſec le polir avec la dent.

Pour faire en or, argent, ou cuivre rouge.

Prenez du criſtal de roche briſé dans un mortier; Etant délié le broyer ſur le marbre avec eau claire; puis le mettre dans un petit pot neuf, le faire chauffer y ajoûtant un peu de colle, & coucher comme ci-devant, & quand il ſera ſec le froter avec une piece d'or, d'argent, ou de cuivre, & il ſera de la couleur, puis le polir.

Pour appliquer l'or & l'argent moulu ſur le bois.

Le bois noir & teint en noir y eſt le plus propre, un peu de gomme adragante ſur beaucoup d'eau, dans laquelle détrempez vôtre or ou argent, & de cette eau un peu claire couchez-en avec un pinceau un peu au lieu où eſt le jour de vos ouvrages, ſans toucher à vos ombres, pour lui donner des ombrages.

Prenez un peu d'inde broyé avec un peu d'eau

de gomme Arabique, souvenez-vous que l'eau gommée doit être fort foible; autrement elle terniroit vos
ouvrages: vernissez en suite de vernis siccatif fait d'huile d'aspic & saudaran; s'il est trop épais, mettez-y
un peu d'huile, & qu'en le faisant il ne bouille pas
plus que pour le souffrir sur la main.

Autrement.

Prenez du bois blanc comme de l'érable, tremble,
ou peuplier; faites tremper & bouillir de la graine
d'Avignon dans de l'eau d'alun & donnez une couche de cette eau assez claire, laquelle étant seche vous
portrairez ce que vous voudrez avec un crayon, puis
après vous le tirerez avec une plume avec de l'eau
ou aura bouilli de la suye; cela fait, faites de l'eau de
la graine d'Avignon plus forte que la premiere, y
mettant un peu d'alun premier que de la faire bouillir; pour les lieux les plus ombragez, vous-vous servirez d'eau de suye; vôtre ouvrage étant sec, vous
le frotterez d'un linge assez fort, tant que le bois
commence à se polir; puis prenez une feuille de papier que vous coucherez sur vôtre tableau, & avec
une dent de Loup, ou de sanglier, vous polirez sur
le papier, afin de polir ce que l'eau auroit ôté de
polissure à vôtre tableau : l'ayant mouillé d'eau de
la graine d'Avignon, & d'eau bouillie, vous lui donnerez une couche de l'eau de raclure de parchemin
figée & partie avec la main : Toutefois s'il y a de
l'alun assez avec la graine, le bois ne boira pas tant :
pour empêcher qu'il ne boive, vous le pourrez encoller après la premiere couche de graine d'Avignon : Les tableaux sembleront d'or moulu renforcez de brun.

Pour l'argent.

Encollez premierement vôtre bois de colle de parchemin figée; étant sec le portrayez comme a été dit
ci dessus; puis l'ombragez & tirez au net avec de

l'eau

l'eau de fuye, & le rehauffez avec de l'argent comme a été dit au Chapitre des couches d'or ; puis verniffez vôtre ouvrage : Cela fe peut appliquer fur toutes fortes de chofes fans les endommager, d'autant
qu'elles ne portent point de corps.

Couleur rouge en bois.

Prenez de l'orcanette que vous mettrez en poudre,
& mêlerez avec l'huile de noix, que vous ferez un
peu tiedir, & en frotterez le bois.

Couleur jaune.

Prenez de la terre merita broyée & bouillie en eau,
dans laquelle vous ferez bouillir le bois.

Couleur violette.

Prenez quatre onces de bois de brefil, & demi-
livre de bois d'inde, que vous ferez bouillir enfemble dans deux pintes d'eau, & ferez bouillir le bois
dans cette eau.

Jaune plus excellent que les precedens.

Prenez quatre onces de graine d'Avignon, que
vous ferez bouillir dans une pinte d'eau l'efpace de
demi-heure, avec autant gros comme une noifette
d'alun de roche, & puis vous ferez comme ci-deffus.

Excellent bleu.

Prenez quatre onces de tournefol, que vous mettrez en trois chopines d'eau éteinte en chaux-vive,
& ferez bouillir une heure durant, & en peignez le
bois.

Bronze en couleur d'or.

Prenez de la Gomme élemi douze dragmes, que

K 7

vous

vous ferez fondre, puis une once de mercure crud, sel ammoniac deux onces, & mettrez le tout dans une fiole de verre, laquelle vous poserez dans un pot plein de cendres; luttez la fiole avec du bol & des blancs d'œufs; faites fondre le tout, & étant fondu ajoûtez-y de l'orpimant & du latton en limaille à discrétion, & le tout étant bien mêlé ensemble, appliquez avec le pinceau sur ce que vous voudrez bronzer.

CHAPITRE XXI.

Pour tourner sept ou huit boules separées, sans sortir du globe où elles auront été tournées.

IL faut tourner une boule de quelque matiere que ce soit entre deux pointes, puis la tourner encore en l'air dans un mandrin creux, & la tourner par quatre fois, & que ledit mandrin soit de charme ou de cormier; puis prendre la grosseur de cette boule déja tournée avec le compas de creux, & décrire ladite grosseur sur une carte ou ardoise, & tirer la circonférence de la grosseur.

Puis faire une autre circonférence de l'épaisseur d'un teston, laquelle circonférence sera portée sur la boule déja décrite à commencer d'un petit point à discrétion sur la boule; puis départir cette seconde circonférence en cinq parties égales, lesquelles seront posées sur ladite circonférence, & à chacun desdits cinq points sera posée la pointe du compas, & de l'autre pointe sera faite une petite circonférence éloignée du milieu des deux points, de l'épaisseur d'un teston ou à discretion, afin que les circonférences ne se rencontrent.

Puis au premier centre sera décrit un petit & pareil cercle que les autres cinq, décrits sur ladite circonconférence, qui feront la moitié de la boule fix parties égales pour venir à douze.

Puis pour trouver la circonférence de l'autre moitié de ladite boule, il faut prendre un compas rond entre les pointes dudit compas tortu.

Cela fait, dudit centre tourné, comme dit eft, fera porté fur ladite boule la fufdite circonférence, & elle partagée en cinq parties égales, comme l'autre; & pour le faire également, fera pofé le compas au centre des premieres circonférences, & faire courir l'autre pointe dudit compas fur ladite feconde circonférence; de forte qu'elle faffe fur elle, entre deux, chacune des autres petites circonférences que l'on fera à l'autre moitié de ladite boule, égales aux premieres; & étant ladite boule ainfi partagée également en douze, & que chaque centre fe rencontre, faut faire ce qui s'enfuit.

Il faut mettre la boule ainfi partagée en douze dans la demi-brêtre d'un mandrin creux; & afin qu'il tienne, il faut premierement faire ledit creux de mandrin de la grandeur de la premiere circonférence & du rond de ladite boule, & l'emboîter fermement : & pour le faire bien tenir, il faut frotter de craye ledit creux de mandrin, puis le bien dreffer pour creufer la premiere marque de boule, & lors avoir un grain d'orge de la grandeur de la premiere marque de boule, & approfondir le creux tant qu'il foit au milieu du fond de ladite boule, & que ledit grain d'orge ne foit pas fi grand qu'il furpaffe la groffeur defdites boules pour les couper toutes enfemble. Il faut donc creufer toutes ces douze boules dans les marques de leurs cercles & circonférences, en les changeant dans le mandrin, il faut également faire un petit fer pour creufer lefdites boules & les couper les unes dans les autres, & fe fouvenir de fuivre fon triangle droit, autrement l'on couperoit toutes les autres boules.

Pour

Pour faire une tournée courbe.

Prenez du bois d'érable vert tout à droit, trempé par six jours ; puis mis au feu à vôtre plaisir, & vous verrez l'effet de la belle médecine & promptement.

Pour faire paroître des lettres élevées sur du bois.

Il faut enfoncer les lettres avec le poinçon, puis ramenuiser le bois sur le tour, tant que l'enfonçûre ne paroisse plus ; puis tremper la piece dans l'eau chaude, & laisser sécher, puis la polir avec la presse, & les lettres paroîtront élevées en bosse sur la piece, ou autres figures.

CHAPITRE XXII.

Moyen d'Etoffer le bois, les pierres, ou la terre recuite, ou le carton ; Coucher l'or ou argent bruni, ou à l'huile, & toutes les autres couleurs soit de bronze, ou autres choses propres à étoffer, peindre & vernir des planchers de diverses sortes.

Pour l'or bruni.

Faites de la colle de cuir blanc, de rognûres de gands, que vous laverez & ferez bouillir jusqu'à ce qu'elle se fige assez fortement, puis la passez par un linge ; prenez de cette colle, & y mettez la troisiéme partie d'eau, puis la faites bouillir sur

le

le feu, & avec une broſſe couchez vôtre bois avec la colle toute bouillante , & que le bois ſoit bien net dont vous lui donnerez trois couches l'une après l'autre ſéchées conſecutivement , puis une de colle ſeule, ſans y mettre d'eau, & que la colle ſeule ſoit bouillante , & la laiſſez ſécher.

Puis après prenez de la craye en pain, que vous broyerez avec de l'eau claire aſſez épaiſſe en telle quantité que vous voudrez ; puis prenez de vôtre colle, dans laquelle vous jetterez vôtre blanc en remuant toûjours avec un bàton, ne la faiſant ni trop claire ni trop épaiſſe.   Quand vôtre blanc mêlé avec la colle ſeront froids , que vôtre blanc ne ſoit ni trop fort , ni trop foible , car tout s'écailleroit en bruniſſant ; c'eſt à quoi il faut particulierement prendre garde de bien accommoder le blanc : Ayant donc vôtre blanc ainſi préparé , prenez-en un peu dans un petit pot, dans lequel vous verſerez de la colle foible , & le chaufferez un peu ſur le feu , qu'il ſoit preſque auſſi clair que la colle : de ce blanc vous donnerez une couche ou deux à vôtre ouvrage , le laiſſant ſécher l'un après l'autre ; après vous donnerez une couche de vôtre blanc un peu plus épais, prenant garde qu'il ne ſoit trop chaud , parce qu'il s'y feroit des trous : mais ſeulement qu'il ſoit fondu, le couchant toûjours fort doucement ; frappez du bout de la broſſe ſur le blanc, pour étouper les trous s'il s'y en faiſoit ; vous continuerez à lui donner juſqu'à ſept ou huit couches : Mais donnez-vous de garde que le blanc ne ſoit trop épais ; car ſi vous vouliez dorer de l'ouvrage en boſſe , le blanc cacheroit les traits de vôtre figure : Ceci dépend du jugement.

Vôtre ouvrage étant ſec , vous le reparerez avec de la péau de chien de mer , ou quelque rappe qui ne ſoit pas trop dure ; puis avec de la preſſe , avec un linge fin mouillé en eau claire, frottez-en vôtre ouvrage , puis le laiſſez ſécher, & remarquez , que

plus

plus vôtre blanc sera uni & pressé, sans fosses ni buttes, plus vôtre or sera beau; car s'il y a quelque petite défectuosité sur le blanc, étant dorée, elle sera bien grande.

L'assiette pour asseoir l'or.

Prenez de la sanguine, que vous choisirez de la plus rouge, & qui prendra le plus à la langue, vous la broyerez sur le marbre avec de l'eau claire; étant bien broyée, ayez sur la quantité d'un crayon de sanguine, de la longueur & grosseur d'un doigt, la moitié ou environ d'un jaune-d'œuf, que vous broyerez avec vôtre sanguine; laquelle étant broyée vous y mettrez la grosseur d'un gros pois de savon blanc, que vous broyerez ensemble, puis mettrez vôtre couleur dans un vaisseau de terre, & y mettrez de l'eau à suffisance: que vôtre couleur soit comme lait un peu caillé, parce que la couleur desire être couchée un peu claire sur vôtre ouvrage, couvrez vôtre vaisseau, de peur de poudre.

Pour coucher ladite assiette.

Avant que de vous servir de cette assiette, il faut en faire les essais sur un ais que vous aurez exprès couvert de blanc, ayant couché vôtre assiette, & étant séchée vous la frotterez avec un linge; si en frottant, vôtre linge se teint de la couleur, & qu'il ne demeure que la fleur de la couleur sur vôtre assiette elle sera bonne: mais si vous voyez qu'elle ne tache point le linge, il faudra mettre de l'eau davantage, parce qu'il y auroit trop de jaune-d'œuf: si en frottant elle s'efface du tout, & qu'il ne demeure du rouge sur vôtre blanc, vous prendrez un peu de vôtre couleur que vous broyerez avec encore un peu de jaune-d'œuf; puis vous mettrez cette couleur avec l'autre, & mêlerez bien le tout ensemble avec un bâton, puis refaire vôtre essai; & ayant trouvé qu'il

ne

ne foit trop fort ni trop foible, le laiffer fécher jufqu'à ce qu'il puiffe endurer le bruni : laiffez repofer
vôtre ouvrage un jour & une nuit; puis quand vous
voudrez appliquer l'or deffus , il faut avec un gros
pinceau mouiller l'endroit auparavant ; puis après
faire paffer une goûte d'eau à difcretion entre la
feuille d'or & l'affiette, en penchant un peu l'ouvrage, afin que l'eau coule : vôtre or étant couché vous
le laifferez fécher , puis vous brunirez un petit coin
pour voir s'il eft affez fec; & s'il fe brunit fans s'é-
corcher , il fera bon à travailler , & étant bruni , .
frottez-le d'un linge, & s'il ne tient, mettez plein
la coquille d'une noix de colle de parchemin fur un
verre d'eau écrite, dont vous aurez couché vôtre or,
vous la chaufferez & mouillerez avec un bâton, &
de cette eau , vous coucherez vôtre or ; obfervant
ce que deffus , & vous donnez de garde que vôtre
ouvrage ne foit touché de linge gras, & que vos
mains ne foient graffes , même n'y toucher que le
moins que vous pourrez , vous fouvenant de faire
couler de l'eau à mefure que vous traivaillerez. Vôtre ouvrage étant fec , vous pafferez deffus l'empanon d'une plume , pour voir fi l'or fera bien pris
deffus l'affiette ; & s'il y a quelque endroit où il ne
foit pris , vous y en mettrez, mouillant la place où
vous l'appliquerez : ayant bruni vôtre or fur l'ouvrage, fi vous le defirez encore plus beau, vous lui
donnerez encore une couche, couchant l'eau legerement avec un pinceau fur l'or , fans faire côuler
l'eau ; étant fec le brunir.

Autre maniere d'affife plus facile.

Prenez de l'ocre jaune de Berry , qui ne foit ni
pierreufe , ni fablonneufe, vous l'envelopperez dans
un linge que vous lierez d'un fil, puis la mettre recuire dans la braife & cendre rouge, jufqu'à ce qu'elle ait changé fa couleur jaune en rouge, & penetré

de

de part en part, prenant garde de ne lui donner le feu trop âpre La veritable ocre de Berry ne noircit point au feu , ou bien faites la recuire dans un pot de terre bien lutté ; broyez-la puis après parfaitement ; rendez-la de l'épaiſſeur comme ſi vous vouliez peindre : ſi cette aſſiette a peine de brunir ; ſur la groſſeur d'une boule à jouër de vôtre ocre, ajoûtez plein une coquille de moule de jaune-d'œuf, ſept ou huit filets de ſaffran , & gros comme un pois de ſavon blanc.

La même choſe s'obſerve pour l'argent, hormis que l'eau avec laquelle vous l'appliquerez doit être un peu plus forte de colle , parce que l'argent eſt plus fort que l'or.

Pour dorer une figure de ronde-boſſe , que les traits & linéamens ne s'en perdent point.

Ayant encollé de colle bouillante vôtre figure, comme j'ai dit, vous lui donnerez trois ou quatre couches de blanc bien uniment ; puis étant ſec, vous le pêtrirez & y coucherez l'aſſiette . comme a été dit ; ladite aſſiette étant ſéche & brunie, prenez de l'or moulu en coquille, couvrez vôtre figure tant qu'elle ſoit couverte : il faut que vôtre or moulu ſoit détrempé en eau peu gommée, & que ſur un verre plein d'eau il n'y ait que la groſſeur d'une féve de gomme adragante, ou Arabique ; puis vôtre ouvrage étant ſec, vous le brunirez avec la dent de loup : Le même ſe fait avec l'argent moulu , remarquez qu'il ne faut qu'une couche de blanc pour l'or & l'argent moulu.

Pour argenter avec étain de glace.

L'étain de glace broyé ſur le marbre , puis lavé juſqu'à tant qu'il jette l'eau toute claire , le coller avec la colle ci-deſſus preſcrite , & l'appliquer : & étant ſec le brunir : il ne faut que le coucher ſimplement

ment fur le blanc, fans y mettre d'affiette, & tous
vos ouvrages fembleront d'argent pur : il faut bien
laver l'étain, & le coller affez : il le faut coucher
qu'il ne foit ni trop clair ni trop épais. Il fera bon
de brunir le blanc avant que de coucher l'étain que
vous brunirez après, mettant une feuille de papier par deffus, bruniffant fur le papier; fi l'on avoit
fait quelque tache fur le champ, il la faudroit ratif-
fer avec un couteau, puis brunir tant le champ que
les feuillages, fi vous voulez reprefenter l'Yvoire,
mêlez-y un peu d'ocre jaune broyée avec le blanc.

Pour bronzer avec du cuivre.

Prenez de la limaille d'épingle que l'on met fur
l'écriture, vous la broyerez, & étant bien broyée,
vous la laverez jufqu'à ce qu'elle rende l'eau toute
claire, vous la collerez comme il a été dit de l'é-
tain de glace; puis la coucherez avec un pinceau foit
fur le blanc ou fur l'affiette, puis bruniffez : on peut
faire le même de l'antimoine.

Autre maniere d'argenter les figures.

Prenez de l'argent en écume que les laveures ont
feparé de l'or, lavant les laveures des Orphévres :
vous broyerez cet argent, & le gommerez un peu,
& en coucherez vôtre figure, & bruniffez comme a
été dit, & vous verrez une figure de ronde-boffe
bien argentée, étant couchée fur le blanc, & affife
comme on couche l'or bruni, qui eft chofe très-belle & qui paroît d'argent maffif.

Pour broyer l'or à coucher fur les figures de boffe.

Prenez une piece d'or que vous reduirez en limaille, puis vous broyerez fur le porphyre; étant parfaitement broyée, vous la laverez dans une coquille
jufqu'à ce qu'elle rende l'eau claire ; puis la collez

&

& gommez, & l'appliquez fur l'affiete comme on fait l'or bruni.

Vous pouvez par une autre maniere faire fondre de l'or avec du vif-argent, puis étant fondu faire rougir un peu l'or afin d'évaporer le vif-argent; puis vôtre or étant froid, le piler dans un mortier, puis le broyer & le coucher fur l'affiette comme l'or brunî, puis le brunir.

Pour le Bronze.

Vôtre figure étant blanchie & preffée, vous broyerez du criftal, & de la pierre de touche, avec de l'eau; puis étant broyé, vous le collerez & en donnerez une couche à vôtre ouvrage : étant fec, au lieu de bruniffoir, prenez du métail dont vous voudrez faire la figure, & l'en frotez; c'eft une invention qui eft affez belle.

CHAPITRE XXIII.

Pour découvrir l'or avec une pointe d'Yvoire, ou de bréfil, qui eft un fecret autant ou plus beau que les Ouvrages dorez de la Chine, feulement pour l'or.

APrès avoir bien bruni vôtre or & fans faute, prenez du noir à noircir, que vous broyerez avec de l'huile de lin, ou de noix, & mettrez autant de terre d'ombre, que de noir, pour le faire fécher; puis mettez autant ou plus d'huile d'afpic, que de lin : Ceci dépend d'en faire un effai fur quelque bois, où vous aurez couché une feuille d'or bien brunie, vous coucherez de vôtre noir fur ladite affiete le plus nettement que vous pourrez & le plus uniment : étant fec d'une journée plus ou moins, fuivant le temps; s'il eft bien fec il ne noircira point : Prenez

une

une pointe d'Yvoire, ou de corne, ou de bois bien
pointué, dont vous froterez la pointe ſur du verre,
pour en ôter ce qui pourroit égratigner l'or & le
blanc, étant trop aiguë; vous figurerez ce qu'il vous
plaira avec ladite pointe, en découvrant l'or; ſi vôtre or ſe découvre bien net & luiſant, & que le noir
ne ſoit point baveux par les bords des traits que vous
découvrirez, vôtre noir ſera aſſez ſec : Mais ſi l'or,
en découvrant le noir, paroît terni, l'ouvrage n'eſt
pas aſſez ſec ; que ſi le noir donne de la peine à découvrir, & qu'il ne ſe découvre pas facilement avec
une plume à écrire, taillée ſans être fendue, de laquelle on hache en découvrant le noir plus facilement qu'on ne feroit avec de l'encre ſur le papier:
Que ſi vôtre noir ne ſe découvre, comme j'ai dit,
il faudroit mettre encore de l'huile d'aſpic parmi,
juſqu'à ce qu'il ſe découvre facilement & bien net &
luiſant: Vous pouvez donc très-aiſément tirer des
filets plus déliez que des cheveux; vôtre noir étant
ainſi fait, vous coucherez vôtre ouvrage doré d'or
bruni tout à plat, d'un pinceau bien doux; puis avec
l'empanon d'une plume de la queuë d'un coq d'inde,
vous empâterez vôtre noir le plus uni que vous pourrez, ſans y laiſſer des endroits plus épais les uns que
les autres, & qu'il n'y ait point d'ordure, & le laiſſez en lieu où l'ordure ne s'y puiſſe point attacher.
Etant vôtre ouvrage ſec, comme il a été dit, ayant
un portrait de la grandeur de vôtre ouvrage, étant
marquée, vous ſuivrez les traits avec la pointe & découvrirez l'or.

Que s'il y a des figures, ou des oiſeaux, des beſtio-
les, ou autres portraitures, vous rechercherez le
haut au jour, que vous découvrirez par hachûre, ſoit
d'une plume, ou de la pointe d'une épingle qui ne
ſoit trop aiguë, tant que vôtre ouvrage paroiſſe : Que
ſi d'abord il vous arrive que vous ayez fait quelque
faute à vos figures, vous y pouvez remedier, en y
mettant du noir, & les laiſſant ſécher. Que ſi la maniere

niere ne vous eſt utile de découvrir le jour au rehaut
ſur les figures, & que l'ombre vous ſoit plus facile,
vous découvrirez les figures, ſoit oiſeaux, ou beſtio-
les, fruits, ou autres portraitures, dont vous découvrirez l'or avec une pointe de bois mou, afin
qu'il n'écorche l'or que vous découvrirez tout à plat,
vous ombragerez les lieux requis, comme les yeux,
le nez, la bouche, le poil, & ce que vous jugerez
devoir être fait, laiſſant ſécher le noir ombragé ſur
vôtre figure comme a été dit qu'il découvre net;
alors vous le hacherez avec la pointe, dont vous découvrirez derechef l'or auprès des ombrages de vos
figures, comme rehauſſant quelque trait ſur le poil
ou drapperie, comme celui qui fait la portraiture le
peut juger: & afin de ſavoir quand le noir, dont
vous aurez ombragé, ſera aſſez ſec pour le découvrir, vous prendrez du même noir, dont vous coucherez au même temps pour faire vôtre eſſai, de
peur de gâter l'ouvrage: Etant fini & parfait, vous
le laiſſerez ſécher trois ou quatre jours, puis vous le
vernirez de vernis ſiccatif, qui ne ſoit pas trop épais;
étant bien ſec, vous lui donnerez une ſeconde couche, ſi vous voyez qu'il en ſoit beſoin; mais quand
vous coucherez vôtre noir, n'en couchez qu'une piece à la fois, ſi ainſi étoit que vous en euſſiez pluſieurs pieces à découvrir, d'autant que ſi le noir étoit
ſec, il vous feroit de la peine à découvrir: Et vous
gardez bien quand vous donnerez la premiere couche de vernis, de l'epartir doucement, de crainte
qu'il n'éface vôtre ouvrage: La ſeconde couche ſera
aiſée à coucher.

Autre maniere plus facile.

Ayant vôtre ouvrage doré d'or bruni, ou d'argent, il n'importe, l'un ſe fait comme l'autre; prenez du noir à noircir, avec un peu de terre-d'ombre
que vous broyerez bien enſemble, avec de l'eau, le
plus parfaitement que vous pourrez; mais n'y met-

tez

tez pas tant de terre-d'ombre que vôtre noir perde
fa couleur; vôtre noir broyé, vous mettrez fur une
bonne coquille de noir, plein une écaille de moule
de jaune d'œuf, que vous broyerez avec vôtre noir,
puis en coucherez vôtre ouvrage à plat, bien uniment, foit avec un gros pinceau, ou avec une broffe bien douce : Etant vôtre noir bien fec, vous lui
en pourrez donner une deuxiéme couche, fi vous
voyez qu'il en foit befoin; puis étant fec, avec la
pointe découvrirez vôtre ouvrage. Que fi vous voyez
que le noir ne fe découvre pas aifément c'eft qu'il y
auroit trop peu de jaune-d'œuf: De même s'il ne fe
découvroit bien net, & que les traits fe fiffent trop
gros & baveux, il y auroit trop dudit jaune d'œuf;
cela fe doit faire par un effai. Cette façon de découvrir eft plus luifante que l'autre : Mais il fe faut donner
de garde en verniffant, d'écorcher la premiere couche, le vernir bien doucement d'un pinceau bien
doux, de peur que le vernis ne faffe fouiller de noir,
ce qui eft d'ouvrage doré : En couchant le vernis
pour la feconde couche, on le peut départir à loifir; que le vernis ne foit épais, & qu'il foit d'huile
d'afpic. Cette maniere de découvrir l'or, ne tient
pas tant que la premiere; elle eft auffi belle fans vernir, mais elle ne tient pas tant.

Autre maniere fur le même.

Après avoir fur vôtre ouvrage couché vôtre noir
broyé, comme il a été dit ci deffus, vous pouvez le faire d'huile de lin mêlée d'huile d'afpic en égales parts,
que vous coucherez avec un gros pinceau legerement; puis le laifferez fecher quatre ou cinq jours,
plus ou moins, felon que vous verrez que votre ouvrage fe decouvrira aifément, & reluifant. Cette
maniere donne tant de loifir que l'on veut pour découvrir l'or; fouvenez-vous de faire toûjours des ef-
fais avant que de travailler.

Pour découvrir sur l'azur.

Ayant vôtre ouvrage doré d'azur prenez de l'alun de roche, qui ne soit trop gros & qu'il soit beau ; vous le détremperez legerement sur le marbre avec un peu d'eau, & y mettez un jaune d'œuf selon que vous verrez être nécessaire ; vous détremperez vôtre azur avec eau & jaune d'œuf, avec la molete legerement sur le marbre, parce que l'azur ne se veut tourmenter, ni broyer, & cela lui fait perdre sa vive couleur ; alors vous en donnerez une couche sur vôtre ouvrage doré d'or bruni, comme il a été dit ; Etant sec, vous en donnerez une seconde, puis à l'instant vous prendrez du même azur du meilleur que vous pourrez trouver, que vous poudrerez legerement sur vôtre figure, mettant un papier dessous pour recevoir l'azur : Etant vôtre ouvrage sec, vous ferez tomber l'azur qui ne tient point, avec une plume, puis avec une pointe vous découvrirez l'or. Mais souvenez-vous de faire toûjours un essai premier que de coucher, soit sur le noir, ou sur l'azur, ou sur toute autre couleur.

Cette maniere est très-belle, & paroît agréable à l'œil ; d'y portraire des figures comme à la premiere, il ne se peut aisément qu'en tirant les traits avec un pinceau, avec l'inde broyé avec de l'eau, & un peu de jaune d'œuf, & hacher les ombres des figures comme qui portrairoit hachant avec la plume sur un papier, vous pouvez vernir vôtre ouvrage si vous voülez ; mais l'azur est plus beau sans vernir.

Pour le même sujet à découvrir sur le rouge.

Vous broyerez de bonne lague & glacerez avec de l'eau sur le marbre ; puis y mettrez selon la quantité de vôtre lague, du jaune d'œuf, comme il a été dit, en faisant un essai ; ayant parfaitement broyé vôtre lague, vous en coucherez à plat avec un gros pinceau :

ceau: Etant vôtre couleur féche, vous lui en donnerez une feconde, tant que vous verrez en être befoin: cette couleur défire plus de jaune d'œuf que le
noir; Ayant couché vôtre lague, vous portrairez
deffus avec la pointe en découvrant l'or; puis le vernirez affez épais, parce que le vernis pénétrant la
lague, la fait paroître comme fi elle étoit glacée fur
l'or, qui paroît d'une fort belle couleur, plus propre
à faire des morefques & des feuillages, que d'autres
figures.

Autre pour le vert.

Prenez du vert de gris broyé en eau, & y mettez
du jaune d'œuf; puis recouchez vôtre ouvrage, &
découvrez l'or avec la pointe, & verniffez affez épais,
parce que le vernis pénétrant le vert, il eft tranfparent,
mais ufez de vert calciné.

Sur une couleur brune.

Broyez de belle ocre de Berri jaune, avec de l'eau,
& jaune d'œuf, puis couchez vôtre ouvrage doré
d'or bruni, comme fi c'étoit la frife de l'encaftilleure d'un tableau: Etant fec vous découvrirez avec une
pointe les figures, ou grotefques, morefques &
feuillages que vous défirerez, puis verniffez comme
deffus. Cette invention eft très-belle faite nettement:
De toutes ces manieres il fe peut faire de petits tableaux, hiftoires, fables, emblêmes, & forme de
camayeux.

CHAPITRE XXIV.

Autre maniere pour enrichir des Vafes plats de bois,
& autres Ouvrages.

IL faut coucher le vafe ou ouvrage, de colle bouillante; puis coucher le blanc comme j'ai deja dit:

L 2

Pour l'or bruni, couchez l'affife fur le blanc, puis
bruniffez & broyez de l'inde, qui eft de celle qui
n'eft pas contrefaite, mais de la vraie, qu'on nomme
indigo; elle eft en morceaux, non en tablettes, & tire fur le violet: Broyez cette indigo avec de l'eau &
du jaune d'œuf, comme ci-deffus.; donnez une couche fort claire que l'on voye l'argent à travers, comme qui glaceroit quelque couleur fur l'or ou l'argent;
& étant fec, poncez avec un patron de papier blanchi de craie vôtre ouvrage que vous figurerez de
feuillages, & autres chofes; après contretirez de la
même inde les traits de vos figures le plus nettement
que vous pourrez; Car fi on vouloit portraire avec
une plume fur du papier, puis avec la même inde plus
claire l'ombrage des lieux néceffaires, puis appliquez
l'ombre le plus brun, comme les figures le requer-
ront, l'ouvrage ombragé, rehauffez-le avec une
pointe de bois, hachant les jours en découvrant la
pointe, ou d'une petite broffe courte en la même
maniere qu'on travaille fur le verre; puis vernir vôtre ouvrage qui paroîtra émaillé, l'inde étant tranf-
parente que l'on voye l'argent deffus, puis le rehaut
qui brille d'un bel eclat; on peut y appliquer en quelques endroits des filets à huile après l'avoir verni.

Autre fur le même, plus haut en couleur.

Au lieu d'inde, fi vous voulez faire tremper en eau
du tournefol d'Allemagne, dont les Peintres fe fervent, deux jours au plus, puis le paffer & preffer le
marc par un linge, & prendre de cette eau telle portion qu'il vous plaira, dans laquelle vous broyerez
comme deffus a été dit, & donnerez de cette eau une
couche fur vôtre ouvrage; puis avec du tournefol
que vous broyerez avec de l'eau de tournefol, vous
tirerez avec un pinceau tels traits que vous voudrez
portraire, que vous ombragerez & hacherez aux
lieux néceffaires, puis vous rechaufferez en découvrant

vrant l'argent, comme j'ai dit, tant que vôtre ouvrage vienne à perfection, puis le verniſſez.

Que ſi vous voulez mettre de l'eau où aura bouilli du Brezil, avec un peu d'eau de chaux mêlée avec
vôtre eau de tourneſol, vous aurez de la couleur de
pourpre : cette maniere ne dure pas tant que celle
qui eſt faite avec l'inde, parce que le tourneſol rougit à la longue & fait rougir l'argent avec le temps :
c'eſt pourquoi il faut donner une couche de glaire-
d'œuf battu ſur l'ouvrage portraite avec le tourneſol, premier que de le vernir.   Cette façon eſt belle
avec le tourneſol, mais elle eſt bien plus durable
avec l'inde.

CHAPITRE XXV.

Le Moyen d'enrichir des encaſtilleures de tableaux.

A Yant une encaſtilleure argentée d'argent bruni,
prenez de la colle de raclure de parchemin ;
ayant jetté le premier bouillon, jettez l'eau, puis y
en remettez d'autre, & la faites bouillir tant, qu'é-
tant froide elle fige comme gelée, vous la paſſerez
par un linge, puis étant raſſiſe, la paſſerez derechef ; puis de cette eau de colle en donnerez une
couche avec une broſſe douce ſur vôtre encaſtilleure
argentée ; que s'il n'y en a aſſez, vous en donnerez
deux, puis la vernirez, pour la conſerver, vous
pou ez mêler du lait avec de la colle, vous choiſi-
rez le plus propre ; Vous pouvez premier que de
vernir vôtre encaſtilleure, étant ſeulement collée, y
peindre, ſoit à huile ou à détrempe, des fleurs ou
des fruits, des feuillages ou des oiſeaux de couleur,
ſoit à détrempe ou à huile, que vous vernirez a près
les avoir encollez, s'ils ſont peints à détrempe.

L 3

Nota.

Nota. Qu'au lieu de lait que vous mêlez avec la colle, vous pouvez, si vous voulez, y mettre du savon d'alican dissous avec la colle.

Autre moyen d'enrichir une encaftilleure de feuillages verts.

Couchez la frise de vôtre encaftilleure avec de l'huile, & un peu d'orpin broyé avec de l'eau, qu'il tire fur le vert-brun, y mêlant l'écaille d'un moule plein de jaune-d'œuf, avec autant de vôtre couleur qu'il en faudroit pour remplir un godet ou une coupe à boire, ayant premierement couché vôtre blanc, vôtre encaftilleure pressée avec la presse, comme qui la voudroit dorer d'or bruni : vous mettrez de la colle à peindre parmi cette couleur autant qu'il en convient pour la faire tenir ; puis couchez de cette couleur brune vôtre encaftilleure par les frifes, refervant les moulures pour les dorer d'or bruni, que vous dorerez premier; ayant couché vôtre ouvrage, vous portrairez ou par un poncis, comme a été dit, ou autrement, tout ce qu'il vous plaira; puis avec de l'inde feule broyée avec de l'eau, un peu de colle & une goute de jaune-d'œuf, vous tirerez vos figures ou feuillages que vous ombragerez, puis les adourcirez en les ombrageant, & les rehaufferez de vert; à favoir, vous mettrez de l'orpin bien broyé avec le vert brun, dont vous aurez couché la premiere couche fur vôtre encaftilleure; puis rehauffez d'orpin feul broyé en eau & colle & une petite larme de jaune-d'œuf parmi vos couleurs, parce qu'il fe fécheroit en le bruniffant; car le jaune-d'œuf ne fert que pour le brunir plus aifement, chofes dont vous ferez un effai : Que fi vous defirez peindre les feuillages à huile, vous brunirez la premiere couche de vert-brun, puis après vous peindrez à huile vos feuillages avec de l'huile ficcative bouillie avec litarge d'or : Mais au lieu d'orpin, fi vous voulez, vous travaillerez avec le mafficot.

Au-

*Autre pour enrichir avec du jaune comme couleur
de bois.*

Ayant couché vôtre encastilleure de blanc, comme a été dit, prenez de l'ocre jaune de Berry que vous broyerez parfaitement avec de l'eau, & y mettez un peu de jaune d'œuf ; puis mettez de la colle avec vôtre couleur, le tout bien détrempé sur le marbre, vous en donnerez une couche sur vôtre encastilleure ; étant séche, vous portrairez & ombragerez avec un peu de sanguine broyée en eau, avec une goute ou deux de jaune-d'œuf ; puis mêlez de la colle pour faire tenir vôtre couleur, dont vous ombragerez ; & pour l'ombre, observez de prendre de la terre d'ombre, ou de la mousse, ou bien de l'eau de suye, puis rehauffez avec de l'ocre & de la craye mêlée ensemble, avec un peu de jaune-d'œuf, dont on fera un essai premier que de coucher les couleurs ; alors bruniffez d'une dent de loup vôtre ouvrage ; Si vous defirez le vernir, vous lui donnerez une couche de colle à peindre, premier que de coucher le vernis, & fi vous voulez vous peindrez vos figures & feuillages à huile, verniffant les figures fans vernir le champ.

*Autre maniere fur le noir qui découvre le blanc
avec un pinceau.*

Ayant vôtre encastilleure bien couchée de blanc, bien polie & preffée, prenez du noir à noircir que vous broyerez avec du jaune-d'œuf, dont vous ferez un essai à part, pour voir fi le noir figé brunira bien luifant ; Vous collerez vôtre noir autant qu'il le faut pour le faire tenir. De ce noir vous coucherez vôtre encastilleure, & étant bien couché & fec, vous brunirez avec la dent ; puis avec une regle, vous tirerez des filets avec un fer aigre par le bout & plat comme un petit cifeau, de la largeur que

L 4

vous

vous defirez vôtre filet, comme fi vous faifiez un fermoir à pointe d'une aléne. Et ce fer ainfi affilé, vous tirerez avec la régle des filets que vôtre fer découvrira fur le noir, que vous découvrirez juf-qu'au blanc : Que fi vous voulez, avec une pointe, découvrir des morefques que vous hacherez dans chaque feuille, comme auffi d'autres feuillages dont vous hacherez le rehaut, en découvrant le noir juf-qu'au blanc avec le fer ou la pointe, que vous affi-lerez fouvent, ou bien en ayez plufieurs ; ce fai-fant, vôtre ouvrage fera d'un beau noir, bien bruni ou poli comme marbre, dans lequel noir vous ver-ferez des feuilles & feuillages, qui fembleront être façon d'Yvoire ou corne de cerf affife dans le bois : fi vous avez de la peine à rechercher le jour plus que l'ombre fur les figures, après que tout vôtre trait aura été découvert de la pointe, ayez un fer, ou plufieurs, comme un ferme lettres, ou plus émouffé, felon que vous verrez qu'il fera propre : De ce fer affilé & bien aceré, vous raclerez vos fi-gures tant qu'il n'y paroiffe plus de noir, le plus uniment que vous pourrez ne pénétrant point plus avant que la fuperficie du blanc, c'eft à dire, lors que le noir fera découvert, & que la figure paroîtra bien blanche & unie, alors vous brunirez avec la dent ce que vous aurez découvert de blanc, puis avec un petit pinceau vous tirerez les traits, & ha-cherez l'ombrage comme fi c'étoit de la corne gra-vée ou taillée au burin.

Autre fur le même, pour faire fur un champ blanc decouvert, des filets, des feuillages, ou des figures avec du noir.

Vous coucherez avec de la colle bouillante vôtre encaftilleure, ou autre ouvrage, comme a été dit au paffage de coucher fur le blanc pour dorer d'or-bruni ; étant collé, ayez du noir à noircir bien broyé
en

en eau, puis le collez comme le blanc, & en donnez cinq ou six couches sur vôtre ouvrage, puis le
pressez; après ayez du même blanc, où vous broyerez parmi du jaune-d'œuf, tant que le blanc se puisse polir; de ce blanc vous en donnerez une couche
ou deux sur vôtre ouvrage ou encastilleure; étant
bien sec vous brunirez avec la dent vôtre blanc,
puis vous découvrirez avec le fer des filets, des feuillages ou des portraits tels qu'il vous plaira sur le
blanc, jusqu'à ce que vous ayez découvert le noir:
Les frises de vôtre encastilleure sembleront être d'Y-
voire, ou bien il paroîtra que le noir aura été taillé
au burin, ou des pieces rapportées d'ébéne sur l'Y-
voire; mais pour mieux ressembler l'Yvoire, vous
aurez un morceau tout poli, afin de faire l'essai
pour rapporter mieux sa couleur, d'autant que la
craye est plus blanche que l'Yvoire qui tire un peu
sur le jaune; ce que vous pouvez faire en mettant un
peu d'ocre jaune broyée avec de la craye, ou un
peu de massicot pâle, ou des os de piés de mouton brûlez & broyez.

Autre maniere qui paroît d'Emaux de Limoge.

Ayant couvert vôtre ouvrage de blanc sept ou huit
couches, & poli avec la presse, vous lui donnerez
une ou deux couches de noir à noircir broyé en eau,
& un peu de jaune-d'œuf broyé avec le noir, & bien
peu de saffran, le tout bien broyé ensemble, puis
mettre de la colle autant qu'il convient pour tenir,
& se garder d'en mettre trop, & en faire un essai
pour voir si le noir bruni est luisant comme marbre
poli, duquel ce noir ne differe nullement, pourvû
qu'on y mette du jaune-d'œuf justement ce qu'il en
faut; parce que s'il y en a trop, il ne polira pas si
luisant, & avec le temps il perdra sa polissure; Vôtre ouvrage bien couché, ainsi poli avec la dent de
travers & de long, vous portrairez telles figures qu'il

L 5

vous

vous plaira avec le poncet à poncer; cela fait, prenez vôtre noir avec un peu de blanc pour le rendre un peu gris , vous tirerez avec le pinceau le porfil ou les traits de vôtre ouvrage , ce qui fe doit faire pour empêcher que la couleur à huile ne fe fepare fur vôtre champ noir : après figurez avec du blanc de plomb à huile telle figure qu'il vous plaira; puis vous ombragerez, comme on a coûtume de travailler, de blanc & de noir le plus doucement & nettement que vous pourrez , mettant parmi vôtre noir de l'azur , ou finaple à huile , afin que l'ombrage tire un peu fur le bleu : Que vôtre blanc & noir foit broyé avec de l'huile ficcatre & un peu graffe , afin qu'elle ne s'emboive fur vôtre ouvrage , & qu'elle foit luifante comme fi elle étoit vernie : que fi vôtre blanc & noir ne reluifent affez ,. vous pouvez vernir avec du vernis ficcatif , que vous coucherez feulement fur les figures avec la pointe d'un pinceau : fi vous voulez par endroit y appliquer l'or moulu, vous le pouvez avec le pinceau , & gommez fort peu vôtre or pour le brunir après fi vous le voulez, parce que l'or en ces ouvrages ne s'applique pas par petits traits ,. fur le champ des petits feuillages , & prendre garde que fur les figures faites de blanc & noir , on n'applique l'or que lors que le blanc & le noir commencent à être féquens, à la façon de l'or-couleur ,. & il tiendra & prendra aifément : fi vous le couchez à temps, que vôtre blanc ne foit ni trop, ni trop peu fec; Vous ferez le femblable fur le vernis , s'il en eft befoin , & vôtre ouvrage ne differera des Emaux de Limoge , où dans le champ vous vous mirerez comme en marbre poli, chofe dont on. peut embellir un cabinet.

Autre pour faire figure d'or-moulu fur un fond noir.

Vous pouvez avec de l'or ou argent-moulu, faire des grotefques, feuillages , ou figures fur le bois.

ainfi

ainfi noirci, comme il a été dit ci-deffus, rehauf-
fant toûjours fon ouvrage, & l'ombrageant comme
j'ai enfeigné : En cette façon l'or fe peut brunir de
la dent de loup, principalement fi ce font des grotefques, & autres feuillages qui ne font fujets à être
ombragez : tellement qu'ayant couvert la frife d'un
encaftilleure de Tableau de blanc & noir bien bruni,
y portraire des morefques d'or ou d'argent moulu,
l'or affez épais, puis le brunir de la dent de loup;
vous verrez un ouvrage bien agréable, fi vous travaillez nettement.

*Autre Maniere de coucher l'or à huile fur des encaftil-
leures noircies où l'or paroît très-beau, & le
noir fort luifant fans être verni.*

Vôtre ouvrage couché de blanc, noirci & bruni
comme il a été dit, vous prendrez de l'or-couleur
dont vous coucherez avec un pinceau ce que vous
defirez dorer, le pinceau étant fort long & délié;
avec vôtre or-couleur lacrez ce que vous defirez,
foit le porfil d'une feuille que vous hacherez avec
le pinceau, fi vous le defirez ; étant féche comme
il faut, vous appliquerez vôtre or, & le coucherez
le plus uniment que vous pourrez ; puis avec une
plume vous ferez tomber l'or qui ne tiendra point.
Par ce moyen vous aurez des feuillages, ou morefques parfaitement nettes, d'autant que l'or ne s'attachera pas au fond qui aura été bruni : mais il faut
que l'or-couleur foit bon, autrement vous n'y pa-
viendrez pas : Que fi vous voulez repréfenter des
oifeaux, ou des figures, vous les pouvez coucher
avec le pinceau; puis étant dorez, les portraire avec
le pinceau de noir à huile, & hacher les ombrages
avec le pinceau le plus nettement que vous pourrez.
Il fe fait des encaftilleures de cette façon hachees,
qui paroiffent être de cuivre doré taillé au burin;
mais hachez les ombrages fur les figures.

L 6

Pour faire des encaſtilleures, dont les friſes ſeront en champ noir bruni remplies de fleurs de couleur à détrempe & à huile.

Ayant vôtre encaſtilleure, ou autre ouvrage apprêtée de blanc, noircie & brunie, vous dorerez d'or-bruni ou à huile les moulures; puis peignez des fleurs à détrempe en forme d'enlumineure ſur vôtre friſe. Pour les bien faire, ayant portrait vôtre deſſein ſur la friſe, ou encaſtilleure de votre tableau ſoit par poncis, ou autrement de plomb noir, vous coucherez du blanc détrempé avec de la colle, dont vous coucherez à plat les figures, les fleurs, ou feuillages que vous deſirerez peindre de couleur; puis peignez ſur le tableau ce que vous deſirerez: Que ſi vous voulez peindre les figures & fleurs à huile, vous le ferez en couchant du blanc de plomb à huile; puis étant ſec, couchez vos couleurs à huile deſſus, vous pouvez auſſi peindre les fleurs ſur un champ blanc, étant le blanc bien preſſé & uni, couchez les couleurs en détrempe ou façon d'enlumineure.

Autre ſur un champ d'or-bruni, ou à huile, & peindre des fleurs.

Vous dorerez d'or-bruni vôtre encaſtilleure, étant bien dorée & brunie, peignez des fleurs ou fruits ſur la friſe de vôtre encaſtilleure avec de belles couleurs à huile, ou détrempe; vous pouvez dorer d'or à huile & peindre deſſus.

C H A-

CHAPITRE XXVI.

Maniere de coucher l'or en feuille sur des vases de terre recuite, & émaillée, soit d'émail blanc, ou azur d'émail, ouvrages de longue durée, qui paroissent plûtôt ouvrages d'or émaillé, que de la terre émaillée.

AYez un vase bien émaillé soit de blanc ou de violet, ou bien de quelqu'autre couleur ; ayez de l'or-couleur bien broyé & bien gras, afin que la terre émaillée ne le boive, & en couchez vos feuillages avec le pinceau ; l'assiette se doit coucher comme il a été enseigné au Chapitre de coucher l'or à huile sur un fond noir ; vôtre vase ainsi doré, les figures bien conrretirées & ombragées de noir bien nettement tachées, vous verrez un vase à fond d'azur d'émail, parsemé de grotesques, feuillages, & figures couchées en or. Que si vous desirez représenter de camayeux en quelques endroits de vôtre ouvrage, vous ferez des ovales ou des canes, où vous peindrez de blanc & noir à huile ce que vous desirez représenter avec de l'huile grasse afin qu'elles ne s'emboivent, ou les vernir à part.

CHAPITRE XXVII.

Pour colorer le bois en façon de marbre, comme une table, &c.

COuchez sept ou huit couches de blanc comme pour dorer d'or-bruni, puis broyez du noir qui ne soit pas trop collé, ajoûtant un peu de jaune-d'œuf & un peu de saffran ; & l'ayant couché & étant sec le brunissez parfaitement ; par ce moyen
vous

vous contreferez toute forte de marbre après le naturel , ayant un peu l'ufage des couleurs , & ferez
le même de toute forte d'ouvrage foit lambris, plat-
fonds, ovales, &c. Qu'il y ait dans les couleurs un
peu de jaune-d'œuf, & du faffran, c'eft à dire en
celles qui le pourront porter, colorant le marbre de
diverfes couleurs : il faut coucher les couleurs claires
en forme de lanis ; même l'on peut fur un pinceau
blanchi, comme j'ai déja dit , verfer plein une coquille de couleur en un endroit , puis en penchant
le plat-fond , faire couler des couleurs qui feront
des veines ; puis prendre plein une autre coquille
d'autre couleur , & faire comme deffus, ainfi continuez de toutes les autres couleurs ; ou bien avec
une affez groffe broffe couchez les couleurs fort claires les unes proche des autres ; ceci dépend de celui
qui travaillera : après que les couleurs feront féches,
on peut y appliquer le pinceau, pour reparer les dé-
fauts , puis brunir vôtre ouvrage fans être fujet à la
poufliere, ni à être gâté.

Pour colorer une encaftilleure d'un beau rouge marqueté.

Vous broyerez du vermillon avec de l'eau, puis
le colorerez & broyerez avec une goute ou deux de
jaune-d'œufs ; de cette couleur , vous marquetterez
le bois de vôtre encaftilleure avec un pinceau, &
vôtre ouvrage étant fec, ayez de la lague-plate broyée avec de l'eau & un peu de colle , deux goutes
de jaune-d'œufs , dont vous marquetterez avec le
bout de la broffe , & qu'il demeure autant de blanc
que vous coucherez de couleur rouge; puis bruniffez avec la dent, & dorez les moules d'or-bruni.

CHA.

CHAPITRE XXVIII.

*Pour enrichir des encastillenres d'ouvrages faits
de carton, ou plomb doré.*

VOus aurez un tasseau d'acier poli & bruni, que
vous couvrirez de mine de plomb broyée avec
huile de lin & étain sec, en sorte que découvrant
avec la pointe d'Yvoire sur la peinture, les traits se
fassent nets; vous découvrirez tel ouvrage que vous
desirerez ; puis recuirez la peinture tant qu'elle devienne de couleur tanée; prenez après de l'eau-
forte dont vous arroserez vôtre tasseau pendant une
heure ou plus , comme il sera enseigné au Chapitre
de graver l'acier à eau forte, vôtre tasseau gravé &
nettoyé, ayez une carte de la grandeur de vôtretas-
seau, que vous poserez sur ledit tasseau ; puis mettrez un morceau de grosse carte dont les Libraires
couvrent leurs Livres que vous ajusterez sur le premier carton tant qu'il soit imprimé ; vous pouvez
faire le même avec du plomb & ayant vôtre carton
bien imprimé vous le collerez sur vôtre encastilleu-
rè, puis le dorerez d'or à huile , & ferez le champ
de lague broyée à huile, ou d'autre couleur ; vous
pouvez attacher vos empreintes de plomb avec du
mastic, & les clouér avec de petits clous.

Ou autrement tirer le creux de ce que vous desirerez avec du souffre, & imprimer vôtre papier dedans, puis l'appliquer & dorer.

Pour faire des moules de plomb à imprimer le carton.

Mettez sur l'ouvrage dont vous voulez avoir le
creux de la terre à potier , & faites un cercle autour de vôtre ouvrage, & puis pardessus vôtre terre
à potier vous jetterez du plâtre tant qu'elle en soit
couverte de la hauteur d'un pouce; après levez vôtre

tre moule où vous ferez un jet, & le laisserez sécher à loisir, liez vôtre moule avec du fil de fer recuit, & puis le recuisez à petit feu, le laissant après
refroidir doucement qu'il ne se casse ou crevasse;
étant recuit, & un peu chaud vous l'enfouirez dans
du sable ; puis jetterez vôtre plomb fondu. Si ce
Chapitre n'est assez intelligible, retournez à celui
de la moulerie : si vous mêlez un peu de brique,
& de l'alun de plume avec vôtre plâtre, il moulera
plus net.

CHAPITRE XXIX.

Pour faire des figures de ronde bosse, soit Images
grandes ou petites, que l'on peut facilement
faire : chose très belle.

PRemierement il faut faire des bâtons de la grandeur de chaque membre, comme du pié au ge-
nou, ou du bras au coude, & ainsi de tous les
autres. & y faites des charniers, pour les joindre
& les faire ployer à vôtre volonté; & cela fait, mettez un bâton à travers des hanches où on attachera
des bâtons qui représenteront les cuisses; puis après
prenez des drapeaux que vous ferez comme des
chausses, & les remplirez, soit de cuir, étoupes,
bourre, ou telle autre chose que voudrez, dont
vous vêtirez vos bâtons assemblez en forme de manequin Il faut vêtir vos chausses avant que de les
garnir; puis vous disposerez vôtre figure dans la posture que vous lui voulez donner: faites puis après
tailler & coudre par un tailleur vos vêtemens & les
trempez dans de la colle de cuir qui soit bien forte,
puis posez vôtre vêtement en la posture que vous
desirez sur vôtre manequin ; faites en sorte qu'en
pliant vôtre marbre vous pliez aussi vôtre vête-

ment,

ment, d'autant que le pli en fera beaucoup plus naturel : fi vous voyez que d'eux-mêmes ils ne fe plient pas felon l'ordre de la drapperie, vous les plicrez avec les doigts tant qu'ils foient en portrait & à vôtre gré, puis les laiffez fecher tant que la colle des vêtemens foit féche. Si vous voulez que vôtre drapperie s'éparpille en clair, vous la lierez avec de la ficelle pour la fufpendre, & ainfi elle prendra le pli que vous voudrez : puis après l'ayant appropriée de la pofture que vous voulez qu'elle ait, donnez-lui plufieurs couches de blanc, après quoi vous y placerez la tête, les piés & les mains, qui feront mieux de plâtre que de carton ; les parties que l'on veut avoir nues, il les faut placer avant que de vêtir le manequin ; fi c'eft le fein d'une femme que ce foit de carton moulé, ainfi vous aurez une figure qui vous repréfentera le naturel à la fculpture même.

CHAPITRE XXX.

Pour étoffer des figures de ronde-boffe.

POur les drapperies, la plus belle maniere que l'on puiffe faire eft de faire un moule de poirier, de la grandeur d'une feuille d'étain ; & pour ce faire vous portrairez fur vôtre ais des feuillages ou morefques que vous tirerez ; puis faites tailler à un Menuifier avec des fers ledit ais, à favoir qu'il renforce les feuillages de l'épaiffeur d'un coup de lime, laiffant le champ élevé au deffus des figures ; ayez des feuilles d'étain un peu fortes & batues exprès : vous coucherez ledit étain avec de l'or-couleur tout à plat ; puis étant fec comme il convient pour les dorer, vous coucherez des feuilles d'or toutes entieres, dont vous dorerez vos feuilles d'étain autant qu'il en faudra, alors prenez du blanc de plomb broyé à l'hui-

le de noix, ni trop épais, ni trop clair, vous coucherez de ce blanc avec un pinceau, le champ re-
levé de vôtre ais, dans les engravûres; puis couchez
vôtre feuille d'étain doré ſur une feuille de papier,
l'or deſſus, & mettez la feuille ſur une table bien
unie, puis prenez vôtre moule & renverſez doucement le côté plein de blanc vis à vis de vôtre feuille d'étain, preſſant un peu le moule juſqu'à ce que
la feuille d'étain y demeure attachée, puis tournant
vôtre moule ſans deſſus deſſous, prenez legerement
avec la main ſur le papier, afin que le blanc s'imprime ſur l'or; ôtant la feuille de papier vous verrez ſi vôtre étain aura marqué; cela fait, levez vôtre feuille d'étain doré, & vous verrez le champ
blanc, s'il defaut en quelque endroit où le blanc
n'aura aſſez marqué, vous y recoucherez avec un
pinceau; puis prenez de l'azur de roche que vous
poudrerez ſur le blanc, ou bien du vert d'azur qui
ſoit beau, ſi vous voulez du vert: ainſi vous aurez
des feuilles d'étain doré de moreſques ou feuillages
d'or en champ d'azur, ou de vert, qu'en après vous
couchez ſur les drapperies de vôtre figure que vous
coucherez d'or-couleur pour y aſſeoir l'étain que
vous ferez entrer dans les concavitez, ce qui ne ſe
pourroit faire, ni conduire avec le pinceau.

Autre maniere pour le même moule.

Couchez vôtre moule ſur une table, ſans y mettre
de couleur blanche; prenez vôtre feuille d'étain doré que vous coucherez par le côté qui n'eſt pas doré,
ſur vôtre moule, puis foulez avec la paume de la
main, ou avec un mouchoir legerement ſur vôtre
étain doré, tant que la feuille entre aſſez avant dans
les engravures ſans ſe rompre; puis avec un gros
pinceau vous coucherez le champ qui ſurpaſſera aiſément ſans que vôtre blanc entre dans les engravûres;
puis poudrez de l'azur, ou vert d'azur, comme il
a été

a été dit ; cette derniere est plus facile, parce que la feuille d'étain est plus facile à lever de dessus le moule sans se rompre ; Que si vous désirez le champ rouge ou transparent, vous le coucherez avec de bonne lague à graver : Que si vous voulez du vert, prenez du vert de gris calciné broyé à l'huile, puis étant sec le brunir & vernir par épargne, & par ce moyen vous aurez des champs de toutes couleurs, même de pourpre, que vous ferez avec de l'azur d'émail, de la lague, & du blanc : Vous pouvez faire pareille chose sur l'étain argenté, à un champ blanc, ou d'autre couleur.

CHAPITRE XXXI.

Pour asseoir les feuilles d'étain doré sur les drapperies.

VOtre figure étant bien imprimée avec de l'impression à huile, vous broyerez du blanc de plomb, avec de l'huile bien crasse, dont vous coucherez les drapperies où vous desirez asseoir des feuilles d'étain doré. Etant vôtre blanc un peu moins sec qu'il ne faut pour dorer, qu'il happe un peu au doigt, asseyez vos feuilles d'étain sur le blanc, pressant l'étain avec une brosse grosse, grasse & douce, pour le faire tenir & attacher contre le blanc ; puis adoucir l'étain avec la brosse pour le coucher fort uniment dans les concavitez. Il faut que les couches sur les feuilles d'étain soient bien séches premier que de les coucher sur les drapperies ainsi faisant, vos drapperies seront belles & nettement faites, ce qui ne se pourroit faire avec le pinceau dans les concavitez.

Pour faire les feuillages de couleur a fond d'or.

Pressez en la maniere ci-dessus vôtre étain, qu'il entre & couvre le champ & les feuillages, vous les
ferez

ferez de telle couleur que vous voudrez, couchant vôtre feuille dorée de la maniere ci-deſſus.

Il ſe peut faire des ouvrages que les figures ſeront d'or en champ de couleur, lors que les couleurs du champ ſont poſees: la feuille d'etain étant hors le moule & ſeche, vous contretirerez avec un pinceau les traits & ombrages des hachûres de même couleur qu'on peut contretirer, renforcer & rehauſſer, premier qu'aſſeoir les feuilles d'étain ſur les figures.

CHAPITRE PREMIER.

Secrets éprouvez & excellens pour la Beauté des Dames, & pour toutes les perfections du Corps qui les rendent aimables.

Pour rendre fin & délicat un Teint gros & rude.

PRenez de l'Aloës, Borax, Sel, os de ſéche, & Maſtic, de chacun trois dragmes, pilez le tout, & l'incorporez avec du Savon François, & fiel de bœuf.

Autre.

Eau de gayac.

Autre.

La ſueur de l'œuf que l'on fait cuire à la braiſe.

Pour adoucir un Teint rude.

Se laver de ſon urine, ou d'eau roſe mêlée avec du vin, où l'on ait fait bouillir des tranches de citron.

Autre.

Autre.

Prendre des os de mouton, bouillis pour en feparer la chair, les concaffer & les faire encore bouillir fort long-temps dans de l'eau nette, l'eau étant refroidie, amaffer la graiffe qui nage par deffus, & s'en frotter le foir.

Autre.

L'Huile tirée des jaunes-d'œufs long-temps fricaffez.

Pour nettoyer un Teint farineux.

L'urine & l'eau rofe ci-deffus eft fort bonne.

Autre.

Prenez de la farine de féves une once, maftic, tragacant, borax, de chacun une dragme & demie que vous ferez tremper un jour entier en eau rofe, ou de plantain, puis bouillir dans un double vaiffeau; enfuite les couler fans les exprimer, puis vous y ajoûterez un peu de vinaigre blanc, quand on voudra s'en laver,

Pour nettoyer un Teint gras.

Vous prendrez de la fumée d'une décoction de gayac.

Autre.

Prenez de l'onguent citrin, avec un peu de fublimé bien préparé, s'enlaver, puis s'en relaver avec de l'eau.

Pour nettoyer un Teint fale.

Il faut prendre de l'eau où l'on ait fait bouillir des grains ou de la farine de froment.

Autre.

Faire une infufion de mie de pain blanc trempée en eau de vie, ou dans du vin blanc.

Autre.

Prenez des racines de concombre fauvage & de couleyrée, les faire fécher à l'ombre, les reduire en

pou-

poudre, & les incorporer avec eau de vie, s'en étuver le visage, & quand on le sentira démanger, le laver ensuite avec eau fraîche.

Pour colorer un Teint pâle & livide.

Vous ferez dissoudre des rasures de bresil & d'orcanette en eau alumineuse, & en frotterez les joués & les lévres, la laissant sécher, s'étant auparavant lavé le visage avec eau de lys, ou de fleurs de mauves.

Autre.

Il faut se frotter avec une peau de mouton teinte en écarlate.

Pour blanchir un Teint noir, bazané, brun ou tané.

Vous prendrez du jus de limons & des blancs d'œufs de chacun égale partie, les battrez fort ensemble, puis les mettrez sur le feu, les remuant avec un baton jusqu'à ce qu'ils se forment en beurre pour s'en frotter le soir après s'être lavé d'eau de fleurs de féves, & essuyé.

Autre.

Prenez de l'huile, ou de l'eau de talc.

Autre.

Il faut prendre de grosses raves, les ratisser & les couper par rouelles, avec du sucre fin pulverisé deux onces, œufs frais entiers autant, & les distiler dans l'alambic au bain-marie.

Autre.

Eau du jus de limons distilée au bain-marie.

Autre.

Prenez du miel rouge deux livres, gomme Arabique deux onces, mêlez-les ensemble & les distilez par l'alambic à petit feu.

Pour colorer un Teint jaune-obscur.

Il faut prendre de la décoction d'orge entiere; ou in-

infusion de mie de pain blanc , en lait de chévre.

Huile d'amandes douces, ou améres.

Vinaigre blanc , ou verjus.

Jus de citrons, de grenade, ou d'oseille.

Eau de fleurs de mauves

Eau de lys, ou d'argentine.

Eau de cîterne, ou de celle qui est battuë sous la roué d'un moulin, avec de l'urine propre, ou quelque fiel de bœuf.

Huiles de graines de melons, de concombres & de citrouilles.

Vous ferez tiédir toutes ces sortes de liqueurs sur de la cendre chaude, puis vous y ferez tremper un linge fin dedans , & vous en frotterez doucement, même les yeux s'ils ont cette mauvaise couleur.

Contre le Teint hâlé, noirâtre, ou rouge.

Prenez de la rhuë champêtre, du fenouil, verveine, feuilles , racine de betoine , feuilles de roses, & capillaires, de chacune autant, les faire tremper une nuit dans du vin blanc de bonne odeur , puis les distiler par l'alambic, & se laver de cette eau.

Contre le hâle du Soleil.

Prenez de la racine de coulevrée pelée & pilée, que vous ferez cuire avec huile d'amandes douces, & vous en frottez tous les soirs.

Autre.

Il faut prendre de la fiente de pigeon brûlée & pulverisée , puis incorporer cette poudre avec de l'huile d'amandes améres.

Autre.

Prenez de la pommade faite avec huile d'amandes douces, cire & camphre , & vous en frottez pareillement tous les soirs.

Contre le hâle de l'air froid.

Prenez de la graisse de chévreau bien lavée dans

de l'eau claire, puis pilée dans un mortier, la faire cuire avec eau rose, puis la couler par un linge fort épais, & vous en frottez.

Contre le hâle du soleil ou du froid.

Prenez une once d'amandes douces; cire neuve blanche demi-once; sucre Candi deux dragmes; camphre demi-dragme; faire tout cuire ensemble a petit feu, remuant souvent, étant cuit le mettre dans un vaisseau. Pour en user, étendez-le sur la paume de la main & vous en frottez le visage, lors que vous voudrez aller au Soleil, ou au vent froid, il empêchera le hâle; & si le visage est hâlé il le blanchira.

Pour guérir le Teint brûlé du Soleil.

Prenez du liniment ou onguent fait de céruse, d'eau rose, & d'huile rosat.

Ou avec eau de rose deux onces, lait de femme une once, encens deux dragmes, & un blanc d'œuf.

Ou avec eau de nége, jus de jusquiame, laituës & morelle.

Autre.
Eau de nenuphar distilée au bain-marie.

Quand le visage est découpé par l'ardeur du Soleil, ou par la rigueur du froid.

Il faut prendre de l'onguent fait avec de la graisse de poule, ou d'oye, ou de canard, lavée en eau rose, & huile de myrtil, les ajoûtant à un peu de camphre.

Autre.
Vous mêlerez avec la pommade un peu d'huile rosat.

Autre.
Prendre de la litarge cuite en huile rosat jusqu'à consistance d'onguent.

Au-

Autre.

Prenez de l'huile de terebentine.

Contre les Rougeurs & Bourgeons du Visage.

Prenez de l'eau rose, eau de pommes de chêne, de violettes, de châtaignes, non mûres de fraises non mûres, de laitues, de nenuphar, mêlez ensemble, & vous en frottez.

Autre.

Il faut prendre des fleurs de bouillon blanc, distilées au bain-marie, y faire tremper un petit morceau, & s'en laver soir & matin.

Autre.

Prendre le vin qu'on tire des fraises, avec de l'eau de terebentine distilée.

Autre.

Prenez du camphre une once, souffre autant, myrrhe & encens de chacun demi-once, eau rose une livre, mettre le tout dans un vase de verre, & le tenir dix jours au Soleil, & ensuite s'en frotter.

Autre.

Vous prendrez du jus de pourpier, de plantain, de verjus de grain, de pommes de chêne, de chacun six onces, farine d'orge demi livre, semence de pavot une once, l'eau de douze blancs d'œufs, les distiler au bain-marie, & s'en laver soir & matin.

Autre.

Vous prendrez de litarge d'argent une once, céruse très-blanche trois dragmes, camphre deux scrupules; Les détremper en eau de morelle, de laitues, & de nenuphar, de chacune trois onces, avec deux onces de vinaigre blanc, les laisser reposer quelques heures ensemble, puis les couler par le feutre & s'en laver trois ou quatre fois le jour.

Contre le feu-volage ou volant.

Prenez de la décoction de mauves, de patience, d'oseille & de fénugrec, avec du fort vinaigre.

Autre.

Prendre de l'huile de tartre, de froment, de fleurs
de fureau, ou de foin.

Autre.

Prenez de l'onguent de cérufe, ou de blanc de
rafis, camphre.

Autre.

Prenez de l'eau de fperme de grenouille.

Contre les Dartres.

Prendre de la falive d'un jeune enfant prife au
matin avant qu'il mange, & puis vous en frottez.

Autre.

Prenez de l'encens, huile rofat, & vinaigre, &
en faites un onguent, & vous en frottez.

Autre.

Il faut mâcher au matin de la myrrhe, & de fa
falive en frotter les Dartres.

Autre.

Prenez du vinaigre fcillitic deux onces, aloës
pulverifé deux dragmes, jus de la racine de patience, & huile de tartre, de chacun demi-once, les incorporer enfemble, en faire un onguent & s'en
frotter.

Autre.

Prenez du fublimé trois ou quatre grains, mis
dans une phiole pleine d'une demi-livre d'eau, mettre cette phiole dans un pot plein d'eau; & le faire
bouillir à gros bouillons, jufqu'à ce que le fublimé
foit fondu, & enfuite en toucher les Dartres.

Contre les Lentilles, ou taches brunes élevées fur la peau.

Prenez de l'huile de tartre, du lait de figuier &
miel, mêler bien le tout enfemble, & s'en frotter
à la fumée d'eau chaude.

Autre.

Prendre de la farine de lupins, amandes améres,
graine

graine de choux, piler le tout en lait de figuier, en frotter les lentilles, & le lendemain matin les laver d'eau tiéde.

Autre.

Prendre de la décoction de la petite centaurée.

Contre les Lentilles, Pustules, & autres taches, ou âpretez.

Prenez de l'eau de melon & de racine de patience, de chacun deux livres, sel nitre demi-once, tartre blanc deux onces, dix œufs d'hirondelle, ayant pilé ce qui se peut piler, mettre le tout dans un alambic, & en tirer l'eau.

Autre.

Prendre du tartre bien calciné, ou tant brûlé qu'il devienne blanc, une livre, mastic & gomme de tragacant, de chacun une once & demie, camphre trois dragmes, & quatre blancs d'œufs mêlez & battus en eau rose, faites les distiler, & vous en frottez.

Autre.

Prendre du suc de scabieuse avec poudre de borax, & un peu de camphre.

Pour ôter les taches noires.

Prenez des graines de raves & de senevé, pilées avec miel & graisse de canard, puis en faites un onguent, & vous en frottez.

Autre.

Il faut prendre des racines de grande serpentaire, de coulevrée & de concombres sauvages, subtilement pulverisées, puis les incorporer avec graisse de poule.

Pour ôter les taches rousses.

Prenez de la semence de lin, fiente de pigeon & farine d'orge, les pulveriser, & puis détremper cette poudre avec du vinagre, & en fomenter les taches.

M 2

Pour

Pour ôter les taches verdâtres.

Prenez des racines de grande ferpentaire, cuites en vinaigre, ou plûtôt en vin blanc, fi long temps qu'elles en foient prefque pourries, & en oindre la tache.

Autre.

Prendre du jus d'éclaire, mêlé avec du fort vinaigre, & en faire un onguent.

Pour ôter les taches livides, & meurtriffures.

Il faut prendre de l'onguent de cérufe.

L'eau marine.

Le jus de verjus de grain mêlé avec du miel.

Le jus de marjolaine mêlé avec de l'orpiment.

Autre.

Faire détremper de la cérufe, de la graine de cumin, & de la farine de féves en du jus de marjolaine, ou de coríandre, & l'appliquer deffus.

Autre.

Faire une emplâtre du Seau Nôtre-Dame, dit *figillum Salomonis.*

Pour ôter les taches blanches.

Prenez du galbanum & fel nitre trempé en vinaigre.

Autre.

Prendre de la poudre de racines d'afphodeles, mêlée avec du vinaigre.

CHA-

CHAPITRE II.

Pour embellir le visage, & les autres par-
ties du Corps.

VOus prendrez de l'huile de myrrhe, ou eau de
fleurs de tillot, s'en frotter deux fois la semaine, en se couchant.

Comme se fait l'Huile de Myrrhe.

Faire cuire des œufs de poule jusqu'à ce qu'ils soient
durs, les couper du long en deux moitiez, puis ôter
les jaunes, & les emplir de poudre de myrrhe, ensuite les mettre en un lieu humide, jusqu'à ce que
la myrrhe soit fondue.

Autre.

Prenez de l'eau de primevere, de fleurs de lys,
& de nenuphar mêlées ensemble.

Autre.

Prenez des fleurs de primevere deux poignées,
racines du seau de Salomon une poignée, les faire
tremper dans du vin blanc avec du suc de limons,
& les distiler.

Autre.

Prendre un melon coupé en pieces, des racines de
pié de veau, & de couleviée, de chacun une poignée, jus de limons demi-livre, lait de chévre une
livre que vous distilerez au bain-marie.

Autre.

Prenez six citrons hachez en piéces, infusez dans
une pinte de lait de vache, avec une once de sucre
blanc, & autant d'alun de roche, & fait distiler
au bain marie.

Autre.

Il faut prendre de la mie de pain blanc deux livres, roses blanches, fleurs de lys, de nenuphar,

& de féves, de chacun une poignée , six œufs , une livre de lait de chevre , & diſtiler à l'alambic de verre.

Autre.

Prenez des faſeoles blanches , mie de pain de froment, de chacun une livre , une courge longue, tendre & verte taillée en piéces , mettre le tout tremper enſemble une nuit dans du lait de chévre, puis y ajoûter cinq onces de graine de melon broyée dans un mortier de pierre , trois onces de noyaux de pêches pilez de même, & demi-livre de pignons pelez, & auſſi pilez, & encore un pigeonneau coupé en pieces avec ſes plumes ayant ſeulement vuidé les inteſtins , mêler le tout dans un vaiſſeau de verre , & diſtiler au Bain-mari.

Autre.

Vous prendrez des fleurs de ſureau trois ou quatre poignées, un quarteron de ſavon de France, trois fiels de bœuf & trois verres de vôtre urine, faites-les tremper trois ou quatre jours durant dans un pot de terre neuf , & enſuite vous en bien laver.

Pour rendre le viſage vermeil.

Prenez des raſures de breſil & orcanette, diſſoutes en eau alumineuſe , s'en laver legerement les joués & les lévres.

Pour rendre les gencives vermeilles.

Prenez du miel roſat. Ou décoction de racine de coulevrée, ou feu ardent , & de concombres ſauvages, en eau roſe, ou de plantain.

Pour guérir les fentes & gerſures des Levres.

Prenez huile d'œufs.
Huile de cire.
Graiſſes de chapon & d'oye.

Pom-

Pommade excellente.

Prenez de la graiſſe de cerf ou de chevreuils deux livres, graiſſe de porc frais ſix onces, ôtez toutes leurs membranes & petites peaux, les lavez pluſieurs fois en vin blanc, puis les exprimez ſi long-temps & ſi fort que tout le vin ſoit écoulé, enſuite les jettez dans un pot de terre plombé tout neuf, ajoûtant des nardus Indicus, ou des racines de ſouches, demi-once de cloux de girofles, deux dragmes de noix muſcade, ſept ou huit pommes de court-pendu, pelées & à demi-contuſes; Faire tremper tout cela en ſuffiſante quantité d'eau roſe un jour entier, puis bouillir à petit feu, le pot étant bien couvert, & remuant de fois à autre avec une ſpatule de bois, juſqu'à ce que l'eau roſe ſoit conſommée & exhalée, couler enſuite par un linge fort épais, dans un vaiſſeau bien net, & plein d'eau roſe, juſqu'à ce que cette graiſſe ſe fige.

Cela fait, il faut jetter cette graiſſe dans un vaiſſeau de terre neuf, y ajoûtant ſix onces d'huile d'amandes douces, & quatre onces de cire blanche, faire fondre ſur le feu, enfin recouler comme deſſus, dans un vaiſſeau de terre où il y aura de l'eau roſe, & laiſſer figer; puis relaver cette pommade avec eau muſquée, ou autre de bonne ſenteur, comme celle de Damas, juſqu'à ce que la pommade ſoit très-blanche; après la mettre dans un vaiſſeau de verre en lieu frais, pour la conſerver. Quelquesuns y ajoûtent du corail pulveriſé ſubtilement ſur le marbre, afin de la ſécher davantage. D'autres du cinabre, ou jus d'orcanete, pour lui donner une couleur vermeille.

Pour nettoyer & blanchir les dents.

Il faut les froter avec une racine d'ariſtoloche ou ſarraſine ronde; ou avec du bois de lentiſque; ou

avec

avec poudre de corne de cerf brûlée ; ou avec poudre de mastic, ou d'os de séche.

Autre.

Prenez des racines séches, de guimauves trempées un jour entier en eau, étant encore moites les envelopper dans un papier, & les mettre cuire sous la cendre chaude, étant cuites les faire sécher, & s'en froter.

Autre.

Prenez des racines de guimauves bien nettoyées & coupées en plusieurs morceaux longs de cinq ou six doigts, les faire cuire en eau, avec de l'alun & racine d'Iris de Florence ; étant cuits, les faire sécher au four, ou à un Soleil ardent, & s'en froter.

Autre.

Prendre de l'hysope, origan, menthe, de chacun demi-once, alun de roche, corne de cerf, sel commun, de chacun une dragme, mettre le tout brûler dans un pot de terre, puis y ajouter poivre, piretre, mastic, de chacun demi-dragme, myrrhe odorante un scrupule, pulverifer le tout fort subtilement, & cribler la poudre, pour s'en froter ; ou l'incorporer avec du storax liquide, ou ladanum en forme d'opiate.

Autre.

Prenez du tartre de fort bon vin, pulverifé.

Autre.

Prenez de l'alun, corail blanc, racine de bistorte, de chacun une once, les pulverifer, & en frorer les dents avec un linge rude, puis les laver de vin.

Autre.

Prendre eau de soufre, ou huile de soufre, en laver les dents avec un linge, ou une piece d'écarlate.

Autre.

Prenez de la pierre ponce & du sel brûlé, de chacun trois dragmes, jonc odorant deux dragmes, poivre une dragme & demie, mettez le tout en poudre.

Autre.

Autre.

Vous prendrez du pain de froment, des deux corails, corne de cerf, de chacun demi-once, alun demi-dragme, pariétaire, capillaire, de chacun une poignée, quatre ou cinq coquilles d'œufs, mettre le tout dans un vaisseau de terre au four, & en faire une poudre subtile.

Prendre de cette poudre trois onces, canelle deux dragmes, cloux de girofles, macis, de chacun demi-dragme, spicanardi, calamus aromaticus, de chacun demi-dragme, miel rosat en suffisante quantité pour les incorporer, vinaigre scillitic une once, faire une opiate dont on frotera les dents au matin, puis les laver de vin. Ce remede blanchit, conserve de pourriture, & fait l'haleine bonne.

Autre.

Prenez de l'eau de vernis, elle nettoye & embellit fort.

Autre.

Il faut prendre du sel ammoniac, sel gemme, de chacun demi-livre, alun blanc comme sucre un quarteron, que vous pulveriserez & distilerez par l'alambic.

Autre.

Prenez de l'eau commune & eau rose, de chacune quatre onces, alun brûlé & subtilement pulverisé deux dragmes; canelle entiere demi-dragme; les mettre dans une phiole au feu sur des cendres chaudes, & les faire bouillir jusqu'à la consomption du tiers des eaux, puis s'en froter avec un linge trempé.

Autre.

Prenez du cristal pur une dragme & demie, du corail blanc & rouge, du sel commun, de chacun une dragme, pierre ponce deux scrupules, os de séche autant, marbre blanc, albâtre, alun de roche, racine d'Iris de Florence, graine d'ecarlate, canelle, de chacun demi-dragme, perles bien préparées un scrupule, musc dix grains; mettre le tout en poudre

M 5

subtile;

fubtile; s'en froter, puis les laver avec du vin blanc.

Autre quand les dents font fort noires.

Prenez de la farine d'orge, fel commun, de chacun deux dragmes, les mêler avec du miel, & en faire une pâte, & la mettre fur du papier, fécher au four, puis y ajoûter des cancres brulez, pierre ponce, coqués d'œufs, alun, de chacun deux dragmes, écorce de citron une dragme, & enfuite réduire le tout en poudre.

Autre.

Prendre du fouffre vif, alun, fel gemme, de chacun une livre, vinaigre quatre onces, en tirer l'eau, dans une cornuë à feu lent.

Autre.

Prenez de l'efprit de vitriol, que mêlerez avec un peu d'eau commune.

Autre.

Prenez de la corne de cerf brûlée, racines de tamarifc & de fouchet, graine de rofes, de chacun deux dragmes, fel gemme douze dragmes, pulverifez le tout fubtilement, & de cette poudre s'en froter les dents tous les matins.

Pour affermir les dents.

Prenez des racines de biftorte une once, racine de fouchet deux dragmes, rofes rouges demi-once, fumach deux dragmes, girofle & alun, de chacun une dragme, les faire cuire en eau ferrée & gros vin.

Pour incarner les gencives.

Vous prendrez de l'alun de roche demi-once, fang de dragon trois dragmes, myrrhe deux dragmes & demie canelle & maftic, de chacun une dragme; mettre le tout en poudre fort fubtile, & en faire une opiate, avec une fuffifante quantité de miel; en mettre le foir fur

les:

les gencives, & le lendemain matin les laver avec
du gros vin.

Pour empêcher la pourriture des Dents.

Vous prendrez tous les matins un grain de sel dans
la bouche, & l'ayant laissé fondre, s'en froter les
dents avec la langue.

Autre.

Il faut se laver d'une décoction de sauge en vin.

Pour rendre l'haleine douce.

Vous mâcherez un peu de muscade, Ou canelle,
racine d'Iris, d'Angelique, de souchet, racine imperatoire, girofles, bois d'aloës, mastic, feuilles
de menthe, ou de melisse, graine d'anis, ou de fenouil, graine de Paradis, cubebes, galenge, ze-
doüaire.

Autre.

Vous pouvez faire des eaux de décoctions pour
en laver la bouche.

Muscadins ou Pastilles.

Prenez de la gomme de tragacant une once, sang
de dragon deux dragmes, il faut les faire tremper
en eau rose deux jours entiers, puis les jetter dans un
mortier, y ajoûtant six dragmes de sucre, cinq dragmes d'amidon, un scrupule de musc dissous en eau
rose, les broyer & mêler avec un pilon, & les réduire en pastilles grosses comme des grains d'orge, les
laisser secher à l'ombre, puis les garder pour s'en
servir.

Pour nettoyer les mains & les rendre polies.

Prenez de l'huile d'amandes améres, la laver en
eau rose, ou eau de violetes, ou de lys, puis la mêler avec de la cire blanche, & les faire fondre sur

un

un feu lent en confiſtance d'onguent, en froter ſes mains & mettre ſes gands.

Autre.

Prenez un lavement avec deux racines d'orties bouillies en vinaigre & vin blanc, s'en laver le ſoir, & le lendemain matin d'eau fraîche avec un peu de ſavon, & vous en frotez.

Autre.

Prenez de la décoction de racines & feuilles de lierre.

Autre.

Prenez du ſavon commun mis par pieces, ſéché à l'ombre pendant huit jours, puis réduit en poudre ; mêlez une livre de cette poudre avec quatre onces d'Iris pulverifé, trois onces de ſandal, deux onces de farine d'amidon ; pilez le tout enſemble dans un mortier, y ajoûtant en pilant du ſtorax liquide, de l'huile de benjoin à diſcretion ; ſur la fin mettez-y quelques grains de muſc & civete.

Autre.

Prendre des blancs d'œufs demi-livre, borax pierreux, ſel, alun de roche, de chacun une dragme, broyez-les chacun à part, & les mêlez avec les blancs d'œufs, puis diſtilez.

Autre.

Prenez de l'eau diſtilée de fleurs de tillot, faut tremper un linge & le mettre ſur les mains trois nuits de ſuite.

Pour guérir les mains enflées de froid.

Prenez du mucilage de graine de lin, de guimauves, de fénugrec, extraite en eau de lys blancs, de chacun une once, graiſſe de truie, & d'une poule blanche ſuffiſante quantité pour en faire un onguent.

Autre.

Prenez des racines d'Iris, fenouil, perſil, ache, bruſc, houblon, de chacun deux poignées, capillaire,

re, scolopendre, tamarisc, de chacun une poignée,
semence d'anis, fenouil, cumin, persil, asperges,
de chacun demi once, canelle, gingembre, macis,
de chacun trois dragmes, le tout concassé bien mêlé,
puis le distilez.

Pour faire les ongles beaux.

Il faut les laver d'eau de savon odorante, puis les
froter d'huile d'amandes améres avec un morceau de
tafetas, ensuite les refroter avec poudre de cinabre
& d'émeri pulverisé, puis de poudre de cypre, &
réiterer.

Autre.

Prenez de l'eau de marrube blanc.

Pour ôter les taches des ongles, blanches & autres.

Vous prendrez du souffre vif, moulu, incorporé
avec poix & terebentine, y ajoûtant un peu de vinaigre.

Autre.

Prenez de la myrrhe incorporée avec de la poix.
Autre.
Prenez de l'eau ou du suc de limons.

Pour ôter les aprètez des Ongles scabreux.

Vous prendrez de l'eau de tormentille, ou de serpent.

Pour empêcher les envies.

Il faut les nettoyer à la racine avec le bout des
ciseaux, puis y appliquer des feuilles de patience.

Pour dissiper le sang meurtri sous l'ongle.

Prenez de la graisse de canard que vous mêlerez
avec de la euphorbe.

Autre.

Autre.

Prendre de l'eau de scabieuse.

Pour remettre un Ongle qui se déracine avec la chair qui surmonte.

Faut prendre de la poudre calcinée, ou huile de vitriol.

Autre.

Prenez des feuilles de patience ou parelle, pilées & appliquées.

Quand il faut rogner les Ongles.

Il ne faut rogner les Ongles qu'au déclin de la Lune, ils en renaissent plus tard, & cela empêche les petits chicots qui peuvent surcroître à la racine.

CHAPITRE III.

Pour rendre les Cheveux clairs & luisans.

Quand vous vous peignez il faut tremper vôtre peigne dans l'huile de lys, ou rosat, ou violat.

Pour faire les Cheveux longs.

Prenez de la cendre de capillaire, de pollytric & de racine de canne, avec graine de lin, dont vous ferez une lessive, & où l'on fera fondre de la myrrhe, y ajoûtant aussi une partie de vin blanc, de quoi vous vous laverez la tête tous les quinze jours.

Pour rendre les Cheveux bouclez.

Il faut les razer & puis froter la peau avec de la racine d'asphodele.

Autre.

Autre.

Prenez des racines de guimauves, graine de lin, & de psyllium, les faire bouillir fort long-temps, ensuite, de cette décoction laver les cheveux.

Autre.

Prenez de l'eau d'asphodele mêlée avec mucilages, des racines de mauves blanches autant des unes que des autres.

Pour empêcher que le poil ne blanchisse.

Prendre trois ou quatre fois l'année pendant huit jours tous les matins du vin de sauge ou d'anthos trois onces, avec eau de capillaire une once.

Autre.

Prendre du syrop de fleurs de péchers & de nerprun.

Autre.

Prenez de l'eau de chapon décrite dans la Pharmacie de Du Chêne.

Pour noircir le poil blanc.

Prenez les remedes ci-dessus, puis vous vous servirez de ces Teintures.

Il faut prendre des noix de galles, écorces de noix vertes, écorces & graine de grenade, broyées & bouillies dans de gros vin, avec un peu d'alun, & y mêler un peu d'huile laurin. Pour se laver on se sert d'une éponge trempée dans la teinture, commençant tout proche la racine des cheveux.

Mais auparavant il faut bien se laver avec une léxive de cendres de sarment, ou de saux, dans laquelle on aura fait bouillir des feuilles de blettes.

Autre.

Prenez des feuilles de blettes, de sauge & de laurier, avec menthe & écorces de noix vertes, bouillies dans une léxive de sarmens.

Autre.

Autre.

Prenez des écailles de fer, & limaille de plomb, de chacun deux onces ; faites-les cuire en deux livres de bon vinaigre jusques à la moitié, & puis les coulez.

Autre.

Prenez du jus d'écorces de noix vertes une livre, poudre de litarge trois onces, mêlez avec une léxive de sarment.

Autre.

Prenez de l'argent fin deux dragmes réduit en fort petites lames, que vous mettrez dans un matras de verre avec deux dragmes d'eau de séparation d'or & d'argent, faites fondre sur les charbons, & le matras étant un peu refroidi, ajoûtez-y ensuite de l'eau rose six dragmes, puis trempez le peigne dedans.

Pour noircir le poil roux.

Il faut se purger avec de la rhubarbe, casse & syrop de roses, puis se laver d'une léxive de cendres de sarment, ou de faux, avec des blettes, ensuite s'oindre de l'une des Teintures précedentes.

Autre.

Il faut se purger, se faire raser, puis se froter de beurre tout-frais battu, le soir pendant deux jours, ensuite se laver de léxive & de teinture, comme ci-devant.

Pour empêcher que les Cheveux ne tombent.

Prenez des roses, du lierre, balauftes & feuilles de faux, alun de roche, faites-les bouillir en eau de citerne jusques à la moitié, & quand elle sera tiéde faut dissoudre de la tutie & encens pulverisez, corail blanc aussi pulverisé, & ensuite s'en laver la tête tous les quinze jours.

Autre.

Prenez de l'eau de chanvre avec du jus d'ail.

Pour

Pour faire tomber le poil difforme ou incommode.

Faut prendre de la terebentine deux onces, cérufe & maftic, de chacun deux dragmes, méler la cérufe & le maftic pulverifez avec la terebentine puis ajoûter cire blanche liquefiée deux onces, & benjoin avec ftorax, calamite, de chacun quatre dragmes; faire une emplâtre, & en étendre une portion fur une toile de chanvre neuve fort dure & épaiffe, dont on coupera des bandes ou morceaux pour appliquer fur la partie.

Avant que d'appliquer, il faut fomenter la partie avec un peu de vin blanc & d'eau tiéde, & la froter d'un linge un peu rude, puis chauffer un peu l'emplâtre, il faut la laiffer toute la nuit, & le lendemain mâtin on la léve avec les poils qui y tiennent.

Si quelque partie de l'emplâtre demeure attachée contre la peau, il la faut mouiller avec de l'eau de décoction de fon, puis laver avec vin blanc ou eau de vie, pour rendre la partie nette & reluifante.

Autre.

Prenez de l'eau de polypode, ou eau de chelidonia, où l'on met les feuilles & les racines.

CHAPITRE IV.

Pour conferver la fermeté des Tetons.

VOus prendrez de la graine de lentilles deux poignées, rofes rouges féches demi once, réduire le tout en poudre, & cuire en forme de bouillie avec eau ferrée, puis appliquer fur les mammelles, & laiffer pendant vingt-quatre heures, puis renouveller & continuer cinq jours de fuite; Après pendant autres

cinq

cinq jours les couvrir de l'ordure des auges d'Emouleurs. Réiterer tous les mois ce remede.

Pour engraisser & rendre ferme un Teton maigre & flasque.

Il faut se nourrir de bons alimens, de bons bouillons, de gelées avec bon vin, puis prendre demilivre de figues séches, macerées en eau, les bien piler, & y ajoûter une once de senevé subtilement broyé, les mêler & appliquer.

Autre.

Prenez de l'huile de poix navale.

Pour diminuer un Teton trop gros & trop gras.

Vous prendrez des eaux de mûres, de prunelles, de goubelets, de glands, de roses, noix de pin, nouvellement distilées avec un peu de vinaigre & d'alun, y tremperez un linge, & l'appliquerez sur les Mammelles.

Autre.

Prendre de l'huile de gayac.

Pour rendre fermes les Bras, les Fesses & les Cuisses molles.

Il faut prendre de l'eau de bouillon blanc une livre & demie, eau de souci une livre, eau rose & de plantain, de chacun demi-livre, où vous dissoudrez de la gomme arabique une once, avec dix-huit blancs d'œufs, mêlez le tout ensemble bien fort, puis y ajoûtez un peu de musc & d'ambre, trempez-y un linge, & etuvez sans essuyer.

Pour rendre le corps médiocrement gras.

Vous userez de lait de brebis tous les matins avec un peu de sucre rosat, & après cela se tenir en repos ou dormir, mais il vaut mieux ne point dormir,
man-

manger de la bouillie faite dudit lait, & de mie de pain de froment avec des jaunes d'œufs & du sucre.

Des tetines de vache, ou de truie.

Du ris cuit avec du lait de brebis.

Des geziers de volaille.

De l'orge mondé, avec pignons.

Des raisins de Damas & de Corinthe, amandes, pistaches, avelines, amandes de noyaux de cerises.

Boire de fort bon vin clairet & doux.

Se faire froter doucement le corps avec les mains, ou avec des linges environ un bon quart d'heure tous les jours le soir, jusqu'à ce qu'il devienne un peu rouge.

Prendre de l'eau de chapon du fleur de la Violete, tous les matins deux onces.

Pour engraisser un membre trop maigre.

Il faut attirer la nourriture par frictions, en frotant la partie doucement jusqu'à la rougeur, puis laver avec cette décoction tiéde, fleurs de camomille, de melilot, de thim, marjolaine, origan, calament, sommitez d'aneth, de chacun deux ou trois poignées, racines de souchet, d'énula campana, d'aristoloche, de gentiane, de chacun trois onces, cuits en eau & vin blanc.

Ensuite il faut mettre cette emplâtre, de poix navale, & poix Gréque, de chacun quatre onces, terebentine & onguent martiatum, de chacun deux onces, huile d'euphorbe demi-once, huile de sureau une once, graine de senevé, & de roquette, de chacun une dragme, pulveriser & fondre le tout, & en faire un cerat avec un peu de cire, l'y laisser tant que l'on voudra, puis refomenter & continuer ces remédes l'un après l'autre, le membre grossira.

Autre.

Prenez de l'huile de pignons & de noix d'Inde.

Autre.

Prenez de l'eau de chapon décrite par du Chêne.

Autre.

Autre.

Prenez la noix Indique, les pignons & les pistaches nourrissent, engraissent & ôtent les rides.

Autre

Prenez tous les matins un lait d'amandes.

Autre

Faut remplir un Vaisseau plein d'eau, & y jetter
du soufre de pierre, gomme & rhue, le tout ayant
bouilli ensemble, en fomenter la partie, puis la froter de poix fondue, laquelle ensuite on levera avec
l'ongle quand elle sera séche.

Autre.

Prenez du soufre citrin & poivre, de chacun une
quantité égale, pulveriser subtilement, & le passer
par un linge fort subtil, puis le mêler avec du
miel, & s'en frotter.

Pour rendre les Bras, les Fesses & les Cuisses assez grosses & grasses.

Il faut attirer la nourriture par frictions legeres
jusqu'à la rougeur, fomenter avec la décoction de
fleurs de camomille & autres, comme ci-devant ;
puis appliquer l'emplâtre décrite ci-dessus, ou celle-
ci qui est plus simple.

Prenez de la terebentine & martiatum, de chacun
deux onces, graine de senevé & de roquette, de chacun une dragme, pulveriser, fondre, & en faire un
cerat avec un peu de cire.

Autre Cerat.

Prenez de l'huile de pin & de lys, graisse de poules, d'oisons & de canards, de chacun une once,
poix navale trois onces, poix gréque deux onces,
poix resine autant, terebentine demi-once, huile
d'euphorbe autant, huile de sureau autant, lesquelles vous ferez bouillir en un pot de terre vitré,
l'ayant un peu retiré du feu, ajoûtez-y une suffisante

te quantité de cire neuve pour faire un Cerat, étant refroidi l'étendre fur une toile forte, affez large & longue, l'appliquer le foir, & le lendemain matin l'ôter, ou fi l'on veut le laiffer; ayant levé l'emplâtre on lavera la partie avec cette décoction.

Prenez des rofes, abfinthe, ftœchas, herbe à chat, marrubium & fquinanthe, de chacun demi-poignée, les faire bouillir enfemble en vin rouge.   Ce bain attire la nourriture, la retient & fortifie la partie.

Autre.

Prenez un clyftére toutes les femaines, compofé de bouillon de têtes de mouton; & d'une demi-longe d'un petit veau, fort graffe & bien cuite, avec un peu de ris, y ajoûtant de l'huile rofat & de noix, de chacun une once.

Pour amaigrir un corps trop gras.

Prenez du fandarac & polypode, avec eximel.

Autre.

Prenez de l'eau diftilée de polypode, foit de pierre ou de chêne, avec le fandarac.

Autre.

Prenez de l'eau de favinier, en ufer les matins & les foirs.

Pour diminuer les Feffes, ou autres membres trop gros.

Il faut prendre du vinaigre rofat, feuilles ou jus de jufquiame blanc, avec de la fange des auges d'Emouleurs, & en faire un cataplafme. Fomenter avec eau ferrée, vinaigre & fel.

Autre.

Prendre de l'huile de gayac avec un peu d'huile de girofles.

Pour abbaiffer les groffes veines trop enflées.

Prenez de la cire une once & demie, terebentine
trois

trois onces , encens , fénugrec , maſtic , de chacun deux onces & demie , muſc trois grains , diſſoudre la cire & la terebentine dans une caſſolette , puis ajoûter demi-livre d’huile commune , & quand elle commencera à bouillir , jetter le maſtic , l’encens , le fénugrec & le muſc en poudres , les incorporer , & en faire un onguent.

Autre.

Prendre de l’eau où ait été fondu de l’alun de glace , puis s’en laver , & enſuite ſe laver d’eau chaude , & après s’oindre d’onguent de céruſe , ou roſat.

Autre.

Faites des compreſſes ſur le poignet , trempées en eau de millefeuilles , ou eau alumineuſe.

Contre les Gratelles & autres diformitez de la peau.

Il faut faire cuire des racines d’Enula-campana & de patience , dans du vinaigre. Puis quand elles ſeront bien cuites , les battre avec de la graiſſe de conil & de chat , de la terebentine de Veniſe non lavée , de chacun deux onces , huile d’amandes améres & de noix , de chacun une once , benjoin & ſtorax , de chacun trois dragmes , céruſe ſix dragmes , iris & aloés pulveriſez , de chacun une dragme , camphre le poids de demi-écu , muſc trois grains : Le tout étant battu enſemble en faire un liniment , l’appliquer en ſe couchant , & s’envelopper.

Contre les porreaux & Verruës.

Il faut les toucher ſouvent de lait de figuier ſauvage ou de titimal.

Autre.

Les couper doucement , & les toucher d’une goutte d’huile de vitriol , ou d’huile de ſouffre , ou de capitel.

Autre.

Autre.

Il faut expofer à un feu ardent le couvercle d'un vieux pot, ou vaiffeau de terre à l'huile, la graiffe qui dégouttera eft finguliere.

Autre.

Prenez du favon blanc une once, cendres de fayol demi-once, autant de litarge & de chaux-vive, deux dragmes de fel ammoniac, avec autant de vitriol; Vous ferez bouillir le tout jufqu'à la confomption des trois parties de l'eau; puis couler & en toucher les verruës.

Autre.

Prenez des huiles de foufre & d'antimoine, en toucher trois ou quatre fois à divers jours.

Contre les Verruës, Cals & Cors.

Prenez de l'huile de tuile fort bonne, maftic choi-fi, gomme arabique, terebentine, de chacun trois onces, pilez ce qui peut être pilé, & mêlez le tout enfemble, puis diftilez par l'alambic, puis enfuite incorporez cette eau avec demi-livre de cendres de feu, & diftilez derechef par l'alambic; & ce qui coulera le referver dans un vaiffeau de terre bien bouché pour s'en fervir.

Contre les Porreaux & Verruës.

Prenez le fuc de morelle, ou bien de la poudre de faline.

Autre.

Il faut prendre un petit animal vert taché de rou-ge, qui fe trouve en Eté fur les fleurs de chicorée, & en écrazer un avec les doigts fur chaque por-reau.

Autre.

Il faut fe frotter deux fois le jour pendant quin-ze jours, de pourpier pilé, & enfuite l'appliquer en forme de cataplafme.

Contre

Contre les Cors & Cals des piés.

Vous-vous laverez les piés & appliquerez enfuite du lait de figues ou jus de fes feuilles, puis coupe-rez ce qui fe trouvera mort. S'il s'y fait inflamma-tion, faut les oindre d'huile rofat.

Autre.

Prenez de l'huile d'antimoine.

Autre.

Prenez des racines de lys, faites-les cuire jufqu'à pourriture, puis les battez avec de la graiffe, & en appliquez trois jours entiers.

Autre.

Il faut couper les cors au déclin de la Lune, après avoir lavé fes piés dans de l'eau chaude tous les jours matin & foir, & y appliquer des feuilles de lierre pilées.

Vous remarquerez que pour éviter l'inflamma-tion, ou les cancers, il faut après avoir raclé les cors les couvrir de refine, de cire verte, ou d'une lame de plomb frottée de vif-argent.

Autre.

Vous ferez couler par le trou d'une piéce de me-nu cuir une goutte de fouffre fondu, ou les brûle-rez avec la pointe d'un petit fer rouge.

Autre.

Prenez de la fiente de poule, infufée dans du vin-aigre rofat.

Pour les engelures.

Prenez une partie de cire, deux d'huile & trois d'eau de vie, faites-en un onguent, & vous en frottez.

Autre.

Vous prendrez de la cire fonduë que vous mêle-rez avec de la poudre de figues brûlées.

Pour ôter les Rides.

Il faut verfer du vin blanc dans une poële rougie

au

au feu, & en recevoir la fumée quand on va se coucher. Après vous 'prendrez un autre parfum de
myrrhe, & se couvrir le visage d'un linge, puis se
coucher.

Autre.

Prenez de la décoction de racines de coulevrée &
de figues, en parties égales, & vous en lavez.

Autre.

Faites une décoction de fleurs de rômarin, bouillies en vin blanc, puis vous en lavez.

Autre.

Faut prendre de l'eau de la rosée du mois de May.

Autre.

Prenez de l'huile de sesame, ou huile de noix de
pins verts.

Pour ôter les Rides & Fissures des mains.

Prenez du mastic mis en poudre subtile une once,
& fondu en vin rude & astringent, & puis vous en
étuvez. Mais il faut avant tous remedes les toucher de sa salive à jûn, & aussi de graisses de chapon, de canard, de poule, & de coq-d'Inde, bien
nettoyées & lavées en eau rose, & mises ensemble
en forme d'onguent.

Autre.

Prenez de l'huile de froment distilée, ou faite
des grains de froment mis entre deux lames de fer
chaudes.

Autre.

Prenez de la poudre de vernis incorporée avec huile rosat ou de myrtille.

Pour empêcher les Rides des Mammelles, après l'accou-chement, aux Meres qui ne nourrissent pas leurs enfans.

Prenez de la cire neuve quatre onces, nature de
baleine une once & demie, terebentine de Venise

lavée en eau rofe deux onces, huile d'amandes douces & de mille-pertuis, de chacune une once, huile
de maftic & de myrtille, de chacune une once, fuif
de cerf une once & demie. Fondre le tout fur le feu
& y mêler trois grains de mufc, puis l'ayant ôté de
deffus le feu & bien mêlé, y tremper de la toile de
chanvre & l'appliquer. Il la faut porter long-temps
& la retourner fens deffus deffous, jufqu'à ce que les
rides s'en foient allées.

Autre.

Prenez de l'huile de noyaux de pin, ou huile de
terebentine, ou huile de cire.

Pour empêcher les Rides & Fiffures du ventre, après l'accouchement.

Il faut après l'accouchement s'oindre d'huile nardin, puis fe fomenter de cette léxive, que vous ferez comme s'enfuit.

Vous prendrez des farines de féves, de fénu-grec,
d'amidon, de tragacant quatre onces, terra famia,
& ammoniac, de chacun trois onces, maftic, mouel-
le de cerf, de chacun quatre onces : Il faut faire diffoudre le tragacant en lait, & pulverifer le refte,
puis en faire de petites paftilles que l'on fera fécher
à l'ombre, enfuite en diffoudre quelques-unes en
léxive de farment & s'en froter le ventre.

Autre.

Prenez des féves entieres & les ferez cuire dans du
vinaigre, ou bien dans vôtre urine, enfuite les piler & en faire une emplâtre, que vous appliquerez
fur le ventre.

Autre.

Prenez du fperme de baleine, huile d'amandes
douces, de mille-pertuis, & de myrtille, de chacun
deux onces; fuif de cerf une once, cire-neuve quantité fuffifante, en faire un onguent, dont on frotera
le ventre tous les jours chaudement.

Autre

Autre.

Prenez de l'huile de myrrhe, ou de terebentine, ou de noyaux de pin.

Pour ôter les Rides, Noirceur, & autres difformitez du ventre.

Vous prendrez des os de séche, blanche écume de nitre, marbre blanc, amidon, écume d'argent lavée, mastic, encens & cérufe lavée, de chacun une once, une livre de savon commun, dix blancs d'œufs, en jetter une partie dans une léxive faite de cendres de bois de sarment, & ensuite s'en laver.

Autre.

Prenez des oignons de narcisse, en lever l'écorce, les tailler en morceaux & les faire sécher à l'ombre, étant séchez en prendre une once, racines de struthium, farine d'orge & de féves, de chacun six dragmes, farines de couleyrée, de jarrus, du concombre sauvage, de cote toute séche, de chacun quatre onces; Vous ferez le tout desfécher, puis le réduirez en poudre subtile, & le passerez par un tamis, que vous incorporerez avec huile de myrtille, mastic & de coing, & suffisante quantité de ladanum.

Autre.

Vous prendrez de l'huile de cire grasse mêlée avec huile de terebentine également, y ajoûtant de la nature de baleine & du suif de cerf.

Pour effacer les cicatrices du visage, après une playe ou apostume.

Prenez de l'huile de myrrhe, & vous en frotez par tout où il y aura playe &c. Elle est très-excellente.

Pour amollir les duretez de la plante des pies.

Il les faut ramollir avec le lait de figues & autres
N 2 remédes

remédes ci-devant décrits pour les cals, puis fe fervir de ces cataplafmes.

Vous prendrez des racines de concombre fauvage,
cuites jufqu'à pourriture, & incorporées avec terebentine de Venife.

Levain de farine de froment avec du fel.

Racines & feuilles de mandragores, cuites jufqu'à
pourriture en vinaigre.

Autre.

Prenez de l'huile de cire tirée avec jus mufqué.

Pour guérir la froidure ordinaire des piés.

Il fe faut tenir les piés dans une décoction de
menthe, marjolaine, pouliot, laurier, fauge, lavande, rômarin, ftœchas, racines d'enula-campana, Angelique, fouchet, fleurs de camomille, melilot, cuits avec vin blanc ou clairet fort, & un peu
de lie de vin.

Contre la puanteur & fueur des piés.

Prenez de l'alun de roche diffous en eau chaude,
& vous en lavez fouvent.

Autre.

Vous prendrez de bayes ou graines & feuilles de
myrrhe, rofes rouges, feuilles de cyprez, tamarifc,
thym, menthe, marjolaine, bouillis en vin; s'en
étant lavé, les faut-oindre de poudre de litarge fubtilement pulverifée & incorporée avec du miel.

Bain pour la beauté du Corps.

Il faut prendre des amandes douces pelées quatre
livres, pignons une livre, femence de lin quatre poignées, racines de guimauves, & oignons de lys, de
chacun une once, racine d'enula-campana une livre
& demie; Le tout coupé, haché & pilé bien menu,
en faire trois ou quatre fachets, & dans chacun mettre auffi une poignée de fon.

Ayant

Ayant bien préparé l'eau pour le bain, prife proche la roué de quelque Moulin, en prendre pour faire bouillir ces fachets : Puis s'affeoir dans la cuve fur l'un de ces fachets, & des autres s'en froter le corps. On peut mettre une livre de rofes dans le bain, ou des eaux de fenteur, ou de l'huile d'afpic environ deux onces, ou du mufc, de l'ambre, civete, benjoin, ftorax, & fleurs d'oranges : Il faut demeurer dans le bain trois heures.

Autre.

Vous prendrez de l'eau de riviere courante, la ferez chauffer, & y mettrez une bonne poignée de fel étant fondu, vous ôterez l'eau de deffus le feu, fans avoir bouilli, puis y mêlerez du miel blanc fix livres, alun de roche pulverifé une livre, lait d'âneffe fix pintes ou plus, le tout mêlé & un peu plus que tiéde, puis s'y baigner. On y peut ajoûter des fenteurs, comme il eft dit ci-devant.

CHAPITRE V.

Pour refferrer & raffermir les parties naturelles trop relâchées & trop molles.

IL faut prendre de l'alun friable, des galles vertes, de chacun une once, puis les broyer & les faire cuire dans une livre de vin fort couvert & rude, s'en fomenter la partie & mettre dedans un linge trempé en cette décoction.

Autre.

Faire un bain en eau ferrée, où l'on mettra un fachet plein de rofes rouges, de farines de féves, d'avoine, d'orobe, de lupins, de gland, noix de cyprez & de galles, cloux de girofles, alun de roche & fel commun, le tout bouilli enfemble, puis fomenter les parties avec une décoction de rofes rouges, écorces de grenade, noix de cyprez & de galles, balauftes, myrtilles, berbaris, alun de roche & fel commun bouilli en gros vin.

Pour rendre puiffant à engendrer , & faciliter l'érection & le coït.

Vous prendrez de l'huile de noix & d'avelines, dont vous froterez la partie.

Autre.

Prenez de l'huile fort vieille & huile de noix, de chacune deux onces, huile de pignons ou d'avelines, trois onces, civete deux dragmes, de la queue & des reins de ftinx, cendres de membres de taureau & de cerf, de chacun demi once, femence de bulbe & d'oignons, de chacun deux dragmes avec un peu de cire. Faire un onguent dont on oindra les reins, l'entre-feffon, le côté des iles, les aînes, & le petit ventre.

Autre.

Prenez de l'huile de caftor & de noix d'Inde, de chacune une once, huile mufcatelle demi-once, d'euphorbe un fcrupule, aliptæ mofcatæ une once & demie, un peu de cire, & faire un onguent pour s'en froter le membre, le pénil, l'entre-feffon, l'échine, les reins, & la plante des piés.

Autre.

Prenez de l'huile pipetibus, de croco, & coftini, de chacun une once, ftorax, calamite, cofti caryophyllorum, poivre blanc & noir, canelle, de chacun demi-dragme, étant bien pulverifé mêlez le tout, & avec un peu de cire faites-en un onguent.

Les onguens ayant demeuré fix heures fur la partie, vous la torcherez d'un linge chaud.

On peut en oindre la femme, pour la difpofer à la génération.

Autre.

Il faut prendre des membres de Taureau & de
Cerf,

Cerf, testicules de Renard, & chair de Loutre, de chacun trois dragmes conserve d'éryngies demi-dragme, écorce de citron, gingembre vert, de chacun une once, poudre diamoschi doux, & diambraæ, de chacun un scrupule, avec du miel, dans lequel on ait dissous une dragme de cantharides entieres, auparavant macerées dans du lait, puis en faire une opiate, & en prendre gros comme une noisete, puis boire un peu de bon vin, ou de la malvoisie.

Autre.

Prenez des noix de pin, amandes douces, de chacun deux onces, satyrion une once, semences de roquetes, d'orties, nasturce ou cresson de jardin, de chacun une once & demie, raclure de membre de cerfs un scrupule, syrop de menthe & de sucre en suffisante quantité; Faire une opiate & en prendre une dragme, après boire un peu de vin le matin ou le soir, ou une heure avant dîner ou souper.

Autre.

Prenez pic, oiseau, cuit & mangé. Parfum de la dent d'un homme mort, reçû aux parties genitales. Pierre de béril portée sur soi, ou du Corail, ou de la pierre d'aimant. Poudre des petits d'hirondelle pris au mois d'Août dans le nid, que vous mettrez dans un pot neuf au four, jusqu'à ce qu'ils soient réduits en cendres. De cette poudre en prendre le poids d'un demi-écu, avec eau ou décoction d'armoise.

Autre.

Les Spagiriques ou chimiques recommandent le sang de Satyrion, des éringies, le castoreo, les Sels & essences de corave, les extraits de membres de Cerf & de Taureau, & leurs sels pour en user avec les viandes, le vinum pessolatum, le syrop de vino generoso.

Autre.

Vous prendrez une dragme par dose une heure avant le repas.

Testi-

Testicules de Renard, testicule ou racine de cynosonchin, testicule droit d'un porc séché à l'ombre, raclure d'yvoire, sezelis, matrice de leuvrete séchée & son coagulé, de chacun trois dragmes, sucre la moitié du poids de tout cela, puis réduire le tout en poudre.

Autre.

Prenez de l'eau de squine.

Autre.

Vous avallerez une douzaine de grains de castoreum, avec de la conserve d'éryngium, ou d'anthos, deux fois la semaine.

Viandes propres pour donner ou augmenter la puissance d'engendrer.

Chairs jeunes & grasses.

Mouton, Pigeonneaux, Perdreaux, Etourneaux, Passereaux, Faisans, Cailles.

Chapon au Ris.

Rognons de Coq.

Moëlle des os.

Artichauts, Pois-chiches blancs, Féves fraisées cuites avec de bonnes viandes.

Carottes, Chervis, Raves, Oignons & Navets.

Persil, Sariete, Roquete, Menthe, Pouliot.

Amandes douces, Avelines, Pistaches, Pignons, Jujubes.

Sébestes, Marons, Châtaignes.

Dattes, Raisins de Damas sans graine.

Aux, Porreaux, Ciboules.

Et Huîtres.

Viandes dont il faut s'abstenir.

Bœuf, Porc, tripailles de Mouton, & de Veau.

Epiceries en quantité qui échauffent, mais qui desséchent, comme Girofles, Saffran, Poivre, Muscade, Canelle, Gingembre, Anis, Cumin.

Herbes

Herbes froides, comme Laituës, Pourpier, Chicorée, Melons, Concombres, Pommes, Poires, Cérifes, & autres fruits en quantité.

Pour rendre un corps incorruptible.

Il faut faire fondre du fel commun, & étant froid le mettre en un lieu humide pour le diffoudre, puis le filtrer tant de fois qu'il ne rende plus de feces; enfuite le digérer deux mois en fient de cheval, puis le diftiler à feu violent, & féparer le flegme de la liqueur onctueufe: Vous réferverez cette huile pour en oindre les corps, & infailliblement ils demeureront fans corruption pendant plufieurs fiécles.

CHAPITRE VI.

Pour avoir beaucoup & de bon lait.

IL faut boire du vin où l'on ait fait tremper du fenouil. Manger des pois-chiches, & fe laver de leur décoction. Manger des laituës & de la roquette, des amandes & des raifins de Damas. Remede très-excellent.

Pour rendre & diffiper le lait caillé dans les mammelles.

Prenez des lentilles bouillies dans la faumure, menthe & ache verts battus & appliquez, du lait, de la mie de pain de chapitre & un jaune d'œuf, en faire un cataplafme, les faifant bouillir & cuire comme de la bouillie.

Pour faire perdre le lait des mammelles.

Prenez des feuilles de buis, creffon, pervanche

& fauge bouillies en urine & vinaigre, avec des ro-
fés, & un peu de noix mufcade.

*Pour rendre fort, & néanmoins d'un teint délicat un
enfant nouveau-né.*

Il faut le laver en eau ferrée, & vin un peu chaud,
étant effuyé, laver dérechef tout le corps avec de
l'eau de vie rectifiée, y trempant un linge fin.

Pour guérir la palpitation de cœur.

Prenez des fleurs de bourrache, de buglofe &
d'Anthos, trempées dans la malvoifie.

Pour guérir le tinteüin ou brouillement d'Oreilles.

Il faut couler dans l'Oreille de la graiffe d'anguil-
le rôtie, reçue fur des feuilles de laurier, & tiéde.
Autre.
Prenez du fuc de rhue cuite dans une écorce de
grenade.

Autre.
Vous prendrez de la rhue & marjolaine que vous
mettrez bouillir dans du vin & de l'huile d'amandes
améres jufques à la confomption du vin, puis les
exprimer & couler, & enfuite en mettre dans l'oreille & la boucher avec un peu de coton mufqué.
Autre.
Prenez des œufs de fourmis concaffez & infufez
dans le jus d'oignon.

Pour guérir les douleurs d'oreille.

Prenez de l'huile rofat.
Vous pouvez prendre l'emplâtre de poix de Bourgogne, car elle attire les eaux qui caufent ces douleurs.
Secret pour le mal de Sein.
Prenez des feuilles ægrimonii, malvarum, altheæ,
senecii

senecii en suffisante quantité, faites-les bouillir en eau dont vous ferez un cataplasme ; & sur une livre il faut ajoûter axungiæ porci masculi, & butyri recentis, de chacun deux onces, les mêler & étendre sur des étoupes, & les renouveller par deux fois.

Secret pour faire du Vin artificiel.

Faut prendre un pain sortant du four, le tremper en du fort vinaigre, puis le laisser & le garder ; pour faire du vin sur le champ, il ne faut que tremper un morceau de ce pain dans un verre d'eau, & il lui donnera la couleur & le goût du vin.

CHAPITRE VII.

Plusieurs & différens secrets bons & nécessaires en la maison d'un chacun.

Secret admirable pour chasser les Taupes hors des Prez & Jardins.

PRemierement si les Taupes gâtent vos Prez ou Jardins, Prenez la peine de vous lever de bon matin, & vous en allez où les Taupes sont, & comptez combien il y a de Taupiniéres, puis prenez autant de noix comme il y a de Taupiniéres, & les faites bouillir dans de la lessive, avec du sel commun une poignée ; & une once de couperose l'espace de demi-heure, puis avec un pic fichez dans chaque Taupin une noix ; assûrez-vous que jamais Taupes ne demeureront dans vos Prez ni Jardins.

Secret éprouvé, pour faire mourir les punaises, les puces, & autres espéces de vermines importunes.

Si vous avez des punaises, Puces, ou autres ver-

mines

mines qui vous importunent, prenez de la ciguë quatre poignées, d'hiébles quatre poignées, de rhue deux poignées, faites des petits fagots de toutes ces herbes mêlées ensemble, & en mettez un fagot sous le chevet du lit, je vous assûre pour certain que la vermine à l'odeur de ces herbes, ne manquera de crever, oignez aussi le dossier du lit d'huile d'aspic.

Secret merveilleux pour pouvoir s'éveiller la nuit à telle heure que l'on voudra.

Prenez autant de feuilles de laurier que vous avez envie de dormir d'heures, & les enveloppez dans un linge bien délié, & le bandez droit sur la fontaine de la tête, & vous couchez sur le côté gauche & la tête fort basse, & sans doute vous serez éveillé à l'heure que vous désirez.

Secret admirable par lequel vous pouvez prendre une quantité de Rats & de Souris.

Prenez telle quantité que vous voudrez de vieux contrats de parchemin, d'un côté frotez-les de glu, & les étendez aux places par où passent les Rats & Souris, & que lesdites feuilles de parchemin ne soient attachées à rien, lesdits rats passant par dessus, s'engluëront, de maniere qu'ils mettront en un rouleau ladite feuille de parchemin, ainsi viendrez à prendre tous les Rats & Souris de vôtre logis, avec un très-grand plaisir.

Secret pour faire paroître un quartier de Mouton rôti, plein de vers.

Prenez des cordes de Luth, & les tranchez menu en forme de petits vers, & quand le quartier rôti sera tiré de la broche tout chaud, mettez dessus lesdites cordes coupées, puis les couvrez d'un autre plat,

&

& à la chaleur les cordes se mettront en forme de petits vers.

Secret pour ôter toutes taches d'encre répanduë sur le parchemin, papier ou livre.

Prenez une pierre calaminaire, du sel commun, alun de roche demi-once, faites le tout bouillir avec du vin blanc dans un pot neuf demi-heure, & de ladite eau lavez la place que vous voudrez, & les taches s'en iront.

Secret inestimable pour ôter le poil de quelque partie du corps que ce soit sans aucune douleur.

Prenez les écailles ou coques de cinquante œufs, & les mettez brûler dans un pot, à feu de charbon qu'elles soient calcinées, & les distilez en la chapelle à bon feu de charbon, & de l'eau que vous tirerez lavez la partie d'où vous voudrez l'ôter, & il tombera sans douleur.

Secret favorable aux Dames pour faire leur visage beau.

Prenez de la graine de persil, & graine d'ortie, des amandes de noyaux de pêches, faites-les bouillir ensemble, & de ladite eau il faut s'en laver le visage.

Vrai secret pour prendre toutes sortes d'oiseaux avec la main sans autre instrument.

Prenez du fiel de bœuf & de l'ellébore blanc, puis prenez du millet & autre grain, & les faites bouillir dans ledit fiel, & les semez où il y a des oiseaux que vous désirez prendre, & quand ils auront mangé ils tomberont morts dans demi-heure, lors vous les prendrez à la main.

Secret

Secret pour faire paroître un chien ou un cheval tout vert.

Prenez deux livres de capres & les pilez bien menu, puis les mettez à diſtiler en alambic, & l'eau que vous tirerez diſtilez-la derechef, & de l'eau de la ſeconde diſtilation, mouillez le chien ou le cheval, il ſemblera vert à ceux qui le regarderont.

Secret pour faire une chandelle qui ne s'éteindra jamais au ſoufler.

Prenez du ſouffre & le pilez bien menu, & une mêche de chanvre, avec un linge bien délié, & le couvrez dudit ſouffre, & enveloppez vôtre mêche dedans, de la longueur d'une chandelle, & le couvrez de cire blanche, & en faites une chandelle & l'allumez; étant allumée, faites-la éteindre par vôtre valet ou chambriere, & qu'il ne boive ou mange, qu'il n'ait eteint ladite chandelle à force de ſoufler, & vous aurez un grand plaiſir.

Secret merveilleux pour faire danſer & ſauter une bague dans une chambre, ſans qu'aucune perſonne y touche.

Faites faire un anneau de laiton qui ſoit creux, mettez-y dedans un anneau du ſel vitré, ſouffre, vif-argent, autant d'un que d'autre, étoupez bien les trous où vous aurez mis les ſuſdites drogues, puis vous mettrez votre bague près du feu, & vous verrez avec plaiſir qu'elle ſautera & danſera en la place où elle ſera miſe.

Secret pour faire cuire un œuf ſans feu.

Prenez de la chaux vive en telle quantité qu'il eſt beſoin, où vous enterrerez un œuf l'eſpace d'un quart d'heure, & il ſera cuit.

Il peut auſſi ſervir pour faire chauffer de l'eau la

mettant

mettant dans une bouteille de terre bien bouchée.

*Secret pour empêcher une personne de dormir & afin
d'avoir meilleure place au lit.*

Prenez de l'alun de plume en poudre, & en mettez en la place où couche la personne, vous verrez
qu'elle ne pourra reposer, & sera contrainte de se
lever.

Secret pour prendre des Corneilles.

Faites force cornets de papier, & les mettez l'hyver sur du fumier, & au fond des cornets vous y
mettrez de la chair hachée & qui soit maigre, & qu'au
haut les cornets soient oints de glu, & vous ne
manquerez de prendre des Corneilles.

*Secret fort joli pour faire brûler une chandelle dans
un seau plein d'eau.*

Prenez un seau plein d'eau, & laissez reposer
l'eau, puis allumez une chandelle & prenez une
grosse éguille à coudre, & la faites un peu chauffer, & la fichez droit au bas de la chandelle, environ la longueur du quart de l'éguille dans le seau
d'eau, & vous aurez un extrême plaisir.

*Secret pour abbatre d'un coup d'arquebuze un oiseau
tout plumé & tout vif.*

Prenez une arquebuze, & la chargez sans balle,
& au lieu de la balle mettez-y une once de limaille
de plomb, puis tirez sur vôtre oiseau, & sans doute il tombera à bas tout plumé & encore vif.

Pour faire brûler une chandelle dans l'eau.

Prenez demi-livre de cire, deux onces de soufre,
& autant de chaux vive, une once de terebentine
de

de Venife, incorporez toutes ces chofes enfemble, & en faites une chandelle & l'allumez, & la mettez dans de l'eau, elle brûlera auffi bien dedans que dehors.

Secret pour faire une mêche qui durera toûjours fans s'ufer dans une lampe à huile, & toûjours brûlera.

Prenez de l'alun de plume en grande piece, puis le taillez en forme d'un bout de mêche, & la mettez dans la lampe pleine d'huile, & vous verrez qu'elle ne fe confumera jamais.

Secret pour faire mourir les mouches en Eté.

Prenez un linge blanc & le mouillez de jus de pingivelle, ou jus de piment royal, & mettez le linge à l'endroit où les mouches viennent, elles ne manqueront de fe mettre deffus le linge, & elles mourront; Il faut mouiller le linge de fix jours en fix jours.

Secret très-excellent pour ne fuer jamais aux piés en Eté, quand vous cheminez.

Prenez une douzaine de grenouilles des plus vertes, & les tuez, & les faites fécher au four, en forte qu'elles fe puiffent pulverifer, & étant bien pulverifées paffez-les au tamis, & de cette poudré mettez-en plein la coquille d'une noix en vos chauffons, aux bas de chauffes, & enfuite vous chauffez, je vous affûre que vous ne fuerez jamais.

C H A.

CHAPITRE VIII.

Discours très-excellent de la Chasse, pour facile-
ment prendre toute sorte de Gibier & Oiseaux,
pendant les quatre Saisons de l'Année.

L'Année étant composée de quatre Saisons, nous commencerons par le Printemps, durant lequel temps la saison est morte pour la Chasse, d'autant que les Oiseaux se retirent tous pour faire leurs petits ; durant ce temps, l'on ne trouve rien aux rivieres; Le gibier est caché dans les grands Marais & Etangs, se tenant dans les herbes.

Vous trouverez depuis les quatre heures du matin, jusqu'à neuf heures la Tourterelle, & le Ramier qui chantent sur la branche, à quoi vous pouvez tirer. Cette heure passée, ils vont prendre une gorgée d'eau, & se retirent sur les arbres, jusqu'à trois heures du soir, qu'ils vont paître aux semailles jusqu'à cinq ou six heures, où ils vont chanter une heure sur les branches féches des arbres les plus prochains de quelque rivage, & de là se perchent jusqu'à l'aube du jour.

Vous pouvez aussi à l'aube du jour aller au bois, ou garenne jusqu'à dix heures du Soleil, où vous verrez le Liévre & le Lapin, venant au rivage du taillis, ou bois, qui a mangé toute la nuit & se retire dans le fort. Vous pouvez aussi y aller à Soleil couchant, & vous mettre en embuscade à vingt pas du bois, & le verrez sortir pour paître en quelque pré ou avoine, qui commence à croître.

Vous avez aussi en cette saison le Chevreuil & la bête Fauve, qui commencent à manger le bour-geon, aufquels vous pouvez tirer dans les jeunes taillis, le matin & le soir; Au haut du jour le tout se retire aux forts des Forêts.

L'ETE'.

L'E T E'.

La saison de l'Eté vous n'avez que les susdites chasses, & sont les oiseaux empêchez à leurs petits, & cachez aux lieux les plus inaccessibles: même les grains sont elevez sur la terre; tellement qu'on ne chasse ni à Liévres, ni à Perdrix. Il vous demeure hors la chasse susdite, la chasse de la caille, avec le Chien couchant, & tirasse au long des prez, & il y fait bon à la plus grande chaleur du jour, d'autant qu'elles attendent mieux.

L'A U T O M N E.

L'Automne est la plus belle saison de l'année pour la Chasse : car les Oiseaux ont fait leurs petits, & sortent des lieux forts, s'épandant par les Marais & Etangs, avec leur volée de l'année; les jeunes n'ont point encore été battus, ni d'arquebuses, ni des tendeurs; tellement qu'encore qu'en cette saison il n'y en ait si grande quantité qu'au fort de l'Hyver, où ils viennent ici des régions les plus froides , ce qu'il y a n'est pas battu, & la saison douce aux champs, qui rend la Chasse aussi plaisante qu'au froid, bien qu'on n'en puisse tant abbatre, mais c'est avec beaucoup moins de peine , & en une saison plaisante.

Au mois d'Août vous trouverez la Tourterelle & le Ramier aux grains coupez, qui mangent le grain, se perchent soir & matin , & sont déja en troupes.

Vous trouverez aussi les Perdreaux, lesquels vous ne pourriez tirer à l'arquebuse , pour être dans les chaumes , ou aux prez le long de quelque ruisseau à la chaleur du jour. Il faut donc les avoir avec la tirasse, le Chien couchant, ou l'Oiseau.

En la même saison vous irez aux plus grands Etangs ou Marais, où arrivant ne verrez un seul Oi-

seau :

seau : mais allez à quatre heures du matin précisément, ou plûtôt encore, & vous verrez partir des joncs & herbes, tout le gibier du Marais ou Etang, qui se jettera en quelque charme, ou blé Sarasin à la mangeaille. Là vous irez faire vôtre chasse jusqu'à neuf heures, qu'ils retourneront à l'eau, & se mettront au rivage a grenouiller jusqu'à midi, puis se retireront au fort de l'Etang ou Marais jusqu'à quatre heures après midi, d'où ils répartent tous d'une volée pour aller aux grains, comme dessus est dit, jusqu'a la nuit fermée, ils sont en grande troupe, & jeunes point battus, où l'on fait de beaux coups dans les grains, par où ils passent tous en un monceau.

Vous avez aussi le Heron au soir & au matin, le long des rivages.

Vous avez la bête Fauve, comme le Cerf qui est en venaison, qui vient aux grains, il sort au coucher du Soleil, des taillis, & il fait bon le guetter dans quelque jeune taillis, à vingt pas du fort où il est, se mettant au bas ou au dessous du vent, de peur qu'il ne vous sente.

Vous pouvez chasser la Bête noire avec un abbayement, & la trouverez au haut du jour en quelque fort hallier, où il y a des sources de fontaines dans lesquelles elle se touille. Quand les grains & les raisins sont bons, vous ferez des loges dans la vigne ou blé où elle vient paître, où vous ne faudrez de tirer à demi-heure du Soleil couchant.

En la fin de cette même saison, comme l'on fait les semailles, vous avez la Grue & l'Oye sauvage qui viennent, il fait bon les tirer ; car elles n'ont été effarouchées, elles décendent aux grandes plaines découvertes, où il y a quelques grands Marais ou Etangs, pour se retirer la nuit.

Lesdits oiseaux vont à grandes troupes ; partant de leur couchée dès l'aube du jour, & vont aux semailles aux plus grandes campagnes, & se paissent

à la

à la vûë des Laboureurs : tellement que pour y tirer, il eſt mal-aiſé d'en approcher, ſi vous ne prenez une charruë, qui eſt le meilleur, ou bien une charrette, & vous mettre derriére, & feindre de paſſer chemin, faire mener ladite charruë, ou charrette au Laboureur ou chartier, parlant tout haut, paſſant auprès vous y tirerez de bien près ; vous n'en approcherez jamais ſans cela, & encore à grand' peine.

Elles mangent juſqu'à midi, & à midi elles s'en vont boire aux Marais & Etangs, & n'en bougent juſques à trois heures qu'elles en partent & vont à la mangeaille aux plaines, Il y faut aller au matin & au ſoir pour y tirer : car avant jour vous ne trouveriez rien à la plaine, elles ſont au milieu des eaux, d'où vous ne ſauriez approcher. Le ſoir aſſez tard elles ſe retirent à leur couchée : les Oyes aux grands Etangs ſe mettent au lieu le plus mal-aiſé à approcher, la Gruë au milieu des Marais.

Vous avez aux Etangs quantité de poules-d'eau, Beccaſſines & autres ſortes de menus Oiſeaux, que vous tirerez le long du rivage où ils ſe trouvent.

L'Outarde en cette ſaiſon, mais en peu de lieux en France, ſe tient ordinairement aux grandes plaines, qui ſont pierreuſes.

Vous pouvez tirer à l'Oye ſauvage, aux grands Etangs, en cette maniére : il faut prendre une nacelle, l'armer de joncs d'un bord à l'autre, la mettre au lieu de l'Etang, où les Oyes viennent boire au haut du jour, la laiſſer-là trois où quatre jours, juſqu'à ce qu'elles ayent accoûtumé de la voir & qu'elles ne s'en effrayent : puis lors qu'elles ſeront allé paître, vous mettrez dedans trois ou quatre arquebuſiers, leſquels tireront tous enſemble, quand elles reviendront auprès de la nacelle, ce qu'elles ne faudront de faire juſqu'à ce qu'elles ayent été battuës, & ferez un beau coup.

La même façon ſert auſſi à les tirer la nuit, quand la Lune luit.

Si

Si vous voulez auſſi avoir du plaiſir, mais ne le faites qu'un coup le ſoir, il ſe faudra cacher derriére un faux, ou une butte, en l'endroit de l'Etang, par lequel elles reviennent troupe à troupe; & venant bas comme elles font, vous tirerez en volant pluſieurs coups; mais elles ne reviendront plus à l'Etang.

DE L'HYVER.

Il reſte à parler de la derniére Saiſon de l'année, qui eſt l'Hyver, en laquelle abonde quantité de gibier, & les Oiſeaux paſſagers venus des régions froides. Les Marais ſont pleins, les Eaux & Rivieres débordent le plus ſouvent en ce temps-là.

Quand le temps ne ſera de gelée, vous trouverez le gibier aux grands Marais & Etangs. Quand le temps eſt à la gelée, il quitte leſdits lieux, & vous le trouverez aux grandes Riviéres & Ruiſſeaux de Fontaines, & aux Etangs gelez, où il y a des ſources de Fontaines, il ſera la comme l'un ſur l'autre.

Quand il gele fort aux grandes Riviéres, il s'y fait grande tuérie d'Oiſeaux; ſi l'on ſe met dans une nacelle, habillé d'une robe de Paiſan, vous tirerez tout le jour, à toutes les heures, cette Chaſſe eſt bonne & la plus aiſée, d'autant qu'aux Marais ou Etangs gelez, la glace ne poîte pas, & aux eaux débordées il y a des ſources où l'on enfonce: s'il commence à dégeler, retournez aux Etangs & Marais; Car les Oiſeaux quittent la Riviére.

Vous trouverez aux Païs où il y a beaucoup de Poiriers, grande quantité de Bizets & de Ramiers, il y fait bon à toutes les heures du jour.

Vous trouverez les Pluviers & Sarcelles aux païs où il a plû, lors qu'il dégele.

Quand il a négé vous trouverez toute ſorte de gibier ſur la grande riviére; ou ſur la terre près de là.

Vous pouvez tirer ſur la nége aux Perdrix que
vous

vous voyez de loin; tournoyez les , & tirez en les tournoyant.

La nuit quand les Ramiers font perchez, vous y pouvez aller au charivari, & les tirer avec l'arquebufe, ou arbalete.

Le temps étant à la pluye , il ne fait pas beau chaffer : car outre l'incommodité, le gibier eft tout épars , & non affemblé , à manger le ver qui fort de terre quand il plût.

Voila la fin pour laquelle l'on trouve le gibier & le temps d'y chaffer. Nous décrirons à cette heure bien amplement la maniére de charger l'arquebufe pour tirer à toutes fortes d'oifeaux, ou animaux, & le moyen auffi comme il les faut approcher.

Il faut que l'arquebufe de laquelle vous voulez tirer, ayant un cheval, jument ou bœuf qui chevale , foit feulement de trois piés & demi de longueur.

Si vous tirez fans cheval, il fuffira qu'elle foit de quatre piés de Roi, & que le calibre du canon faffe vingt-deux balles en la livre : car fi vous ufez de canons plus grands, il faut qu'ils foient proportionnez de fer & de calibre, comme dit eft, pour tirer furement : car s'ils font légers & longs , ils font imparfaits.

Vous aviferez à tirer d'une même forte de poudre , la faire l'Eté , & la conferver en un vaiffeau de cuivre, qui la tienne feche.

Vous uferez de trois fortes de dragées, pour tirer à tous animaux, de celle dont il entre trois de calibre à vôtre canon, de celle dont il entre cinq à cinq, qui eft fort menué, que mêlerez parmi de la larme, autant de l'une que de l'autre. Le nombre fera décrit plus amplement ci-après de chacune, & en quelle forme il les faudra mettre.

Vous tirerez de la dragée dont il entre trois à trois, aux Oyes : De celle dont il entre quatre à quatre, aux Canars : de la plus menue mêlée avec la larme, aux Sarcelles, Pluviers, Ramiers, Ramerets,

rets, Bizets, & autres menus Oiseaux : Aux Gruës, Outardes, Cignes, vous aurez une charge à part, que nous décrirons tantôt : Si vous avez une bête à chevaler, la larme mêlee est le meilleur tirer, quand vous pouvez approcher : Si vous n'avez point de cheval, non : car il faut tirer de plus loin.

Vous porterez toûjours l'arquebuse chargée de poudre, & ne mettrez la dragée que vous ne voyiez le gibier auquel vous voulez tirer : car s'il est amoncelé ensemble, vous chargerez à un lit, s'il est posé en une longue file, comme le plus souvent on le trouve ainsi, vous chargerez à deux lits ; car cette charge fait une traînée longue & étroite. Si vous tirez à troupe sur la branche, à un lit : si vous tirez à trois ou quatre Canars, à un lit : si le nombre passe chargez à deux lits, & prenez toûjours le rang en long : car si vous tirez de travers, vous n'en tuerez guéres.

Pour tirer aux Liévres, Conils, Renards, vous userez de la dragée dont il entre trois à trois ; Pour tirer aux Bêtes Fauves, vous chargerez de deux balles justes ; Faut avoir deux balles par un fil d'archal, de quatre doigts de long qui joint les deux balles, cela fait une grande ouverture : mais il faut tirer de près, cela s'appelle une balle ramée. Si vous avez chargé pour le Liévre, & que vous rencontriez un Chevreuil, ne laissez à le tirer de ladite charge, car vous le tirerez de dragée.

Vous bourrerez ordinairement de bourre, mais quand vous viendrez à tirer aux Oyes, Grues, ou Cignes, au lieu du tappon de bourre que vous mettez après la poudre, mettez-y un tappon fait en cette maniere, car il porte beaucoup plus loin que la bourre.

Prenez une cuillier, & mettez dedans les trois parts de suif, & une part de cire, faites-les fondre, & trempez dedans une piece de vieux drapeau que vous en tirerez soudain, elle devient froide comme toile cirée, coupez-la par petits morceaux,

ceaux, comme il faut pour un rapport, pour mettre
au lieu de bourre après la poudre: car après la dragée il ne faut mettre que le tappon ordinaire de bourre. L'arquebuſe ſera un peu plus rude, car cela retient la force de la poudre, & la rend plus violente, mais on tire bien plus loin. Et ſi vous mettez à
des piſtolets un ſemblable tappon, il n'y a corps-
de-cuiraſſe que vous ne perciez.

Pour tirer aux Canars, & à tous moindres oiſeaux, vous mettez le poids de quatre dragées, de
celle dont il entre trois à trois, & que la poudre ne
peſe pas tant que les quatre dragées: mais que le
plomb l'emporte plûtôt un peu à la balance.

Si vous tirez aux Canars quand il ne géle point,
parce qu'ils n'attendent de ſi près que quand il fait
froid, & qu'il faut tirer de plus loin, mettez vingt-
ſept dragées de celle du calibre de trois, quinze après
la poudre, & bourre deſſus, & puis douze, & un
peu de bourre deſſus pour les retenir; s'il géle, ils
attendent de plus près.

Sur la même charge de poudre, mettez quarante
trois dragées de celle dont il entre quatre à quatre
(qui peut être la péſanteur de deux balles) ſavoir
vingt-quatre au premier lit, & le ſurplus en l'autre
couche.

Si vous tirez aux Bizets ſur branche, de même
charge de poudre, mettez des larmes en un lit le
poids de trois balles, quaſi point du tout, & ferez
faire une charge de fer blanc qui tiendra juſte le
nombre qu'il en faut, afin que n'ayiez la peine de
compter.

Si vous tirez à terre, ou ſur l'eau aux Sarcelles,
aux Pluviers dans les prez, ou aux Bizets & Ramiers,
vous chargerez de larmes & menuë dragée le poids
de deux balles, & aurez des meſures de fer blanc,
contenant le tout.

Pour tirer à l'Oye, il faut mettre le poids d'une
dragée de trois (plus qu'à tirer aux Canars) de poudre,

dre, & enfuite faire vôtre tappon après la poudre, du drappeau ci-devant déclaré; puis faire un fer qui coupera dans un feutre de petits ronds du calibre de vôtre canon; & après le tappon vous mettrez dans un linge trois dragées de celles du calibre de trois, & faire une plate-forme du lit de feutre, puis trois dragées deſſus, continuant ainſi juſqu'au nombre de dix-huit, entre chacune trois une plate-forme, puis les couler à fond toutes enſemble & les bourrer deſſus, y mettre après cinq poſtes d'un coup de la groſ-ſeur d'un pois, & les bourrer encore deſſus; de cet-te charge ferez un beau coup de loin.

Pour la Grué, Cigne, Outarde, il faut mettre même charge de poudre, & de la dragée qui entre deux à deux, vous en mettrez huit pour ſix, bourre entre les deux couches, & trois poſtes pardeſſus; aux groſſes bêtes, la charge de poudre ordinaire, & deux balles.

L'on peut avoir une arquebuſe particuliere pour les Oyes & les Grues, parce qu'elles n'attendent de ſi près qu'un canon de quatre piés puiſſe porter juſ-qu'à elles, & d'une portant une once de balles, vous en ferez quatre meurtres avec les charges ſuſ-dites.

Faut noter qu'en Eté les Oiſeaux vont ſeuls, ou deux enſemble pour le plus, que la poudre eſt plus ſéche & conſéquemment plus forte qu'en Hyver; il n'en faut donc pas tant mettre qu'il eſt dit, & met-tre auſſi un peu moins de cette menuë dragée; il faut recharger ſoudain après avoir tiré, parce que ſi on eſt long-temps à recharger de poudre & de bour-re, le canon ſe rend humide & relant, enſorte que la poudre ne pouvant couler, s'attache de côté & d'autre à cette humidité, ce qui fait qu'elle chifle, & eſt longue à prendre feu; mais chargeant ſoudain le canon étant encore chaud, elle coule ſeche au fond, & en fait un meilleur coup.

Quand vous tirerez à quoi que ce ſoit, il ne faut

pas décendre de cheval à la vûe du gibier, s'il eſt poſſible, il faut tâcher d'aller derriere quelque haye, buiſſon, arbre, ou vallon, & y laiſſer ceux qui vous ſuivent; car rien ne fâche tant un bêtail quand il voit un tireur, que de voir auſſi des gens qui ſont arrêtez, cela le met en ſoupçon, & ne manque jamais de le faire partir.

Quand on voudra tirer à quelque gibier que ce ſoit, il faut toûjours gagner le vent, & n'aller droit à la chaſſe, mais comme ſi l'on vouloit paſſer à trois cens pas au côté, & lors que l'on ſera au droit où eſt le gibier, l'on paſſera outre, car quand on l'aura outrepaſſé, il ne ſe déffiera plus, lors en tournant de long, commencez à le rapprocher en tournant, quand vous ſerez à la portée, ayant le chien baiſſé l'on ira droit à choiſir le rang, ou le monceau le plus ſerré; & combien qu'il commence à partir, il n'y a pas danger de tirer lors qu'il ſe leve, ſi ce ſont Oyes ou Gruës, ou autre menu gibier en grande troupe.

Si l'on veut tirer aux Vanneaux & en tirer quelqu'un, l'on aura deux arquebuſes chargées : car quand ils en voyent quelqu'un mort, tous retournent ſur lui, volant ſur vôtre tête, & l'on fera un plus beau coup en l'air, que l'on n'aura pas fait à terre.

Les Mouetes ſont de même nature.

Il faut tirer l'Hyver au long des hayes aux Gruës & aux Merles, avec de la menuë dragée, groſſe comme une tête d'épingle, la moitié de la charge de poudre que lon met pour les Canars : ou ſi l'on veut l'on y peut mettre une poignée de petits pois, cela eſt bon pendant la nége, aux petits Oiſeaux qui vont enſemble.

L'on pourra tirer la nuit aux Ramiers au feu, quand il fait un froid noir : on les trouvera en un ſoit ſur de petits arbres perchez bas, & il y faut aller avec des tabourins, des chaudrons, & des poelles, menant grand bruit, vous leur mettrez l'arquebuſe contre le ventre, demi-charge de poudre,

& un peu de larmes; on peut user à cela de l'arba-
lête, qui veut.

En une garenne à l'obscurité de la nuit, l'on peut
mettre une lanterne dans un champ là auprès, l'on
verra venir le Conil se jouër autour,   pensant voir
le Soleil : si l'on veut y tirer, l'on le peut faire.

Aux Canars pareillement, la nuit dans une nacelle en une riviere qui ne court guéres,   porter au bout
du bateau de feu fait de suif,   dans un demi-pot de
terre, à trois gros lumignons, comme le doigt, qui
fassent un feu pâle, & un bâtelier qui vous méne,
avec une pelle derriere sans faire bruit,   les Canars
viennent à vous, & semblent blancs : l'on les tirera
ou couvrira d'un filet tremaillé au bout d'une grande perche.

Le gibier vient si près de vous & semble de si étran-
ge couleur, qu'un homme qui ne sauroit le fait, pen-
seroit voir une sorcellerie; joint que ce feu fait au
plus noir de la nuit,   rend un grand païs comme
l'aube du jour, & non seulement une bête, mais un
homme y pourroit bien être trompé.

Quand on veut tirer aux Oyes ou aux Gruës avec
la charette, l'on garnira les hauts de paille; l'on
pourra y mettre trois ou quatre tireurs derriére : car
encore que tirant tous ensemble l'un ne tire si-tôt
que l'autre, que l'un donne à terre, l'autre comme
elles se lévent, il s'y fait de grands coups; & quand
on aura tiré, il faut prendre garde au gibier qui s'é-
carte de la troupe, car il est blessé.

Il y a une autre maniere pour tirer au gros gibier, comme l'Oye & la Grue : après la charge de
poudre & le tappon de drappeau, l'on mettra une
charge faite en cette maniére.

Faites faire un bâton du calibre juste à vôtre arquebuse, à la façon d'un moule à fusée percée, puis
l'on aura un bâton qui entre dans le trou,   ledit
bâton sera long de deux doigts, comme nous le dé-
peindrons ci-après.

O 2

L'on

L'on le bouchera par un bout de papier trempé en cire fonduë, afin que ce que l'on versera dedans s'écoule; puis par l'autre bout (mettant ce moule sur une table) l'on mettra 15 dragées de celles du calibre de trois dans ledit moule, & les ayant laissé couler au fond, l'on fera fondre dans une cuillier trois parts de suif, & une part de cire jaune, & ensuite le verser dans ledit moule, il s'en fera comme une chandelle, car cela lie les dragées.

Quand il sera froid, il faut avoir un bâton juste au calibre du moule, & faire sortir le tappon qui semble un morceau de cire, & le mettre ensuite dans un tuyau de fer-blanc, pour en garder cinq ou six charges; car cela se brise, si l'on le porte dans une gibeciére, puis bourrer, & mettre encore cinq postes par dessus, cette charge va fort loin ensemble.

Si l'on peut recouvrer un Duc, il le faut poser sur une perche, près quelque grand arbre seul, qui soit proche d'une tour, muraille ou fenétre, & l'on verra ledit arbre couvert d'Oiseaux, ausquels l'on pourra tirer depuis le matin jusques au soir, chasse plaisante pour tirer sans partir d'un logis: S'il n'y a point de maison, faites une loge sous ledit arbre avec des genets, ou autres branchages épais & touffus.

Et ensuite l'on fera noircir au feu le canon duquel l'on voudra tirer au gibier, car la clarté lui fait peur, & ne point aller aussi habillé de noir, c'est la couleur qu'ils attendent le moins, mais de gris-cendré, ou de bureau en forme de couleur de paisans à quoi ils sont accoûtumez tous les jours.

Il y a aussi de la poudre qui se fait en Guyenne, à Grenade, au Mas de Verdun, d'Asir, & à Cabartes, elle est beaucoup plus violente que celles de tous les autres lieux de France. Quand l'on tirera de celle-là, l'on diminuëra la charge pour toutes les autres Provinces de la France, & si l'on trouvera les poudres de même forte, conforme aux charges susdites.

Voilà les singularitez specifiées, desquelles on se pout ader pour la chasse.

Pour tirer les Loups & les Renards, & les faire aller où l'on voudra.

Il faut prendre une livre du plus vieil oing que l'on pourra trouver, & le faire fondre avec demi-livre de Galbanum, & quand cela sera fondu, il y faudra mettre une livre de hannetons pilez, & faire cuire le tout à petit feu par quatre ou cinq heures. Cela fait, il faudra passer ladite mixtion étant encore chaude, par quelque gros linge neuf & fort, & le presser tant qu'il ne demeure audit linge que les piés & les aîles desdits hannetons, puis vous mettrez vôtre onguent en quelque böete de terre, & le garderez : car plus il est vieux, & mieux il vaut.

L' U S A G E.

Il faut avoir une paire de souliers qui ne serviront qu'à cela, & faire un lieu d'affut dans le bois pour se cacher, & y attendre les Renards, qui vous y viendront trouver, & on les pourra tirer à son aise, & de si près que l'on vōudra.

Ayant fait son affût, ou choisi un lieu propre dans le bois, l'on frotera la semelle des souliers susdits avec ledit onguent, & ensuite s'en aller promener par le bois vers les lieux & endroits où se retirent lesdits animaux, & ensuite s'en revenir à son affût, & ils ne faudront à vous venir trouver.

CHAPITRE IX.

Contenant la maniére de conserver le blé, & autres Secrets très-beaux.

Pour avoir beaucoup de blé.

CE Secret est facile, il n'y a qu'à semer le Blé dans sa gousse.

Pour

Pour empêcher que le Blé ne se corrompe.

Il n'y a qu'à le laisser dans l'épi.

Pour empêcher que les Blez ne soient grillez par la bruine,
& que les Oiseaux ne mangent la semence.

Il faut laisser le Blé qu'on veut semer, vingt-quatre heures dans de la saumure, & y mêler un peu de bol. puis le semer aussi-tôt.

Pour avoir du gros Blé.

Il n'y a qu'à tremper la semence dans du jus de fumier.

Pour recoller un verre rompu en plusieurs pieces.

Il faut délayer de la colle de poisson dans une cuiller sur des charbons, avec de l'Esprit de vin, & quand il sera bien liquide, il en faut froter les deux piéces à rejoindre, & elles ne manqueront de se recoller parfaitement en demi-quart d'heure; . Secret fort joli.

Pour avoir bonne memoire, soit à l'homme ou à la
femme.

Il faut prendre le sang d'une hirondelle & des fleurs de rômarin, bourache, buglose, de chacun deux dragmes, puis prendre de la canelle batuë fine, noix-muscade, poudre de girofle, poivre long, de chacun demi-dragme, musc fin deux grains, sucre violat, sucre rosat, de chacun une once, puis pulverifer le tout subtilement & le cicotriner très-bien & mêler ladite poudre avec une once de syrop rosat, & en faire un électuaire, duquel l'on prendra tous les matins la grosseur d'une noisete, & en prendre l'espace d'un mois; cela ne manquera de vous faire avoir

bonne

bonne mémoire. Secret éprouvé & néceffaire pour ceux qui en font incommodez.

Pour prendre les Poules, Pigeons, & tous autres Oi-
feaux avec la main.

Prendre de la lie de vin, du jus de Ciguë, les dé-tremper enfemble, puis les mettre tremper avec du froment l'efpace d'une nuit, & enfuite femer le froment par la court; & après qu'ils en auront béqueté, ils ne manqueront de tomber par terre, comme s'ils étoient morts.

Pour confire les Ecorces d'Oranges pendant toute l'année,
& principalement au mois de Mai.

Prendre des Ecorces d'Oranges entieres, les tailler en quatre, les faire tremper dans de l'eau claire pendant dix jours, ainfi que l'on le pourra connoître quand les écorces feront bien claires, cela fait, les effuyer très-bien entre deux fervietes nettes; quand on verra qu'elles feront bien effuyées, faudra les mettre dans un chaudron avec autant de miel qu'il puiffe couvrir la moitié defdites-écorces, faites-les un peu bouillir, toûjours les mêlant, il faut prendre garde que les écorces ne tiennent l'une à l'autre, les tirer, les laiffer repofer par quatre jours, les faifant bouillir l'efpace d'un *Credo* tous les jours, & puis les faire encore bouillir par trois jours jufques au premier bouillon feulement, toûjours mêlant, puis ôter lefdites écorces de leur premier miel, & les mettre dans un autre vaiffeau avec d'autre miel en telle quantité qu'il vous plaira, & les faire bouillir la longueur d'un *Credo*, puis les ôter du feu, & les mettre ainfi avec leur miel dans un autre vaiffeau pour les garder; Auquel vaiffeau pour confitures l'on mettra du gingembre blanc, girofle, canelle, & muguete; Le tout étant bien pulverifé il le faut mettre avec la fufdite confection.

CHAPITRE X.

Contenant plusieurs Secrets & Remédes pour les Femmes, & pour autres.

Pour faire du veritable souffre propre aux femmes quand elles sont en mal d'enfant, & pour toutes sortes de coliques.

PRemiérement, il faut prendre une demi-livre de Terebentine de Venise, & demi-livre de fleur de souffre, puis mettre la terebentine dans une phiole de verre fort épaisse, & mettre la fleur de souffre par dessus la terebentine, & la boucher avec du linge, puis la mettre sur des cendres chaudes, jusques à tant que la terebentine & ladite fleur de souffre soient bien incorporées ensemble : duquel reméde il faut prendre trois goutes dans une cuillerée d'eau de vie.

Recepte pour faire accoucher une Femme fort aisément.

Il faut prendre des oignons rouges & de l'oignon de lys, & les mettre cuire dans un pot avec de l'huile d'olive & un peu de vin blanc; & quand la femme sera dans son neuviéme mois, il faut qu'elle s'en frote les reins, & qu'elle s'asseye en un petit bassin où elle sera dedans, & cela est fort bon, & aide fort à l'accouchement d'une femme.

Recepte pour guérir le mal de Mere.

Prendre l'aubain de deux œufs & le battre bien fort, enforte qu'il vienne en écume, & le mettre sur des étouppes de chanvre, & puis prendre de l'encens

en

en poudre une bonne cuillerée d'argent, & autant
de poivre en poudre ; il faut femer la poudre d'encens la premiére par deffus l'aubain d'œuf, & puis
la poudre de poivre après ; & enfuite il faut prendre
tout cela, les étouppes auffi & les mettre fur vôtre
ventre, & l'y laiffer tant qu'il foit fec ; & l'on ne
manquera de s'en bien trouver.

*Recepte pour le mal de fein d'une Femme, & pour
les Ecrouelles.*

Il faut prendre des bellettes grifes qui fe trouvent dans le vieux bois, autrement qui s'appellent
cloportes, & les faire fecher fur une brique chaude ;
& de cette poudre en faire prendre tous les matins
dans du vin blanc, il en faut prendre gros comme
une féve. Nota que pour les faire fécher il les faut
mettre par paquets, & dans chaque paquet l'on en
mettra fept.

*Autre Recepte pour le mal de Mere, ou le gonflement
de la Matrice.*

Il faut prendre gros comme une féverolle de camphre fin, & l'allumer avec une chandelle, & le jetter dans un grand verre d'eau, puis le laiffer bouillir la longueur d'un *miferere*, enfuite y jetter le camphre, & faire prendre ladite eau à la malade.

Secret pour hâter l'accouchement d'une Femme.

Il faut prendre le boyau d'un bouc, & l'entortiller autour de la cuiffe gauche de la Femme.

Pour le mal de Matrice.

Prendre une once de racine de coulevrée, la faire bouillir dans du vin blanc, & qu'elle en boïve
au foir en fe couchant, trois fois la femaine, &
qu'elle continué pendant un an, moyennant quoi
 elle

elle sera parfaitement guérie ; Ce reméde est fort aisé à pratiquer.

Pour appaiser les tranchées après l'accouchement.

Faire une décoction de schœnanthos, & la boire le plus chaudement qu'il se pourra faire.

Autre.

Prendre des oignons bouillis avec eau & vin, puis fricasser le tout ensemble en huile de noix, ou d'olive, & mettre ledit reméde chaudement sur le ventre.

Pour savoir si une femme pourra concevoir, ou non.

Prendre des mauves sauvages ou guimauves, & faire pisser la femme dessus pendant trois jours, chacun jour une fois ; Si vous voyez que ladite mauve meurt, la femme ne pourra avoir d'enfans : Au lieu que si la mauve demeure vive & entiére sans être corrompuë, la femme peut avoir des enfans.

Pour provoquer les mois aux femmes.

Prendre du jus de l'herbe au chat, pilée, puis ensuite le boire dans du vin.

Autre.

Prendre de l'eau où l'on a trempé du levain de ségle, & lui en faire boire.

Pour connoître si une personne est Vierge, ou si elle est corrompuë, de soi-même, ou autrement.

Il faut prendre un filet & mesurer la grosseur du cou de la personne, & ensuite ôter le superflu du filet, après étendre ledit filet selon sa longueur depuis le sommet de la tête jusques au bout du menton de la personne de qui l'on aura pris la mesure ; Si le fil ne peut joindre au menton, un tel, Mâle ou Femelle est Vierge : Mais s'il passe le menton il

est

eſt corrompu; Car ſachez que ſitôt que la perſonne eſt corrompuë le goſier ſe groſſit, & la tête accourcit.

Pour connoître ſi une Femme eſt groſſe d'un fils ou d'une fille.

Quand une femme eſt groſſe d'un fils alors ſon viſage eſt vermeil, ſon ventre eſt rond, fort élevé au côté droit, & eſt fort legére, gaye & joyeuſe, & la mammelle droite eſt plus groſſe & plus dure que l'autre, ſon lait eſt bien cuit & bien épais, duquel ſi vous mettez une goute ſur un miroir il ne coulera point.

Pour connoître ſi une fille eſt pucelle ou non.

Prendre du marbre en poudre & le lui faire boire dans du vin; ſi elle eſt corrompuë, elle ne manquera de vomir incontinent.

Pour la Jauniſſe.

Prendre de la chicorée ſauvage bien bouillie dans un pot neuf, la paſſer par un linge, puis en prendre trois petits verres, mais il faut, avant chaque verre, manger une feuille de ſauge, & réïterer trois jours de ſuite.

Autre.

Prendre un gâteau tout chaud, uriner deſſus & le bien tremper, puis le donner à manger à un chien mâle.

Autre.

Prendre de l'herbe de la grande éclaire, & la mettre ſous la plante des piés, ou la porter ſur ſoi.

Autre.

Prendre de la tige de goutron la longueur d'un doigt, en ôter la peau; la mettre infuſer du ſoir au lendemain, dans une chopine de vin blanc, & en prendre deux verres par jour.

O 6

Pour

Pour les fleurs blanches des filles & des femmes.

Il faut prendre la racine de petit houx deux bonnes poignées, puis le mettre dans trois pintes d'eau, & les faire réduire à trois chopines, & en prendre deux verres par chacun jour.

Pour guérir la Migraine de la Tête d'une Femme.

Il faut couper le bras gauche d'un crapaut, & le laisser aller, puis calciner ce bras sur une tuile & porter cette poudre sur le cœur, en trois mois on en guérit pour toûjours.

Autre

Prendre grande quantité de noyaux de pêches, les piler, & puis en faire une emplâtre que l'on mettra sur le front.

Pour guérir le mal de Ratte.

Prendre trois onces de graine de moutarde, bien pilée, & mise dans un pot de terre neuf, avec une chopine de l'urine du malade : la faire bien bouillir, remuant continuellement avec un bâton, jusqu'à diminution de plus de la moitié, & en consistance d'onguent, l'appliquer chaudement, puis faire promener le malade, cela l'excite beaucoup à pisser, & à force d'uriner la personne ne manque de guérir.

CHA

CHAPITRE XI.

Contenant la matiére de nettoyer les Tableaux, & la façon de faire plusieurs Vernis.

Secret pour empêcher que les mouches ne s'attachent dessus les Tableaux, ou telle autre chose que vous voudrez.

IL faut prendre une botte de poireaux, plus ou moins, selon la quantité que l'on voudra en faire, & la faire tremper dans demi-seau d'eau, l'espace de trois jours, encore davantage si l'on a le temps, & avec ladite eau froter les Tableaux, ou ce que l'on voudra. Secret bien approuvé & qui mérite beaucoup.

Secret pour nettoyer les Tableaux, & les rendre comme tout neufs.

Prendre de la soude grise environ un quarteron, & la pulverifer, & la mettre dans un pot de terre, & y rapper un peu de savon de Génes, faire le tout bouillir l'espace d'un bon quart d'heure, & laiffer tiédir ladite compofition, & prendre une éponge, ou à faute de cela prendre un bon linge, & froter vôtre Tableau de ladite compofition, puis avec un autre linge bien effuyer, & y paffer par tout l'huile d'olive, & après il faut encore bien effuyer vôtre Tableau; l'on trouvera qu'il fera comme neuf.

Méthode très-utile & fort facile pour peindre les Portraits de Taille-douce en Vernis.

Premiérement, l'on prendra une Taille-douce de quel-

quelque grandeur que l'on voudra , puis y faire un
chaſſis qui ſera juſte à ladite Taille douce , & la coller par les bordages tout a l'entour dudit chaſſis , que
la colle ſoit de ſaine , & la laiſſer ſécher , & enſuite y appliquer le Vernis tranſparent , lequel ſe fait
ſans feu , & de cette manière.

L'on prendra un quarteron de Terebentine de Veniſe , pour deux ſols d'huile d'Aſpic , pour deux ſols
d'huile de Terebentine , & de l'eſprit de vin la hauteur d'un pouce dans un verre , & mettre le tout enſemble mêlé dans un pot de terre ou de fayance
qui ſoit neuf ; & avec un pinceau de la groſſeur du
pouce , le plus doux que l'on pourra trouver , délier le tout enſemble , la Terebentine , l'huile d'Aſpic , l'Huile de Terebentine , & l'eſprit de vin ; en
ſorte que le Vernis ne ſoit pas plus épais que du blanc
d'œuf , & enſuite tremper vôtre pinceau dans ledit Vernis , lequel ſe fait ſans feu , comme j'ai dit
ci-devant , puis en froter la Taille-douce par le derriére , & en même temps la froter par le deſſus ; Et
après tout cela l'on verra la Taille-douce auſſi claire
que du Cryſtal , puis la laiſſer ſécher : Mais ſur tout
il faut bien prendre garde à ne la pas mettre debout ,
parce que le Vernis ne manqueroit de couler ; &
s'il étoit trop long-temps à ſécher , il faudra y mettre un peu d'eſprit de vin davantage.

Pour vous expliquer nettement comme il faut appliquer les couleurs ſur le derriére de la Taille-douce , l'on remarquera qu'il faut prendre chez les
Broyeurs de couleurs pour deux ſols marquez de chaque ſorte , le blanc de plomb c'eſt pour peindre en
blanc , où il ſera néceſſaire d'en appliquer.

Exemple.

Pour faire une couleur de chair l'on prendra de ce
blanc la groſſeur d'une petite noiſette , que l'on mettra deſſus une palette de noyer , que l'on mêlera avec

un

un peu de vermillon, qui fera une couleur de chair telle que l'on defirera ; & fi l'on voit que la couleur de chair foit trop rouge, l'on mêlera un peu de blanc davantage ; & fi l'on la veut plus rouge, l'on y mêlera encore un peu de vermillon.

Pour la verdure, prendre du vert de montagne tout broyé, puis l'appliquer fur les arbres qui fe rencontreront fur la Taille-douce ; & fi l'on veut un vert plus beau, l'on prendra du vert de gris.

Mais comme chacun fait qu'un arbre n'eft pas par tout d'une même couleur, & qu'aux endroits où le Soleil donne les arbres font toûjours plus jaunâtres, l'on prendra un peu de jaune que l'on déliera avec du vert, & par ainfi l'on fera avec ces deux couleurs plus de cinq ou fix couleurs de vert, ajoûtant de l'un & diminuant de l'autre.

Comme auffi l'on fait que le bois de l'arbre n'eft pas de la même couleur que la feuille, il faut le reprefenter au naturel ; & pour lui donner la couleur de bois il faut prendre de la terre d'ombre, que l'on appliquera aux endroits qu'il fera néceffaire.

Pour faire un Ciel, ou des Nuages, d'un beau bleu, il faut prendre chez le Broyeur pour deux fols marquez de céruse bleuë, & prendre avec la pointe d'un couteau gros comme un pois dudit blanc de plomb ci-devant nommé, & mêler le tout enfemble, & de cela en faire un beau bleu, en diminuant & augmentant l'une des couleurs, l'on en fera de plufieurs fortes, d'autant que les Nuées ne font pas toutes d'une couleur.

Pour faire un éloignement, l'on prendra du jaune avec du blanc de plomb, que l'on mêlera l'un avec l'autre, & ainfi de toutes les autres couleurs dont l'on pourra avoir befoin, l'on en pourra demander chez ledit Broyeur ; Pour ce qui eft de l'huile de noix avec les pinceaux, ils fe vendent chez les Epiciers ; Et quand on voudra délier fur la palette toutes les couleurs, l'on y mettra avec la pointe

d'un

d'un couteau de vôtre huile de noix, afin de rendre les couleurs un peu plus liquides, & sur tout prenez garde qu'il les faut toûjours appliquer avec le pinceau bien proprement par le derriére.

Secondement, pour faire le Vernis qui s'applique sur toutes sortes de Taille-douces par dessus la figure sur d'autres Tableaux, sur bois peints en couleurs, ce qui rendra un Tableau ou Taille-douce plus reluisant qu'un miroir, & qui resistera à l'eau, l'on prendra un quarteron de Terebentine de Venise, avec un demi-poisson d'esprit de vin qui se vend chez les Epiciers, & l'on déliera le tout ensemble dans un pot bien net, pour le rendre épais comme du lait; & s'il étoit trop épais il faut y mettre un peu d'esprit de vin; & s'il étoit trop clair, l'on y mettra un peu de Terebentine, & puis frotter avec un pinceau dessus la Taille-douce par le côté de la figure seulement, & elle reluira autant qu'il se peut; & si l'on veut la faire paroître plus luisante, l'on pourra, quand le vernis sera sec, y en appliquer un autre par dessus, & ensuite la laisser sécher; & l'on verra que tout ce que j'ai dit est très-veritable, l'on pourra en faire pour mettre chez soi, & pour l'enrichir, l'on y pourra faire faire une bordure telle que l'on souhaitera à propos.

Troisiêmement, pour le Vernis d'Or, il se fait d'une autre façon que les autres, ce qui fait qu'il paroît beaucoup plus beau d'autant que toutes les figures paroissent tout en or. Il faut froter la Taille-douce avec le Vernis transparent, qui est ci-devant nommé le premier, ayant frotté la Taille-douce par les deux côtez, l'on la laissera un peu sécher; mais pourtant qu'elle ne le soit pas trop, & prendre de l'or en feuille qui se vend chez les Batteurs d'Or, & l'appliquer de toute son étenduë par le derriére de la Taille-douce, avec un peu de cotton que l'on tiendra à la main, puis l'on appuyera un peu sur l'Or afin qu'il tienne, & en mettant dans toute

l'étenl'étenduë de la Taille-douce il fera paroître de l'autre côté toutes les figures en or. Secret très-beau.

Et si l'on veut que l'on ne connoisse point son secret, l'on pourra attacher une carte au derriére de la bordure; & quand toutes les Taille-douces feront faites & féches, il fera bon encore d'appliquer fur le côté de la figure un Vernis blanc, qui eft le fecond ci-deffus.

Secret pour empêcher que le Soleil ne paſſe au travers du verre, ou du chaſſis.

Il faut prendre de la Gomme adragante telle que l'on voudra, & la bien pulverifer, puis la faire diffoudre dans des blancs d'œufs l'efpace de vingt-quatre heures, & puis frotter bien vôtre verre ou chaffis, & avec une broffe douce frotter le verre ou chaffis de ladite compofition.

Pour faire le veritable Vernis des Cannes d'Angleterre.

Il faut prendre des Bâtons bien unis, ou des Cannes rappées, & les frotter avec de la colle de farine, autrement dite de la pâte fort mince, puis il faut prendre de l'orpin rouge à difcrétion, le faire diffoudre avec un peu de colle de Flandre, & en froter lefdits bâtons d'une couche bien unie, même de deux s'il en a befoin, & par deffus la couche dudit orpin l'on y mettra une couche dudit Vernis ci-deffus; puis l'on prendra du tournefol à difcrétion que l'on coupera par petits morceaux, & le mettre tremper dans de l'eau & de l'urine d'égale portion, & le faire chauffer doucement, & enfuite l'on en donnera une couche aufdits Bâtons qui eft le dernier, outre celui qu'il faudra mettre par deffus après qu'elles auront été figurees, comme il fera dit ci-après. Pour bien figurer lefdites Cannes ou Bâtons, il faut, après les avoir bien frottez de tournefol tout fraîchement,

les

les mettre dans la main gauche, & avec la main droite faire des tours de côté & d'autre, en pouſſant le Bâton tant en haut qu'en bas.

Façon d'Ebéne.

Prendre de la limaille de fer, ſubtilement pulveriſée, que l'on diſſoudra dans du très-fort vinaigre avec demi-livre de galles pilées groſſiérement, & faire infuſer ſur des cendres chaudes, en augmentant le feu, & ſur la fin l'on y ajoûtera quatre onces de vitriol, & leſſive bien claire de borax, & mettre tout enſemble pour faire ce que deſſus, l'appliquant ſur du bois de poirier, ayant auparavant frotté ledit bois d'un peu d'eau forte, & luſtrer avec un peu de poix.

Pour teindre du bois de pluſieurs couleurs.

Prendre de l'eau de fiente de cheval, & y mettre dedans un peu d'alun, & enſuite y mettre détremper telle couleur que l'on voudra ſoit au feu ou au Soleil, puis en frotter le bois fort long-temps.

En noir.

Eſſence de vitriol détrempée en eau, & en frotter le bois & le chauffer.

En Ebéne.

Faites dégraiſſer le bois en eau d'alun trois jours au feu ou au Soleil, puis faites-le cuire en huile d'olive, où il y ait du vitriol Romain & du ſouffre la groſſeur d'une noiſette.

Bois de Biſcaye.

Faites diſſoudre de la limaille d'acier dans de l'eau ſeconde, & en frottez le bois chaud.

Bois

Bois d'Inde.

Prenez du pommier, prunier, & les frottez avec chaux vive détrempée dans de l'urine, les laissez sécher, & de ces drogues les marquer avec un pinceau, & les bien polir.

CHAPITRE XII.

Contenant plusieurs vertus & propriétez d'aucuns Secrets.

Reméde contre toute puanteur de bouche, ou mauvaise haleine procédante de corruption en l'éstumach.

PRéndre de la sauge une once, fleur de Rômaria trois onces, clou de girofle cinq dragmes & demie, noix muscade demi-dragme, un grain de musc, puis prendre autant de miel qu'il sera nécessaire, & incorporer la composition susdite, de laquelle on usera quand on voudra de la grosseur d'une féve ou noisette, plus ou moins, à la volonté.

Pour les Boutons & Rougeurs du visage.

Prendre un œuf frais, le mettre avec sa coque dans du fort vinaigre pendant vingt-quatre heures, puis le retirer, & mettre dans ledit vinaigre la grosseur d'une noix de soufre pilé, & noué dans un linge l'espace de vingt-quatre heures, puis appliquer dudit vinaigre dessus avec un linge.

Pour empêcher les marques de la petite verole.

Il faut ouvrir la veine de l'aile d'un pigeon, &
se

se baigner le visage de ce sang tout chaud & l'y laisser sécher.

Pour guerir les Porreaux & Verruës.

Prendre des limaces rouges, & frotter du ventre desdites limaces les lieux où sont les verrues, & mettre au travers des limaces un bâton, & les mettre en quelque lieu, & à mesure que les limaces sécheront, les verrues tomberont.

Le jus des feuilles de souci y est fort bon, pour en frotter lesdites verruës.

Onguent pour rendre les mains belles.

Prendre de l'eau de pluye quatre livres, plumes de geline trois poignées, figues grasses demi-livre, d'alun de glace demi-livre, miel blanc trois onces, chair de limon deux onces, graisse de geline deux onces, graisse de chevreau une once & demie, huile d'amandes améres, avec eau de girofle, noix muscade, de borax deux dragmes, & mastic dix grains, mettre le tout ensemble & en faire une pâte, de laquelle on se frottera tous les soirs quand on voudra se coucher.

Pour les Dartres rouges qui viennent au visage.

Prendre des caresses qui viennent aux prez, & les couper par rouelles, & les mettre tremper dans du plus fort vinaigre que l'on pourra trouver avec du sel, & ensuite s'en frotter.

Pour le feu sauvage qui vient par ampoules au visage ou autres lieux.

Prendre une livre de jus de joubarbe, demi-livre de jus de plantain, demi-livre de jus de morelle, & il faut faire bouillir le jus de morelle & de plantain ensemble un bouillon dans un pot neuf, puis le

passer,

paſſer, il faut après prendre tous les jus enſemble, ſavoir de plantain, joubarbe & morelle, avec un quarteron de jus de grain, le tout mêlé enſemble dans quelque choſe, & les laiſſer repoſer, enſuite en prendre le plus clair, & après il faut mettre avec ce qui ſera de plus clair le jus de deux citrons & demi, & y mettre du linge tremper, & enſuite le mettre ſur le mal.

Pour guérir les Dartres vives.

Prendre un quarteron de terebentine, la battre dans de l'eau, elle deviendra toute blanche, la bien égoû-ter, & prendre auſſi gros qu'un œuf de vif-argent, & auſſi gros de beurre ſallé, & battre le tout enſem-ble, enſorte que l'on n'y connoiſſe ni beurre, ni vif-argent, & en froter le mal long-temps devant le feu deux ou trois fois le jour, & prendre garde ſur tout de ne rien manger qui ſoit aigre.

Pour les Dartres.

Prendre des œufs & les faire durcir, puis prendre les moyeux, & les mâcher, & en mettre deſſus, & que les œufs ſoient bien frais.

Pour les dartres & fiſſures des Mains ou des Lévres.

Prendre des jaunes d'œufs fricaſſez, les envelop-per dans une toile humectée d'huile d'amandes dou-ces, puis en tirer l'huile au preſſoir.

Cette huile eſt auſſi très-bonne pour la brûlure.

Recepte pour décraſſer le viſage.

Il faut prendre la moitié d'un jaune d'œuf, & trois ou quatre goutes de jus de citron, & puis y diſſou-dre du baume ce que l'on voudra, & étant bien diſ-ſous, il faudra encore le diſſoudre dans de belle eau de fontaine, & ſi c'eſt quelqu'un qui ait les rougeurs

au

au visage, il faudra que ce soit dans de l'eau de Nenuphar, & de cette eau il faut s'en décrasser en la maniére accoûtumée.

Pour les rougeurs ou taches qui viennent au Visage.

Prendre un peu de souffre, & le mettre avec du lait de femme, puis en mettre dessus lesdites taches ou rougeurs.

Recepte exquise pour faire tomber le poil & blan-
chir la face.

Prendre du sublimé de Venise du plus blanc que l'on pourra trouver demi-livre, & le faire bouillir dans un pot de terre plombé dedans & dehors, & qu'il tienne environ une quarte, mettre ensuite ledit sublimé dans ledit pot, & l'emplir plein d'eau de fontaine, puis le couvrir d'un couvercle, & le faire bouillir trois ou quatre bouillons sur un petit feu de charbon, & si l'on voit qu'il rende quelque écume, il le faudra écumer avec une verge bien longue, & se garder d'en approcher de peur de la fumée qui pourroit nuire beaucoup. Quand l'eau sera refroidie faut le couvrir & le laisser trois ou quatre heures dans ledit pot, puis prendre ledit pot & couler l'eau tout doucement par dedans un linge bien net, puis mettre le sublimé dans une phiole de verre qui tienne environ une chopine ou plus, & faut jetter ladite eau là où on l'aura fait bouillir, & en remettre d'une autre, & le laisser tremper l'espace de quatre ou cinq jours, puis jetter l'eau de ladite bouteille, & ensuite le mettre bouillir avec eau rose trois ou quatre bouillons à petit feu de charbon, & quand on l'aura bien fait bouillir, l'on le laissera un peu refroidir, pour jetter l'eau tout doucement après, afin que le sublimé ne tombe, le faire sécher au Soleil, & quand il sera sec il le faut broyer sur un marbre, & y mettre roche de borax demi-once, poudre de chaux vive,

le

le poids de trois écus, poudre de l'onguent citrin demi-once, le tout mêlé sur le marbre, & en faire une poudre bien subtile, & l'envelopper bien, de peur qu'elle ne se gâte.

Quand on voudra user de la susdite poudre, il en faudra mettre un peu dans la paume de la main, & y mettre trois ou quatre goutes d'huile d'amandes douces récentes, faire tirer sans feu, & puis s'en froter là où il y aura du poil, au soir.

Notez qu'avant que d'en user il faut l'expérimenter sur quelque pauvre garçon qui aura du poil (en cas que l'on en voulût douter) & l'on en verra l'expérience; si elle étoit trop forte elle ne manqueroit pas de lui enlever quelques petites pustules.

Si on la veut corriger il la faut mettre tremper avec un peu d'eau rose dans une phiole l'espace d'un jour, puis jetter ladite eau, & faire sécher ladite poudre & la pulveriser encore sur le marbre, & en user comme dessus.

Recepte pour ôter la rougeur du visage.

Prendre un petit pain de froment & le mettre tremper dans du lait de chévre blanche, & prendre une poule noire, & lui ôter le ventre, & la mettre par morceaux avec la plume, & ensuite mettre le tout tremper avec le pain dans le lait, & que tout soit trempé vingt-quatre heures, & puis mettre tout ensemble dans la chapelle, & le faire distiler, & ensuite en prendre l'eau & s'en laver le visage au soir, & l'on ne manquera de s'en trouver très-bien.

Recepte pour faire un onguent pour ôter les Boutons du Visage.

Prendre du jus d'une racine qui s'appelle Serpentaria minor deux onces, huile de Tartre & Rosat, de chacune une once & demie, & faut que cela bouil-

le

le en un pot de terre bien bouché dans un vaisseau
où il y aura de l'eau, jusques à ce que ledit jus soit
consommé, puis il faut prendre de la cire blanche
une once, & la faire fondre avec lesdites huiles, &
puis prendre des poudres de céruse, & constat, de
chacune une dragme, & mêler tout ensemble, &
puis quand il sera fait il le faut laver plusieurs fois
avec eau de Plantain & de Ronces, & le garder en
un pot de terre vitré.

Pour faire revenir les Cheveux à la Tête des Hommes & des Femmes.

Prendre de la cendre de coquille de noix passée par
un saffet & l'incorporer avec du miel en forme d'onguent pour oindre la partie.

CHAPITRE XIII.

Contenant la maniére de faire plu-sieurs Baumes très-utiles & nécessaires pour un chacun.

Baume précieux.

PRenez de l'huile d'olive une livre, huile de pavot blanc quatre onces, huile d'amandes améres quatre onces, encens fin trois onces, thua trois
onces, mastic trois onces, poix resine trois onces,
galbanum trois onces, élibanum trois onces, terebentine de Venise, ou autre, trois onces, vert de
gris en poudre demi-dragme, herbe de mille-pertuis
une poignée, de mille-feuilles une poignée, herbe
aux Charpentiers, autrement laurete, une poignée,
camomille une poignée, absinte romaine, ou autrement

trement la garderobe demi-poignée , tirez le jus
defdites herbes dans un mortier, & en gardez le
marc.

Et quand la compofition fera faite, il faut fricaf-
caffer ledit marc defdites herbes dans de l'huile d'o-
live, comme on fait des épinars, à bien petit feu,
puis preffez le tout dans un linge bien net, & mettez ladite huile après cela dans un petit poelon, remuant avec une fpatule de bois, & y mettez les drogues fufdites l'une après l'autre en poudre, ou par
pieces, jufques à ce que le tout foit diffous; après
tirez-le hors du feu, & le remuez toûjours, & fi
tout n'eft diffous cela n'importe, car à peine fe peut-
il faire; après, mettez l'huile de pavot & d'amandes, & le remettez un peu fur le feu, & après ôtez-
le; & étant à demi-froid mettez-y vôtre vert de gris,
& toûjours remuez, & mettez-y le jus des fufdites
herbes, remuant jufques à ce que tout foit imbibé,
& mêmes quand vous le convertirez en onguent avec
de la cire, & peu après paffez dans un linge, &
gardez ladite huile pour baume, & en fondez avec
la cire une partie pour appliquer en onguent, & garderez l'autre en huile; le fyrop qui demeure joint
avec la cire fert d'emplâtre pour conforter les nerfs
s'ils ont été offenfez.

Autre Baume fingulier.

Il faut prendre de la gomme helenis, & la fondre
dans de l'huile de mille-pertuis , & la battez fort
enfemble & la paffez, puis prenez de l'eau d'orme,
& la rebattez fort, puis la mettez dans une phiole,
& la couvrez bien afin qu'elle ne prenne vent.

*Recepte pour faire le précieux Baume, quand les herbes
feront en leur vertu, qui peut être au commencement
de Juin, prenez des poignées de chacune forte d'herbes
qui fuivent, favoir.*

Aluine ou fort.

Tome I.   P   Armoife.

Armoise.	Fleur de Melilot.
Baume à la tige rouge.	Melisse.
Baume à la tige verte.	Mille-fleurs.
Bétoine.	Fleurs de Mille-pertuis.
Fleur de Camomille.	Du paston.
De la grande Confoulde.	Scorpin, Plantain.
De la petite Confoulde.	Fleurs de Pouliot.
Coq, Fenouil.	Rômarin, Rue.
Langue Serpentine.	Sauge franche.
Marjolaine.	Serpolet fleuri.

Il faut hacher les fufdites herbes groffiérement, & les mettre en un pot de terre plombé, ou autre pot que l'huile ne puiffe tranfpercer, puis l'on prendra de l'huile d'olive que l'on mettra dans le pot avec lefdites herbes, tant que l'huile furpaffe lefdites herbes de deux bons doigts, que ledit pot foit bien bouché, & enfuite le mettre au Soleil l'efpace de deux mois. Il faut remuer lefdites herbes & l'huile tous les jours une fois avec un bâton, & comme l'on ne trouve pas lefdites herbes & fleurs en leur vertu en un même temps, il les faut prendre au temps que chacune fera en vertu.

Le douziéme paffé, faut mettre vos herbes & l'huile en une chaudiére fur le feu, lui faifant un petit feu clair, & les laiffer fi longuement que l'huile commence à bouillir, remuant continuellement avec le bâton, puis paffer ladite huile par une toile neuve, & les herbes qui feront demeurées dans ladite toile, les mettre en une chaudiére fur le feu avec deux pintes de bon vin blanc, & les faire bouillir à petit feu un quart d'heure ou environ, en remuant toujours avec le bâton, cependant péfer ladite huile paffée, puis la remettre fur les herbes au vin en la chaudiére, & faire bouillir le tout à petit feu jufques a ce que le vin foit entiérement confommé, remuant toûjours avec le bâton, puis faut remettre ladite huile & herbes dans la toile, & faire repaffer ladite huile ; & parce qu'on ne fauroit aifément epreindre lefdites

her-

herbes toutes à la fois, il faudra le faire à plusieurs
fois avec deux bâtons, tant que deux hommes pourront épreindre, pour faire mieux sortir l'huile de
toute la substance desdites herbes, puis faut remettre ladite huile sur le feu dans une chaudiére, & la faire bouillir à petit feu, en sorte que tout soit consommé, de maniére qu'il ne demeure que l'huile toute
pure, remuant continuellement avec le bâton, &
pour connoître que le vin soit consommé l'on four-
rera le bâton au fond de la chaudiére, & le retire-
ra-t-on soudainement, pour le faire dégouter sur la
braise du feu, & s'il fait du bruit c'est signe qu'il est
consommé, & qu'il n'y a demeuré que l'huile toute
pure, ce faisant faut prendre pour chacune livre des
drogues qui suivent, mastic, oliban, cire vierge, suif de cerf, chacun à part, puis le mettre dans
ladite huile encore bien chaude, remuant avec le bâton, puis ôter la chaudiére de dessus le feu, & la
mettre au milieu de la place; & quand ladite huile
sera un peu refroidie, lors l'on y mettra le mastic &
l'oliban en poudre chacun à part, avec un petit linge
dans ladite huile, remuant avec le bâton jusques à
ce que ladite huile soit froide, puis la serrer dans un
pot bien couvert pour vous en servir au besoin.

La susdite huile sert à toutes sortes de brûlures, tant
de feu que d'eau chaude, poudre à Canon, & autres
brûlures, pour les nerfs foulez, douleurs de femmes en travail, coliques venteuses, hemorroïdes,
goutes, douleurs de grosse verole, croute & apoplé-
xie, courte haleine, playes, enflûres, douleurs de
dents, de ventre, d'estomac, de rate, morsure de
chien, & à plusieurs autres maladies procédantes de
cause froide & aussi chaude, savoir Eresipele, &
ensuite l'on fera ce qui suit.

Il se faut oindre de ladite huile les parties offen-
sées, froter doucement la partie, & en la frotant se
chaufer bien la main par plusieurs fois, & puis mettre une serviete double bien chaude par dessus, & l'at-

                tacher

tacher en forte qu'elle ne puiffe tomber, il faut bien
s'en froter le matin, & le foir à vôtre coucher.

L'on peut mettre le marc dans un pot, lequel eft
très-bon pour un cheval forbu ou foulé, lui en appliquant fur la partie offenfée, le chauffant auparavant
dans une poele ou autre chofe.

Autre Baume.

Prenez chopine de bonne eau de vie qui ait été diftilée trois ou quatre fois, & la mettez dans une
phiole de verre, puis prenez le poids de deux écus de
Myrrhe en poudre, le poids d'un écu d'Aloës en partie en poudre, & mettre lefdites poudres dans ladite phiole avec l'eau de vie, & la mettez bouillir
devant le feu tant qu'elle foit diminuée feulement jufques fur le bord de la phiole.

Baume de Soufre.

Le Baume ou rubi de foufre eft un excellent reméde pour les Afthmatiques & phthifiques, pour les
Pleurefies, & pour la guérifon de toutes Playes & Ulcéres inveterées, malignes & cacrethes.

Pour le faire il faut avoir des fleurs de Soufre,
préparées & tirées, comme fera dit ci-après, en
prendre une once, & la mettre dans un matras qui
ait le col fort long, & verfer deffus d'une huile de
Terebentine bien claire, tant qu'elle furpaffe la fufdite poudre de quatre doigts ou davantage; cela fait,
l'on clorra le vaiffeau hermetiquement, puis on le
mettra dans les cendres chaudes en un four accommodé, l'efpace de quinze jours, & l'on verra que
dans ce terme l'huile de Terebentine attirera la tein-
re de Soufre, qui fera auffi rouge & de telle couleur qu'un Rubi; après faut tirer le vaiffeau hors du
feu, l'ouvrir & en garder foigneufement les Rubis
pour en ufer dans les maladies fufdites.

On le prend par la bouche dans les trois maladies
fufdites, en la Pleurefie, en la Phthifie, & en cette
court te haleine, & grande oppreffion de Poitrine,
qu'on

qu'on appelle Afthme, en verfant deux ou trois goutes dudit Baume dans du bouillon, du vin, ou des
eaux diftilées, propres aufdites maladies : On l'applique auffi aux Plaies & Ulcéres inveterées & malignes, les ayant premiérement lavées avec eau d'Ar-
quebufade, ou avec de l'eau de vie mêlée avec du vin.

Si on y ajoûte de la poudre de Myrrhe & d'Aloës,
de la poix gréque & de la cire, les faifant cuire à feu
lent, l'on en fait un onguent fort bon pour appliquer
extérieurement aux Plaies & Ulcéres.

Les fleurs de Soufre fe font ainfi.

Prenez une livre de Soufre, du Vitriol rubifié,
qu'on appelle autrement colcothar, quatre onces, en
faire du tout une poudre fubtile, les mêler enfemble, & les mettre entre des fublimatoires de terre,
donnant fur la fin un feu de fublimation l'efpace de
douze heures, garder fur tout que le Soufre ne réfu-
me par la chaleur de la chappe ; car il fe rendroit fo-
lide & les fleurs ne feroient pas legéres & blanches
comme il faut, & pour cet effet il faut dérechef les
tourner & mêler avec deux onces de colcothar, &
quand elles feront mêlées les fublimer pour une feconde & troifiéme fois ; & ainfi l'on aura un Soufre bien préparé, qui outre qu'il eft employé au Baume fufdit, fert auffi grandement aux Toux inveté-
rées, pour les Afthmatiques, Phthifiques & Pleuréti-
ques, le donnant en poudre jufques à vingt grains
dans le moyeu d'un œuf, ou avec du vin, ou bouillon, ou en faifant des Tabletes, le mêlant comme
il s'enfuit. Prenez des fleurs dudit Soufre une once,
fucre fin diffous en eau de pas-d'âne, d'hyfope ou
de capillaires ou de violes, dix onces, faire des Tabletes felon l'art, du poids de trois écus, enfuite en
donner une le matin & le foir un peu avant que l'on
s'en aille coucher, ou bien mêler cinq onces de fucre violat avec une once defdites fleurs, & en faire
une poudre, de laquelle l'on donnera une cuille-

rée tous les matins & soirs pour les mêmes maladies

Avec les susdites fleurs se fait encore un excellent
reméde préservatif contre la peste, composé comme s'ensuit.

Prenez une demi-once desdites fleurs de Soufre,
Aloës, Myrrhe, de chacun une dragme, saffran un
scrupule, poudre de l'électuaire de perles, & d'aro-
maticum rosatum, de chacun demi-scrupule, coriandre trois onces, sucre fin dix onces, faire fondre le
sucre selon l'art, & en prenez la moitié en laquelle
l'on mêlera toutes les susdites poudres, & de cela
couvrir le coriandre, comme quand on veut confire, & de l'autre moitié de sucre restant l'on fera
la derniére couverture de coriandre, & de cette con-
fiture ou dragée, prendre demi-dragme le matin
avant de que s'exposer à l'air infect. Cette dragée est
aussi très utile pour fortifier l'estomach débile, &
pour tous les Asthmatiques.

Autre Baume très-excellent.

Prenez du soufre pulverisé & passé par un tamis,
le mettez dans un vaisseau de verre, & par dessus
verser de l'huile d'olive qui surpasse de quatre doigts
ladite poudre, & l'exposer au Soleil violent par dix
ou douze jours, le remuant souvent avec une spatule de bois, & que le Vaisseau soit bien net, au bout
du temps il faut verser l'huile d'olive par inclination,
& la conserver en une phiole bien bouchée; & lors
que l'on voudra en user il faut laver la playe ou ulcére, ou comme dessus, ou bien d'eau d'arquebuse; c'est un excellent reméde si l'on y ajoûte de la
poix gréque, & de la cire, & que l'on les laisse
sécher au feu lent, & y ajoûter de la poudre de
Myrrhe, l'on ne manquera pas de faire un onguent
très-bon.

Pour faire le Baume noir ou blanc.

Il faut prendre de l'huile d'olive, avec de l'urine, autant de l'une que de l'autre, les faire bouillir avec un peu de poix noire, du benjoin, storax, calamite, & un peu de terebentine, jusques à ce que ladite confection ne pétillera plus, qui sera un signe que l'urine sera consommée. Et pour faire qu'il soit blanc, au lieu de poix noire, faudra mettre la gomme élemi, & au défaut, de la resine.

Autre Baume pour fermer une Playe promptement.

Prenez d'opopanax demi-once, Terebentine de Venise, ou de son Huile, une once, le tout fondu ensemble sur des cendres chaudes, & en mettre sur la playe, laquelle il faudra laver avec de l'eau de vie, ou bien avec du vin.

Autre Baume très-singuliér.

Prenez de l'huile d'olive huit livres, & la mettez dans un pot plombé, qui soit bien couvert, & le mettez au Soleil durant six semaines, puis après l'on mettra tout ensemble huile & herbes l'un avec l'autre, desquelles herbes ci-dessous nommées, il en faudra mettre de chacune deux onces, & les piler un peu ensemble, ensuite les mettre avec ladite huile, & les remuer avec un bâton chaque jour, & bien garder qu'il n'y entre point d'eau.

Les herbes pour faire ledit Baume sont.

Marjolaine franche.	Plantain long.
Camomille.	Menthe franche.
Coq.	Armoise.
Pouliot.	Sauge franche.
Rómarin.	Grande Confoulde & pe-
Feuilles de Laurier.	tite Confoulde.

P 4

Marguerites fauvages.   Centaurée.
Melilot.   Plantain dents de lion.
Betoine.   Et grande Abfinthe.

Et au bout de fix femaines pour confire ledit Baume il faut prendre douze onces de cire vierge, deux livres de fuif de cerf mife par morceaux , enfemble le faire fondre en une poele , puis mettre l'huile & les herbes & les paffer toutes dans ladite peele à travers une toile tant qu'il ne demeure nulle fubftance, & encore reprendre les herbes & les repaffer avec un linge blanc, & puis mettre la poele fur le feu, & l'y laiffer tant qu'elle bouille l'efpace d'un quart d'heure, le remuant toûjours à petit feu, puis otez la poële, & prenez une demi-livre de maftic & deux d'oliban en poudre; foudain qu'avez ôté la poële de deffus le feu, il faut mettre dedans le maftic & l'oliban, puis le remuer toûjours tant qu'il foit froid, enfuite le mettre dans un vaiffeau, & le tenir bien couvert afin qu'il fe garde.

Les proprietez dudit Baume , & la maniére de le bien garder.

Il eft propre à toutes douleurs de nerfs refroidis, les frotter dudit Baume, en appliquant deffus un linge chaud; aux piqueures de frelons & d'épines, appliquez ledit Baume chaud; deffus des coupeures, fi elles font fraîches en mettant dudit Baume deffus, elles ne manqueront de guérir.

L'eftomach refroidi le frottant chaudement, brûleures de feu ou d'eau l'appliquant auffi chaudement deffus , à toutes goutes appliquant un linge chaud, après avoir frotté l'endroit de la douleur; pour la colique paffion, en frottant l'eftomach & le petit ventre , elle guérira; écorcheures & membres perclus, flux de ventre en frottant l'eftomach & le petit ventre; aux enfleures, aux playes près de nerfs, fans tente, à tous clous, apoftumes & os brifez, en

ap-

appliquant ledit Baume chaudement deſſus, ils ne manqueront indubitablement de guérir.

Autre Baume merveilleux.

Prenez du lignum, aloës, galanga, maſtic, poivré blanc, canelle & muſcade, de chacun une once & demie, poivre long, juncus odoratus, de chacun une once, le tout mis en poudre, ajoûtant de la gomme elemi ſix onces, que le tout ſoit infuſé en demi-livre d'eau de vie rectifiée par ſix fois, une livre de Terebentine de Veniſe, huile d'œufs, rômarin, ſauge, opoponax, ammoniac; le tout ſoit infuſé dans un grand alambic de verre l'eſpace de deux jours & deux nuits, le tout ſoit diſtilé au Bain-Marie, dont en tirerez le Baume & le lavez.

La maniére de faire l'Emplâtre.

Prenez de l'huile de ſauge, marjolaine, rômarin, pétreole, de chacun deux onces, litarge d'or bien lavée en eau de ſauge une once & demie, puis faites cuire l'Emplâtre à petit feu, & quand elle ſera bien cuire, l'on y ajoûtera deux onces d'axonge de vipére, huile de benjoin & ſtorax, de chacun une once, puis achever de faire cuire ladite Emplâtre à perfection, & après l'appliquer ſur la cuiſſe & ſur le cou du pié.

Autre Baume, ou autrement l'Herbe de Veniſe.

Ses propriétez ſont grandes, même pour tous venins, poiſons, playes, & pour la peſte; dès que l'on ſe ſent malade, il en faut prendre de l'eau ou du jus & le boire, & mettre le marc deſſus le mal, parce que le jus ou l'eau qui en provient, nettoye tout autour du cœur, & chaſſe le mal dehors, qui eſt guéri par le marc.

Pour le poiſon, de même, ou autre choſe qui travaille le cœur & l'eſtomach.

Pour piqueure de l'aſpic ou ſerpent, de même.

Pour

Pour les écrouelles il faudra prendre le poids d'un écu de la graine, les trois derniers jours de la Lune, & mettre de l'herbe pilée dessus, ou de l'onguent.

Pour morsure de chien enragé il en faut boire du jus, & mettre le marc sur sa morsure, comme d'un aspic ou de serpent, ou bien de l'onguent.

Pour les playes il faut faire un onguent de cette façon: Il faut piler l'herbe & en tirer le jus, & le mettre dans la cire & poix-resine, du linge vieux, de la Terebentine, du mastic fondu, puis le jus dedans, & ensuite bien battre tout ensemble ; & en après les mettre dans des pots.

Pour le mal caduc il faut prendre le poids d'un écu de la poudre avec du vin blanc les trois derniers jours de la Lune, & continuer un an. Ce Baume est aussi fort bon & doux aux playes, & il se fait ainsi.

Il faut prendre une phiole de verre pleine d'huile d'olive dans le mois de May, & ensuite mettre dedans de l'herbe suffisante quantité, puis mettre la phiole à la grande chaleur du Soleil, & l'ôter tous les jours, & la remettre au matin.

Il ne faut point craindre d'en boire à cause de son mauvais goût, en ce qu'elle est très-excellente dans son effet.

La graine en étant donnée aux poules, elle ne manquera de les faire pondre comme il faut.

Autre Baume de Soufre, clair comme un Rubi.

Prenez une livre de Soufre, autant d'huile de Terebentine, ensuite mettez vôtre Soufre en poudre subtile, & mettez le tout ensemble dans un matras, duquel l'on bouchera l'orifice l'espace d'une demi-heure, puis ensevelir vôtre matras dans du sable, en une terrine, & il faut que vôtre matras soit quatre fois plus grand, & l'on fera un feu l'espace de trois heures assez doux, & après augmenterez le feu, & continuerez jusques à ce que vous voyiez

qu'il

qu'il ne forte plus de vapeurs, & l'on connoîtra que
la teinture fera comme un Rubi, & alors l'on ôtera
la teinture, & le Baume fera fait.

Pour faire un Baume blanc, propre à décraſſer
le Viſage.

Il faut prendre la moitié d'un jaune d'œuf, &
trois ou quatre gouttes de jus de citron, & y diſſoudre du Baume ce que l'on voudra, puis étant diſ-
ſous, on le diſſoudra derechef dans de belle eau de
fontaine ; & ſi c'eſt qulequ'un qui ait des rougeurs
au viſage il faudra que ce ſoit dans de l'eau de nenuphar, & de cette eau il faut ſe décraſſer en la maniére accoûtumée.

Prenez des pommes de mandragores qui ſoient
récentes, & les mettez par petits morceaux dans
une bouteille de verre , & puis y mettez de l'huile
d'olive dedans, gomme demi-livre, il faut à une demi-livre une douzaine de pommes, & les mettez
au Soleil juſques à la Saint Michel, puis en uſez là
où il faudra.

CHAPITRE XIV.

Contenant la maniére de faire plu-ſieurs Huiles & Onguents, leſquels ſervent à diverſes ſortes de playes.

Huile que l'on doit faire , & laquelle eſt admira-
ble & experimentée pour la Gangrenne.

IL faut prendre les drogues qui ſuivent.
Litarge d'or une livre.

Alun demi-livre.   Encens quatre onces.

Myrrhe fine une once.   Gomme Arabique cinq

Sel deux onces.   onces.

Vin, Vinaigre & Eau, de chacun une pinte de
Paris.

Il faut que le tout soit battu en poudre, & le faire cuire l'espace d'un quart d'heure en une poële sur le feu, & faire cuire le tout en un pot neuf.

Ensuite il faut s'en laver la partie malade, & y laisser le linge trempé dans ladite composition tant qu'il soit sec, & le renouveller souvent.

Autre.

Prenez deux œufs, pour dix-huit deniers de miel blanc, pour deux sols d'huile d'olive, pour un sol de graisse de porc mâle, pour six deniers de farine, il faut mêler le tout ensemble, & ensuite le mettre dessus le mal deux fois le jour.

Autre Huile pour frotter une Goute ou Catarre, procedant de froidure & d'humidité.

Il faut prendre trois livres d'huile d'olive, & la mettez dans trois quarterons de fleurs de mille-pertuis bien épluchez, en sorte qu'il n'y ait point de vers, & bouchez bien ladite phiole & la mettez au plus fort Soleil que l'on pourra, & la secouez tous les jours une fois, & quand l'on verra que l'huile sera bien rouge, il faut mettre dedans une once & demie de fleurs de-camomille & une once & demie de mélilot toutes récentes, & une once de roses rouges séches; & quand l'on aura mis le tout en la phiole, il la faut bien reboucher & la remettre au Soleil, & au bout de quinze jours remuez la bouteille, & mettez dans ladite huile deux onces de bonne Terebentine de Venise, & deux onces de gomme mise par petits loppins, & puis bien reboucher cette phiole. Il faut faire ladite huile devant la

Saint

Saint Jean, & la laisser au Soleil jusques à la Saint Michel, la remuant comme il est dit; Et quand l'on verra que le Soleil n'aura plus de force, l'on prendra ladite huile & la fera-t-on un peu chauffer dessus le feu, puis la passez dans un linge le pressant bien fort, & la remettez dans la phiole bien bouchée; & d'elle s'en faire froter les lieux douloureux.

Huile propre pour les Paralytiques, laquelle il faut faire au mois de Mai.

Il faut prendre des Herbes qui suivent, de chacune deux bonnes poignées.

Rômarin.	Origan.
Sauge.	Calamen.
Rue.	Hache.
Livêche.	Lavande.
Aluine.	Feuilles de Laurier.
Menthe.	Marjolaine.

L'on hachera lesdites herbes fort menues, puis on les pilera dans un mortier de pierre, puis prenez trois livres de sain de porc sans sel, & le mettez dans un bassin d'airain avec toutes ces herbes fort pilées, & les faites bouillir jusques à la consomption des susdites herbes, & quand elles seront consommées, il le faut couler dans un linge, & le laisser refroidir, & quand il sera froid, il le faudra mettre dans un pot.

Si l'on veut faire autrement, l'on pourra prendre lesdites herbes bien pilées, & les faire bouillir dans deux quartes de bon vin blanc, & quand elles seront bouillies, il faut y couler ladite décoction, & bien presser lesdites herbes, puis la faire bouillir avec vôtre axonge de porc jusques à la consomption du jus; étant consommée, il la faut laisser refroidir, puis la mettre dans un pot de grez, si l'on veut l'on y ajoûtera de la graisse de cerf trois ou quatre onces, & il en vaudra beaucoup mieux.

Pour

Pour faire l'huile de graiſſe de millet.

Il faut prendre de la graiſſe de millet, & la faire chauffer ſur le feu, & la faire fondre comme pane de porc, & y mettre de l'alun de glas la quantité de demi-quarteron, & s'il y en a beaucoup y mettre une demi-livre en dix livres de graiſſe.

Ladite huile ſert pour les nerfs foulez avec des oignons cuits.

Elle eſt extrémément bonne auſſi pour pluſieurs douleurs qui affligent le corps.

Pour faire une Huile ſinguliére contre les froiſſures, nerfs foulez, & autres maladies procédantes de cauſes froides.

Prenez de l'Abſinthe, Armoiſe, Baume à la tige rouge, Baume à la tige verte, Bétoine, Camomille en fleur, grande Conſoulde, Fenouil, Melilot, Orpin, Pouliot Royal, Plantain, Rômarin, Sauge Franche & Coq.

Prenez de chacune de ces herbes une poignée au mois de Juin, il les faut hacher toutes enſemble bien pilées au mortier, & enſuite les mettre en un pot vert, plombé, ou pot de Beauvais, auquel l'on mettra de très-bonne huile d'olive, en ſorte que les herbes trempent toutes dedans, puis mettre ledit pot au Soleil l'eſpace de ſix ſemaines, & remuer ce qui ſera dedans deux fois le jour, puis mettre l'huile à part, & mettre les herbes dans un autre vaiſſeau avec du vin blanc ſur le feu, & le faire bouillir, après le faut repaſſer avec l'huile comme devant, puis le remettre avec ledit vin conſommé ; cela fait, il faut mettre pour chacune livre d'huile qui ſera audit pot, une once de chacune de ces choſes.

Huile très-excellente pour les Goutes & Catarres.

Il faut prendre trois livres d'huile d'olive, & la
mettre

mettre dans une phiole, puis mettez dedans trois quarterons de mille-pertuis bien épluchez, enforte qu'il n'y ait point de vers, & bien boucher vôtre bouteille, & la mettez le plûtôt que vous pourrez au Soleil, & fecouez vôtre bouteille tous les jours une fois, & quand vous verrez que l'huile fera bien rouge, mettez dedans une once & demie de camomille toute récente, & une once & demie de melilot tout frais, & quand vous aurez mis le tout dans une phiole, il la faut bien reboucher, & enfuite la remettre au Soleil, la remuant tous les jours comme il eft dit ci-deffus & au bout de quinze jours recouvrez vôtre bouteille, & mettez dans vôtre huile deux onces de bonne Terebentine de Venife, & deux onces de gomme e'emi mife par petits loppins, & puis reboucherez très bien votre phiole, vous ferez ladite huile devant la Saint Jean, & la laifferez au Soleil jufques vers la Saint Michel, la remuant tous les jours, & quand vous verrez que le Soleil n'aura plus de force, vous prendrez vôtre huile & la ferez un peu chauffer deffus le feu, & puis la pafferez par dedans un linge, puis la remettrez dans une phiole bien bouchée. Cette huile eft très-bonne pour les Goutes & Catarres, & en bien frotter les parties qui font douloureufes.

Ruta Capraria, herbe qui fert contre le mal caduc.

Il en faut ufer les deux derniers jours de la Lune, le poids de deux ou trois écus, du jus avec du vin blanc, continuer pendant une année.

Elle fert auffi contre toutes playes, tant vieilles que nouvelles, en l'appliquant pilée fur le mal.

Elle fert auffi contre toutes morfures de ferpens & autres bêtes veneneufes, en faifant boire le jus au malade, & enfuite mettre le marc fur la morfure.

Elle eft très-bonne contre la Pefte, moyennant
que

que l'on donne à celui qui en eft frappé à boire dudit jus, deux ou trois fois le jour.

Enfin elle fert en général contre tous venins.

Pour tirer l'Huile d'Antimoine, qui guérit parfaite-
ment toutes fortes d'Ecrouelles.

Prenez une livre & demie d'Antimoine , autant
de Salpétre & autant de Tartre de Montpelier , le
tout pulverifé, puis faut prendre un pot de terre
neuf & l'envelopper tout de charbon, y faire un bon
feu, tant que le pot foit tout rouge, puis faut jetter avec une grande cueillier les poudres ci-deffus
dans ledit pot & lè couvrir diligemment de peur que
rien ne s'évapore , & le remuer avec une fpatule de
bois, afin que tout aille au fond du pot , puis le
laiffer encore une demi-heure avec bon feu, &
l'ayant retiré du feu il faut le laiffer refroidir, vous
trouverez vôtre regule d'Antimoine au fond , duquel en prendrez une once & le mettrez en poudre
avec deux onces de fublimé, & mettez le tout dans
une petite cornuë dont le bec entrera dans une autre, diftilez au feu de rouë, puis le tout étant diftilé vous jetterez une partie de vôtre huile dans un
alambic de verre plein d'eau, vous y trouverez une
poudre blanche au fond, vous jetterez vôtre eau
tout doucement, puis vous laverez vôtre poudre
plufieurs fois avec eau de chardon bénit & eau rofe,
vous jetterez derechef vôtre eaü, puis laifferez fécher vôtre poudre , de laquelle étant féche pourrez
en donner aux hommes & aux femmes, favoir fix
grains avec du vin blanc & faut toucher lefdites
Écrouel es fort légérement de ladite huile par quatre
ou cinq jours; & vous verrez en bref une très-belle
cure.

*Pour faire l'Huile de Muscade, bonne pour guérir les dou-
leurs qui procédent d'humeurs froides.*

Prenez une livre de noix de Muscade de la meilleure qui se pourra trouver, & la concassez en poudre
le plus menu que faire se pourra, & la mettez dans
un poelon d'airain, puis prenez quatre doigts ou un
peu plus de la plus forte Malvoisie, & la mettez
dans ladite poudre, puis prenez un autre poelon plein
d'eau, & la faites bouillir sur du feu clair, puis prenez l'autre poelon où sera la Muscade & la Malvoisie, & l'autre où est l'eau qui aura bouilli, les mettez ensemble, & les laissez bouillir jusques à diminution de la tierce partie, puis après vous aurez des
presses d'Apotiquaire pour les presser, & pour en
recevoir l'huile, & après vous la mettrez en un
lieu où elle ne puisse s'eventer, de laquelle vous vous
froterez les parties qui sont les plus douloureuses.

Autre Huile très-expérimentée.

Prenez de l'urine du patient un demi-pot, & la
faites bouillir en sorte qu'elle soit consommée de la
tierce partie, & la faut si bien écumer qu'elle puisse
être claire, puis vous prendrez du bon beurre du
mois de Mai, le plus vieux que pourrez trouver, en
mettez une demi-once avec ladite urine dans un
pot neuf, & faites-les bouillir tous ensemble un
demi-quart d'heure, puis les ôtez du feu & le laissez
refroidir, & quand il sera froid vous serrerez le beurre qui sera par dessus l'urine, & le mettrez dans un
vaisseau qui sera neuf; Quand vous voudrez vous en
servir il faudra prendre de l'eau de fontaine où le Soleil donne quand il se léve, & en mettrez dessus la
douleur, & la lavez, puis faites-la chauffer quelque
peu de temps, ensuite il la faut froter bien fort de
beurre, & ensuite mettez de la laine noire dessus,

l'envel'enveloppez bien chaudement, & continuez par neuf jours.

Pour faire de bonne Huile de Mille-pertuis.

Prenez des Fleurs de Mille-pertuis quatre bonnes poignées, & les mettez tremper en une chopine de vin rouge qui fera un peu chaud avant que d'y mettre lefdites Fleurs ; & les laiffez au Soleil tremper enfemble l'efpace de trois jours, puis couler ledit vin & y remettre autant d'autres Fleurs qui y tremperont trois autres jours, & paffer encore ledit vin, & y remettre autant d'autres Fleurs jufques à trois autres jours, & les tenir toûjours au Soleil, & repaffer ledit vin pour la troifiéme fois ; Quand ledit vin fera paffé pour la troifiéme fois, il faudra mettre une demi-livre d'huile d'olive, & les faire bouillir enfemble tant que le vin foit confommé, & après y mettre de bon Maftic en poudre, une once d'Encens fin en poudre, une once de Terebentine de Venife, quatre onces de faffran, & faut l'ôter du feu, & mettre le tout enfemble & le garder dans une phiole de verre, & ce fera de très-bonne Huile.

Autre Huile pour la Goute.

Il faut prendre une Oye qui foit bien graffe, la faire rôtir, & en prendre la graiffe qui en dégoutera, puis la mettre en un pot neuf, & la faire bouillir à petit feu avec du charbon au commencement, mais à la fin il faut mettre de la braife à l'entour du pot ; puis prenez de la graine de chenevis toute nouvellement cueillie après la my-Août, & en faites une poudre, puis la mettez en ladite graiffe, & la remuez fans ceffe avec un bâton, & la laiffez bien bouillir tant qu'elle foit bien cuite, après la remettre refroidir, & prenez de l'eau & du fel, puis laiffez les bien froter, & même prenez de ladite graiffe auffi gros qu'une noix, de quoi il fe faut bien froter, & enfuite s'en aller coucher.

Huile

Huile propre pour suppléer les Nerfs.

L'on prendra de la graisse de chappon fonduë, & la passer par une étamine, une once de cire neuve, faire fondre la cire & la graisse tout ensemble, puis prenez de la Terebentine une once fondue avec les autres drogues, ne les pas laisser long-temps sur le feu, & puis les laisser refroidir, & ensuite en faire une espéce d'emplâtre que l'on mettra sur les nerfs.

Pour faire l'Huile de Talc.

Prenez une livre de Talc & le pulverifez avec une once de sucre candi, & mettez ladite poudre dans une courge de verre, & la mettez dans le fumier 40. jours après l'avoir séelée hermétiquement, c'est-à-dire avec poil, blanc d'œuf, terre franche & suie, puis amasser l'écume qui se fera dessus & mettre ladite courge dans le Bain-Marie pour ramasser ladite huile qui en distilera.

Autre.

Faut calciner le Talc dans un creuset, & lors qu'il sera bien blanc le mettre dans une petite poche de toile en long, attachant ledit sac au dessus d'un vaisseau de verre, dans un lieu frais, & profond comme un puits, il en distilera une eau qui sera fort blanche.

Autre.

Prenez un pot de terre dans lequel l'on mettra quantité de limaçons à coquilles, & par dessus jettez quantité de Talc en poudre, & pour le pulverifer il faut le mettre dans un sac de cuir, avec force petits caillous de riviére, & le remuer jusques à ce qu'il soit pulverifé, puis le passer par un tamis pour separer les caillous & couvrir lesdits limaçons & poudre d'un linge, & bien presser dans un linge le tout ensemble, puis distiler au Bain-Marie *ad libitum*; Il faut remarquer que pour empêcher que le vase ne se

casse,

caſſe, il le faut mettre dans le Bain-Marie l'eau étant froide, ou ſi l'on le veut mettre l'eau étant chaude, il faut chauffer ledit vaſe, avant que de le mettre dans ledit Bain-Marie.

Pour faire autre Huile de Talc, qui ôte toutes Dartres, Gales, & autres choſes.

Faut prendre la raſe de vin ſéche, autrement le Tartre, & la mettre dans un pot de terre bien ſéelé, & la laiſſer dans de la braiſe bien rouge juſques à ce qu'elle ſoit calcinée bien blanche, & la mettre dans un ſac de groſſe toile neuve, faite en forme de chauſ-ſe d'hypocras, & mettre ce ſac au fond de la ca-ve avec un vaiſſeau deſſous, là ſe diſtilera de l'eau claire comme argent, ce qui s'appelle Vraie Huile de Talc.

Autre Huile propre pour faire revenir le poil.

Prenez les jaunes d'une vingtaine d'œufs durs, & les preſſez avec la main, puis les mettez dans un poëlon ſur le feu, les remuant inceſſamment juſques à ce qu'ils rendent une certaine glutinoſité, lors il les faut mettre dans un ſac qui ſoit lié bien fort avec une ficelle & le mettre à la preſſe, pour le clarifier il faut le mettre dans un poëlon plein d'eau, & le faire bouillir ſur le feu, & pour le faire approcher du Baume naturel, il faut en preſſant leſdits œufs y mettre du benjoin & ſtorax calamite qui ſoient pul-veriſez.

Pour faire l'Huile de Muſcade, d'Amandes douces, Pi-gnons, Noix & d'autres Semences.

Prenez un quarteron de Muſcade & les concaſſez, puis les mettez dans un poëlon bien net, les aroſant d'une goute d'eau de vie, ou, au défaut, de bon vin blanc, & il faut mettre ledit poëlon plein d'eau ſur le feu, & le faire fort bouillir, puis étant bien chaud l'on

l'on les mettra dans un sac, & il ne manquera d'en
fortir de très-bonne Huile.

Autre Huile propre aux Nerfs foulez & autres.

Prenez trois ou quatre petits chiens qui n'ayent que
trois jours, & les coupez tout en vie par morceaux,
les mettez dans un pot neuf avec autant de pintes
d'huile d'olive, comme il y aura de chiens, & couvrez le pot de fon couvercle, & le lutez tout autour
avec de la terre glaife, & le mettez dans une grande chaudiére pleine d'eau, & le faites bouillir tant
qu'il ne revienne qu'à une pinte, & paffez le tout
dans un demi-quarteron de fuif, du fel, & une dragme ou deux de Terebentine de Venife, & le mettez
encore fur le feu un quart d'heure, & le ferrez dans
tel pot que vous voudrez.

Cet onguent eft propre pour tous nerfs foulez,
pourvû qu'ils ne foient point dilatez, & eft merveilleufement fingulier pour les Nerfs retraits; quand on
veut s'en fervir il le faut mettre dans une écuelle, &
en froter bien long-temps la partie offenfée, & puis
y mettre un linge chaud deffus, & il la faut froter
trois fois le jour.

ONGUENTS.

*Onguent très-merveilleux & bien éprouvé, qu'on appel-
le vulgairement* Emplaftrum Divinum, *lequel eft
propre pour toutes fortes de plaies tant vieilles que nouvelles.*

CEt Onguent eft merveilleux pour toutes fortes
de coups d'arquebufes ou d'autres bâtons à feu,
pour toutes morfures de bêtes veneneufes ou enragées, pour apoftumes, fiftules, pefte, chancre,
goutes percées, boyaux tombez, & auffi pour un
mal qui s'appelle *Noli me tangere*, s'il y a homme
ou femme qui ait quelque groffe douleur de tête,

l'on

l'on ne manquera premiérement de rafer le poil, & qu'on faſſe une emplâtre dudit onguent, puis la mettre deſſus la douleur, & ils feront guéris de ladite douleur fans nulle difficulté.

Ledit Onguent relie les nerfs coupez, & a la vertu de tirer les eſquilles des os hors de la plaie, fur laquelle il fera mis, il ne fouffrira jamais putrefaction quelconque en ladite plaie.

Quand l'on voudra faire l'Emplâtre dudit onguent, l'on prendra du vinaigre blanc ou clairet qui foit bien fort, ou de l'huile d'olive, lequel vous voudrez, & en frotez vos mains, & le pêtriſſez fort, & puis prenez de la peau blanche de chévrotin, & enfuite mettez fur ladite peau, & le mettez fur le lieu douloureux.

Les drogues qu'il faut avoir pour faire ledit Onguent.

Prenez du galbanum une once & deux dragmes, d'ammoniac trois onces, trois dragmes d'opoponax, une Livre d'huile d'olive, livre & demie de cire neuve, vingt onces de litarge, une once de vernis, une once de myrrhe, une once & deux dragmes d'ariſtologe, une once de maſtic, une once d'oliban, deux onces de bedali, deux onces de thuris, une once & une dragme d'Aiman du plus près du Soleil levant, s'il eſt poſſible, car il eſt même meilleur avec deux onces.

La manière comme il faut ſe bien gouverner pour
faire ledit onguent.

Il faut prendre un pot de terre tout neuf, qui n'ait point fervi, qu'il contienne deux pintes ou environ, mefure de Paris, & l'emplir de vinaigre blanc, s'il eſt poſſible, car il eſt le meilleur, ou s'il n'y-en a point, prendre du clairet, mais du plus fort qu'il fera poſſible, & puis prendre ces trois gommes, favoir galbani, armoniaci, appoponaci que l'on mettra

dans

dans ledit pot avec le viinagre par sept, huit ou neuf
jours, jusques à ce qu'il soit bien consommé, & que
premiérement l'on les rende gros comme une demi-
châtaigne, il faut sur tout bien couvrir le pot de peur
qu'il ne s'évente, car il seroit gâté ; & quand on verra
qu'il sera consommé, il le, faut prendre ensemble
avec le vinaigre, & passer le tout par une étamine
neuve, & les mettre dans un poelon d'airain qui
soit net, & ensuite les mettre sur un feu qui soit lent,
les remuant toûjours avec une palete de bois, de
peur que les drogues n'aillent au fond, & quand l'on
verra la consomption du vinaigre quasi jusques aux
trois gommes, étant toûjours sur le feu lent, après
prenez l'huile d'olive & la mettez en filant, & puis
la cire neuve départie par loppins gros comme une
noix, & toûjours mouvant avec ladite palette de bois ;
& quand l'on verra que la couleur deviendra autre
que l'on ne la point vûe, l'on prendra la litarge d'or
bien subtilement pulverisée, & ensuite la mettre avec
les autres drogues en la poele, étant sur ledit feu
lent en filant, car si elle tomboit en un tas, jamais
l'on ne viendroit à bout qu'elle ne se prît au fond de
ladite poële ; mais quand tout seroit gâté, l'on ne laissera pas de le remuer toûjours, comme il est dit ci-
dessus, & le tenir sur ledit feu jusques à tant que la
couleur vienne noire en mouvant toûjours, à celle
fin que lesdites gommes ou drogues ne prennent point
au fond de la poele, & puis ensuite mettre les autres
drogues qui s'ensuivent, fort bien pilées.

Prenez du vert de gris, de la myrrhe après, &
puis l'Aristoloche longue, mastic, olibani, bedali,
thuris & l'ainin, & les mettez dans ladite poele,
mais qu'elles filent, en remuant toujours comme dit
est ; cela fait, si l'on voit que lesdites gommes ou
drogues s'enflent sur le feu, il les faut oter & les tenir un peu hors du feu, tant qu'elles se défenflent,
puis les remettre sur le feu en mouvant continuellement, comme dit est ; Quand l'on voudra voir s'il

sera

fera affez cuit, l'on fera l'épreuve de telle maniére: L'on prendra un baffin, une pierre de marbre, ou un bois de noyer, qu'on lavera en vinaigre blanc ou clairet, ou bien les oindre d'huile d'olive, & puis quand l'on verra que ledit onguent fera entre noir & rouge, l'on en prendra une goute que l'on mettra fur ladite pierre de marbre, baffin ou bois de noyer; & quand l'on verra qu'elle fe féchera fur lefdites chofes, alors il faut laver fes mains & la manier avec les doigts, fi elle fe prend aux doigts elle n'eft pas cuite, & fi elle ne s'y prend point, c'eft figne qu'elle eft cuite, enfuite l'on la remettra fur ledit feu lent, jufques à ce que toutes les chofes deffus dites foient accomplies; quand elle fera bien cuire l'on prendra un baffin bien net, lequel l'on lavera en vinaigre, & mettra ledit onguent dans ce baffin pour refroidir, le remuant toûjours tant qu'il foit froid, & puis après tremper fes mains dans le vinaigre & prenez ledit onguent & le pêtriffez bien fort, en trempant fouvent vos mains dans ledit vinaigre; & quand il fera bien pêtri, & que l'on l'aura mis par petits rouleaux, il faudra l'envelopper dans de la peau de chévrotin auffi par petits rouleaux : Cet Onguent a été éprouvé dans une quantité de très-belles cures, & aufquelles il a bien réuffi; Il peut durer quarante ans, pourvû qu'il ne foit point éventé.

Pour faire l'Onguent ou Emplâtre de Cerufe, & pour en faire une livre.

Il faut prendre une demi-livre d'huile rofat, une demi-livre cérufe de Venife fubtilement pulverifee, & la mettre dans une poele de terre fur le feu, en la remuant toûjours avec une fpatule de bois, tant qu'elle foit bien cuite, & l'on en connoîtra la cuiffon en en mettant fur le doigt, & quand l'on verra qu'elle n'y tiendra point, alors elle fera cuite, & il la faudra mettre par magdaléons.

Autre

Autre pour faire une livre de nutritum.

L'on prendra quatre onces de litarge d'or lavée en eau rose trois ou quatre fois, & quand elle sera lavée la faire sécher, puis prenez céruse de Venise subtilement pulverisée dans un mortier de plomb ou d'étain, ensuite il faut prendre cinq onces d'huile rosat, jus de morelle deux onces, jus de plantain deux onces, & l'on fera ledit Onguent de cette façon ; Il faut mettre un peu d'huile rosat dans le mortier avec la céruse & litarge en les remuant l'espace d'un quart d'heure, puis y mettre un peu desdits jus, & remuer toûjours, en y mettant tantôt de l'huile, tantôt desdits jus, jusques à ce qu'ils soient comme il faut, & l'Onguent étant fait, il faut le serrer dans une boëte de terre.

Onguent pour faire venir la chair à une Plaie.

Prenez de l'huile rosat quatre onces, cire neuve, pois resine, terebentine de Venise, de chacune une demi-once, & faire fondre le tout dans une écuelle de terre; quand il sera fondu, il faudra le mettre refroidir dans un pot, & quand on voudra en user, l'on en fera une emplâtre, & y mettre dessus un peu de charpie bien subtile & séche.

Autre Onguent pour les Dartres & Gales, même pour une jambe enflée.

Prenez un quarteron de soufre, demi quarteron d'alun de glace, & mêlez le tout en poudre, une demi-livre de beurre, & mettez le tout ensemble dans un mortier, & le pilez fort l'un avec l'autre, en sorte qu'il soit comme un Onguent, lequel l'on mettra dans une boëte pour s'en aider à son besoin.

Autre Onguent pour les Rompures.

L'on prendra des racines de guimauves, que l'on fera bouillir dans un pot avec de l'eau de fontaine, tant que lesdites racines soient toutes moles comme pâte, puis l'on les pilera en un mortier avec du beurré de Mai, & si l'on n'en peut avoir, l'on en prendra du plus frais que l'on trouvera, & non d'autre : Ledit Onguent est bon aussi pour les douleurs & enflûres.

Autre Onguent propre pour le mal des Reins, même pour empêcher la Pierre de s'engendrer.

Prenez des Fleurs de petites mauves, & en cas qu'il ne s'en trouve, prenez des feuilles & du revert les plus tendres, il faut les mettre bouillir dans un petit pot bien fort, avec de l'eau ; & quand elles seront bien bouillies, mettez dans ledit pot une bonne cuillerée de miel bien épuré & clarifié, & une demi once de beurre frais, & le laissez bouillir un bouillon ou deux, & ensuite le passez en une serviete, & la pressez bien fort, & puis en mettez six onces qui soient un peu tiédes, & en boire au matin trois jours suivans, & être deux ou trois matins après sans manger, & en prenez de quinze jours en quinze jours.

Pour faire un Onguent propre à faire mourir une Apostume.

Il faut prendre un oignon de lys & un oignon blanc, & les faire cuire tous deux entre les cendres comme une poire, & après les nettoyer & les piler au mortier, & y ajoûter du levain aigre & de la graisse de porc fondue, de chacun la grosseur d'un œuf, qu'il faut piler & mêler tout ensemble, & en faire une emplâtre bien épaisse, & étant toute chau-

de,

de, la faut mettre sur l'apostume, avec les lys, &
qu'ils tiennent sur le lieu.

Onguent pour la brûlure.

Prenez de l'huile d'olive & cire blanche, & fondez
le tout ensemble, puis quand il commencera à fondre vous prendrez du camphre en poudre, & le mettrez dedans, & le remuerez, puis vous le mettrez
dans une boëte.

Onguent pour le feu sauvage.

Prenez des roses d'Eglantier, & les pilez comme
il faut, puis prenez du miel détrempé en vin blanc,
puis le mêlez bien avec vos roses, & de cela vous
en ferez un onguent, lequel vous appliquerez sur la
partie malade.

Onguent propre pour un visage couperosé.

Prenez du sain de porc, & le lavez trois fois en
de l'eau rose, puis le faites fondre, & prenez du
soufre qu'il faut piler bien menu, & le mettre avec
ladite graisse qui sera sur le feu, & quand l'on verra
qu'il sera bien mêlé ensemble, il faut le mettre dans
une boëte & s'en froter au matin & au soir ; L'on
prendra aussi du bois de frêne, que l'on mettra dedans, & l'on recevra le jus ou la mousse qui en sortira par les deux bouts, de quoi l'on se frotera aux
lieux & endroits qu'il faudra.

Onguent fort bon pour restreindre les humeurs qui décen-dent sur les Jambes, quand il y a ouverture & que l'on la veut fermer.

Prenez deux onces de litarge d'or, & la battez
l'espace d'une heure ; en y mettant du vinaigre petit
à petit, toûjours battant, & quand il s'épaissira fort,
mettez de l'huile rosat, & quand il s'éclaircira met-

tez-y

tez-y du vinaigre, toûjours en battant, puis il y faut mettre de la cérufe; & de cet Onguent vous en mettrez à l'entour de la jambe, & trempez un drapeau dans du vinaigre & de l'eau, après avoir mis de l'encens deffus le mal de la jambe, puis mettez ledit drapeau tout à l'entour de ladite jambe.

Onguent pour un homme Rompu.

Prenez un oignon de lys, & une poignée d'herbe de Prêtre, & autant d'ache, le tout bien lavé, mettez le bouillir en du vin blanc tant que lefdites herbes foient pourries de cuire, puis les coulez, & en donnez à boire au patient, puis prenez les herbes & les fricaffez avec un peu d'huile d'olive, quand elles feront fricaffées, ôtez-les du feu, prenez du levain de pur froment, & le défaites avec les herbes ci-deffus, & les mêlez & broyez toutes enfemble, & faites une emplâtre fur une toile neuve ou des étoupes de chanvre, & le mettez à l'endroit & côté où l'homme fera rompu; s'il l'eft des deux côtez, il **y** en faut mettre & le bander très-bien, & y laiffer l'emplâtre vingt-quatre heures, & la continuer par quinze jours.

Onguent fait avec addition de Mercure, autrement appellé Sponadrai.

Prenez de l'emplâtre triapharmacum deux livres, ftorax, calamite, lapdanum, de chacun une once & demie, camphre, cérufe, litarge d'or, plomb cru & plomb brûlé réduits en poudre, de chacun une once, d'argent vif deux onces, huile d'afpic & de petreole, de chacun une once, huile d'olive huit onces, cire neuve jaune une demi-livre, de cire blanche fix onces, & faites une emplâtre de toutes ces drogues.

Onguent très-excellent pour la Gangrenne.

L'on prendra les Drogues qui fuivent.

Terc-

Terebentine pure une liv.
Huile Lorin quatre onces.
Galbanum trois onces.
Gomme Arabique quatre onces.
Encens mâle trois onces.
Myrrhe trois onces.
Bois d'Aloés trois onces.
Galange une once.
Girofle une once.
Confoulde petite une once. Canelle une once.
Noix de mufcade une once.
Zedoar une once.
Gingembre une once.
Dictame blanc une once.
Mafchi une dragme.
Eau de Vie fix livres.

Il faut broyer ce qui le doit être & le mêler, puis faire tremper le tout en Eau de vie par l'efpace de neuf jours, puis le mettre dans l'alambic fur des cendres chaudes, & puis pouffer le feu & féparer l'eau d'avec l'huile.

Cet onguent ou Baume eft merveilleux pour les plaies, en l'appliquant avec un plumaceau, après avoir lavé la plaie avec ladite eau, ou bien eau de vie mêlée avec du vin qui foit un peu chaud. Secret très-expérimenté en plufieurs rencontres, & dont l'expérience a été indubitable.

Autre pour la même chofe.

Prenez une chopine de vin, & autant de vinaigre & d'eau, & les mettez dans un pot neuf avec une poignée de fel, deux onces de litarge d'or, mettrez le tout au feu, & lors qu'il commencera à s'échauffer, ajoûtez-y deux onces d'encens, d'alun & gomme Arabique en poudre & le laiffez au feu jufques à ce qu'il ait jetté le bouillon, & le tirez du feu pour vous en fervir, favoir en trempant des linges que vous appliquerez le plus chaud que le patient le pourra endurer, & ne les laiffez fecher jamais : Il eft auffi très-bon aux tumeurs & fluxions.

Onguent pour la Gravele & Colique.

Prenez trois onces de poix neuve, une once de

cire

cire neuve, demi-once de maſtic pulveriſé, faut faire une emplâtre de cuir blanc, & broyer deſſus ladite poix & cire, puis prendre une poële aſſez chaude & l'étendre deſſus ladite emplâtre, pour faire fondre la poix & la cire, & étant fondus, incontinent
ſemer deſſus le maſtic & mettre ladite emplâtre ſur les
jointures où eſt ladite goute, & enſuite mettre deſſus
des oreillers chauds, & faire qu'elle ne prenne le
vent; & quand l'emplâtre tombera, des eaux qui ſe
trouveront dedans, il faut en remettre d'autre en
s'eſſuyant & tenant le mal bien chaudement.

De quelle maniere il faut faire l'Onguent vert.

Il faut prendre une poignée de chacune des Herbes qui ſuivent.

De lancellot, lapiri aru-
tæ, plantago longo
æquatira.
Betoine.
De l'Armoiſe.
Du Souci.
De Sauge franche.
Des deux Plantains, plan-
tago major & minor.
Des petites Marguerites
des Prez, appellées de
la Conſoulde, conſoli-
da minor, bella minor.
De l'autre Conſoulde,
conſolida media, bel-
la major.
De l'herbe à Charpentier.
Du Mouron qui a la fleur
rouge.
De la Pimprenelle.
De la Souveraine deux
poignées.
De la Morelle.
De l'Aigremoine.

De chacune deſquelles herbes il faut prendre une
bonne poignée, comme il a été dit ci-devant, qui
ſoient bien nettes, & il les faut bien piler; & quand
elles auront été bien pilées, il en faut tirer le jus,
& le mettre dans une poële d'airain bien nette avec
une livre & demie de beurre frais, & trois quarterons de cire neuve par morceaux, & trois quarterons
de terebentine, & les mettre dans ladite poele, &
les faire filer juſques à ce que le tout ſoit bien fondu,
le remuant toûjours; & quand le tout ſera bien fondu,

du, il faut prendre un drapeau neuf & couler ledit
jus, & après qu'il sera coulé, le remettre sur le feu,
& le remuer jusques à ce qu'il soit cuit, & quand il
sera cuit, il faut le remuer tant que l'on voye qu'il
soit figé, & après faudra avoir des pots de terre
bien nets & le mettre dedans, & le tenir en un lieu
qui ne soit point trop frais. Qui voudra le faire double il n'y a qu'a mettre deux fois autant de toutes
les drogues susdites.

Onguent pour les Rhûmes, Aurillons & douleurs
de membres internes.

Il faut prendre de la Marjolaine neuve, de la
Menthe, de la Lavande en feuilles, de l'Hysope, de
l'Absinthe, de la Sauge menue, du Romarin, &
de la Rue, de tout ce que dessus de chacun une
poignée, avec deux poignées de fleur de genêt, que
l'on fera tout piler separément ; après, les mettre
trois jours & trois nuits tremper dans un pot neuf
avec du vin blanc, puis y mettre gros comme le
poing de vieil oing, & autant de cire neuve que
l'on fera bouillir à petit feu de charbon l'espace de
dix ou douze heures, après le passerez dans une
grosse serviete, la pressant bien fort ; & ce qui en
sortira dessus & dessous, le mettre dans une écuelle,
& le bien battre jusques à ce qu'il soit froid.

Et quand l'on voudra en mettre sur la partie douloureuse, il faut froter ledit Onguent dans le creux
de la main, & ensuite l'appliquer dessus le mal.

Autre Onguent propre pour toutes douleurs internes, com-
me de Bras, de Jambes, & autres membres.

Prenez des violettes de Mars, que vous pilerez
pour en prendre le jus, & des giroflés jaunes, &
mêlez le tout ensemble avec des vers de terre, puis
les mettez dans un vaisseau, & les laissez consommer ensemble, puis les prenez & les passez par un

linge,

linge, & tout auffi-tôt prenez des limaçons rouges, mettez les dans un fachet avec une poignée de fel, & les prenez, & puis mettez deffous un plat ou terrine, pour recevoir ce qui en diftilera ; il faut auffi prendre du tripoli, & le piler & en prenez auffi le jus, puis en appliquez fur la partie qui fouffre.

Onguent pour la teigne des petits Enfans.

Il faut prendre deux onces de l'emplâtre divinum, autant de l'emplâtre de cérufe noir, en faire un fpanadrap ou toile Gauthier, avec du taffetas ou du linge fort délié, & en ufer comme s'enfuit.

Il faut de huit en huit jours rafer les cheveux, & emporter la gale de la teigne quant & quant, & avant que de mettre la toile faut froter les lieux galeux avec un peu de foufre mouillé & détrempé de la falive d'un jeune enfant qui foit à jûn, & appliquer la toile par deffus, & couvrir le tout d'une légére calotte.

Onguent pour faire l'Emplâtre de Cérufe noir.

Il faut prendre une livre d'huile d'olive, une demi-livre de cérufe de Venife, & demi-livre de cire, & la faire cuire long-temps & à loifir en emplâtre, fans toutefois laiffer de la remuer deux heures ou plus, jufques à ce que de blanche elle devienne noire, & s'endurciffe de dure confiftance.

Autre onguent pour faire Emplâtres très-excellentes pour guérir toutes fortes de playes vieilles, & nouvelles, foit de mal d'aventure ou autrement.

Il faut prendre des herbes qui fuivent.

Quatre onces de Tria-pharmacum.

Deux onces d'Emplâtre de Cérufe.

Deux onces de Cérufe en poudre bien battue.

Deux onces de litarge d'or.

Deux

Deux dragmes de cam-
phre.

Deux onces de cire blan-
che.

Deux onces de cire jaune.

De l'huile de Petrole de-
mi-dragme.

De l'Huile d'Aspic demi-
dragme.

De l'Huile d'Hypericon
demi-dragme.

Terebentine de Venise de-
mi-livre.

Toutes lesquelles choses il faut mêler ensemble dans
une phiole de verre.

Pour faire ladite composition faut faire fondre tout
ce que dessus, & le laisser un peu bouillir, & puis
après y mettre les poudres, & en les y mettant remuer fort, & incontinent que l'on y aura mis les
poudres & qu'il aura un peu bouilli, y mettre les
Huiles, & toûjours remuer en les y mettant.

Il faut se donner de garde quand on mettra une
emplâtre sur quelque mal, que le feu n'y soit point,
car on endureroit trop de mal; Aussi quand une playe
est récente il n'y faut pas mettre de ladite emplâtre, at-
tendu qu'au lieu d'y apporter quelque soulagement;
cela feroit une douleur extreme & attireroit le sang,
mais faut attendre vingt-quatre heures; & avant
que d'y mettre l'Emplâtre l'étuver avec du vin & de
l'eau tiéde & chauffer l'Emplâtre.

Autre Onguent.

Il faut avoir un quarteron de beurre de Mai;
deux onces de cire neuve, deux onces de poix resine; & les faire bouillir ensemble dans un pot neuf;
puis il faut avoir deux gros d'huile d'aspic, une once d'huile de Mille-pertuis, deux onces d'huile d'o-
live, demi-quarteron de cervelle de cerf, une once
d'huile de Baume, deux onces d'huile de terebentine; une once de jus de plantain, une once de jus
de pétun, deux onces de jus de l'herbe aux Charpentiers; Il faut mettre lesdits jus tous ensemble en
un vaisseau, & puis les mettre dans le pot avec

                                            le

le beurre, cire & poix reſine & le ſuif de cerf, & faire bouillir tout enſemble à petit feu juſques à ce qu'ils ſoient en onguent, puis l'ôter de deſſus le feu tant qu'il ſoit un peu froid, puis y ajoûter les huiles l'une après l'autre, en remuant inceſſamment ſans rien remettre ſur le feu; Cet Onguent eſt très-bon à garder pour s'en ſervir dans les néceſſitez.

Autre Onguent merveilleux.

L'on prendra les drogues qui ſuivent.
Quatre onces de gomme   once.
 Elemi.   Sang de Dragon deux
Poix reſine trois onces.   onces.
Ariſtoloche longue une

Leſquelles on fera bien piler & paſſer par l'étamine, la reſine à part, puis les incorporer l'une après l'autre en douze onces de terebentine de Veniſe, & la faire fondre dans une cuillier à part, à petit feu ſans fumée, en les remuant inceſſamment avec une ſpatule de bois & ne faut pas mettre ladite Ariſtoloche & le ſang de Dragon, avec la gomme Elemi, tandis qu'elle fond, puis les ôter de deſſus le feu, & les remuer toûjours, & quand ils ſeront à demi-froids, y mettre l'Ariſtoloche & le Sang de Dragon, parce qu'il ne faut pas qu'ils ſoient mêlez avec la gomme Elemi; quand elles ſeront ſur le feu, & lors que le tout ſera bien incorporé enſemble; il faudra encore les mettre deſſus le feu, afin qu'il ſoit bien, il faut le mettre dans un baſſin froid, & enſuite prenez ladite emplâtre que l'on mettra dans une bourſe de cuir.

Autre Onguent pour la Teigne.

Il faut prendre une once de poix reſine, poix noire une once, farine deux onces, le tout étant bien pulveriſé, le mêler avec du vin dans un pot de terre non plombé, à petit feu, le mouvant avec
une

une spatule de bois, cela fait, appliquer sur une toile neuve & la mettre sur la tête, après avoir préalablement coupé le poil de bien près & lavé la tête du malade de son urine chaude ; il faut laisser l'emplâtre trois jours continuant comme dessus, tant qu'il ait entiérement déraciné ladite Teigne.

Autre Onguent pour les froncles mammelles ou rognes.

Prenez une once de cire neuve, une once de poix resine, trois onces d'huile d'olive, que vous fondrez tout ensemble, avec une once de terebentine, un gros de céruse & un gros d'encens, lesquels vous passerez dans une étamine, pour ensuite vous en servir dans vôtre besoin.

Autre.

Prenez de la ruë hachée & du grand plantain & racines de parcilles, de chacune une poignée, puis les pilez, & en tirez le jus, puis prenez graisse de trippes avec huile rosat mixtionnez ensemble, un peu de terebentine & cire vierge, & l'onguent sera fait, lequel sera très-bon pour toutes playes & autres choses qui peuvent arriver à toutes personnes.

Autre Onguent propre pour toutes fistules, chancres & apostumes.

Prenez de la graisse de taisson ou chat sauvage, graisse de cerf, graisse de porc mâle, de chacune demi-once, poix resine, encens blanc, cire vierge, de chacune demi-once, vous pulveriserez l'encens & poix resine, & ensuite ajoûtez-les avec les graisses & cire, remuant toûjours sur le feu doucement ; cela fait, passez-par l'etamine, & ensuite mettez-la en une boete, pour en user aux maladies susdites.

Autr

*Autre espece d'Onguent propre pour toutes Playes
tant vieilles que nouvelles.*

Prenez de l'armoise quatre ou cinq gects.

De la grande Confoulde deux petites taffes.

De la petite Confoulde deux taffes.

De la Betoine, racines & feuilles deux taffes.

Du Plantain long, que l'on appelle Ceterolle trois taffes.

De l'aigremoine quatre ou cinq feuilles.

De la Garace une branche.

Du Serpoulet une bonne taffe.

De l'ache deux brins.

Du Souci une petite taffe.

De l'ortie griéche deux brins.

Du chanvre deux feuilles, ou de la Graine.

De la Ronce deux feuilles.

Du Perfil deux brins.

Du Pouliot une bonne taffe.

Toutes lefquelles herbes ainfi affemblées faut bien laver & nettoyer & effuyer de maniére qu'il n'y ait point d'eau, & puis les broyer bien fort en un mortier avec une chopine de bon vin blanc, & les paffer par une étamine, & faire boire de ce breuvage au bleffé deux doigts en un verre, deux fois par jour au matin & au foir, une heure devant fouper, fi l'on veut on peut le prendre avant dîner, & il faut bien nettoyer la playe avec du vin blanc tiéde, & mettre fur le mal une feuille de chou rouge un peu chauffée, qu'elle ne foit ni verte ni féche, & que le bleffé fe garde de manger de groffes viandes.

Autre Onguent qu'il faut faire au mois de Mai.

Prenez de la Betoine, de la Verveine, de la Pimprenelle & de l'Aigremoine, de la faba inverfa, burfa paftoris, de la grande confoulde, une poignée dé chacune herbe, & puis les lavez très-bien, enfuite les épreignez en forte qu'il n'y demeure point d'eau,

puis

puis les broyez enfemble dans un mortier , puis les
mettez en un grand pot de terre neuf, & y mettez
trois pintes de bon vin blanc, & faites bouillir tout
cela dans ledit pot bien féelle & couvert, tant qu'il
foit réduit à plus de la moitié, puis l'ôtez hors du
feu & le laiffez refroidir jufques au lendemain, puis
prenez une once de maftic en poudre bien nette &
purifiée , huit onces de cire vierge , une livre de
poix blanche bien nette , & les fondez toutes enfemble, puis les paffez par une toile bien nette,
après prenez vôtre pot & le mettez au feu tant que
la décoction foit bien chaude , fans bouillir , puis
coulez vos décoctions par une etamine neuve , ou
ferviette qui foit bien nette & purifiée, puis à petit
feu mettez vos décoctions en une poele blanche par
petits loppins en remuant fort, tant qu'il foit fondu,
puis mettez le maftic, remuant toujours fur petit feu
autant de temps que l'on feroit à dire un *Miferere
mei Deus* ; & puis l'ôtez hors du feu , & ayez une
demi-livre de terebentine, & mettez-la dedans en
mouvant bien fort tant qu'il foit refroidi, & du lait
de nourriffe d'un fils, & mêlez le tout enfemble, &
vôtre onguent fera fait.

CHAPITRE XV.

Contenant la maniére de faire de très-excellentes Eaux , propres pour toutes fortes de chofes générale-ment.

*Eau très-bonne propre pour nettoyer le Cœur, pour
fe préferver de la Pefte , & pour aider les
Femmes qui font prêtes d'accoucher.*

POur faire une pinte de cette eau , il faut prendre
deux poignées de Menthe velue , appellée Men-
taftrum.

taſtrum. Deux poignées d'Angelique, herbe & racine enſemble. Deux poignées d'Imperatoire, herbe & racine, & plus de racine que d'herbe. Deux poignées de Biſtorte, herbe & racine. Une pinte de graine de geniévre, la plus mûre que l'on pourra trouver. Environ une poignée & demie de Ruë. Faire concaſſer le tout enſemble, enſorte que cela ſoit incorporé, & rendu comme en liqueur. On peut mettre le tout dans une pinte de vin blanc d'Eſpagne, ou du plus fort vin blanc que l'on puiſſe avoir, & y ajoûter une pinte d'Eau de vie, ou Eſprit de vin. Faire tremper le tout enſemble pendant vingt-quatre heures, avant qu'on commence à diſtiler; après continuer la diſtilation juſques à ce qu'elle ſoit faite; & la diſtilation ſe fera enſorte, qu'avant que de tirer le marc de la cloche, il faut qu'il ſoit entiérement ſec comme pouſſiére, afin que toute la force de l'herbe entre dans la diſtilation de l'eau; & ſi l'on veut après la diſtilation faire tirer le ſel du marc, on le peut faire, & enſuite le faire diſſoudre dans de l'eau, pour la faire plus-excellente, ou garder le ſel pour le prendre dans quelque liqueur. Mais afin que l'infuſion ne ſe perde pas, il faut la faire dans des vaiſſeaux de grez, ſi l'on peut. On en peut prendre à la fois dans un verre environ trois cuïllerées; & ſi le cœur englouti ſe décharge, on en peut reprendre autant, car cela fait jetter le venin, & fortifie le cœur ou autre partie.

La ſaiſon pour faire cette Eau eſt environ la fin de Mai, ou lors qu'on aura la graine de Geniévre, vers le mois de Juin. Faire la diſtilation par l'alambic, ou par le Bain-Marie.

Autre Eau ou liqueur pour fortifier l'Eſtomach, pour ôter la corruption, pour aider à la digeſtion, & pour guérir les meurtriſſures & les playes au dedans, & au dehors.

Il faut prendre quatre pintes d'eau de vie de la
meil-

meilleure, la mettre dans une cruche de grez, & y infuſer cinq quarterons de feuilles de Roſes de Provins, où il n'y ait que le rouge. Boucher la cruche avec du liége & du cuir par deſſus. La laiſſer à l'ardeur du Soleil de Juillet ou d'Août durant huit jours, après leſquels il faut paſſer cette eau dans un linge, remettre la liqueur nette dans la cruche, & y ajoûter une livre & demie de bon ſucre, un gros & demi de girofle, & un peu de canelle. La remettre au Soleil trois ſemaines, après la paſſer encore; la mettre dans des bouteilles de gros verre, les bien boucher avec du liége, les couvrir de parchemin ou de cuir, & les tenir dans un lieu ſec.

Prenez-en environ une bonne cuillerée à la fois, dès que l'on ſe léve, & même lors que l'on ſe couche.

· On peut faire cette Liqueur ſans y mettre des feuilles de Provins : & cela pour l'ordinaire, car l'une & l'autre Liqueur ſe garde.

On peut y mettre un peu d'ambre.

On peut auſſi y mettre un peu de Muſcade & d'Anis.

La maniére de faire l'Eau d'Arquebuſades, qui guérit toutes ſortes de playes, & même la Gangrenne.

Prenez de l'Ariſtoloche ronde en poudre, une dragme.

De la graine de Laurier en poudre, une dragme.

Des écreviſſes d'eau douce toutes vives, & les faites ſécher au four dans un pot de terre, & les pulveriſez, quatre dragmes.

De la brunelle ſéchée à l'ombre, pulveriſée, autant qu'il en pourroit tenir dans la coque d'un œuf, il faut mettre toutes les ſuſdites drogues enſemble dans un linge en double, qui ſoit blanc & aſſez délié, & le lier avec un fil, & que les poudres ſoient un peu au large dans ledit linge.

Puis

Puis faut prendre un pot de terre tout neuf, bien plombé par le dedans, & y mettre deux chopines de bon vin blanc, puis prenez le linge où sont lesdites drogues, & les mettez dans ledit pot, puis prenez de la feuille de pervenche une poignée, que vous attacherez au sachet de linge qui sera au fond du pot fur ledit sachet, puis marquez avec un bâton la hauteur du vin qui sera dans le pot, puis ôtez le bâton, & mettez encore une chopine du même vin blanc, & ferez bouillir le pot découvert à un petit feu, il faut qu'il bouille tant que le tout revienne à la marque du bâton, qui seront deux chopines; étant ainsi diminuée, vous prendrez ladite décoction & la mettrez dans un vaisseau pour la faire refroidir, étant froide, vous la mettrez dans une phiole, puis ôterez le sachet du pot & le pendrez à un clou pour le sécher, il vous peut servir pour deux autres fois, mettant d'autre pervenche fraîche avec telle quantité de vin blanc qu'il sera nécessaire.

Si on est blessé d'arquebusades, ou d'autres playes, vous prendrez un peu de cette Eau & la ferez chauffer dans un vaisseau, la plus chaude que le pourra endurer le patient, & avec un petit linge blanc trempé dans ladite Eau, vous en arroserez le fond de la playe, & tout à l'entour aussi; vous prendrez une feuille de chou rouge que vous tremperez dans ladite Eau, & la mettrez sur la playe, & un petit linge encore par dessus la feuille, & sur tout il faut garder que les Chirurgiens n'y mettent les mains, ni aucuns onguens, ni tentes, ni sondes, ni seringues, quelque profonde que soit la playe, & quand la balle seroit même dedans, car ladite Eau la fera sortir par la playe, & la pourrez mettre en poudre avec le doigt ou une pincette; il faut que le malade soit pensé trois fois le jour, si la playe est dangereuse, savoir au matin, à midi & au soir, & il faut que le malade soit trois heures sans manger avant que d'être pensé, & au matin quand on

le

le pense faut lui faire prendre de ladite Eau dans un verre, & lui faire laver la bouche d'eau fraîche, sans en avaler, & prendre sur tout garde que le malade ne mange du lard, bœuf, oignons, ni épiceries, ni légumes, ni choses salées, ni epicées, ni chaudes, ni fricassées, ni boire du vin; & s'il y a bras ou jambes rompues il faut mettre des deux côtez des échets de bois pour le tenir droit, & penser ladite playe de ladite Eau, & si les os doivent sortir, l'Eau ne manquera pas de les faire sortir. Mais sur tout que la playe soit bien nette.

Il faut prendre les écrevisses & les faire mourir dans du vin blanc, le meilleur qui se pourra trouver, & mettre les écrevisses avec le vin dans un pot de terre plombé; & quand elles seront mortes, vous ôterez tout le vin, & y laisserez les écrevisses, & les mettrez sécher dans ledit pot, qui sera bien lutté avec de la pâte, afin qu'il ne prenne point d'air, & si elles ne sont séches assez d'une fois, vous continuerez jusques à ce qu'elles soient si séches qu'elles sonneront comme un verre dans le pot.

Pour faire une autre Eau d'Arquebusades, propre à guérir toutes sortes de Playes.

Il faut cueillir au mois de Juin & de Juillet de la brunelle lors qu'elle est en fleur, & faut que ce soit en pleine Lune, devant Soleil levé, & s'il y a moyen la faire sécher à loisir sur une table dans une chambre, puis la reduire en poudre.

Il faut aussi faire sécher des feuilles de pétun, autrement de l'herbe à la Reine, la mettre en poudre, puis prendre de l'Aristoloche ronde & des brins de laurier concassez.

Il faut faire pêcher en pleine Lune des écrevisses, en choisir les mâles, & les faire sécher dans un pot de terre au four, sans piler.

La Maniére de faire ladite Eau.

Il faut avoir un pot de terre neuf & bien plombé, qui tienne un peu plus de trois pintes de Paris, au fond duquel il faut mettre une poignée de pervenche toute verte, puis avoir un petit fachet de toile neuve, & prendre trois fois plein la coquille d'un œuf de poudre de brunelle, le poids de trois ducats de poudre d'écrevifles, & le poids de trois écus de chacune des autres; que mettrez dans le petit fachet, lequel étant bien lié mettrez dans ledit pot, puis l'emplirez du méilleur vin blanc que l'on pourra trouver, puis le boucher avec un linge, & le faire bouillir à petit feu jufques à la diminution de deux tiers, puis enfuite mettre le refte dans une phiole.

Pour le blefé.

Si c'eft une playe nouvelle, & qui n'aye jamais été penfée, il y faut mettre un reftraintif a l'accoûtumée, & l'y laifler vingt-quatre heures, puis prenez de ladite eau & la faites tiédir, puis levant l'apareil, en laver les tentes ou plumaceaux, lefquels étant bien appliquez vous mettrez une feuille de chou rouge, la côte devers la playe, puis le bander & le penfer deux fois le jour, jufques à parfaite guérifon.

Il ne faut faire l'eau que quand on voudra penfer le blefé, l'eau ne fe garde pas; Elle eft fort finguliére pour le flux de fang.

Eau pour éclaircir la Vûë.

Il faut prendre de la grande éclaire nouvelle, chelidoine, du fenouil, de l'euphraife, de la ruë, du rômarin, perficaria, autrement curage, de chacune deux poignées, une pomme de coloquinte coupée menuë avec fes graines concaflées, & une once de

bon

bon aloës ; il faut couper les herbes & pulverifer l'aloës & arrofer le tout d'eau rofe, diftilez cela à loifir en un alambic de verre , & gardez l'eau pour en mettre au foir & au matin une goutte à chaque œil, ou deux au plus.

Pour faire l'Eau Impériale propre pour les Catarres, & autres maladies.

Il faut prendre de la fauge franche à petites oreilles, & en ôter les pointes, & en prenez.

Deux onces.

Deux onces de clou de girofle.

Deux onces de Mufcade.

Deux onces de canelle fine.

Deux onces de graine de Paradis.

Deux onces de macis.

Deux onces de gedouart.

Deux onces de calenge.

Une orange.

Une once de poivre long.

Une once de poivre rond.

Une once de lignum aloes.

Une once de coriandre.

Une once de Rué.

Une once de menthe.

Une once d'abfinte.

Une once ou deux de fucre.

Une once de fleur de rômarin.

Une once de fleur de lavande.

Une once de rofes rouges.

Une once d'écorce de citron.

Toutes les drogues ci-deffus nommées doivent être trempées dans deux quartes du plus fort vin blanc que vous pourrez trouver, par l'efpace de trente jours ou plus, au plus haut de l'Eté, dans un vaiffeau de verre, le bien étouper qu'il n'ait point de vent ni d'air, & après le faire diftiler au Bain-Marie, & en prenez tous les matins deux ou trois bonnes cuillerées avec vin blanc, ou fans vin.

Pour faire l'Eau clairete.

Il faut au mois d'Avril prendre des violetes de Mars,

Mars, & ôter le vert & le blanc & en mettre affez
bonne quantité fuivant l'eau qu'il y aura, & la mettrez au Soleil trois ou quatre jours, jufques à ce que
l'on voie que l'eau foit rouge, & les violetes toutes
blanches, puis on la paffera pour ôter le marc, & on
remettra au Soleil ladite eau fix femaines durant, &
la faut ôter le foir du ferein, & quand il pleut, pour
en faire l'Eau clairete.

Savoir pour une pinte de Paris on prendra une
once de canelle concaffée, qui foit bonne, pour la
mettre dans ladite eau, & on l'y laiffera deux ou
trois jours, pour en prendre la force, puis on la
paffera, & on y mettra une demi-livre de fucre fin
en poudre, & on la battra fept ou huit fois dans
deux eguiéres pour faire fondre le fucre, s'il n'eft
bien fondu on le remettra deux ou trois jours au Soleil, & il faut que la bouteille foit toûjours bien bouchée, puis la bien ferrer pour s'en fervir quand on en
aura à faire; Plus elle eft violete & meilleure elle eft;
Elle eft fort propre contre le mal de mere, les catarres & fluxions, pour en ufer une fois ou deux la femaine le matin plein une cuillier, en Hyver plus
fouvent quand on fe trouve mal, foit de mal de catarres ou autrement; Elle eft fort propre pour la colique venteufe, contre le mauvais air, en temps de
Pefte, en prendre le matin une cuillerée; Elle eft
fort finguliére pour une Femme en travail d'enfant,
pour la faire foudain accoucher, & fi on en peut
donner à toutes perfonnes qui auront la fiévre, ou
pour quelque mal de cœur, ou autrement, d'autant
que la violete de Mars faite en cette façon ôte la cor-
rofité & grande chaleur.

Pour faire l'Eau de Noix.

L'eau de Noix fe fait en trois inaniéres, favoir
la premiére quand les Noix font groffes comme noi-
fettes, il les faut cueillir, & enfuite les fendre en
trois ou quatre parties, & auffi tôt les faire diftiler

en une chapelle , & les mettre dans une phiole de
verre bien étoupée de cire, & la garder jusques à
ce qu'elle soit nette. Après quand les Noix seront
grosses & pleines de glair, il les faut cueillir & les
fendre en trois ou quatre quartiers , & les faire distiler & les garder, comme il est dit ci-dessus.

La tierce Eau de Noix sera faite de même que les
autres ci-dessus, lors que les Noix seront bonnes &
prêtes à manger, il faut mettre ces trois Eaux ensemble en une grande phiole de verre bien étoupée
de cire, & la mettre en un lieu où le Soleil puisse
donner toute la journée, & la remuer le plus souvent que l'on pourra, & ensuite la mettre en un lieu
sûr durant douze ou treize jours, afin que ladite Eau
se conserve ensemble, & après en user.

Cette Eau a telle vertu que quiconque en boira deux
petits doigts en un verre avec du vin blanc pendant
quelques jours, elle tient la personne en grande beauté & jeunesse; elle recouvre la vûë & ôte le mal des
yeux & catarres; elle est très-excellente & profite
beaucoup contre l'épidemie, peste, goute froide &
chaude, en usant, comme il est dit; elle est bonne
contre la fiévre quarte, flux de ventre & gravele;
Pour le mal des dents il en faut laver la bouche; S'il
y a quelqu'un qui ait quelques plaies, en lui lavant
la plaie de ladite Eau, il guérira, & elle mangera
la chair morte & pourrie; elle est aussi bonne pour
ceux qui ne peuvent concevoir, & si l'on veut voir
l'expérience & la vertu de ladite Eau, il faut prendre un grand verre d'eau de fontaine qui soit bien
claire, & mettre une goute de ladite Eau dedans,
& incontinent elle deviendra blanche comme lait.
Elle guérit la surdité; Elle est bonne pour ceux qui
ont la mémoire débile, il en faut boire à jûn ou
avec d'autres breuvages; Elle est bonne contre l'hydropisie & la paralysie, en la beuvant dans du vin,
elle ne gâtera point le vin, mais le trouverez aussi
bon qu'il fût jamais; Elle fait cesser la superfluité des
femmes

femmes en les frotant de cette Eau; Elle guérit de toutes fievres, comme il est dit, en beuvant de ladite Eau au commencement; Si on avoit la lépre il en faut boire, & elle ne croîtra point davantage; Elle fait des extorsions de ventre en la beuvant. Et si quelqu'un avoit le mal caduc, en lui mettant de ladite Eau dans la bouche il reviendra incontinent; & s'il y avoit quelqu'un qui eût mangé quelque araignée ou autre poison, il n'a qu'à boire de ladite Eau, & il sera bien-tôt guéri.

Pour faire l'eau de Talc.

Il faut prendre six livres de limaces, les mettre en un pot couvert, duquel la couverture soit pertuisée, avec son de froment par trois jours, & par trois autres jours en un pot semblable mettre lesdites limaces avec deux livres de talc en poudre, & il consommera ladite poudre, puis piler lesdites limaces avec leurs coques, mettre le résidu du son en un vaisseau de terre avec une pinte de malvoisie, & le blanc de douze œufs battus jusques à faire écume, puis prenez du sucre fin deux onces, du sucre candi deux onces & demie, alun deux onces, borax une once, lait d'ânesse un pot, auquel l'on détrempera ce que dessus comme des bouillies, & faire distiler le tout dans une chapelle, au fond de laquelle l'on mettra un lit de fleurs de Mauves blanches, & après la distilation faite, il faudra mettre ladite Eau au Soleil par quinze jours avant que d'en user.

Eau Imperiale.

Il faut prendre de l'écorce de citron séche, écorce d'orange séche, girofle, muscade & canelle, de chacun quatre onces, souchet sec deux onces, zedoar, galange, calamus aromaticus, de chacun une demi-once, il faut faire une poudre grossiére de ces choses & les mettre dans un matras, versant dessus

deux

deux ou trois livres de bonne malvoisie, & bien boucher le matras qui sera tenu au Soleil ou sur des cendres chaudes quinze jours durant.

Dans un autre matras l'on fera aussi infuser les drogues suivantes.

Roses de haies récentes, trois bonnes poignées ou six onces.	Laurier.
	Fleurs de rômarin.
	De Sauge.
Feuilles de marjolaine séche, une bonne poignée.	De Betoine.
	De Primevére.
	De Sureau.
Menthe.	De Storax.
Hysope.	De la Lavande.
Mélisse.	

Desquelles herbes il faut prendre une poignée de chacune.

Il faut que toutes ces herbes & fleurs soient mises dans le matras, en versant par dessus de l'eau rose & dohuaria, de chacun une livre & demie, il faut bien boucher le vaisseau, & le tenir au Soleil comme l'autre, mêlez après vos deux infusions, & les distilez au Bain-Marie, tant qu'il ne sorte plus d'écume.

Du marc qui reste l'on en tirera quantité d'huile, le mettant dans le refrigeratoire avec quantité d'eau.

Cette Eau est excellente pour les suffocations de matrice, douleur de tête, defaillances & syncopes, débilitez d'estomac, &c. Dont on prendra une cuillerée.

Autre Eau de Noix.

Elle se peut faire en trois saisons, savoir à la fin du mois de Mai, quand elles sont grosses comme noisetes; à la fin de Juin qu'elles sont pleines de glair, & environ la S. Laurent qu'elles sont presque mûres.

Les Noix étant cueillies il les faut couper par rouelles & distiler par l'alambic à petit feu, gardees soigneusegneusement en bouteilles de verre bien bouchées, & faut que les bouteilles soient des plus fortes, parce que cela est fort violent.

Il les faut mettre au Soleil, & après les mettre toutes ensemble, lors que l'on les fera en ces trois saisons, il sera bon de les recouvrir tous les soirs l'espace de dix ou douze jours.

Il faudra ajoûter pour chaque pot trois onces de bon sucre.

Pour l'Hydropisie.

Cette Eau étant prise tous les matins à jûn dans un verre avec deux doigts de vin blanc, guérit toute Hydropisie, quelque maligne qu'elle puisse être, en trente jours, & la nouvelle en quatre jours.

Pour la Lépre.

La même Eau prise tous les soirs quand on se va coucher empêche la Lépre de s'augmenter. Guérit le mal caduc en prenant de ladite Eau tous les matins avec un peu de vin blanc, & en mettre aussi a la bouche du malade. Guérit la Migraine, la Paralysie, la douleur d'Estomac, rafraîchit le Foie. Guérit les maux de Cœur, les Plaies entamées & apostumées, en lavant lesdites Plaies avec ladite Eau. Fait le Visage beau, & en ôte aussi toutes les taches, en se frotant de cette Eau. Guérit les maladies qui peuvent être au dedans du corps, en beuvant de ladite Eau. Guérit la Surdité, la Frenesie, la Fiévre chaude, la Jaunisse, en beuvant de ladite Eau. Guérit la puanteur de Bouche, en la lavant tous les soirs & matins. Guérit la Teigne se lavant la Tête de cette Eau avec linges chauds. Elle est bonne contre toute sorte de Poison. Contre la Peste, si l'on s'en sent frapé, il faut boire un demi-verre de ladite Eau, & être deux ou trois heures sans manger, puis en boire encore autant, & on guérira. Pour le Vin gras

&

& qui eſt pouſſé, il n'y a qu'à mettre une chopine de
ladite Eau dans le vaiſſeau.

Eau propre pour la Gravele.

Il faut prendre telle quantité de citrons que l'on
voudra, & en faire rapper l'écorce, & tout le ſuc
qui eſt dedans, puis les laiſſer ainſi rappez dans une
terrine l'eſpace de deux jours, afin d'amolir l'ecor-
ce, puis mettre le tout enſemble ſur la preſſe dans une
toile forte, & pour chaque livre de jus faudra prendre quatre-vingts cériſes que froiſſerez avec les doigts
pour les mettre dans ledit jus, que l'on fera diſtiler
dans un Alambic de verre en cendre ou ſable à feu
lent, il faudra laiſſer infuſer leſdites cériſes, l'eſpace
de vingt-quatre heures avant que de les diſtiler, & il
faut remarquer que pour chaque livre dudit jus, il
ne faudra tirer que dix ou douze onces d'Eau, pour
le plus.

L'uſage de ladite Eau.

Tous les mois au défaut de la Lune, le corps étant
premierement purgé par caſſe, pilules ou clyſtéres
convenables, ſelon l'avis des Médecins, il faudra
prendre deux onces & demie de ladite Eau, avec
deux onces & demie de bon vin du Rhin, ou autre
ſemblable, demi-once de ſucre candi blanc en poudre bien déliée, qu'il faudra fondre en une partie de
ladite Eau, puis étant bien fondu, mêler le tout enſemble pour boire le matin deux heures avant que
de manger, puis ſe promener doucement.

Au ſymptome & accident de la maladie, c'eſt à
dire, lors que les douleurs preſſent, il faudra doubler ladite doſe, ajoûtant une once d'huile d'amandes douces.

Pour faire l'eau de Canelle.

Il faut prendre une demi-livre de canelle, & la
coupper aſſez groſſiérement, avec une pinte de vin

blanc, & chopine d'eau rose, laissant le tout infuser dans la courge bien bouchée vingt-quatre heures durant, puis la distiler dans l'Alambic sans ôter les morceaux de canelle, qu'après la distilation, de laquelle l'on pourra tirer le sel comme s'ensuit.

Faites sécher ladite Canelle, & étant séche la faire calciner dans un creuset couvert d'un autre dans le feu ardent, jusques à ce qu'elle soit blanche ; Cela fait, il faut mettre ladite cendre de Canelle dans un petit pot de verre, & par dessus mettre de l'eau ci-devant distilée, ou de l'eau de pluie distilée qui surpasse de deux ou trois travers de doigts ; Après tout cela il faut filtrer ladite teinture avec du papier gris, ou avec du drap, & ensuite faire exhaler au feu ladite Eau, & au fond il restera le Sel de Canelle ; & ainsi se tire le Sel de toutes sortes de Vegétaux.

Pour tirer l'Essence de Canelle.

Il faut la concasser grossiérement & avec de l'eau de vie en tirer la teinture, jusques à ce qu'elle soit teinte de rouge, laquelle l'on séparera par inclination dans un vase, & par dessus l'on mettra l'expression du marc, le laissant reposer autant de temps que l'on voudra, & l'on aura la vraie teinture.

Eau pour la Peste.

Il faut prendre une poignée d'Aluine, de Rômarin, de Sauge menué, de Fenouil, de Rué, d'Armoise, de l'Eclaire feuille & racine, il faut prendre une poignée de chacune de ces herbes, horsmis de celle de l'Eclaire dont il en faut prendre deux poignées, & sur tout que lesdites herbes soient cueillies pendant le beau temps, & bien nettes sans les laver, & coupées assez menues, & ensuite les mettre dans un pot neuf, & les mêler ensemble dans ledit pot, & les faire tremper vingt-quatre heures en

vin

vin blanc, & puis les essuyer en un linge bien net,
& qu'il n'y demeure point de vin que le moins que
l'on pourra, & puis les mettre distiler en une chapelle. La maniére comme il faut boire ladite Eau
au matin & au soir, ou bien à l'heure qu'il en sera
besoin, & ne faut ni manger d'une heure devant,
ni d'une heure après, & puis se promener, & en
prenez chaque fois la valeur de deux doigts en un
verre, & la faire un peu tiédir, & si le malade n'a-
mande pour la premiére & seconde fois, l'on en
prendra jusques à trois fois.

Autre.

Prenez une poignée de marchenin blanc, de l'a-
che, de l'aluine, du soncule autant, & faire bouillir toutes ces herbes dans de l'eau tant qu'elle soit réduite à la moitié, & puis passer cela par un linge
bien net, & puis en boire deux doigts en un verre.

Autre.

Prenez de la Sauge menué une poignée, six feuilles de Rué, de la racine de luna campana aussi
gros qu'un petit œuf. Que le tout soit broyé ensemble dans du vin blanc passé par une étamine, & en
boire quatre doigts en un verre.

Autre.

Prenez une quarte d'eau fraîche, une poignée d'orge
triée, & la mettez sur le feu qui soit clair, & la faites
bouillir trois ou quatre bouillons, & prenez trois onces de sucre fin, & le mettez dans ledit bouillon,
& le faites encore bouillir un bouillon ou deux, &
puis faites le refroidir, puis ensuite mettez y deux
onces de miel rosat, aussi gros que le bout du petit
doigt d'alun de glace, & trois doigts d'eau de mûres de troigne, chévre-feuil, de morelle, deux
doigts d'eau rose, & faites bouillir le tout ensemble,
& ensuite vous en gargarisez la gorge bien souvent.

Eau pour le mal de bouche.

Prenez deux pintes d'eau bien nette, & les faites

   bouillir

bouillir avec une poignée d'orge, puis prenez deux onces d'alun de roche brûlé, & le mettez dans cette Eau, en la levant de deſſus le feu; cela fait, prenez quatre onces de miel roſat, & les mêlez enſemble avec un petit bâton, puis le coulez dans un linge bien net, & le mettez enſuite en une phiole de verre bien étoupée; Ladite Eau ſe gardera deux ans entiers ſans qu'elle ſe gâte.

Autre eau pour ſe préſerver de la Peſte.

Prenez une poignée de feuilles de Ronces qui portent les mûres, & autant de ſenep, de ruë moitié autant, & broyez tout enſemble avec une quarte de vin blanc, puis le paſſez par une étamine par trois fois, afin de la mieux purifier, après mettez détremper pour trois deniers de Mithridat, & demi-once de gingembre bien battu, & puis la mettre en une phiole, & ne manquez d'en boire tous les matins une cuillerée, ſur tout remuez bien la phiole quand vous voudrez en prendre.

Pour faire de l'Eau du Sel de Nôtre-Dame.

Prenez cette herbe feuille, ſemence & racine, puis la faire diſtiler en un alambic, dont vous boirez ſoir & matin, elle fait bien uriner, & ſi on étoit bleſſé de quelque ferrement, & qu'il fût demeuré au corps, prenez des étoupes & les trempez en cette eau, & en beuvez par quatre matins, & le fer ne manquera de ſortir.

Autre eau pour toutes plaies.

Pour en faire une chopine il faut prendre quatre ou cinq jettons d'armoiſe, & de la grande conſoulde deux petites taſſes, de la conſoulde, que l'on appelle Marguerite, trois taſſes, de la bétoine deux taſſes, racines, & feuilles d'aigremoine, quatre ou

cinq

cinq feuilles de plantain, deux ou trois tasses de l'herbe au Charpentier, que l'on appelle de la ceterolle, trois tasses de la garence ou du rieble, une branche de serpoulet, une bonne tasse de Sauge, deux feuilles de ronces, deux feuilles de persil, deux brins d'orties grièches, deux brins d'ache, deux brins de cheneviéres, ou deux ou trois grains de chenevis, du souci deux petites tasses ; Toutes lesquelles herbes il faut bien nettoyer & laver, & ensuite les presser en sorte qu'il n'y demeure point d'eau, puis les broyer bien fort en un mortier, & les passer par une étamine avec une chopine de vin blanc; Il en faut boire une heure devant dîner, & une heure devant souper, & laver la playe de vin un peu tiede, & mettre une feuille de chou rouge devant le feu, mais qu'elle ne soit ni verte ni séche.

La maniére d'avoir de l'Eau d'Ormes.

Il faut regarder aux Ormeaux vers les mois de Mai & de Juin, & prendre les bouteilles qui viennent aux Ormeaux dans les branches, & les rompre pour en avoir l'eau, puis la passez & en usez.

Pour faire une bonne Eau de Senteurs.

Faites une couche de roses, puis une couche de Laurier, & de la Canelle en poudre par dessus, encore une autre couche de Roses, puis du clou de girofle rompu, puis mettez encore des Roses, & de toutes autres herbes qui sentent bon, comme Rômarin, Marjolaine, Aspic, Souci, Pelûres d'orange, & les mettrez tremper dans du vin blanc vingt-quatre heures, puis les distilez en une chappelle.

Autre.

Prenez du clou de girofle de Lyon ou de Florence, du souchet, un peu de marjolaine, un peu d'herbe de mastic, des roses en grande quantité jusques à ce que vous voyiez que la senteur soit douce, & pilez tout cela ensemble, & le mêlez, & ensuite le mettez dans des sachets.

Autre.

Prenez de l'Iris de Florence trois onces, du musc fin trois grains, du calamus aromatic trois onces, du storax calamite trois onces, du labdanum trois onces, de la canelle trois onces, du clou de girofle trois onces, du galitri, des roses rouges, de la marjolaine, & de l'aspic une poignée, lesquelles vous pilerez grossiérement, & en suite les mettrez tremper dans une pinte d'eau de vie, & mettrez le tout en une grande phiole de verre, & l'étoupez bien, & puis la mettrez un mois au Soleil, & prenez bien garde à la conserver.

Autre.

Il faut prendre deux quartes d'eau de roses, trois onces de benjoin, une dragme de musc, un peu de civette, demi-once de girofle, une once de storax, & mettre bouillir tout ensemble dans une bouteille de terre, comme l'on fait bouillir la tisanne pour un malade, mais il ne faut pas mettre ledit musc ni civette qu'après que ladite eau de roses aura bouilli.

Pour faire l'Eau de senteurs.

Premiérement il faut prendre une bouteille d'eau rose d'une pinte, où vous mettrez une once de benjoin, une once de storax, que vous broyerez avant que de l'y mettre, puis faut avoir environ trois douzaines de cloux de girofle, & un bâton de canelle que couperez par petits morceaux, & mettrez le tout dans ladite Eau, puis faut avoir la pelure de quatre oranges, que couperez par morceaux, puis de la racine de souchet, la coupant par petites rouelles, après l'avoir bien nettoyée, & ensuite la mettre dans ladite eau; après vous boucherez bien la bouteille,

pre-

prenant garde qu’elle ne soit pleine qu’à quatre doigts
du cou, puis l’envelopperez de foin, la mettrez
bouillir dans un chaudron plein d’eau environ deux
heures, & il ne faut pas la développer qu’elle ne soit
bien refroidie.

Autre Eau de Senteurs propre pour le linge.

Il faut mettre dix livres de roses, un quarteron de
girofle, deux livres de marjolaine, si l’on veut l’on
y mettra un peu de coriandre & de mastic, & faire
sécher le tout ensemble au four, & ensuite le mettre en poudre.

Autre.

Prenez de la marjolaine, du baume d’aspic, lavande, avec roses, un peu de laurier, de chacun une
poignée, œillets communs deux poignées, le tout
haché ensemble assez grossiérement, & ensuite mettre le tout tremper en une pinte de vin, & demi-
chopine d’eau rose, & battre bien ledit vin & eau
rose, & les laisser tremper vingt-quatre heures, puis
les distiler en chapelle avec les choses susdites, puis
mettre une once de cloux de girofle, & mettre le
tout en une bouteille bien étoupée.

Autre.

Il faut prendre de la fleur d’aspic, & la faire sécher deux jours au Soleil, puis la mettre en une phiole de verre, à la tierce partie, puis l’emplir de bon
vin blanc, & la boucher de sorte qu’elle ne prenne
vent; & quand on voudra s’en servir, il faut prendre de ladite eau environ deux doigts en une eguié-
re, & l’emplir d’eau de puits.

Autre Eau propre pour laver le Visage.

Prenez une livre de graisse de taye de chévreau,
& une pinte de vin blanc, & autant de lait de chévre, & une livre de fleurs de Lys, & faites distiler
R 4

le

le tout en quelqne chapelle, & enſuite s'en froter le
viſage.

Autre.

Prenez de la fleur de lavande blanche deux tiers,
& un tiers de fleur d'aſpic, & les mettez en chapelle, & y mettez enſuite du clou de girofle concaſſé.

Pour tirer l'Eſſence des Roſes.

Il faut prendre de l'Eau roſe diſtilée quatre fois,
après la diſtilation piler des roſes fraîchement cueillies, & les mettre dans une terrine bien vernie, &
la mettre dans une cave juſques à ce qu'elle commence à ſentir l'aigre; Cela fait, il faut mettre cette matiére diſtiler dans l'alambic de verre avec l'eau
ſuſdite, & l'on mettra ledit alambic dans le ſable
ou la cendre tamiſée dans une terrine de terre qui
ſoit deſſus le fourneau, & mettre du feu de charbon
deſſous, & repaſſer cette diſtilation par deſſus des
roſes pilées, comme deſſus, juſques à quatre fois;
Cela n'empêche pas que l'Eau roſe dont on ſe ſert
la premiére fois ne ſoit diſtilée quatre fois.

Pour tirer l'Eſſence du Clou, & du Poivre.

Faut en mettre dans une petite phiole que vous
mettrez dans un pot enterré de cendres deſſus & deſſous, & la mettre ſur le côté, enſorte que le cou
de la phiole paſſe par un trou que l'on fera au pot,
& l'on mettra une autre phiole qui ſervira de réci-
pient, après avoir fait entrer le cou de celle où eſt
la matiére dans l'autre, & les avoir ſéellées d'un
peu de farine & blanc d'œuf enveloppées avec du
linge, mais il ſentiraun peu le feu.

Eau merveilleuſe pour écrire ce que l'on voudra, ſans que perſonne s'aperçoive de ce que l'on aura fait.

Il faut prendre de la litarge d'or ou d'argent une
demi-

demi-once, la mettre en poudre dans un petit pot de terre, & mettre dessus deux onces de vinaigre distilé, & mettre le tout sur des cendres chaudes cinq ou six heures, après passer le tout trois fois dans du papier gris & ensuite le mettre dans une phiole pour vous en servir ainsi qu'il s'ensuit :

L'on prendra du liége que l'on fera brûler, dont on prendra le charbon que l'on fera piler dans un mortier, & ensuite le mêler avec de l'eau commune, ou de l'eau de pluye distilée avec un peu de gomme arabique, & puis le mettre infuser sur des cendres chaudes, tant qu'il soit en consistance d'encre.

Puis l'on écrira de cette premiére Eau son secret, après avoir marqué doucement avec le manche d'un canif, ou un petit bâton les lignes où l'on veut écrire, parce que comme cela écrit fort blanc, l'on ne connoîtra pas l'endroit où l'on aura écrit le dernier mot.

L'on peut écrire avec cette encre noire ce que l'on ne se soucie pas qui soit lû.

Puis l'on fera une seconde eau de laquelle l'on frotera sur chaque ligne avec un petit morceau de cotton, attaché avec du fil au bout d'un bâton, faute de pinceau, lequel sera trempé dedans, & quand on frotera l'on verra que ce qui sera écrit en noir s'effacera, & ce qui sera écrit en blanc de la premiére eau paroîtra noir.

Maniére de faire cette seconde Eau.

Il faut prendre de la chaux vive & orpiment, de chacun une dragme, & les battre dans un mortier, & ensuite mettre deux ou trois onces d'eau commune ; & les laisser une heure sur les cendres, & les faire bouillir un bouillon, puis les passer trois fois dans du papier gris.

Il faut remarquer que la premiére eau a été expérimentée plusieurs fois, seulement avec de la litarge d'argent & du vinaigre simple & sans la faire chauffer.

Et pour ce qui est de la seconde eau, elle a été faite par plusieurs fois avec de la chaux éteinte, aussi bien qu'avec de la chaux vive, mais l'une & l'autre se sont trouvées parfaitement bonnes à s'en servir sur le champ.

Il y a encore un autre moyen de s'en servir avec de l'encre ordinaire en écrivant entre les lignes, & n'effacer que les entre-deux quand on voudra lire le secret.

CHAPITRE XVI.

Contenant plusieurs remédes & préservatifs contre la Peste.

Recepte aprouvée contre la Peste.

Prenez de la Myrrhe fine, du bois d'Aloës, Mastic en larme, terre sigillée, bolus armenus, Girofle, Macis, Safran, de chacun une once; Le tout se doit pulveriser, & garder dans un sac de cuir.

Quand la Peste prendra quelqu'un par chaleur, il faut prendre le poids d'une dragme de ladite poudre avec eau rose ou vinaigre bien fort, & la faire prendre au malade, le bien couvrir & faire suer.

Quand elle prendra par froideur il faut prendre de ladite poudre le pesant d'un florin d'or avec du vin bien fort & faire suer le malade, comme il est dit ci-dessus.

Ceux qui prendront tous les matins de ladite poudre la grosseur d'un pois, sont assûrez que nul venin ne les prendra tout le jour.

Pour

Pour faire percer l'Apostume il sera bon d'appliquer une emplâtre de la largeur qu'il faudra, faite de diachilon & basilicon, & pardessus un cataplasme qui puisse couvrir toute la rougeur qui est autour du mal, lequel cataplasme sera fait de mauves & guimauves, oignons de lys & de violettes de Mars, de seneçon, du vieil oing ; & faire bouillir tout ensemble tant que les herbes soient cuites, & de cela faire le cataplasme.

Pour les Femmes grosses & petits enfans, il ne faut que le poids de demi-écu de ladite poudre ci-dessus.

Remédes très-excellens contre la Peste.

En tous les condimens & causes, faut user de vinaigre, parce qu'il garde de putrefaction, dessèche l'humeur pestilente, & bataille contre le venin ; mais si quelqu'un le craint pour son âpreté, il pourra user au lieu de vinaigre de jus de citron, d'oranges, limons, verjus d'oseille, qui aussi bataillent contre le venin.

Faut éviter les viandes qui se corrompent promptement dans l'estomach, comme fruits, laitages, fromages, champignons, &c.

Faut mettre dans les potages des blettes, du souci, pimprenelle, lapax, oseille fort recommandée des anciens, aussi bouraches & pourpier.

Faut faire souvent blanchir le linge, & parfumer les habits, n'ayant chose qui tant les infecte que l'Air, l'Eau, le Feu & la Terre, y ajoutant les parfums.

Il est certain que la Peste est un Dragon en corps d'air, qui souffle le venin aux corps des hommes.

L'emplâtre vesicatoire se fait avec une douzaine de mouches cantharides pulverisées, puis incorporées avec la grosseur d'une noix de levain bien aigre, & puis l'appliquer. Pour guérir les érosions appellées Tac, prenez deux poignées de lisimachia rouge

ou

ou jaune, puis les pilez dans un mortier, & les faites chauffer fur un réchaut entre deux plats, puis
l'appliquez toute chaude fur la région du cœur, &
cela fera évanouir ledit Tac.

Les vrais antidotes font pilules de Mithridat, Thériaque, le Ruffi, ce qui fera plus agréable, & ceux
qui ne font pas encore frappez doivent toûjours fentir ou flairer des chofes odorantes, & prendre toutes fortes de préfervatifs, comme Thériaque. Opia-
tes, Conferves, Mithridat, Pilules de Ruffi, Tablettes, Mufcadins, &c.

L'Achium eft comme une Buglofe fauvage, c'eft
une herbe merveilleufe la mangeant crue ou au potage, & eft grandement préfervative & diffipant les
Venins; appliquée fur les charbons peftilens, elle
les guérit dans fix heures, & il ne faut oublier d'en
manger fouvent par chaque jour, même à jûn, aux
repas dans les potages avec d'autres herbes, comme ofeille, calendule, autrement fouci, marrube
blanc, autrement manrobin, la fcabieufe, la ger-
mandie, la pimprenelle, la betoine, la feuille &
fleur de fouci, vinette & ofeille font fort fouverai-
nes cuites & crues, les limaces, graine de lierre &
geniévre pulverifez, prifes de la pefanteur d'un écu,
diffoutes en eau de charbon bénit, ou autre eau cordiale.

Poudre cordiale & purgative.

P enez de la graine de geniévre, bol d'Arménie,
parties égales, dont il fera fait une poudre, dont la
dofe fera de la péfanteur d'une dragme & demie,
ou d'un écu & demi.

Poudre antidotale excellente.

Prenez la graine de lierre qui monte fur les arbres du côté de la bife, & la mettez fécher en lieu
où le Soleil ne donne jamais, après la mettez en
poudre, dont l'on fera une dragme, étant merveil-
leu-

feufement préfervative, diffipant le venin & le pur-
geant pas les fueurs qu'elle provoque.

Autre reméde contre la Pefte très-aifé & familier.

Il faut prendre au matin une rôtie de pain, de la
largeur & longueur de trois doigts, trempée dans du
vin pur, ou felon qu'on a accoûtumé de le boire,
& en prenez la moitié, & après que l'on a bû, il
faut manger l'autre moitié pour empêcher que les
vapeurs de l'eftomach ne montent au cerveau, &
ce remede eft autant excellent que tout autre.

L'Humeur eft une fubftance claire, engendrée &
entretenué au corps humain par la digeftion, laquelle la nourrit par puiffance élementaire, qui fait que
ce qui eft froid & humide, fe convertit en flegme
par la force de la chaleur naturelle ; Ce qui eft chaud
& humide fe convertit en fang ; Ce qui eft chaud &
fec fe convertit en colére ; & ce qui eft froid & fec
fe convertit en mélancolie ; & s'engendrent lefdites
quatre humeurs par ordre génératif, favoir par la
digeftion, le flegme le premier, comme demi-cuit,
le fang le fecond, comme très-parfaitement cuit, la
colére la troifiéme, comme celle qui eft trop cuite,
& la mélancolie la quatriéme, comme celle qui eft
la plus groffiére, fe changeant & muant quelque
fois l'une en l'autre, par ordre de génération, non
par réflexion ; car le flegme fe convertit en fang par
la force de la chaleur naturelle qui eft dans le foye,
qui difpofe le flegme à être converti en fang, & le
fang ne fe change pas en flegme, parce qu'il foûtient
toutes les autres humeurs, comme la principale matiére du cœur & du foye, & le confervateur de la
vertu & chaleur naturelle & le fiége de l'ame ; la
colére fe convertit & change en mélancolie, mais
non la mélancolie en colére, parce que la melancolie étant de fa nature épaiffe & groffiére, engendrée
de fang trouble ne peut être convertie en colére, qui

eft

eſt naturellement chaude, ſéche & ſubtile, il eſt grandement néceſſaire que ces quatre humeurs ſoient aux corps humains, leſquelles étant bien naturelles & bien compoſées font en eux une grande harmonie, d'autant que le flegme tempére la chaleur du ſang, l'éclaircit, le rend léger & plus fluant pour ſe communiquer en tous les membres du corps, qui ſans lui ne peut vivre; Le flegme eſt encore néceſſaire pour donner humidité aux jointures, afin que par leur mouvement & par la chaleur du ſang, elles ne ſoient empéchées de faire leurs fonctions. La colére eſt néceſſaire ſe communiquant partie au ſang pour le ſubtiliſer, & va en partie au fiel pour purger l'eſtomach; aux parties internes, pour leur aider à rejetter leurs ſuperfluitez. La mélancolie ſe communique partie au ſang pour le rendre ſubtil, afin de plus facilement aider à la digeſtion, & l'autre partie va dans la ratte pour aider à l'eſtomach à chercher l'appetit, & à tout le corps, à chaſſer les ſuperfluitez. Il faut revenir aux quatre Elémens, la Terre, l'Air, l'Eau & le Feu, auſquels l'on attribue les quatre qualitez, de chaleur, froideur, ſéchereſſe & humidité, leſquelles régiſſent les quatre ſaiſons de l'Année qui dominent & gouvernent la diſpoſition du corps; Car le Printemps gouverne le ſang & le renouvelle, à cauſe qu'étant cette ſaiſon entre l'Hyver & l'Eté, participant du froid & de l'humide, tempérez de la chaleur de l'Eté qui l'approche, engendrent le bon & pur ſang; l'Eté qui eſt chaud & ſec engendre la colére, & quelquefois par ſa grande ardeur, émeut la colére & le flegme, d'où procédent les fiévres ardentes & continues; l'Automne étant froide & ſéche, engendre la mélancolie, qui auſſi eſt froide & ſéche, & parce que cette ſaiſon eſt aſſez inconſtante, faiſant tantót froid, une autre fois chaud, & quelquefois humide, eſt cauſe de pluſieurs & diverſes maladies; mémes quand par ſa froideur elle repouſſe les humeurs chaudes que l'Eté a cauſées, & ſi elle

eſt

est séché, gâte l'humeur substantielle du temps par son instance de froid & de sec, engendrant des fumées chaudes. La nature par sa débilité ne peut détruire l'Hyver, parce qu'il est froid & humide, il engendre le flegme, qui aussi est froid & humide, & l'engendre en grande quantité, parce que la froideur chassant en dedans la chaleur naturelle, cause l'appetit, auquel faut plus grande nourriture, qui en la digestion engendre plus grande quantité de flegme, laquelle ne peut être du tout digerée, parce que la froideur étant ennemie de la chaleur naturelle empêche la digestion.

Quant aux quatre dispositions Solaires, aux quatre Saisons de l'année elles se trouvent assez éclaircies par le discours des qualitez de chaque saison en ce même chapitre. Reste à parler des quatre quartiers Lunaires de chaque mois, & des quatre parties du jour naturel, & les accordant il est sans doute que la Lune nouvelle, & la première partie du jour, nommée le matin, nous représentent & font la figure du Printemps. Le premier quartier de la Lune & le midi du jour, nous représentent l'Eté. La Lune vieille & la nuit du jour, nous représentent l'Automne. Et le dernier quartier de la Lune & le minuit, nous représentent l'Hyver. Or il faut prendre garde mêmes en temps de Peste à ces quatre parties de temps de l'année, & aux quatre parties de la Lune & du jour naturel. Au Printemps il faut considérer les maladies que le renouvellement du sang cause, & en Eté faut bien juger & considérer la continuation des maux, & si par l'ébullition du sang que la chaleur de l'Eté pourroit avoir provoquée, au corps humain paroît quelque tumeur, charbon, &c. En Automne comme c'est la saison la plus dangereuse, il y faut prévoir comme dessus ; & comme aussi pareillement en Hyver. Et si en quelqu'une desdites saisons la Peste se découvroit, il faut prendre garde aux quatre quartiers Lunaires, & principalement

au

au dernier , auquel temps il ſe découvre volontiers
plus de mal, qui rend ſon effet en la Lune nouvelle
ſuivante, & le mal étant découvert , il faut donner
les antidotes aux quatre heures du jour ci-devant dites, ſavoir au matin, à midi, au ſoir & à minuit, parce qu'à ces heures-là le venin monte au
cœur, ayant été obſervé qu'à ces heures-là les peſti-
férez font plus cruellement tourmentez du venin
qu'aux autres heures du jour; C'eſt pourquoi pour aider & fortifier la nature, il faut armer le cœur de pré-
ſervatifs auſdites heures, qui diſſipent & chaſſent le
venin.

Autre.

Prenez ſept germes d'œufs-frais, & les faites diſſoudre dans un petit mortier ; quand ils feront diſ-
ſous, il faut prendre trois dragmes de bonne Thériaque de Veniſe qui ſoit vieille, pour les plus débiles,
& pour les plus robuſtes il en faut une demi-once;
laquelle Thériaque il faut diſſoudre avec les germes
d'œufs enſemble, puis prenez un demi-ſeptier d'eau
de chardon bénit, & incorporez le tout enſemble,
puis l'on en donnera à boire au malade qui ſera
frappé de la maladie, ſoit que le charbon ou apoſtume apparoiſſe ou non. Si le malade a les forces
compétentes il ira ſe promener l'eſpace d'une heure & demie ou plus, tant que la ſueur commence à s'échauffer, puis faut coucher le malade & le
faire très-bien ſuer dans le lit ; & cela fait, tout
ſon mal ſortira dehors : Choſe très-bien éprouvée;
Et ſi le malade eſt débile, & qu'il ne puiſſe ſe promener dehors , il le faut faire promener dans la
chambre, étant appuyé ſur deux perſonnes, le temps
qu'il eſt dit ci-deſſus, & faire bon feu dans la chambre pour émouvoir la ſueur.

Pour préſervatif audit malade il lui faut donner
tous les jours au matin une dragme de ladite Tériaque,
diſſoute dans l'eau de chardon bénit & continuer à

lui

lui en faire prendre jusques à ce que l'apostume soit percée.

La recepte est aussi fort excellente pour la pleuresie, & il ne faut prendre que cinq germes d'œufs dissous avec la Thériaque & l'eau de chardon bénit.

Autres excellens remédes contre la Peste.

Il faut prendre un oignon, le faire bien cuire dans les cendres, ensuite le creuser par le milieu, & l'emplir de Mithridat, & chaudement le mettre dessus.

Autre.

Prenez un oignon de lys cuit sous les cendres, du Mithridat & du sain de porc battus tout ensemble, & le mettez dessus tout chaud.

Autre.

Prenez de la racine de consoulde, la faites cuire sous les cendres en du papier chaudement, puis la mettez au dessus avec un peu de Mithridat, boire du jus d'éclaire un demi-doigt dans un verre avec du vin blanc.

Pour le Charbon.

Il faut incontinent mettre dessus de l'oseille cuite sous les cendres avec de la Thériaque, & le réiterer pour ôter le venin & le feu, puis mettre à l'entour de la Thériaque de l'eau de morelle avec celle de scabieuse.

Autre.

Prenez de la scabieuse pilée, & la mettez dessus un drap bleu, qui soit percé au milieu, & ensuite le mettez à l'endroit du charbon.

Autre.

Prenez un citron, le coupez en deux, en mettez la moitié sur des charbons, puis le creusez & mettez de la Thériaque, & après l'appliquez bien chaudement sur le mal.

Autre.

Prenez de la scabieuse, la pilez au mortier avec
jus

jus de citron, la mettez deſſus chaude, & y mettez à l'entour de bonne Thériaque, avec eau de meliſſe & ſcabieuſe.

Autre.

Il ne faut uſer que de verjus vieux, & un peu de ſaffran, une purée de pois, du premier bouillon, y mettre du verjus vieux, un peu d'huile de noix & ſaffran, & en faire un bouillon.

Autre recepte contre la Peſte.

Ceux qui ſe ſentiront frappez de cette maladie, ou de ſon charbon, ou bubon, ou qui avec aſſoupiſſement, ou furies, ou étincellemens des yeux, ſeront travaillez de vomiſſemens & de manquemens de force, qui ſont ſignes de ladite maladie.

Prenent au premier jour de leur mal le poids de demi-écu de Mithridat ou Thériaque.

Mais en cas que ces remédes n'aident rien au premier jour, ils en prendront au ſecond jour le poids d'un écu & demi, ou deux gros; S'ils ſe ſont oubliez de faire quelque choſe aux deux premiers jours, on pourra au ſoir du jour même, ou le lendemain, réïterer le même, beuvant par deſſus un verre d'oxicrat.

Pour les plus délicats, les femmes groſſes & les enfans, il faut prendre une dragme, c'eſt à dire le poids d'un ecu de bol d'Arménie, ou bien, à ſon défaut, de la terre ſigillée qui ſoit pulveriſée, la détremper en deux onces d'eau roſe, autant d'eau de chardon bénit ou de ſcabieuſe, & autant de jus de citron, puis en faites un breuvage.

Il ne faut pas manquer ſi-tot qu'on ſentira quelques-uns des accidens ſuſdits, de ſe faire tirer du ſang à tout le moins deux ou trois fois, le plus promptement que l'on pourra du bras & du pied, & lors que l'apoſtume paroîtra hors au cou, en l'aine, ou l'aiſſelle, la ſaignée ſe fera plûtôt de ſon côté que d'ailleurs; L'on ne parle point des lavemens qui doivent

vent être fréquens, les plus simples & rafraîchissans
feront les meilleurs.

Quant aux remédes deftinez pour le bubon, il eft
très-bon d'y apliquer l'emplâtre appellée diachilum,
& appliquer le plutôt qu'on pourra le cautére poten-
tiel, duquel on fcarifiera quant & quant l'efcarre,
appliquant par deffus ladite emplâtre. On fera aux
mêmes charbons le même, lefquels on couvrira de
cataplafme d'ofeille cuite fous la cendre, mélée avec
du bafilicum.

Autre.

Prenez de la ruë blanche, aluine, de l'armoife,
de la Sauge franche, du fenouil, du rômarin, de
l'éclaire, de luna campana, de chacune herbe deux
poignées, & puis les coupez bien menues toutes enfemble, & enfuite les mettez tremper avec bon vin
blanc, & y mettez un quarteron de Mithridat, & qu'il
foit mêlé parmi lefdites herbes, & qu'il trempe vingt-
quatre heures, puis mettez le tout enfemble au Soleil bien couvert, & le remuez une fois le jour, &
enfuite les faites diftiler en Chapelle, & gardez le
tout en beaux flacons de verre, lefquels il faut bien
étouper, afin qu'elle ne foit éventée, car elle fe garde tant que l'on veut; Et quiconque fe veut garder
& défendre de la Pefte, il en faut prendre deux doigts
en un verre, un peu chaude, & puis la boire à jûn,
elle garentira huit jours tant de ladite maladie, que
de fiévre, de Pefte, d'apoftume, & il la faut boire
devant les vingt-quatre heures paffées, & enfuite fe
promener le plus que l'on pourra, & fe faire faigner
du côté où eft la boffe, en boire encore une fois &
fe promener, & après fe coucher, & fe couvrir
bien chaudement, & lors que la boffe change de
lieu, il fe faut faire faigner du côté même, fi la boffe eft en croûte, il faut prendre la veine du chef fur
le bras du côté même, & fi la boffe eft en l'aine,
il faut prendre la veine fouffranne, qui eft auprès de la
cheville du pié par dedans & qui ne la pourra trouver

ver il pourra prendre la groſſe veine qui eſt ſur le cou
du pié par dedans, & toûjours du côté ou la boſſe ſera; & quand elle changera de lieu il faut boire de
cette Eau, comme il eſt dit ci-deſſus.

Autre.

Prenez du vinaigre & du Mithridat, du ſaffran &
de la moutarde, & détrempez le tout en du vin blanc,
& en faites boire à celui qui ſera malade avant qu'il
ait dormi, & lui en donnez à boire deux ou trois
fois le jour.

Autre.

Prenez du ſouci franc, & prenez tout, hors la
racine, & le pilez, & en faites boire le jus au malade avant qu'il ait dormi, ladite recepte eſt bonne
à ceux qui ne peuvent être ſaignez d'aſſez bonne heure. Ceux qui en voudront garder toute l'année il faut
prendre des fleurs de ſouci, & les faire ſécher devant le feu, & en faire une poudre.

Maniére de faire des Tabletes bonnes contre la Peſte.

Prenez de la vraie terre ſigillée une dragme, de la
racine d'Angelique demi ſcrupule, le tout bien ſubtilement pulveriſé, puis diſſoudre deux onces de ſucre roſat en jus de limon bien épuré, & faites de tout
cela une pâte pour former de petits trochiſques, &
tous les matins en tenir un dans ſa bouche, l'y laiſ-
ler fondre, & pareillement en prenez auſſi à l'heure
que vous voudrez ſortir.

Autre.

Prenez vingt feuilles de ruë, deux noix, deux figues, trois grains de ſel, & les incorporez enſemble dans un mortier, & en prenez à jûn une pilu-
le de la groſſeur d'une noiſete.

Autre pour ſe préſerver contre la Peſte.

Prenez deux vieilles noix & deux vieilles figues,
& vingt feuilles de ruë, & douze gros grains de ſel,

&

& broyez tout cela enſemble & en faites une pâte, & la mettez enſuite dans une boëte bien cloſe; & l'on en prendra tous les matins gros comme une noi-ſete, & ainſi l'on peut aller hardiment avec les malades, ſans que l'on prenne aucune Peſte.

Autre pour ceux qui ſont atteints de la Contagion.

Il faut prendre une poignée de feuilles de ronces: une poignée de feuilles de rue, de feuilles de ſauge franche, une poignée de feuilles de ſureau, & faut faire bouillir tout cela enſemble dans une chopine de vin blanc vieux, ou autre, dans un pot neuf, ou du moins qui ſoit bien net, & quand le vin ſera conſommé juſques à la moitié, il en faudra faire prendre un demi-ſeptier, ou le plus qu'il ſe pourra à celui qui ſera atteint de ladite contagion, & le faire mettre dans un lit & le faire bien couvrir, il eſt certain que dans vingt-quatre heures la Peſte ne manquera de couler, & s'il ne guérit pour en avoir pris une fois, il en prendra juſques a trois fois. Ceux qui ſeront avec tels malades en prendront une cueil-lerée tous les matins.

Autre.

Prenez des noix vertes un demi-gros trempées en bon vinaigre vingt-quatre heures, puis concaſſez leſdites noix, enſuite prenez de la rue & de l'aluine autant d'une que d'autre, & en faites trois lits ou couches en une chapelle pour diſtiler, puis en boire deux doigts en un verre, mais que ce ſoit avant douze heures paſſées que l'on en ſoit frappé, puis il faut ſe bien promener, & ſe coucher chaudement, & ſur tout ſe garder de dormir.

Autre.

Prenez un gros oignon dont on ôtera la tête & le cœur, lequel on emplira de bon Mithridat auſſi gros comme une petite noix, avec une demi-noix vieille,

figue

figue graſſe, trois feuilles de rue, & trois feuilles d'aluine, puis faut reboucher l'oignon de ſa tête, & le bien envelopper d'étoupes, enſuite le mettre cuire en la braiſe ; après le paſſer par une étamine avec deux doigts de vin blanc, & puis en boire avec trois doigts de vin blanc, & ſe bien garder de dormir.

Autre ſouverain réméde quand on eſt frappé de la Peſte.

Il faut prendre de la menthe, de la ſauge menuë, du plantain & de la ruë, autant d'un que d'autre, & pour un denier de Mithridat, & puis prenez un ou deux gros oignons, en ôter le cœur, & puis mettre leſdites herbes & Mithridat dans les oignons, & enſuite les retrancher, & les faire cuire deſſous la braiſe, tant qu'ils ſoient pourris de cuire, & puis les broyer avec du vin blanc, & le paſſer nettement, dont on donnera à boire au malade la hauteur de deux doigts en un verre, & ſe bien promener.

Autre.

Prenez de la ruë & la broyez en du vinaigre, & en faites une emplâtre ſur la bouche, cela vous préſerveta.

Pour ſe garder en temps de Peſte.

Prenez de la ſage franche & des feuilles de ronces qui ne portent point de mûres, & un peu de bon gingembre, & enſuite broyez le tout enſemble, & le détrempez en du vin bien fort, & en beuvez tous les matins pendant neuf jours.

Autre.

Prenez douze feuilles de ſauge, cinq ou ſix grains de graines de laurier, le noyau de deux noix, la groſſeur d'une noix d'énula campana, & broyez bien le tout en un mortier, & enſuite le paſſez avec une pinte de vin blanc dans un linge bien net, & puis mettez trois ou quatre feuilles de rue ; Mais ſi c'étoit

toit une femme grosse , il n'y faudroit point mettre
de ruë.

Autre.

Prenez de la racine d'éclaire , & la faites tremper
dans du fort vinaigre , puis la tirez , & en beuvez
trois doigts.

CHAPITRE XVII.

Contenant la maniére de faire plusieurs Receptes & Breuvages, pour guérir les Fiévres Continuës, Doubles, Tierces, Quartes , & autres.

La maniére de prendre l'écorce ou la Poudre de Pérou , dite China , laquelle est merveilleuse contre les Fiévres Quartes, Doubles & Triples Quartes , Tierces & Doubles Tierces.

L'Expérience a fait voir presque par toute l'Europe la vertu merveilleuse de cette poudre, sur tout en Italie , & en plusieurs Provinces de France, où elle a fait de grands progrès. Paris, Dijon, Lion, Grenoble, & plusieurs autres villes d'Auvergne & de Provence, sans rien dire de l'Allemagne & de Flandres, où elle a été & est encore en admiration, en peuvent donner des preuves par un grand nombre de personnes de marque, & autres, qui en ont été parfaitement guéries par une vertu secréte & particuliére, qu'il a plû à la divine Providence de lui donner.

L'Usage & observation de cette poudre.

Il faut supposer que le malade a déja souffert tout au moins cinq ou six accès, qu'il a été purgé par

la-

lavemens, & pris une ou deux purgations, sinon il le faudra faire saigner, n'étoit que fort peu auparavant il l'eût eté, & lors un bon lavement suffiroit.

La veille de l'accès l'on en mettra deux dragmes en infusion réduites en poudre, en un verre de vin blanc excellent, & cela en une bouteille, & en un lieu chaud, la remuant de fois à autre.

Le malade prendra de la nourriture tout au moins trois ou quatre heures devant l'accès, se mettra au lit un peu auparavant, & incontinent qu'il sortira de quelque frisson, il prendra toute la prise préparée, savoir le vin & la poudre tout ensemble, que l'on versera pour cet effet dans un gobelet, & s'il restoit quelque chose de la poudre, dans la bouteille ou le gobelet, l'on y ajoûtera un peu de vin pour la prendre.

Le malade se tiendra gai de peur d'empêcher la crise ou la sueur, ou toutes les deux ensemble, & se couvrira mediocrement.

Le malade, de quatre jours après cette prise, ne doit prendre aucune sorte de médicamens, mais laisser absolument opérer la nature, aidée de ce médicament divin.

La fiévre étant double ou opiniâtre à raison de ses profondes racines, il faudra réïterer la dose, quelques accès déja passez, après avoir été purgé & observé ce que dessus, & se conserver pendant quelque temps, comme si la fiévre devoit venir, prenant aussi de la nourriture comme ci-devant, & nommémement les jours de l'accès.

Autre.

Il faut prendre trois poignées de bourache, les piler dans un mortier, & la bien presser, & mettre la moitié d'un verre dudit jus, & l'autre moitié dudit verre le remplir de vin blanc, & faire prendre ce reméde audit malade lors que le frisson le prend, & ensuite le bien couvrir & avoir soin de l'essuyer.

Autre

Autre.

Prenez un verre de fort vinaigre, & y mettez un peu d'huile dedans, & le faites un peu tiédir, & enfuite en faites boire au malade à l'heure qu'il commencera à trembler, cela ne manquera de le faire vomir.

Pour la Fiévre Tierce.

Il faut prendre une poignée de chacune des herbes qui fuivent.

De la Sauge menuë.   Du Seneçon.

Du Rômarin.   Et du Sel.

De la Ruë.

Lefquelles chofes on battra toutes enfemble, & puis les arrofer avec un peu de vinaigre, le plus fort que l'on pourra trouver ; enfuite il faut prendre defdites herbes ainfi battues, & les plier entre deux linges, puis en faire deux braffelets larges de trois doigts; & les attacher aux deux bras fur les poignets, dès les prémiers fentimens que l'on aura du friffon.

Pour la Fiévre Quarte.

Prenez un coquemar tout vert, & y mettez une pinte d'eau, dans laquelle l'on fera bouillir deux pommes de rénettes, en oter la peau, la queuë, la tête & les pepins ; & quand les pommes feront cuites, ôtez le tout du feu, & le paffez, & dans un nouet de toile y mettez tremper le poids d'un demi-ecu de fené émondé bien bon, & quand il aura infufé huit heures, & lors que la chaleur de la Fiévre tiendra de l'altération, l'on en peut boire jufques à deux ou trois bons verres.

Recepte pour la Fiévre Quotidienne.

Prenez des racines d'hiebles & les pilez avec vinaigre, & en faites un bandeau, que l'on mettra fur le front du malade ; & quand il fuera fort, il faut le rafraîchir souvent ; il faut auſſi mettre des jaunes d'œufs battus en eau roſe dans les écueils des mains & des piés du malade , & les rafraîchir quand ils ſeront ſecs.

Pour la Fiévre Quarte.

Il faut prendre un oignon & le fendre par la moitié , en ôter le cœur & l'emplir de Mithridat , puis mettre les deux moitiez d'oignon ſous la plante des piés , à l'heure que la Fiévre voudra le prendre, & l'y laiſſer vingt-quatre heures , il en faut mettre par pluſieurs fois juſques à tant que l'on ſoit guéri.

Autre.

Prenez des Marguerites feuilles & racines , les faites bouillir en vin blanc , tant qu'elles ſe diminuent de moitié , puis les paſſez & en faites boire le jus au malade , & il ne manquera pas de vomir ſa fievre.

Autre.

Prenez aluine , ruë, éclaire, groſſe ſauge , & de la menuë herbe , plantain gros , & ſel environ une bonne poignée , & bien piler le tout enſemble le plus menu que l'on pourra , & le mettre en un vaiſſeau de pierre enſorte qu'il ne s'évente, & tous les jours le remuer , & après le mettre ſur le poux des deux bras auſſi gros qu'un œuf , par cinq ou ſix fois , & il ne faut point boire de vin ſans eau , ni manger de rôti , & ſe tenir gaillard.

Pour la Fiévre continuë.

Prenez auſſi-tôt que l'on pourra , veriſe de coquelicocqs qui viennent dans les blés , c'eſt une fleur qui eſt rouge , de laquelle il faut diſtiler l'eau en chapelle ; & quand on aura la Fiévre continue , l'on prendra un drapeau mouillé en ladite eau, & enſuite le mettre ſur la tête du malade.

Au

Autre.

Il faut prendre le blanc de deux œufs, de l'eau rose, du jus de laitue, & du lait de femme, autant de l'un que de l'autre, & battre le tout ensemble, puis en mettre sur le front & sur les bras, & lors que les drappeaux secheront, il les faut remouiller par deux ou trois fois le jour, hors celui de dessus le front qu'il ne faut point mouiller.

Autre.

Prenez du pissenlit, de la meremartire, & trois ou quatre grains de gros sel, puis pilez le tout ensemble, & en mettez sur les bras du malade à jûn, & l'y laissez pendant le temps de neuf jours.

Autre.

Prenez d'une herbe nommée l'elluette & de la pelure de sureau, qui est entre l'écorce & le bâton, & quatre ou cinq grains de gros sel, que l'on pilera tout ensemble, & ensuite le mettez sur le bras du malade, & l'y laisser le temps de neuf jours.

Autre recepte pour guérir la Fiévre des petits Enfans.

Prenez du pissenlit avec trois ou quatre grains de gros sel, pilez le tout ensemble, puis en mettez tous les matins sur le bras du petit enfant à jûn.

Autre pour la Fiévre Quarte.

Prenez de la racine d'hiebles, & la raclez comme un naveau, prenez en la raclure & la broyez bien fort, puis la passez avec du vin blanc, & en faites boire au malade deux ou trois bons doigts, lors que le frisson le prendra.

Autre pour la Fiévre Quarte & Tierce.

Prenez de la sauge menue, de la ruë, de l'herbe au Charpentier, de l'ache, des orties griêches & du plantain, autant de l'un que de l'autre, avec

une

une poignée de sel, du fort vinaigre, & de la suye,
lesquelles vous pilerez ensemble, & ensuite en frottez bien fort les bras du malade, & en mettrez sur
ses deux poux avant que la fiévre le prenne.

Pour la Fiévre Continuë.

Prenez un pigeonneau & le fendez par la moitié,
puis le mettez sous la plante des piés, que la tête
soit vers le talon, & qu'il ne soit rien perdu dudit pigeonneau, ensuite l'on enveloppera bien les piés
de peur qu'il ne tombe rien, & les laissez sous lesdits piés pendant vingt-quatre heures, parce qu'il en
faut un à chaque pié, & que celui qui les ôtera au
bout des vingt-quatre heures se bouche bien le nez
de peur de la fumée.

Pour la Fiévre qui est dans la Tête.

Prenez des roses de Provins séches, de la camomille & de la marjolaine, & mêlez le tout ensemble, puis mettez lesdites herbes entre des linges, &
trempez lesdits linges dans de l'eau rose & du vinaigre, & ensuite en faites un bandeau & puis le
mettez sur le front du malade.

Autre pour la Fiévre Tierce.

Prenez de l'aluine blanche & de la verte, de la ruë,
du plantain, de la sueur d'ortie griéche, puis pilez
le tout ensemble, & y mettez du sel en le pilant, &
ensuite l'on en mettra sur les deux bras, & les y
laissez neuf jours.

Autre Recepte pour la Fiévre, dont les petits enfans peuvent être atteints.

Il faut prendre des pissenlits racines & feuilles, les
broyer & y mettre une goute de vinaigre, avec les
deux germes d'un œuf, & un peu de blanc, & aussi
gros que la moitié d'une noix de sel, avec de la suye

de

de four, mêlez le tout enfemble, & enfuite les mettez fur les poux des deux bras de l'enfant, lors que la fiévre le voudra prendre, & les changez de trois jours en trois jours ; & avant que de mettre lefdites herbes il faut très-bien frotter les poux, afin de faire enfler les veines.

Autre pour la Fiévre Quarte & Tierce.

Il faut prendre des orties grièches, du fel, de la fuye de four, du vinaigre, de la fauge menue, de l'éclaire, de l'aluine, de l'herbe de Saint Jean, de la verveine, & piler le tout enfemble, & en mettre fur les bras du malade quand la fiévre le voudra prendre, mais il ne faut ni boire ni manger que deux heures après.

Autre pour la Fiévre Quarte.

Prendre un gros oignon rouge & le fendre en quatre, puis en ôter le cœur des quatre quartiers, puis les emplir de bon Mithridat, & enfuite mettre deux quartiers de l'oignon fur les deux bras, & les deux autres fous la plante des deux piés, quand la fiévre voudra prendre, & il faut que le malade foit couché ; l'on y laiffera lefdits oignons jufques à ce que la fiévre foit paffee ; il faut prendre garde fur tout de ne pas fentir les oignons, de peur que la fiévre ne vous prenne.

Autre.

Il faut prendre environ trois doigts de lait venant de la vache, le mettre dans un verre avec auffi gros qu'une noifette de bon Mithridat, trois feuilles de fauge avec deux doigts de vinaigre blanc, ou trois doigts de vin blanc, & mêler le tout enfemble, puis en donner à boire à ceux qui auront la fiévre, enfuite il faut fe promener.

Pour

Pour la Fiévre Tierce.

L'on prendra un œuf qui soit frais, duquel l'on ôtera la glaire, & dans le jaune l'on mettra une pincée de soufre que l'on brouillera ensemble, & le faire prendre au malade, ensuite de quoi il boira un bon verre de vin blanc, dans lequel l'on mettra aussi une pincée de soufre ; Il faut prendre ce reméde lors que la Fiévre voudra prendre, & ensuite le faire très-bien couvrir.

Pour la Fiévre Quarte.

Prenez de l'eau distilée de l'ail & en beuvez une heure avant l'accès. La dose est trois cuillerées dans un demi-septier de vin d'Espagne, & réiterez deux ou trois fois.

Autre.

Prenez un harang blanc fendu par le milieu, appliquez-le sur l'épine du dos, la tête en bas & la queue en haut.

Contre toutes sortes de Fiévres.

Il faut piler de l'ail avec du safran, les mettre entre deux linges, & en enveloper le doigt annulaire de la main gauche.

Pour guérir toutes sortes de Fiévres.

Il faut prendre vingt grains de raclure d'os de cœur de cerf, vingt grains de raclure de corne de cerf, vingt grains de raclure d'yvoire, une poignée de racines de gros plantain concassées, & mettre le tout tremper pendant une nuit dans deux doigts de vin qui soit bon, & deux doigts d'eau, puis le passer dans un linge, & ensuite en faire boire par deux matins au malade, deux heures avant que de déjeuner, & même lui en donner quand il lui en prendra envie.

Il faudra remarquer que la quantité ci-deſſus ſervira pour deux matins.

Autre.

Prenez le ver qui eſt dans le chardon , puis le mettez dans un tuyau de ſarment de vigne ou de plume, & le bouchez par le bout ; enſuite l'attachez au cou & au bras , & à meſure que le ver meurt la fiévre s'en va : Et il faut remarquer que lors que l'on eſt guéri , il s'engendre dans ledit tuyau, de la cendre dudit ver une petite mouche , qui s'envolera quand on ouvrira ledit tuyau.

CHAPITRE XVII.

Contenant pluſieurs Receptes très excellentes pour les Gouttes, dont diverſes perſonnes ont été guéries.

Recepte pour la Goutte froide , chaude , ou telle autre qu'elle puiſſe être.

Prenez de ſené quatre dragmes, Hermodacte deux dragmes , Scammonée préparée deux dragmes , Regliſſe deux dragmes , Turbit deux dragmes , Sucre fin deux dragmes , gudgambe quatre dragmes, autrement appellée Kekmar, autrement Gutta Gommi , qui fait une poudre jaune; il faut mettre le tout en poudre, puis la paſſer par l'étamine & mêler tout enſemble, puis vous en prendrez le poids d'un écu que vous mettrez le ſoir tremper dans un demi-verre de vin blanc , & enſuite boire tout enſemble , puis prenez trois heures après un bouillon & gardez la chambre juſques à midi; vous en prendrez trois fois en ſix jours : Et pour la Sciatique il n'en faut prendre que deux fois de trois mois en trois mois.

S 4

Recepte fort singuliére pour la Sciatique.

Prenez une chopine de bonne huile d'olive, &
autant de tort bon vin vermeil, & y faites bouillir
de la menue sauge, du Rômarin, de l'Hysope, de
la Marjolaine, du Thin, de la Sariette, à proportion
de la liqueur, après avoir bien pilé & broyé lesdites herbes dans un Mortier, faites-les bouillir seulement dans un bassin ou poelon, & puis les laissez
tremper dedans environ l'espace comme du soir au
matin, puis après les faire bouillir tout à petit feu,
jusques à ce que tout le vin soit évaporé, ce qu'on
connoîtra lors que cette décoction ne fera plus que
frémir, & alors il la faudra ôter de dessus le feu, &
la couler dans un plat, & puis ensuite il faudra
la mettre dans une boete ; & après vous en
frotterez la partie malade devant le feu, & cela
ne manquera d'ôter la douleur.

Nota. Qu'il y en a qui n'y mettent que de la
Sauge & du Rômarin ; Cette recepte est très-bonne & bien expérimentée.

Autre Recepte pour la même Goute.

Prenez des Emplâtres de Mussilanges, de Vigo,
sine Murcurio, de Diachilon, d'emplâtre Divin, &
Diapalme, & mêlez le tout ensemble & l'étendez
sur du cuir, & ensuite vous envelopperez la partie
malade, portant cette emplâtre nuit & jour, & la levant par fois pour l'essuyer, & la remettant ensuite
dessus la partie malade.

Autre.

Il faut prendre de la graine d'hiebles quand elle
est en maturité, vous en ferez emplir un grand pot
de verre, puis le boucherez avec du liége, & mettrez un parchemin par dessus, lequel vous mettrez
en terre jusques au goulot, pèndant l'espace d'un
mois, & il faut faire ensorte que le Soleil donne à

plomb

plomb deſſus, tout le long du jour, & vous l'appliquerez ſur le mal le plus chaud que vous pourrez.

Emplâtre pour les Goutes.

Il faut prendre du Diapalme, & le faire diſſoudre
dans un plat avec du vin rouge, & puis il faut faire
une Emplâtre avec du cuir fort délicat, de la largeur
du mal, & puis il le faudra bien tremper dans ledit vin, le tout le plus chaudement qu'il ſe pourra
ſouffrir; Il faudra auſſi de quatre à cinq heures rafraîchir ladite Emplâtre dans le même vin, & après
l'on aura un très-grand ſoulagement.

Autre.

Il faut prendre une pinte d'eau de vigne, & une
bonne poignée de ſon de froment, pour deux liards
de ſel, & faire bouillir le tout enſemble, & le réduire à trois demi-ſeptiers, puis en prendre le marc
& le mettre ſur la partie malade deux fois chaque
jour.

Tiſanne laxative pour les Goutes Sciatiques, & au-
tres de quelque nature qu'elles puiſſent être, tant
à l'Homme qu'à la Femme.

Il faut prendre de toutes les drogues qui ſuivent.

Une demi-once de Sené.

Une demi-once de Salſe-
pareille.

Une demi-once de Poli-
pode de chêne.

Une demi-once de Roſes
de Provins ſéches.

Une demi-once d'Anis
vert.

Une demi-once de Cryſtal
mineral.

Et une demi-once de Ré-
gliſſe.

Toutes leſquelles choſes vous mettrez tremper enſemble dans une cruche de grez tenant deux pintes d'eau, pendant vingt-quatre heures, & que l'eau
ſoit de riviére ; Enſuite il faut bien couvrir ladite cruche qu'elle n'ait point d'air, puis il en faut paſſer un
bon grand verre dans un linge, & le marc qui

ſorfortira le remettre dans ladite cruche , & la bien couvrir ; il faut que le verre tienne un bon demi-feptier , & le prendre à jûn , & trois heures après un bouillon , & le foir en vous couchant.

Autre.

Il faut faire un potage d'orties communes , avec les feuilles , comme fi c'étoit un potage fait avec des herbes ordinaires, & en prendre plein une écuelle trois jours durant ; & faut prendre cela dans les quatre nouveaux quartiers de l'année.

Pour la Goute.

Il faut faire entre deux jours & une nuit ce qui s'enfuit , oing de porc frais , racine de perfil , racine d'hyfope , graine de geniévre , tant d'un que d'autre , puis le paffez par une étamine & en oignez le mal.

Pour la Goute Nouvelle.

Prenez de l'huile de camomille , eau de vie & jus de fauge , qu'il faut mêler enfemble , & enfuite en froter la partie malade.

Pour la Goute Froide.

Prenez de la racine de luna campana bien broyée, quatre onces d'huile d'amandes améres , deux onces d'huile de laurier , deux onces d'huile de maftic , trois onces deante , trois onces d'huile d'afpic , demi-once d'huile petrolle , une livre de fain de porc frais , broyez ladite racine deux ou trois heures en un mortier , puis la faites bouillir avec le fain de porc deux heures , & puis la mettez refroidir , & après l'incorporez avec lefdites huiles , & enfuite vous en froterez la partie affligée.

Autre.

Prenez des racines de naveaux fauvages qui viennent le long des hayes , & les faites bouillir bien.

fort,

fort, & quand elles feront bien bouillies, il les faut piler dans un mortier, & prendre du fain vieux gros comme les deux poings, & pour deux ou trois fols d'huile d'olive & mêler le tout enfemble, puis le paffer dans un linge, & enfuite le mettre dans un verre ou une écuelle, & auparavant il fe faut laver avec de l'urine d'un petit enfant, & s'effuyer près du feu, puis prenez des orties par deux matins & en frotez le mal, & puis après vous frotez bien fort avec ledit onguent auprès du feu, au lieu où eft le mal, & continuez pendant neuf jours. Et après lefdits neuf jours, il faut prendre de la fiente d'un veau de lait, & la faire refaire dans un poëlon, & enfuite, en faire une emplâtre, & la mettre fur le mal, & deux jours après prendre de la poix neuve, dont on fera une emplâtre, & la mettre par trois jours feulement.

Pour la Goute Naturelle.

Prenez trois onces de poix neuve, une once de cire neuve, demi-once de maftic pulverifé, il faut faire une emplâtre de cuir blanc, & broyez deffus ladite poix & cire, puis prenez une poële affez chaude & l'étendre deffus ladite emplâtre pour faire fondre la poix & la cire, & étant fondus femer incontinent deffus le maftic, & mettre ladite emplâtre fur les jointures où la Goute eft ordinairement; & puis mettre deffus des oreillers chauds en forte qu'elle ne prenne point de vent; & quand l'emplâtre tombera, des eaux qui fe trouveront dedans, faut en remettre d'autre en s'effuyant, & tenant toûjours le mal chaudement.

Autre.

L'on prendra du fiel de bœuf; & quand l'on aura la Goute, il faut prendre un peu de ce fiel dans une écuelle, & le faire chauffer bien chaud, & enfuite s'en froter là où fera la douleur, & incontinent l'on fera guéri.

S 6

Au-

Autre.

Premiérement, il se faut faire saigner, le lende-main au soir prendre un lavement, le troisiéme jour prendre une Médecine purgative, & le quatriéme ensuivant se reposer, pendant lequel jour l'on se fera faire une décoction de guayac, d'esquine & de Salsepareille ; De laquelle décoction l'on prendra plein un grand verre le lendemain en se mettant dans une cuvette ou cuvier pour se faire suer ; Et pour cet effet faut faire rougir quinze ou seize briques dans le feu, que l'on mettra dans ledit cuvier, duquel on aura préalablement garni le fond, crainte d'y met-tre le feu.

L'on pourroit faire d'une autre façon, car on peut mettre dans le cuvier un croiset plein d'eau de vie rectifiée sur un réchaut, & mettre le feu dans ladi-te eau de vie, après avoir bien couvert le malade ; Cette façon de suer seroit bien plus commode & plus efficace. Il faut avoir une petite selette avec un oreiller plein de son, pour s'asseoir, & un pavillon bien clos, en sorte que la chaleur ne puisse s'éva-porer.

Cette maniére de suer, outre l'effet ci-dessus, est excellente pour fortifier les nerfs.

Il faut être une bonne heure dans le bain, ou plus, si l'on le peut supporter.

Il faut faire cela pendant douze jours de suite, & se faire bien couvrir de linges, tant sur la tête, que sur le cou & les épaules : Et quand on sortira du bain il faudra avoir trois personnes pour se faire fro-ter, comme il faut, avec des linges chauds, & en-suite se mettre dans le lit, & qu'il y ait des linceuls à demi-usez, & se bien couvrir & tenir chaude-ment, puis s'essuyer en la même maniére une secon-de fois, ensuite mettre une chemise bien blanche, & tenir la chambre bien fermée. On pourra boire du vin pendant ledit Remede.

Causes

Caufes médiates ou éloignées de la Goute.

Les femmes ne font fujettes aux Goutes quand elles ont leurs menftrues , mais bien quand elles font ceffées , parce que lors qu'elles les ont la matiére qui les pourroit caufer flue avec elles.

Les Enfans , ni les Ennuques n'y font pas fujets, parce que la caufe inftrumentaire, qui eft la largeur des voyes, leur manque.

Peu de Goutes fe font dë matiére fimple ; car comme l'humeur le plus fouvent eft cruë, il lui faut une matiére venteufe ou bilieufe pour lui fervir de vehicule.

Notez ces huit chofes, pour connoître quelle matiére eft fujette à la Goute.

La jointure doit être débile d'une débilité exceffive & non naturelle.

Autre.

Prenez une mie de pain blanc, avec une livre & demie de lait de vache , avec du muffilange de pavot blanc, de plantain, extrait en eau de nenuphar, autant de l'un que de l'autre, une once de chacun ; le tout foit mis enfemble & en faire une emplâtre avec un peu de faffran.

Il faudra faire bouillir le tout enfemble en eau de Nenuphar , & puis couler le tout & y ajoûter vôtre faffran à la fin.

CHAPITRE XIX.

Contenant plufieurs excellens Remédes , tant pour la Pierre , que pour la Gravele.

Recepte pour la Gravele & pour la Pierre.

VOus prendrez des féves féches d'un an, & les ferez brûler dans un pot pendant l'efpace de
vingt-

vingt-quatre heures, & des cendres en prenez trois
onces, & en ferez huit ou neuf parts, desquelles
vous en prendrez une que vous ferez infuser dans
un bon demi-verre de vin blanc, du meilleur qui se
pourra trouver, comme seroit malvoisie, ou vin
d'Espagne, ou autre, pendant vingt-quatre heures,
puis l'ayant passé le boirez au matin à jun, & ne
mangerez de deux heures après, & faire ainsi des
autres prises par huit ou neuf matins consecutifs, &
cela au declin des Lunes, & cela durant quelque temps
de l'année.

Recepte pour la gravele, & aussi pour la Colique.

Prenez quatre onces de gingembre du meilleur
que l'on pourra trouver, & quatre onces de syrop,
aussi du meilleur que l'on pourra trouver chez les
Apoticaires, & les battez bien fort chacun à part
en un mortier, & puis les faites passer dans un
fas, & puis les mêlez ensemble, & les mettez dans
un sachet qui n'ait point d'air.

La façon d'user de la poudre c'est qu'il la faut
prendre au commencement du mois de Septembre,
& durant ledit mois il en faut prendre deux fois la
semaine; le second mois quatre fois pour le moins;
le troisiéme mois deux fois; & les autres mois une
fois chacun, & il en faut prendre à chaque fois une
dragme, qui est le poids d'un écu, que vous mêlerez avec deux ou trois doigts de vin blanc, & ensuite boire ladite poudre à jûn, & il ne faut manger de trois ou quatre heures après.

Vous prendrez bien garde que cette poudre ne
soit point éventée.

Recepte fort excellente contre la Pierre.

Il faut prendre deux ou trois taupes qui soient en
vie, & les mettre ainsi dans vn pot neuf plombé &
le bien boucher, puis vous les mettrez dans un four
qui

qui foit chaud, afin que les taupes meurent & qu'elles foient toutes confommées en leur graiffe, laquelle graiffe vous prendrez pour la faire diftiler dans un alambic, & la peau & les os qui feront reftez, vous les ferez fecher, & en prenez le poids de deux écus, ou d'un écu, felon la force & le tempérament de la perfonne, avec un peu de vin blanc & de la graiffe ainfi diftilee dont vous froterez les reins, enfemble les artéres pour ramolir la partie par où la Gravele puiffe fortir.

. Il faut à la fin de la Lune prendre de la caffe, & fe purger pour fe préparer à cela.

Pour fe purger vous prendrez les drogues qui fuivent.

Une dragme d'Hermodactes.

Une dragme de Gingembre.

Une dragme de Scammonée.

Une dragme de Fenouil fauvage.

Une dragme de Turbit.

Lefquelles drogues vous ferez incorporer toutes enfemble, puis vous en prendrez le poids de demi-écu, pour ceux qui feront aifez à émouvoir, & pour les robuftes trois quarts d'écu, ou un écu tout au plus, & le mettrez en deux doigts de vin blanc, ou dans de la décoction de bourache & buglofe.

Pour la Colique.

Vous prendrez la moitié d'une muguete, & la mettrez en poudre, & enfuite la mettrez avec deux ou trois doigts de vin blanc, & puis en donnerez à boire au malade.

Pour la Gravele & Colique.

Prenez de la racine de perfil & de fenouil, trois onces de chacun, réglifle une once, le tout bien menu, raifins de Corinthe, & ôtez les pepins, deux onces d'anis & fenouil en graine, mis en poudre, de

chacun

chacun un quart d'once, conſerve de roſes & de violetes, de chacun une once, orge bien nette une poignée, & faites bouillir tout enſemble en trois pintes
d'eau que vous mettrez ſur le feu, enſorte qu'elles
ſoient réduites à deux pintes au moins ; & quand cela aura bien bouilli vous y mettrez quatre onces de
ſucre, & lors que vous voudrez l ôter de deſſus le
feu, vous y mettrez une demi-once de canelle en
poudre, & enſuite vous coulerez le tout dans quelque
choſe qui ſoit bien nette quatre ou cinq fois, puis
vous le mettrez refroidir dans un pot de terre plombé, & quand il ſera froid vous le couvrirez bien,
puis vous en prendrez trois doigts un peu tiéde dans
un verre au matin, une heure avant lever, & le ſoir
une demi-heure avant ſouper.

Pour la Gravele.

Prenez des gouſſes de noix ſéches & graines de
laitues, leſquelles vous broyerez enſemble, & enſuite vous les paſſerez dans un ſachet, & puis vous
en boirez en du vin blanc, tant que vous ſoyez
guéri.

Pour la Gravele.

Prenez un arbre qui s'appelle Neſprun, qui vient
aux haies, & raclez la premiére écorce & la verte &
le bois, découpez-les bien menu, puis les ferez ſécher au four, & les mettrez enſuite en poudre, de
laquelle vous prendrez environ le poids d'un écu dans
deux doigts de vin blanc une fois la ſemaine, & ſi
vous ſentez que vôtre mal vous prenne, vous en
prendrez le matin, & cela ne manquera de faire diſſoudre toute vôtre pierre en poudre.

Pour la Pierre.

Prenez trois racines d'épis d'eau, autrement ap-
pellé lys, & les faites ſécher dans le four, & enſuite en
faites

faites une poudre comme de la farine, laquelle vous ferez bouillir avec du vin blanc en un pot neuf, avec des racines de fenouil & perſil, & quand le tout aura bien bouilli enſemble, vous le paſſerez, & enſuite le malade en boira trois ou quatre doigts au matin & au ſoir, & dans neuf jours il guérira de la pierre.

Pour la Gravele & la Colique.

Il faut prendre des racines de perſil & de fenouil, de chacun une poignée, & il faut ôter le bois de dedans les racines, puis prenez des racines de guimauve, de chiendent, d'oſeille, de bourache, & bien laver le tout enſemble, & puis les mettre dans un coquemar avec de l'eau.

Il faut prendre cela au défaut des Lunes, & prendre trois doigts de la décoction par trois matins, & ne manger de trois heures après.

Il faut ſe garder de manger de tous piés de quelques bêtes volatiles que ce ſoit.

Pour rompre & démarrer les Pierres.

Faites diſtiler dans un alambic de l'eau d'une herbe qu'on appelle argentine, de laquelle on prendra environ quatre doigts, & on y mettra deux doigts de vin blanc que vous prendrez le matin.

Autre.

Il faut prendre au défaut de la Lune de la caſſé toute pure, puis uſer trois jours entiers & conſécutifs du bouillon qui s'enſuit : Prenez une volaille & lui faites farcir le corps d'une herbe appellée la turquete, avec la moitié d'un citron coupé par rouelles, & faire tout conſommer & pourrir de cuire, & en prendre environ quatre bons doigts dans un verre de ſeuchére, puis prendre une autre moitié de citron, & en preſſurer le jus dans ledit bouillon ; & ſi c'eſt à une vieille perſonne, qui ait l'eſtomac débile, il faudra ſucrer ledit bouillon.

Pour

Pour la Gravele.

Prenez deux dragmes de sel de raves, six onces de suc de peritoine, que vous coulerez, & étant coulez vous y ajoûterez une dragme de sel de milium solis, le tout mêlé ensemble, dont vous en donnerez une once & demie avec quatre onces de vin blanc au malade par trois matins, & il faut qu'il se promene le plus qu'il pourra.

Pour la Colique venteuse.

Prenez le gisier du plus vieux chapon que vous pourrez trouver, & le lavez bien en du vin blanc, puis le faites sécher, & le mettez en poudre, puis en pésez le poids d'un demi-écu, & le mêlez avec de l'essence de fenouil doux, & en faites un bol, que vous ferez prendre avec une cuillerée d'eau de vie.

Autre.

Pilez des écrevisses toutes en vie, puis les broyez avec du vin blanc, & l'ayant passé dans un linge, beuvez-en un verre aussi-tôt.

Autre.

Prenez des racines de persil & poirete sans replanter, les pilez avec du vin blanc, les laissez tremper toute la nuit, & le matin les passez dans un linge, puis en prenez un verre à jûn.

Autre.

Il faut prendre le poids d'un écu de saffran en poudre, avec trois blancs d'œufs tout chauds venant de la poule, & les battre bien ensemble avec ledit saffran, puis les mettre tremper toute la nuit avec un grand verre de bon vin blanc, & puis le boire le matin à jûn. Ce reméde est très-admirable.

Autre.

Prenez la cervele d'une pie sauvage, une cantharide mise en poudre, le poids d'un écu de sucre candi, di, mêlez le tout enſemble, & le prenez dans du vin blanc du meilleur.

Autre.

Prenez une dragme de bon jayet, & la mettez en poudre fort déliée ſur le porphyre, l'arroſant peu à peu de ſuc de citron, puis étant deſſéchée & miſe en poudre, prenez-en dans un demi-verre de vin blanc.

Autre.

Il faut prendre ſix œufs tous frais, les mettre dans un grand verre, & le remplir du plus fort vinaigre que l'on pourra trouver, & laiſſer tout conſommer leſdits œufs, puis quand ils ſeront conſommez l'on y mettra douze cuillerées d'eau de vie, & bien remuer le tout enſemble, & puis y mêler un quarteron de ſucre candi pilé enſemble, & en prendre deux cuillerées, deux heures avant le repas, au renouveau de la Lune.

Autre.

Prenez du creſſon caillé ſix ou ſept bonnes poignées, en ôter la racine, & le mettez amortir dans une terrine ou pot de terre ſur de la cendre chaude, & le retournez ſouvent, puis le preſſez dans un linge, & du jus dudit creſſon emplir la moitié d'un bon verre, & remplir l'autre moitié dudit verre, de vin blanc le plus fort que l'on pourra trouver. Faute de creſſon on prendra une bonne poignée de chenevis, que l'on concaſſera dans un mortier, puis le mettre infuſer dans une chopine de vin blanc du ſoir au lendemain matin, enſuite le paſſer dans un linge, & en prendre trois fois par jour, le matin, à midi & au ſoir, mais que ce ſoit deux heures devant le repas.

Pour la Gravele & Colique graveleuſe.

Prenez du jus de citron, une once d'huile d'amandes douces, la peſanteur d'un écu de ſel de prunelle, plus la hauteur de trois doigts de vin blanc, mettez-y le ſel le premier, puis après le jus de
citron

citron deſſus, & enſuite mettez l'huile & le vin blanc par deſſus, & faut bien mêler le tout enſemble, puis en prendre dans un verre à jûn & deux heures après prendre un bon bouillon.

Pour la Pierre.

Prenez quantité de coſſes de féves, faites-les ſécher au four, lors que le pain en eſt tiré, & les pulveriſez, puis les mettez pendant une nuit infuſer dans un demi ſeptier de vin blanc & deux dragmes de cette poudre; & le lendemain filtrez ce vin, & le beuvez à jûn. Réiterez trois ou quatre jours au decours de la Lune.

Autre.

Prenez le zeſt d'une noix, deſſéché ſur la paille, puis pulveriſé, & en beuvez dans du bouillon ou vin blanc.

Autre.

Prenez du jus d'oignon de lys violet, & en beuvez.

Réceptes pour la Gravele & pour la Colique Pierreuſe.

Il faut faire diſtiler du broux de vigne blanche, avec des coſſes de féves vertes, autant d'un que d'autre, & en prendre à jûn trois ou quatre doigts tous les jours.

Autre.

Il faut piler dans un mortier des cériſes avec leurs noyaux, & puis faire diſtiler le tout, & en prendre l'eau à jûn, un verre.

Autre.

Il faut prendre les ongles des piés gauches de derriére d'un Liévre, & les coudre ſur un ruban, & les porter ſur la chair, ſi faire ſe peut, a l'endroit où l'on ſent le plus de douleur.

Autre.

Il faut faire diſtiler au mois de Mai ou d'Avril de

l'ordure

l'ordure d'une vache noire, & en prendre l'eau à
jûn, tous les matins, cette eau s'appelle de l'eau de
mille-fleurs, laquelle eſt auſſi très bonne pour les
Poûmons; Elle ſe doit faire lors que les herbes ſont
dans leur plus grande force, comme au Printemps.

Autre.

Il faut prendre un demi-ſeptier de vin blanc, &
du beurre frais gros comme un œuf, mettre le tout
dans un plat ſur un réchaut de feu, & étant tiéde il
en faut prendre à jûn cuillerée à cuillerée en ſe promenant deux ou trois tours de ſale ou chambre, entre chaque cuillerée, juſqu'à ce que tout ſoit pris, &
il faut réiterer pluſieurs fois juſqu'à ce que l'on s'en
ſente ſoulagé.

Autre.

Il faut prendre des pélures d'oranges féches & pulveriſées, & en prendre deux ou trois jours à jun, le
poids d'un écu dans du vin ou bouillon, cela guérit
toute ſorte de Colique.

Autre.

Il faut prendre de la Caſſe à tous les décours de
Lune; Comme auſſi prendre dans les grandes chaleurs le demi bain ſept ou huit jours durant, une
fois l'an, & il faut ſe purger devant & après.

Il faut obſerver ſur les ſept précedens remédes,
qu'il faut manger fort peu le ſoir & ſe tenir ſouvent
debout, & ſe promener, le tout pourtant dans la
médiocrité, parce que le trop grand excès de tout
ceci, où la nature ſeroit trop violente, nuiroit, mais
il s'y faut accoûtumer tout doucement & petit à
petit.

Pour la Pierre.

Prendre l'eſſence de terebentine de Veniſe, eſt
une choſe fort ſinguliere à nettoyer les reins de la
gravele & autres excrémens viſqueux ou craſſes, qui
pourroient s'y arrêter, elle détourne le calcul, &
pouſſe le ſable avec les urines; La façon certaine
d'en uſer eſt d'en prendre à jûn au matin dans deux
doigts

doigts de vin blanc, trempé d'une décoction de chiendent & d'aringes, y en coulant cinq ou six bonnes
goutes, & les bien mouvoir ensemble, & ensuite le
prendre, & ne rien manger que deux heures après :
Il faut continuer pendant trois jours, mais auparavant il faut prendre un clystére lenitif, & prendre le
tout quand on se sentira mal aux reins.

CHAPITRE XX.

Contenant plusieurs bons & excellens Remédes pour toutes sortes d'He-moroïdes.

Pour les Hemoroïdes.

IL faut prendre du vieil-oing, autrement graisse
de porc, le bien laver par plusieurs fois dans de
l'eau fraîche, puis prendre de l'eau rose, & le laver
encore avec, par deux ou trois fois ; puis après prendre le jaune d'un œuf bien frais, & le mêler ensemble avec du miel commun ou rosat avec du jus
de joubarbe, & ensuite en mettre sur les parties avec
des feuilles de plantain & du linge.

Autre.

Il faut faire bouillir du bouillon blanc une assez
bonne quantité avec du lait à proportion, & après
que cela aura bien bouilli ensemble, il faut verser
le tout dans une terrine ou vase qui soit large, &
mettre le fondement par dessus, afin que la fumée
de ladite décoction donne dessus lesdites Hemoroïdes, & même aussi s'en étuver avec ladite herbe
bouillie.

Autre.

Prenez de la racine nommée sanguinaria deux
onces,

onces, de la joubarbe trois onces, pilez le tout ensemble dans un mortier de marbre, & en tirez le suc, duquel en ferez tiédir, l'appliquerez avec un linge double trempé dedans, sur lesdites Hemoroïdes, & si elles sont dedans il faudra prendre un bâton bien délié, envelopé d'un linge aussi bien délié, que vous tremperez dans ledit suc, & en toucherez lesdites Hemoroïdes qui sont au dedans.

Autre.

Prenez une feuille de sureau trempée dans l'huile d'olive, que vous pousserez dans le fondement.

Autre.

Prenez une dragme de sel de plomb dans une pinte d'eau de mauves dont vous vous bassinerez avec ladite eau froide.

Autre.

Il faut prendre quatre oignons cuits dans la braise, puis les faire bouillir dans un quarteron d'huile de chenevis, de quoi l'on fera un cataplasme, que l'on appliquera deux ou trois fois sur lesdites Hemoroïdes : C'est un reméde admirable.

Pour les Hemoroïdes internes & externes.

Prendre un tronçon de chou rouge, de la grosseur de quatre doigts ; & le faire amortir des deux côtez, & l'appliquer sur le fondement le plus chaud que l'on pourra le souffrir.

Faute de chou rouge l'on prendra quatre poignées de feuilles de bouillon blanc, puis les mettre dans trois pintes de lait de vache, & les faire bouillir jusques à la réduction de trois chopines, & mettre le tout dans un bassin ; puis en étuver les Hemoroïdes le plus chaudement qu'il se pourra faire.

Autre.

Pour appaiser l'excessive douleur des Hemoroïdes externes, il faut faire un liniment avec huile rosat, lavé en eau de violette, beurre frais, huile de semence de lin, le jaune d'un œuf, & un peu de cire,

ou

ou bien faire un petit cataplafme avec mie de pain blanc, trempé en lait de vache, en y ajoûtant deux jaunes-d'œufs, & un peu de faffran.

De l'onguent populeum, on en pourra auffi préparer un petit liniment avec du beurre frais & de la poudre de liége brûlé.

Les feuilles de porreaux cuites appliquées fur les Hemoroïdes enflées & douloureufes y profitent merveilleufement.

Il faut remarquer que lefdites feuilles de porreaux pilées avec miel & appliquées en forme de cataplafme fur la piqueure des araignées, ou fur la morfure de bête véneneufe, eft un fouverain reméde.

L'oignon pilé avec beurre frais appaife les douleurs des Hemoroïdes.

Les fleurs de bouillon blanc avec un jaune d'œuf, mie de pain & feuilles de porreaux appliquées fur les Hemoroïdes les arrêtent entiérement.

En la douleur des Hemoroïdes rien n'eft plus fingulier que le parfum fait de raclure d'Yvoire.

Autre.

Prenez un oignon mediocre & le mettez cuire fous la braife, ôtez-en le germe, & le battez avec demi-once de populeum & autant de bafilicum, & y mettez un jaune d'œuf, y ajoûtant pour un fol d'huile rofat, de quoi vous ferez une emplâtre que vous mettrez fur le mal la nuit en vous couchant, & la banderez avec des linges afin qu'elle tienne.

CHA-

CHAPITRE XXI.

Contenant quantité de Receptes très-particulieres, touchant ce qui peut affliger la vûe ; Lesquelles ont été éprouvées par beaucoup de personnes.

Recepte lors que les Tayes veulent commencer à venir aux Yeux.

VOus prendrez deux œufs ausquels vous ferez à chacun un trou, afin de vuider ce qui est dedans, & quand ils seront vuides, vous les emplirez d'eau, & les laverez très-bien, & ensuite vous prendrez de la rhubarbe que vous pilerez, & en prenez le jus & le passez dans un linge, & ensuite vous mettrez ledit jus dans les coques d'œufs, tant qu'elles soient pleines, & puis vous prendrez un réchaut, dans lequel vous mettrez de la braise avec de la cendre dessus, & ensuite mettrez vos œufs sur le feu, & les faites bouillir, mais auparavant il les faudra écumer, & quand vous verrez que vôtre eau sera bien claire, vous prendrez deux grains de sel, lesquels vous mettrez dans vos œufs, & prenez du sucre candi la grosseur d'une noisette, que vous mettrez dans un verre, & un linge pardessus, dont vous ferez couler vôtre jus. De laquelle eau vous prendrez avec une plume bien nette, pour en mettre dans les yeux.

Recepte pour remédier à une Maille, ou à une Taye quand elles commencent à venir en l'œil.

Il faut prendre de petites pasquerettes des champs

avec les racines , trufle qui vient dans les prez auſſi avec ſa racine & de la vervene , & racler un peu toutes ces herbes enſemble avec un grain de ſel , & enſuite les mettre ſur la veine qui eſt au deſſus de l'œil , & renouveller cela de 24 heures en 24 heures.

Autre.

Il faut prendre de la pimprenelle , de la garette ſauvage , autant de l'un que de l'autre & du lard vieux , il faut broyer les herbes & mettre le jus avec du vin blanc , & mettre cette recepte au clyſtére duquel pourrez uſer.

Prenez des laituës , mauves arroſes , s'il s'en trouve , & en Eté des feuilles de vigne , de chacun une poignée ; en Hyver au lieu de la feuille de vigne , mettez autant de Mercurial' , de choux rouges vieux deux poignées , cinq ou ſix racines de porrée de Saint Martin , ou grandes pareilles , leſquelles vous pilerez enſemble en un mortier , & les faites bouillir environ dans une pinte ou trois chopines d'eau , puis quand cela ſera tiéde , prenez de la décoction bien coulée environ une livre & demie , mettez-y du jus de bettes environ trois onces , du miel écumé deux onces , d'huile d'olive , ou beurre frais , environ trois onces , un jaune d'œuf , le tout bien mêlé , & y mettez des fleurs de camomille & melilot , quelquefois des fleurs de génêt , de chacune une poignée , & faut ſe coucher ſur le côté gauche.

Autre.

Prenez une piéce de lard épaiſſe d'un doigt , large de quatre doigts en tout , & la mettez tremper dans de l'eau de fontaine pendant vingt-quatre heures , & vous lavez les yeux de ladite eau.

Pour la taye des Yeux.

Prenez du ſavon noir & de la couperoſe blanche
&

& sucre candi, & enfuite s'en laver les yeux, mais
il faut prendre garde de ne se mettre à l'air.

Pour la rougeur des Yeux.

Prenez de graisse de porc qui soit fraîche, laquelle vous laverez en eau rose, un verre de tutie préparée en eau rose, demi-once d'amidon, battez le
tout ensemble en un mortier fort long-temps, &
après lavez-les en eau de morele trois ou quatre fois
& le soir vous en frotez, & aussi le matin vous en
étuyez.

Autre.

Prenez de la semence de perles fines, & les pulverisez très-subtilement, & puis ayez du vinaigre
fort bien distilé, & quelques goutes du lait de l'herbe que l'on appelle reveille-matin, mettez-les ensemble, & de cela bien uni en pâte faites-en vos perles, la semence se dissoudra, & la ferez sécher sur
des cendres chaudes tout doucement, ensorte que la
pâte en soit un peu pure, & ayez un moule d'argent tel que voudrez la forme de vos Perles, & faites ensorte que l'on passe une éguille d'argent au travers la moitié dudit moule, pour passer l'enfileure
de vos perles par le travers; emplissez le moule de
vôtre pate, & laissez sécher par dix ou douze heures la Perle dans son moule; après vous ferez cuire un
œuf, ensorte qu'il soit dur, & après vous le fendrez
par la moitié, en ôterez le moyeu, & mettrez vôtre perle dedans, & l'enfermerez dans le blanc d'œuf,
ayant encore les coques, le serrant avec un fil proprement pour le mettre dans un vaisseau d'eau froide
vingt-quatre heures, puis au soir tirez vôtre œuf,
& en ôtez vôtre Perle, & la mettez dans une petite
boéte de bois, avec de l'argent vif bien pur & net,
& les menez tout doucement pour lui faire prendre
couleur, & sortant de là elle sera très-belle, dont
vous vous servirez pour le mal desdits yeux.

T 2

Au-

Autre.

Il faut faire durcir des œufs à la braife ; puis les ayant coupez, en ôter le jaune, & y mettre la groffeur d'une féve de couperofe blanche, & une fois autant de fucre candi. Enfuite les rejoindre, les preffer dans un linge, & de l'eau qui en fortira, en mettre avec une plume dans vôtre œil.

Pour la Taye.

Prenez de la poudre de poivre & du fel, & liez tout en un petit drappeau le gros d'une féve, & le mouillez en du lait de femme, de quoi vous dégouterez un peu dans les yeux de la perfonne malade.

Pour les yeux qui pleurent.

Il faut prendre de la farine blanche, de l'aubin d'œufs, & en faire une emplâtre que l'on mettra fur le front.

Autre.

Il faut prendre de la tutie préparée, de l'eau de fenouil, aluine & miel battu enfemble, & enfuite s'en froter les yeux.

Pour la Taye.

L'on prendra de l'eufraife, du morron rouge, de chacun deux poignées, rofes, ruë, vervene, de chacune une poignée, lefquelles l'on pilera enfemble, puis on les mettra en une chapelle, & il y faudra mettre cinq ou fix artichaux avec le blanc de huit ou dix œufs durs, puis prendre de la couperofe blanche en poudre, une once de fucre, & mettre tout enfemble lefdites poudres pardeffus les herbes, & les faire diftiler à petit feu de charbon ; & de cette eau il s'en faut laver les yeux.

Autre.

Il faut faire cuire des limaçons rouges, & en prendre la graiffe, & s'en froter les ...x.

Poudre souveraine pour manger les Tayes & blancheurs qui viennent sur les Yeux.

Il faut prendre le poids de douze dragmes d'alun de roche, la faire brûler sur une poéle ardente, puis tremper en eau rose, & la faire encore brûler, & ensuite la tremper de même quatre ou cinq fois, puis la mettre en poudre très-subtile, & autant de sucre candi pulverisé de même, & mêler le tout ensemble.

S'ensuit la façon d'en user.

Il en faut prendre gros comme la tête d'une grosse épingle avec une plume proprement taillée pour ce faire, & la mettre sur la Taye, ou blancheur, étant le malade couché sur un banc, & quelquefois battre le germe d'un œuf frais, & y mettre un peu de cette poudre parmi, & mettre cela en lieu de la poudre séche : Il faut réiterer cela tant que la Taye soit consommée.

Pour la rougeur des yeux.

Il faut prendre un œuf, & le faire cuire ensorte qu'il soit dur, & en prenez le jaune & le passez dans un linge avec eau rose & eau de fenouil, qu'il ne passe que l'humeur, & après qu'il aura été détrempé dans lesdites eaux faudra avoir de la couperose blanche aussi gros qu'une féve, autant de sucre candi que l'on mêlera tout ensemble.

Autre Recepte pour la douleur des Yeux.

Prenez un bassin d'étain ou d'argent, & l'envelopez dans un linge bien blanc, & faites dessus ledit linge un lit de roses blanches, un lit de fleurs, & un de fenouil, puis un autre lit de roses, un d'éclaire, un de fenouil, puis un autre lit de roses, un de fenouil, un d'éclaire ; & dessus lesdites herbes vous y mettrez un bassin d'airain qui sera presque plein de cendre chaude, ſur laquelle vous allumerez un peu de charbon pour entretenir la chaleur juſques à ce que leſdites herbes ſoient preſque ſéches, puis vous prendrez l'eau pour vous en froter les yeux. Cette eau eſt admirable pour la vûë.

Pour les yeux qui ſont couverts de Taye.

Il faut prendre un boiſſeau de chaux-vive & un ſeau d'eau, & mettre tout enſemble dans une poële, & laiſſer paſſer toute la fumée, & puis la couvrir d'une nape double, & n'y point toucher de vingt-quatre heures, puis après il faut découvrir ladite poële, & avec une cuillier il faut ôter toute l'écume de deſſus & la mettre dans une écuelle, & laiſſer écouler toute l'eau qui ſera en ladite écuelle, en ſorte qu'il ne demeure que l'écume, & quand ladite écume ſera ſéche l'on prendra de l'eau roſe que l'on battra tout enſemble, puis en mouiller un drapeau, que l'on appliquera ſur les yeux.

Autre.

Il faut prendre de l'eufraiſe deux poignées, pimprenelle demi-poignée, roſes rouges une poignée, & les faire bien ſécher, & puis les mettre en un pot neuf de terre, plein de vin blanc, & les laiſſer tremper trois jours, & puis diſtiler leſdites herbes avec ledit vin blanc par deux fois.

Autre.

Prenez du fenouil, ruë, chelidoine, vervene, eufraiſe, roſes rouges, autant de l'un que de l'autre, le tout pilé, & enſuite mettre le tout tremper en bon vin blanc pendant vingt-quatre heures, puis les faire diſtiler & garder dans une phiole bien étoupée.

Autre pour les yeux qui ſont rouges.

Prenez de l'eau roſe blanche, eau d'éclaire, eau de fenouil autant de l'une que de l'autre, & puis faites durcir un œuf bien frais, duquel l'on prendra le blanc que l'on mettra par petits loppins, & le mettre

tre tremper dans lefdites eaux deux ou trois hèures,
puis prenez auffi gros qu'une noifete de fucre-candi
que l'on mettra dedans, & que le tout trempe enfemble demi-heure, puis paffer le tout & le preffer
très-bien, enfuite le mettre dans une bouteille, &
l'on en ufera quand on aura mal aux yeux, il faudra
en mettre deux ou trois goutes.

Autre.

Prenez de la tutie fine, ce que l'on en voudra, &
la mettez dans un petit pot neuf, & enfuite la mettez fur un brafier fait de charbon, jufques à ce que
la tutie foit rouge, & puis l'arrofez avec du jus de
coings frais jufques à vingt fois, & il faut après mettre ladite tutie en poudre bien fubtile, & de cette
poudre en mettre dans les yeux.

CHAPITRE XXII.

Contenant beaucoup de Receptes mer- veilleufes, tant pour la guérifon des maux qui peuvent arriver aux Dents, que pour les entretenir dans un très- bon état.

Recepte pour le mal des Dents.

IL faut prendre du coq & de la fauge & les faire
bouillir dans de l'eau, & puis couvrir le pot avec
un drapeau, & faire un trou au milieu, & mettre
un entonnoir deffus, puis mettre le petit bout dudit
entonnoir dans la bouche pour en recevoir la fumée.

Autre.

Prendrez de l'aluine, de la ruë, de la menthe, de
l'hyfope, & de la fauge, & les faites fricaffer toutes
féches dans un poclon, & les mettre enfuite dans
un drapeau tout chaud, & après en mettre fur

T 4

l'oreille

l'oreille & fur la mâchoire, du côté que les dents vous feront mal.

Autre.

L'on prendra un oignon & l'on en ôtera le cœur, & on mettra de la pelure de fureau de celle du milieu, & de la poudre de poivre, dans le trou de l'oignon, & puis l'enveloper dans des étoupes mouillées, & après le faire cuire entre deux bráfiers, & quand il fera cuit, il faut le mettre entre deux drapeaux, & enfuite en mettre dans la bouche fur la dent qui fait mal.

Recepte pour la douleur des dents, enfemble pour les tenir bien nettes.

Il faut prendre des racines de guimauves felon la quantité que l'on en voudra faire, de l'alun de glace & du miel rofat, tant qu'il fuffira, & faire bouillir le tout enfemble avec une chopine de bon vinaigre, tant que lefdites racines foient bien cuites, & après il s'en faut laver les dents avec le doigt ou du linge le matin & le foir, & fi les dents faifoient quelque douleur, faudra tenir un peu de cette décoction dans la bouche; Lefdites racines font fort bonnes à froter les dents, après qu'elles auront été bien lavées & raclées avec un couteau.

Pour conferver les dents.

Prenez du vin tiéde & du fel, & vous en lavez par plufieurs fois, ou bien prenez foliorum, & le faites bouillir en du vin blanc, tant qu'il foit réduit à la moitié, puis le coulez bien nettement, enfuite s'en laver les dents plufieurs fois.

Pour blanchir les dents.

Prenez deux onces de corail rouge, une demi-once de corail blanc, un quart d'once de perles, une
demi-

demi-once de fang de dragon, un quart d'once de maftic, une once d'alun brûlé, un quart d'once de canelle, une dragme de fpadroda, un quart d'once de noyaux de dactes, & les faites battre chacune à part, & les paffez par une étamine enfemble, & enfuite l'on s'en frotera les dents, elles ne manqueront pas de devenir blanches.

Autre.

Prenez quantité de rômarin & le brûlez à part en un lieu net, puis prenez une demi-once de perles préparées, autant de corail blanc préparé, deux dragmes de pierre ponce, le tout mis en poudre bien fubtilement, puis prenez trois dragmes d'Iris en poudre, une demi-once de teinture de corail, deux dragmes d'effence de rofe, le tout mêlé enfemble dans un mortier de marbre; puis prenez deux onces de fyrop alkermez, & le faites cuire à la perfection, y ajoûtant un gros d'ambre-gris, que l'on diffoudra avec vôtre fyrop, & incorporez toutes les poudres enfemble, & faites une opiate, de laquelle on prendra le matin en fe levant la groffeur d'une petite féve, & on frotera enfuite les dents, lefquelles fe blanchiront & raffermiront la chair des gencives; Mais il faudra auparavant les laver avec un peu de vin clairet tiéde.

Pour faire croître la chair des gencives qui est à l'entour des dents.

Il faut prendre deux quartes d'eau, autrement dit quatre pintes, deux livres d'orge, une demi-livre de miel blanc, quatre onces d'aluine, que l'on fera bouillir enfemble, en forte que le tout foit réduit à une quarte; & enfuite les paffer par un linge, puis les mettre dans une phiole de verre afin qu'ils fe confervent, & après l'on prendra un petit drapeau que l'on mouillera dedans & avec lequel on fe frotera les dents, l'on verra que la chair croîtra inceffamment.

Autre

Autre pour les dents.

Il faut prendre une demi-once de bon harmin, une demi-once de tartari umi rubei, & en faire une poudre que l'on détrempera en eau de vie, & la mettre dans le creux de la main, puis avec du coton en mettre fur les gencives.

Autre.

Prenez la tête d'une perdrix rouge, & la mettez fur les charbons, dont on en prendra la cervelle, & en mettrez fur la dent.

Autre.

Prenez la tête d'une carpe, & l'on y trouvera une petite pierre, laquelle l'on fera fécher au Soleil, ou au feu, puis la mettre en l'eau vinaigre, enfuite la mettre fur la dent, & l'on ne manquera tout auffi-tôt d'être foulagé.

Autre.

Il faut prendre la feuille de lierre terreftre, la broyer & la paffer avec du vin blanc, que l'on mettra fur le feu, & enfuite mettre un peu de Thériaque ou de Mithridat; & quand l'on voudra fe coucher, il faut en faire mettre du jus dans l'oreille, & la boucher de coton; L'on mettra le marc fur les temples dans un drapeau.

Pour blanchir les dents.

Il faut prendre du fel ammoniac, fel gemini, de chacun fix onces, alun de roche trois onces, & les faire diftiler, comme l'on fait l'eau forte, & tremper un linge en cette eau, puis s'en froter les dents.

Opiate pour les dents.

Il faut prendre une dragme de canelle, une demi-dragme d'alun de roche, une demi-dragme de fang de dragon; Toutes lefquelles chofes il faut piler avec
du

du miel blanc bien écumé, & en faire ladite Opiate;
Il en faut user le matin en se levant, & bien froter
les dents.

Opiate pour blanchir les dents.

Il faut prendre de la conserve de roses une once
& demie, du corail blanc & rouge fort subtilement
mis en poudre, de chacun un scrupule, du sang de
dragon, alun de glace & spode, de chacun demi-scrupule, canelle autant, le tout mélé ensemble & en
faire une opiate, dont l'on se frotera les dents tous
les matins, puis se laver la bouche avec du vin blanc;
L'on y peut ajoûter trois grains de musc seulement.

Recepte pour affermir les gencives & les dents.

Prenez de l'eau rose, eau de sauge, de chacune
une demi-livre, alun de roche en poudre le poids de
dix écus, raclure de corne de cerf pulverisée le poids
de demi-écu, sang de dragon en poudre le poids de
deux écus, canelle fine en poudre le poids de six écus,
faites bien bouillir le tout avec de l'eau rose & eau
de sauge, jusques à la diminution de la troisieme partie, puis coulez le tout, & le mettez ensuite dans
une phiole de verre, de quoi l'on en mettra une cuillerée dans la bouche l'espace de demi-heure.

CHAPITRE XXIII.

Contenant plusieurs bons Remédes, tant pour le Flux & Cours de Ventre, que pour la Dissenterie.

Recepte pour le Flux de Ventre & Dissenterie.

IL faut prendre une cuillerée de farine de féves,
& autant de farine de froment, il la faut détrem-

per

per avec du lait & en faire de la bouillie, dans laquelle l'on ajoûtera la grosseur d'un gros pois de pressure à faire les fromages, & la faire aussi détremper avec un peu de lait, puis la mettre avec ladite bouillie, & la faire cuire à petit feu, elle se mettra incontinent toute en petit lait, il ne faut pas laisser de continuer à la cuire, elle se remet en corps, puis en faire manger à la personne à son déjûner.

Pour faire de l'Orge mondé propre à la Dissenterie.

Il faut avoir de l'orge où il n'y ait rien que le grain, puis la faire moudre, & mettre à part la premiere farine qui en viendra, d'autant qu'il pourroit y avoir d'autre sorte de grains dans le moulin, puis prenez la derniere farine & la passez par un bluteau fort délié, & la mettez étant passé, dans un petit sac de toile neuve fait en façon de chausse d'hypocras, & l'emplir jusques à quatre bons doigts du haut, puis coudre bien ledit sac, & avoir un grand bassin ou un grand pot bien net, dans lequel on mettra de l'eau de fontaine, & mettre ledit sac dedans, en façon toutefois qu'il ne tombe ni au fond ni aux bords, & il faut que l'eau couvre ledit sac, à tout le moins où sera la farine, & la faire cuire, y remettant de l'eau comme elle diminnera par l'espace de deux bonnes heures, puis l'ôter de dedans l'eau, & le mettre en lieu où il puisse sécher, sans toutefois le presser ni le toucher, & le laisser secher à son aise en lieu où il ne prenne vent, ou au Soleil, & en défaut du temps sec, le faudra faire sécher auprès du feu tout du long, & étant bien sec, le serrer en lieu sec, de peur qu'il ne se gâte. Quand on s'en voudra servir il en faut prendre trois bonnes cuillerées d'argent, & la démêler avec de l'eau de fontaine un peu tiéde, puis avoir une douzaine de cailloux de riviére ou fontaine qu'on aura mis chauffer sous la braise, afin qu'ils soient prêts lors qu'on démêlera l'orge-mondé

dans

dans un poëlon, puis avec des pincetes on prendra chaque caillou, ayant oté la cendre de deſſus, & on les mettra les uns après les autres tous rouges, & on ôtera l'un en mettant l'autre juſques à ce que l'on connoiſſe qu'il ſoit nuit, puis on aura une billette d'acier toute rouge de feu, laquelle on mettra dedans, puis on aura un autre poëlon net & un gros linge aſſez clair, ou étamine, & le paſſer afin d'ôter la cendre qui pourroit y être demeurée, puis y ajouter du ſucre en quantité ſuffiſante, après y avoir mis quelques douzaines d'amandes douces pilées & paſſées avec cette derniere fois, & étant bien cuit ſans toutefois être guéres épais, y ajouter ſi bon ſemble un peu d'eau roſe : Cet Orge-mondé eſt très-propre à ceux qui ont le flux de ventre ; il en faut uſer tous les ſoirs deux heures après le repas.

Recepte pour la Diſſenterie.

Il faut prendre un bon conſommé, dans lequel l'on mettra quatre ou cinq goutes d'huile de vitriol, & ne faut à chaque fois prendre qu'un bon demi-ſeptier de conſommé. Outre cela, il faut uſer de clyſtére fait de têtes de moutons, que l'on fera bouillir en huile de noix toute pure, & ne mettre autre choſe dans leſdits clyſteres.

Pour la Diſſenterie.

Prenez de la graine de plantain ſéchée, broyee & priſe dans de la bouillie.

Autre.

Prenez trois paquets de renoüée mis contre la chair, deux aux flancs & un ſur les reins.

Pour le flux de ſang.

Prenez une bonne pincée de limailles d'épingles dans un verre d'huile d'olive.

Pour

Pour le cours de ventre des petits Enfans.

Prenez des crotes de brebis, de la farine de froment, du vin vermeil en quantité suffisante pour faire une emplâtre à couvrir le ventre du petit enfant, il faut faire bouillir tout cela en forte qu'il devienne épais, puis l'étendre fur un drapeau, pour enfuite le mettre fur le ventre.

Pour le cours de Ventre.

Prenez de l'ordure d'un chien & la fricaffez avec de la graiffe, puis la mettez deffus le petit ventre.

Autre.

Il faut prendre une chopine de bon vin & du miel, & une chopine de bon vinaigre, & une douzaine d'œufs jaunes & blancs, & de bonne fleur de froment, & détremper tout ce'a enfemble & en broyer la pâte comme il faut, & la faire la plus dure que l'on pourra, puis l'entortiller à l'entour d'une broche pour le faire rôtir en forte qu'il puiffe fe mettre en poudre, & après en donner au malade en tout ce qu'il boira ou mangera.

Recepte pour le mal d'Eſtomac & la Diſſenterie.

Faut prendre de l'huile nardin, huile d'abfynthe, huile maſtic & menthe, de chacune une once, huile de girofle, de mufcade, de chacune demi-dragme, une once de cire blanche lavée en eau de vie, ce qui fuffit pour incorporer, duquel fera fait un onguent à petit feu, & fur la fin de la confection il faut y ajoûter de l'ambre-gris & du mufc fin, de chacun dix dragmes; & fi c'eft en temps de chaleur, ou que le malade ait la fiévre il faudra laver la cire avec eau de menthe.

Recepte pour le dévoyement tant par haut que par bas.

Il faut prendre du vieux cotignac en chair, lequel

on

on mettra dans un petit poëlon , & le laver avec
du vin clair le plus gros qu'il se pourra trouver, &
mettre parmi de la grosse marjolaine, de la poudre
de mastic, des roses rouges en poudre, & quand le
tout aura bouilli , & qu'il sera bien incorporé ensemble , l'on en fera deux emplâtres que l'on mettra l'un à l'opposite des reins, & l'autre à l'opposite
de l'estomac.

Recepte pour faire une fomentation dont il faut user quant & quant.

L'on prendra un pot neuf qui tiendra huit pintes,
lequel on emplira de bonnes herbes, comme de rômarin, de sauge, de fenouil , d'absynthe, aluine,
& de l'écarlate , lequel on fera bouillir avec un peu
d'eau ; & quand il aura bien bouilli, & que le malade voudra aller à ses affaires , il faudra mettre de
ladite décoction sous la chaise du malade, afin qu'il
en reçoive la fumée par le fondement le plus chaud
qu'il le pourra souffrir ; & toutes les fois que le malade voudra aller à ses affaires, il faudra faire comme ci-dessus.

Recepte pour restreindre le flux de Ventre.

Il faut prendre les petites peaux qui sont dans
les gisiers des poules, que l'on fera sécher, & ensuite en faire une poudre, dont l'on prendra une demi-
dragme dans le moyeu d'un œuf frais qui soit dur.

Pour les douleurs de Ventre.

Il faut prendre chaudement de la semence de lin
avec du lait de chévre, ou bien manger du persil,
ou bien boire du jus de plantain avec du vinaigre.

C H A.

CHAPITRE XXIV.

Contenant la maniére de faire les Receptes tant pour la Pleuresie, que la Paralysie.

Contre la Pleuresie.

L'On prendra dés étoupes étenduës en gâteau, les mettre dans la poele, & dessous les étoupes trois ou quatre porreaux, le vert, le blanc & la barbe, puis les piler grossiérement, en faire une omelette, la tournant plusieurs fois de côté & d'autre, & sur la fin il faut asperger les deux côtez avec du vinaigre; Il faut l'appliquer chaudement deux ou trois fois.

Autre.

Prenez de la racine de bardane & la mangez fraîchement, ou sa poudre bûe dans du vin ; on peut prendre aussi sa semence desséchée.

Autre.

Prenez un demi-verre de vin blanc, avec un demi-verre de jus de pervenche, le prendre avant le quatriéme jour, puis se bien couvrir & suer.

Autre.

Prenez une bonne pincée de blanc de fiente de poule dans un bouillon.

Pour la pleuresie.

Il faut prendre le membre d'un bœuf, & le faire sécher en la cheminée, & quand il sera bien sec faudra le couper par petits morceaux, & puis les mettre dans le four quand on en ôte le pain, sur tout il faut le bien nettoyer, & par dessus lesdits morceaux il faudra mettre un pot, & mettre de la

braise

braiſe tout autour dudit pot, & les laiſſer bien bouillir juſques à tant que tout ſoit conſommé en poudre ;
Et quand on aura la Pleureſie, il faudra prendre de
ladite poudre le poids de demi-écu, & la mettre
dans du vin blanc environ deux doigts, & enſuite
en faire prendre au malade, ſur tout que l'on le boive le plus promptement que l'on pourra.

Recepte pour le mal de côté ou Pleureſie.

Il faut prendre de la bouë de vache toute chaude
venant de la vache, & la mettre dans une poele,
& la faire bien cuire, puis y mettre de l'huile d'olive environ un quarteron, ou une demi-livre, & la faire bien frire en ſorte qu'elle ne brûle point, & puis
prenez des étoupes de chanvre, & en faites une emplâtre, & mettez enſuite ladite bouë de vache deſſus,
& la reprenez bien, puis mettez un peu de linge délié ſur ladite emplâtre, & enſuite le mettez ſur le côté où ſera la maladie, le plus chaud que l'on pourra
l'endurer.

Recepte pour la Pleureſie.

Il faut prendre une crotte de fiente de cheval la
plus nouvelle, que l'on délayera dans une chopine
de vin blanc, qu'il faudra paſſer dans un linge, &
enſuite en faire prendre au malade trois verres par
jour.

Autre.

Prenez deux onces de polypode cueillie au mois de
Mars, une once d'eaulne raclée & miſe par rouelles,
puis la faire bouillir dans deux chopines de vin blanc
& deux chopines d'eau de fontaine, & la laiſſer bouillir tout à loiſir, enſorte qu'elle diminuë environ au
tiers, & en boire trois doigts au matin, & ne boire
ni manger de trois heures après, & trois autres heures après dîné, & enſuite de même.

Autre

Autre.

Il faut prendre une poignée d'afperges au temps qu'elles jettent leur premiere tige , ou bien de leurs branches, quand elles n'ont plus de tige , ou quand la branche n'eft plus verte de fa femence , ou de la graine une poignée , & une poignée de bourache, & les broyer bien fort , puis mettez de bon vin blanc dedans environ un verre , & il faut épreindre ledit vin après qu'il aura bien trempé dedans ; après l'on en donnera à boire au malade environ quatre bons doigts affez chauds , & le faire tenir chaudement, tant qu'il fue comme il faut.

Pour l'Hydropifie.

Il faut prendre un pot tenant trois pintes , & l'emplir d'eau de fontaine, avec une livre de miel, puis le faire bouillir au feu jufques à tant qu'il foit confommé de la tierce partie , puis y mettre un bon quarteron de bon fucre, avec un quarteron de bonne navette, & faire derechef bouillir le tout enfemble, en y mettant quelque peu de bon vinaigre, & paffer le tout en un linge blanc; Le malade en prendra au matin trois doigts dans un verre, & fe tiendra chaudement au lit, & ne boira & ne mangera de trois heures après , & même entre le repas du dîner au fouper, fi le malade eft altéré il en prendra en lieu d'autre breuvage, & la maladie purgera par vomiffement.

Recepte pour l'enfleure ou pour l'Hydropifie.

Il faut prendre des pois chiches, & les faire cuire, & en tirer la purée, puis prenez ladite purée avec la groffeur d'une noix de beurre-frais, & une poignée de perfil, puis faire bouillir ladite purée, & en prendre le matin à jun fans fel , enfuite faire bouillir en l'eau de laquelle le malade ufera, de l'herbe appellée enula campana , & il faudra qu'il s'exempte de boire, le plus qu'il pourra.

C H A-

CHAPITRE XXV. & dernier.

Dans lequel font compris pluſieurs Secrets , leſquels ont été faits & expérimentez par l'Auteur , depuis les autres qui ont été mis ci-devant , Avec auſſi quelques excellens Remédes , dont il n'a point été parlé ci-devant.

Syrop Magiſtral.

VOus prendrez des racines d'aſparelles , d'oſeille petite , du chien dent , du fenouil , de chacune une once , racine de polypode de chêne , régliſſe , raiſins de damas , de chacun une once , feuilles de bétoine , d'euphraiſe , aigremoine , houblon , épithime , hepatique , ſcolopendre , de chacun deux poignees , bourache , bugloſe , ſcabieuſe , fumeterre , des capillaires , de chacun une poignée , des dattes , des pruneaux , de chacun huit , des quatre ſemences froides , des fleurs cordiales , de chacun deux pugilles , ſemence d'anis & de chardon-bénit , de chacun trois dragmes : Toutes leſquelles choſes vous ferez cuire en eau de fontaine , puis vous prendrez de cette décoction une livre , en laquelle vous ferez bouillir & tremper des feuilles de ſené Oriental quatre dragmes , agaric très-blanc une once , de bonne rhubarbe une demi-once , turbith deux dragmes ; en l'expreſſion détrempez une livre de bon ſucre avec une demi livre de jus de pommes de courpendu , ou de rénette , faites cuire en ſyrop , il faudra l'aromatiſer avec une demi-dragme de canelle , il en faudra pren-

dre

dre du fyrop toutes les femaines trois cuillerées d'argent, deux heures avant déjeuner avec de la tifanne.

Notez, qu'il fera bon de mettre cinq quarterons de la décoction fufdite.

Poudre digeſtive.

Prenez coriandre préparée trois dragmes, anis, fenouil, de chacun une dragme, canelle un fcrupule, croûte ou miette de pain blanc deux onces, fucre fin une demi-livre, pilez le tout enfemble, & en faites une poudre, de laquelle prenez à la fin du repas une demi-cuillerée d'argent, & puis après boire. Vous pouvez augmenter ou doubler vôtre recepte, afin d'en avoir davantage.

Pâte pour les mains.

Il faut prendre de la graine de moûtarde une demi-once, du favon de caſte deux onces, le bon du noyau de pêches une once, le bon d'amandes améres & douces, de chacun deux onces, puis battre le tout enfemble, & en faire une pâte, enfuite la laiſfer fécher, & quand elle fera bien féche il en faudra faire de petites pommes, defquelles on fe frotera les mains tous les matins avec de l'eau, & puis mettre fes gands.

Recepte pour la petite Verole.

Vous ferez doucement fondre du vieux lard, & en prendrez deux onces, que vous laverez avec eau rofe, puis après le refondrez pour feparer ladite eau; cela fait, refondez-le, & y ajoûtez une once de nature de baleine, puis remuez le tout enfemble un long-temps jufques à ce qu'il foit devenu blanc; & puis vous en uferez de la maniére qui s'enfuit.

Quand vous verrez qu'il y aura quelque indice de Verole vous donnerez au malade fix grains de be-

zoard

zoard avec eau dulmaria, & réïterez quatre ou cinq fois, ledit malade boira du vin qui foit fort trempé d'eau de chardon-bénit, ou autres eaux cordiales.

Quand la Verole paroîtra, & qu'elle fera en vef- fie, vous donnerez fur chaque veffie un coup de pointe de cifeau, cela fait, la Verole étant deffé- chée, vous oindrez le vifage, ou autre partie affli- gée avec ladite Pommade.

Un mois ou fix femaines pour ôter la rougeur qui demeure de la Verole, il faut prendre un liévre tout chaud, venant de la chaffe, & lui fendre le ventre, & en prendre le fang tout chaud, & en froter le vifage de la perfonne, le plus épais que vous pour- rez l'efpace de vingt quatre heures, & puis prendrez du fon de froment & le lavez très-bien d'eau de ri- viére ou de fontaine, jufques à tant qu'il rende l'eau claire, & bien tremper le tout & laver un peu fur de la cendre chaude, & prenez ledit fon pour en la- ver le vifage de la perfonne, afin de la nettoyer.

Recepte pour guérir le mal de Saint Main.

Il faut prendre une livre de terebentine commune, & la laver en fept ou huit eaux, jufques à tant qu'el- le foit bien blanche, puis prenez un quarteron de beurre falé, & mélez le tout parmi la terebentine, en forte que rien ne fe puiffe connoître, puis mettre auffi une demi-once de vif-argent, & le bien mêler auffi l'un avec l'autre; Enfuite il s'en faut. froter le matin & le foir devant le feu, & il feroit bon mê- me de faire fuer la perfonne.

Recepte pour le mal Caduc.

Vous prendrez de la Ruta capraria, autrement herbe de Venife, de laquelle herbe il faut ufer les deux derniers jours de la Lune, environ le poids de deux ou trois écus du jus avec du vin blanc, & con- tinuer cela l'efpace d'un an.

Elle

Elle fert contre toutes fortes de morfures de chiens, & autres bêtes veneneufes, on en fera boire le jus au malade, puis mettre le marc fur la bleffure.

Elle fert auffi contre la Pefte, & il en faut donner à celui qui en eft frapé du jus à boire, deux ou trois fois le jour.

Bref elle fert en général contre tous venins.

Lait Virginal.

Prenez quatre onces de litarge pulverifée, laquelle mettrez dans un petit pot de terre avec une livre & demie de vinaigre, & faire bouillir le tout un bouillon ou deux fur le feu, puis le retirer du feu, & enfuite vous verferez vôtre vinaigre & litarge en une écuelle, & les ferez diftiler avec le feutre, & vous réferverez l'eau diftilée à part.

Il faudra prendre auffi de l'alun trois ou quatre onces, que vous ferez infufer avec une livre d'eau que l'on mettra un peu fur le feu, puis la retirer incontinent que vous verrez l'alun fondu, puis vous la mettrez dans une écuelle, & la ferez diftiler par le feutre, & enfuite vous mettrez cette eau à part.

Pour ufer des fufdites eaux il en faut prendre un peu de l'une & de l'autre, & quand elles feront mêlées elles deviendront blanches comme lait; & de ces eaux il s'en faut laver où l'on fentira quelques démangeaifons ou grateles.

Pour guérir la morfure de Bêtes enragées.

Vous prendrez de la feuille de l'herbe terreftre & deux gouffes d'ail, de la mie de pain blanc, & une poignée de fel, que vous mêlerez enfemble, puis les mettrez dans un linge, lequel vous lierez bien fort, puis le mettrez fur la morfure trois jours durant; & quand vous l'ôterez vous trouverez de petites veffies lefquelles créveront, & que vous laverez après avec du fel & de l'eau.

Autre.

Autre.

Prenez des écrevisses de la fin du mois de Juin &
du commencement de Juillet, & les faites sécher au
four, puis en faites une poudre avec racine de gentiane, dont vous userez l'espace de quarante jours
en prenant le poids d'un écu dans du vin blanc tous
les matins.

Recepte très-bonne, afin qu'une femme n'ait point de tran-
chées après l'accouchement.

Quand la femme est en travail d'enfant, l'on
prendra une perdrix qui ait les piés rouges, & on
mettra dans son corps une douzaine & demie de
raisins de damas, avec un bâton de canelle, qu'il faut
rompre par petits morceaux, avec la moitié d'une
muguete, il faudra mettre aussi dans ledit corps un
morceau de sucre, puis après mettre le tout dans un
pot qui tienne environ deux pintes d'eau, que l'on
fera bouillir jusques à ce que le tout soit réduit à un
tiers, lequel on passera dans un linge; & quand la
femme sera accouchée il faudra une heure après lui
en faire prendre un bouillon : L'on ne laissera pas de
lui donner un jaune-d'œuf, ou de l'huile d'amandes
douces, si elle en a besoin.

Recepte pour faire la Toile Gautier.

Prenez une livre de cire morise, une livre de céruse de Venise, deux livres de bonne huile d'olive,
lesquelles vous ferez fondre à loisir sur un feu mé-
diocre, en remuant toûjours avec une spatule jusques à ce que le tout soit bien cuit, ce que l'on connoîtra lors que l'on verra que cela sera tout à fait noir;
vous y ferez tremper des linges à demi-usez, & ensuite les ferez refroidir, après les polir avec un pié
de verre sur une table, & puis les mouiller avec un
peu d'eau rose.

Recepte

Recepte pour la Gangrenne.

Il faut prendre une pierre de chaux vive groſſe comme le poing, & la mettre éteindre dans trois pintes d'eau, puis étant éteinte & raſſiſe, vous prendrez cette eau qui eſt ſur la chaux, que vous verſerez par inclination, & ſur chaque pinte de ladite eau y ferez diſſoudre une demi-once de ſublimé & une dragme de ſel ammoniac.

L'uſage pour s'en ſervir eſt de tremper des linges dedans, & les appliquer ſur la partie malade, les changeant de trois en trois heures, juſques à ce que la playe ſoit en bon état.

Recepte excellente pour teindre les Cheveux & la Barbe.

Prenez une once d'argent fin qu'il faut bien battre, & le couper par petits morceaux, puis les mettre dans ſix onces d'eau forte, & enſuite mettre dans une bouteille de verre ou de pierre qui ſoit forte, laiſſer diſſoudre le tout; puis quand toute la furie de l'eau forte ſera paſſée, il faudra la mettre ſur les cendres chaudes, pour faire évaporer toute l'eau, tant qu'il en reſte fort peu, en ſorte que le tout ſoit comme de la bouillie, puis mettre le tout dans un mortier, & le bien broyer avec douze onces d'eau roſe, & après le mettre dans la bouteille, & faire bouillir cinq ou ſix bouillons, & puis s'en ſervir; & quand vous en aurez lavé le poil il faut le faire ſécher au feu ou au Soleil.

Pour teindre le poil en noir.

Il faut prendre de la litarge d'or & de la noix de galle trempée dans de l'huile, & s'en froter.

Pour le mal caduc.

Il faut prendre une dragme de crane humain en poudre, en faire boire au malade dans du vin blanc pendant neuf jours tous les matins; Il faut, pour

un

un homme que ce soit du crane d'un homme, pour
une femme celui d'une femme; Ce que les Chirurgiens connoissent aisément aux sutures.

Pour faire du Vinaigre parfumé, lequel ne fait jamais mal.

Il faut prendre quatre onces d'écorce d'orange à
demi-séches, quatre onces de muscade, autant de
girofle, autant de canelle fine, que l'on concassera
tout ensemble, & ensuite les faire tremper dans un
pot de terre vernissé, en eau rose vingt-quatre heures; Puis prenez une livre de marjolaine, une livre
de graine de lavande, deux poignées de rômarin,
une de fueilles de laurier, une livre de sauge, deux
poignées d'hysope, deux poignées de vemaluë, une
livre de roses rouges, une demi-livre de violettes de
Mars, puis mettez toutes ces choses dans un baril
avec une pinte de bonne eau rose, & après jettez par dessus quinze ou seize pintes de bon vinaigre,
& ensuite le mettez reposer dix-huit ou vingt jours,
puis le retirez en la cheminée ou sur quelque feu.

Recepte pour la Gangrenne.

L'on prendra deux onces d'eau de vie rectifiée par
trois diverses fois, & on la mettra dans une bouteille
de verre double, puis on y ajoûtera une demi-once
d'alun de roche pulverisé, & une demi-once de
camfre rompu par petits morceaux, puis mettre le
tout dans la bouteille, laquelle l'on enveloppera
dans de la cendre chaude assez près du feu, sans
bouillir; & quand l'on verra que le camfre sera un
peu dissous l'on la fera refroidir, & ensuite en mettre avec des compresses mouillées de ladite eau, &
si la playe est profonde l'on se servira d'une sérin-
gue.

Pour le mal de dents il se faut servir de ladite eau,
& la douleur ne manquera de s'appaiser aussi-tôt.

Recepte pour la Teigne.

Prenez des racines d'enula campana, racines de palaifes, de chacun un quarteron, les faire bien bouillir enfemble en fort vinaigre, puis les battre & enfuite les paffer par un tamis, & y ajoûter graiffe de porc un quarteron, huile d'olive & cire neuve une once, & argent-vif une demi-once: De tout cela faire un onguent.

Autre.

Prenez de l'onguent enulatum deux onces, vert de gris une demi-once, foufre vif un quart d'once, vinaigre une once, dout l'on fera un onguent.

Pour la Pleurefie.

Il faut prendre le membre d'un bœuf, & le faire fécher en la cheminée, & avant qu'il foit bien fec, il faut le couper par petits morceaux, & le mettre dans le four quand on ôte le pain, & nettoyer le four bien net, & enfuite faudra mettre tous les petits morceaux dans le four en un pot par deffus, puis mettre de la braife tout autour du pot, & le laiffer bien bouillir jufques à tant qu'il foit tout réduit en poudre, & quand on a la pleurefie, il faut prendre le poids de demi-écu de cette poudre; & en faire boire au malade avec deux doigts de bon vin blanc, & le plus vîte qu'on le peut boire c'eft le meilleur.

Onguent pour la courte-haleine.

Prenez deux onces d'huile d'amandes douces, une once de beurre frais du mois de Mai, un peu de faffran & de cire neuve, lefquelles il faut mêler enfemble & en faire un onguent, duquel on fe frotera l'eftomach.

Recepte pour ôter la rougeur & l'enflûre d'une jambe.

Premiérement , il faut froter la jambe avec huile rosat, puis prendre du nutritum , & en mettre sur la jambe où l'on aura douleur, & mettre des feuilles de bouillon blanc dessus , & si l'on ne trouve des feuilles de bouillon blanc , il en faudra mettre de choux rouges , ou de communs si l'on n'en trouve pas d'autres & ensuite prendre un linge de la grandeur du mal , le tremper dans du vinaigre , dans lequel il y aura le tiers d'eau , que l'on mêlera ensemble , & puis les bien battre , ensuite l'on mettra le linge mouillé dessus la jambe , & en mettre par dessus un autre qui soit sec , & rafraîchir tout cela quand on verra qu'il sera sec.

Pour ôter le feu & l'enflûre d'une jambe lors qu'elle est entamée , il faut prendre une demi-livre de lard, le piler bien fort , en sorte qu'il devienne en onguent, puis prenez six jaunes d'œufs & de l'huile rosat, que l'on mêlera tout ensemble, & le bien broyer , ensuite prendre dudit onguent & en mettre sur un linge qui sera de la grandeur du mal, & le mettre dessus, sur tout le rafraîchir le matin, ce qui vous fera un très-grand bien.

Si d'aventure la jambe s'élevoit il faudra prendre du blanc raisin, & le faire fondre bien clair avec de l'huile rosat , que l'on mettra sur le mal; mais avant que d'y en mettre il faudra froter ledit mal avec l'huile rosat seule , puis prenez un linge qui sera trempé dans de l'eau rose & deux blancs d'œufs battus ensemble , ensuite le mettre sur la jambe où sera le blanc raisin, & par dessus mettre un linge bien sec, & le renouveller souvent.

Pour ôter la rougeur & l'enflûre & la douleur qui peuvent arriver aux jambes, il faut prendre la mie d'un petit pain blanc, & la mettre par petites miettes, avec du lait pour en faire comme une bouil-

lie,

lie, qu'elle ne foit pourtant pas trop épaiſſe, enfuite l'on en étendra ſur un linge qui ſera de la grandeur du mal, puis l'on prendra comme un gros pois de ſaffran en poudre, que l'on mettra deſſus le linge; Il faut auparavant froter la jambe avec de l'huile roſat, & après appliquer le linge ſur la partie affligée, puis par deſſus y mettre un autre linge qui ſoit bien ſec, & le rafraîchir de temps en temps.

Pour adoucir un vin rude & vert.

Prendrez une pinte d'eau de vie, & deux livres de miel & le détremperez avec cette eau de vie, puis les mettez dans le tonneau & le bouchez bien, & il ne manquera de devenir bon.

Pour guérir la jauniſſe.

Il faut prendre du jus de l'aubépine blanche, & le mettre par morceaux dans une pinte de vin blanc, duquel on prendra tous les matins trois doigts dans un verre, tant que la pinte durera, & ſi l'on n'étoit pas tout à fait guéri, il en faudra faire encore autant, & en uſer tout de même.

Pluſieurs Secrets très expérimentez, leſquels ſont ajoûtez au preſent Livre.

Pour l'enflûre, de laquelle l'hydropiſie peut arriver.

IL faut prendre pluſieurs bâtons de ſureau qui ſoient d'une année ou deux, puis en ôter la premiére peau, & la ſeconde qui eſt verte, il la faut ratiſſer juſques au bois, de quoi l'on fera un quarteron peſant, puis mettre le tout dans un mortier & le bien broyer avec du vin blanc, & enſuite le paſſer dans un linge, & quand il ſera paſſé, l'on le remettra dans ledit mortier par cinq ou ſix fois différentes toûjours avec du vin blanc, en ſorte que

tout

tout soit réduit à une chopine, dont l'on fera trois verres, qu'il faudra faire prendre au malade, savoir le premier verre le soir, le second le lendemain matin, & le troisiéme l'après-dînée, environ trois heures avant que de se coucher.

Pour les Hemoroïdes.

Il faut prendre de la peritoine, en faire un potage avec un morceau de veau, de quoi l'on prendra comme d'un autre potage, & quand le mal sera passé, il faudra prendre des coques comme coques de châtaignes, qui croissent aux églantiers, autrement dites roses forieuses, dont l'on portera toûjours une sur soi, & l'on verra que le mal ne prendra aucunement.

Pour le mal de Matrice.

Il faut prendre une once de racine de coulevrée, la faire bouillir avec du vin blanc, & en faire boire à la femme le soir en se couchant trois fois la semaine, & qu'elle continué un an durant, moyennant quoi elle sera parfaitement guérie ; cela est fort-aisé à pratiquer.

Pour la brûlure.

Il faut prendre pour deux sols de mine de plomb, le mettre dans un petit vaisseau de vinaigre, & y laisser le tout pendant vingt-quatre heures au moins, si l'on n'en a besoin ; ensuite il faut tirer le vinaigre qui devient blanc, puis y mettre de l'huile d'olive qu'il faut bien battre l'un avec l'autre, dont il se fait un onguent fort salutaire pour la brûlure.

La maniere comme il faut s'en servir, c'est de prendre de cet onguent & en mettre sur la brûlure, & ensuite mettre un linge par dessus qui soit bien fin, & dessus ledit linge y mettre encore du même onguent, il faut y laisser le tout jusques à ce qu'il tombe, & il ne paroîtra rien de la brûlure.

V 5

Autre

Autre pour la brûlure.

Prenez des glaires d'œufs, les bien battre, & y ajoûter de l'huile d'olive ou de navete des plus vieilles, puis battre encore tout ensemble, & après en appliquer avec une plume.

Pour le refroidissement des Nerfs.

Prenez de l'eau de vers distilez tout vifs au sable, ou cendres, & s'en bien froter par tout plusieurs fois.

Contre la suppression d'urine.

Prenez du fiel de carpe, & le mettez tout entier dans une cuillerée de bouillon, ou dans du vin, puis l'avalez de même.

Autre.

Il faut prendre du tabac en feuilles & en mâcher.

Contre le mal caduc.

Il faut prendre du cinabre minéral, & en porter au cou.

Il empêche aussi les convulsions des petits enfans.

Contre les Ecrouelles.

Prenez de l'huile de buis & l'appliquez dessus, cela les fait suppurer; & pour les faire sécher il faut prendre la poudre de la petite scrofulaire, & en mettre dessus.

Pour guérir toutes sortes de Dartres farineuses.

Prenez de la couperose blanche détrempée en eau, puis les en bassinez.

Contre les vers du corps.

Prenez de la semence de la viperine mâle, dont
les

les feuilles font longues & veluës, en piler autant
qu'il en peut tenir fur un fol, & prendre de cette
poudre dans un verre de vin.

*Pour guérir les Cors qui arrivent ordinaire-
ment aux piés.*

Prenez de l'oignon & le mettez deſſus les Cors,
avec un morceau de linge fin, le lier avec du fil,
& le laiſſer trois femaines ou un mois, & il n'y aura plus de Cors.

Autre.

Prenez du jus de limon, appliquez-le avec du coton fur les Cors, après les avoir coupez.

Ou bien prenez de la cire verte & l'appliquez
comme deſſus.

Autre.

Prenez du ſouci pilé avec du ſel, & en mettez
fur les Cors après les avoir coupez.

Cela eſt très-bon auſſi pour les Verruës.

Pour guérir une loupe.

Prenez de l'angelique ſauvage tige & fueilles,
broyez ſimplement dans la main, & appliquez avec
un linge deſſus, durant quelques heures, & continuer pendant l'eſpace de quinze ou vingt jours.

*Pour éveiller & faire revenir une perſonne tom-
bée en Apoplexie.*

Prenez de la fumée d'ambre-blanc & la friction
frequente des narines & des temples avec ſon huile.

Autre.

Prenez des frictions d'eau de vie & d'huile de terebentine.

Autre.

Prenez du gros ſel plié dans une ſerviete & mis
autour du col.

Pour relever la luete.

Il faut la toucher avec un peu de poivre, porté
sur le bout du manche d'une cuillier.

Pour la suppreßion d'urine.

Prenez quatre onces de vin blanc de canarie, une
once de jus de citron, & deux dragmes d'esprit de
terebentine.

Pour étancher le sang du nez.

Il faut mettre un morceau de papier sous la
langue.

Ou bien mettez une paille sur l'oreille.

Recepte pour faire reprendre & guérir les playes
ou loups des jambes.

Prenez une once de terebentine & un jaune d'œuf,
& mêlez le tout ensemble avec un peu de cire neuve & un peu de sel, dont l'on fera un onguent, lequel il faudra appliquer sur la playe, ou sur les
loups, cela ne manquera pas de faire reprendre la
playe, & aux loups de les guérir.

POUR CONNOITRE LE TABAC.

IL faut qu'il soit parfaitement bien purgé & qu'il
ait absolument perdu son odeur forte, pour en
pouvoir prendre aisément une douce; car il est cons-
tant que s'il n'est pas purgé dans sa perfection, il ne
prendra jamais bien l'odeur des fleurs, ou s'il la
prend, ce sera en employant une fois autant de fleurs
qu'il en est nécessaire, & il est certain que l'odeur ne
s'en conservera pas long-temps. On aura encore le
chagrin que les autres parfums que l'on y pourra mettre d'Ambre, de Musc, & de Civete ne feront point

l'effet

l'effet qu'ils feroient s'il étoit bien purgé : car outre que l'odeur n'en fera pas fi agréable, il arrivera
que l'odeur du Tabac corrompra en peu de temps
ces bons parfums, & il ne fera jamais bon. C'eft
pourquoi il ne faut pas regarder à la diminution que
la purgation y aporte pour le rendre dans fa perfection, pourvû que l'on fe ferve de Toile bien ferrée
il ne diminuera pas beaucoup, & l'on fera affuré
que l'odeur fe confervera aifement d'une année à
l'autre dans fa bonté.

Temps de cueillir les fleurs.

Lors que vous voudrez employer des fleurs, foit
pour les Gands, foit pour les Effences, Pommades,
Tabac, ou enfin à tout ce à quoi vous en aurez befoin, obfervez particulierement que c'eft le matin
& le foir qu'elles doivent être cueillies, favoir le matin après que le Soleil aura donné deffus une heure
ou deux, & le foir deux heures avant le Soleil couché : que les fleurs d'Oranges & autres foient ouvertes & non pas en bouton : qu'elles ne foient mouillées en aucune façon, & fur tout qu'elles ne foient
point envelopées de linge mais de papier bien fec.

Le dernier avertiffement que je donne, c'eft que
fi l'on trouve que la quantité que je marque dans mes
compofitions foit trop grande, il eft facile d'en accommoder fi peu que l'on voudra à la fois en diminuant également ou à proportion toutes les chofes
qui y font comprifes. Je les ai toutes écrites de la
même maniere que je les ai moi-même experimentées & executées.

Maniere de mettre le Tabac en poudre.

Si le Tabac que vous avez eft en corde il le faut
décorder & le mettre fécher au Soleil ; & s'il eft en
côte il le faut mettre fécher de même, & étant fec le
piler au mortier. Il faut que la toile du fas duquel

V 5

vous

vous vous servirez soit suffisamment claire pour laisser
passer le plus gros grain que vous vouliez faire : & afin
de ne pas piler vôtre Tabac jusqu'à le réduire tout à
fait fin, il faut à tout moment sasser ce qui se pile,
parce que si vous pilez trop long-temps il arrivera
que vous mettrez en poussiere ce qui est en grain , &
le tout étant en poudre vous le purgerez de la maniere qui suit.

Maniere de purger le Tabac.

Vous vous servirez d'un baquet, ou autre vaisseau
semblable, qui soit plus grand qu'il ne faut pour con-
tenir le Tabac que vous voulez purger, & qu'il y
ait sous ce vaisseau un bondon ou broche que l'on
puisse tirer pour faire évader l'eau, lors qu'il en sera
temps, vous garnirez le vaisseau d'une Nape ou Toile assez grande pour aller jusqu'au fond & deborder
tout autour. Il faut aussi que la Toile soit forte & bien
serrée, afin que le Tabac ne puisse passer au travers.
Vous mettrez vôtre Tabac dans le vaisseau avec beaucoup d'eau en sorte qu'il trempe bien : vous le remuerez bien dans l'eau, & le laisserez tremper jusqu'au lendemain : puis vous ferez sortir l'eau rete-
nant le Tabac avec la Toile & l'exprimerez le plus
que vous pourrez, & remettrez de l'eau & le laverez derechef, & le laisserez encore tremper comme
la premiere fois, & enfin vous ferez ainsi deux ou
trois de suite. Ce qui étant fait la derniere fois vous
exprimerez vôtre Tabac le plus que vous pourrez &
vous aurez des claies d'osier qui seront garnies de
Toiles fortes & serrées, sur lesquelles vous mettrez sécher vôtre Tabac au Soleil, & vous aurez soin de
moment en moment de le remuer afin qu'il séche
par tout également; & lors qu'il sera bien sec vous
le remettrez dans le vaisseau ou baquet avec suffisante quantité d'eau de senteur à vôtre choix, soit de
l'eau de fleurs d'Orange ou d'Ange; Ce sont les eaux
qui

qui font propres-au Tabac, vous le laifferez tremper dans cette eau jufqu'au lendemain. Enfuite vous
le tirerez de l'eau l'exprimant doucement, & le mettrez fécher dérechef fur vos claies, ayant foin de le
remuer à mefure qu'il féche, & étant fec vous l'arroferez encore de la même eau : en forte qu'il foit
comme en pâte, & vous le laifferez dérechef fécher,
& pour lors étant fec il fera en état de prendre l'odeur
des fleurs.

La maniere ci-deffus de purger le Tabac eft la
meilleure, & le Tabac par cette maniere eft en état
de recevoir toutes les odeurs que l'on lui veut donner; mais l'on ne peut fe fervir de cette méthode
fans aporter au Tabac de la diminution, & pour les
perfonnes qui voudront épargner l'eau de fenteur &
empêcher qu'il ne diminuë tant, ils pourront fe fervir de la maniere qui fuit.

Autre maniere de purger le Tabac.

Vous mettrez vôtre Tabac tremper dans l'eau feulement une fois pendant vingt-quatre heures, enfuite de quoi vous ferez évader l'eau & l'exprimerez le
plus que vous pourrez dans la Toile, ou avec les
mains; & le mettrez fécher fur les claies le remuant
de moment en moment pendant qu'il féche, & étant
bien fec vous l'arroferez d'eau de fenteur de laquelle vous voudrez : en forte qu'il foit comme en pâte,
& vous le laifferez dérechef fécher : & étant fec l'arroferez une feconde fois, & le ferez encore fécher :
& pour lors il fera prêt de prendre l'odeur que vous
voudrez, ou bien fi vous le voulez mettre en couleur de rouge vous le ferez avant que de le parfumer
aux fleurs, comme l'Article fuivant l'enfeigne.

Maniere de mettre le Tabac en couleur Jaune ou Rouge.

Vous prendrez de l'Ocre jaune ou rouge, duquel
vous voudrez, fuppofez la groffeur d'un œuf, vous.

y'ajoûterez un peu de blanc de craie pour moderer un peu la couleur, vous les broyerez fur le marbre avec environ demi-once d'huile d'amandes douces, & les ayant parfaitement bien broyées vous y ajoûterez de l'eau & l'augmenterez toûjours peu à peu, en continuant à broyer jufqu'à ce que l'eau s'incorpore bien avec la couleur : pour lors vous rangerez vôtre couleur fur un coin du marbre. Enfuite vous broye-rez deux cuillerées de gomme Adragante détrempée, & étant bien broyée l'affemblerez avec vôtre couleur & les broyerez enfemble tant qu'ils foient bien mê-lez, y ajoûtant de l'eau peu à peu, & alors vous mettrez le tout dans une Terrine, & augmenterez l'eau en remuant bien le tout, jufqu'à la quantité d'une pinte ou environ. Ce qui étant fait, vous pren-drez la quantité de Tabac purgé que vous voudrez, & le mettrez dans un vaiffeau ou terrine, & ferez parmi vôtre Tabac de la fufdite couleur la mêlant bien avec les mains, faifant comme une pâte non. pas trop liquide mais feulement bien imbibée. Vous le laifferez dans fa couleur jufqu'au lendemain & en-fuite le mettrez fécher fur des toiles au Soleil, & vous aurez foin de le remuer à mefure qu'il féchera & étant fec vous ferez une gomme comme il fuit pour le gommer.

Vous broyerez fur le marbre de la gomme Adra-gante detrempée avec de l'eau de fenteur, & étant bien broyée, vous y ajoûterez un peu d'eau en con-tinuant à broyer en forte qu'elle foit fort claire : & pour vôtre commodité la mettrez dans une terrine, afin d'y pouvoir ajoûter de l'eau fuffifamment. Vous mouillerez enfuite le dedans de vos mains avec cette gomme & en froterez vôtre Tabac, & vous ferez ainfi jufqu'à ce que tout vôtre Tabac aît été gom-mé, & pour lors vous le laifferez fécher, le remuant de moment en moment. Et étant fec vous fafferez tout vôtre Tabac avec le fas tout le plus fin que vous ayez afin d'en féparer la couleur qui n'y fera pas at-tachée :

tachée : ce qui étant fait il sera en état d'être parfumé aux fleurs ou à l'odeur que vous voudrez
choisir.

Maniere de parfumer le Tabac aux fleurs.

Il est bon de savoir que les fleurs qui font le plus
de service pour le Tabac, sont les fleurs d'Orange,
le Jasmin, les Roses communes, les Roses musca-
des & les Tubereuses, & fort difficilement les autres communiquent-elles leur odeur bien naturellement, à moins que de les repeter bien des fois : &
ensuite les aider en parfumant le Tabac de l'essence
des mêmes fleurs, comme vous verrez dans les Articles de parfumer le Tabac : mais l'odeur ne dure jamais long-temps comme des sortes ci-dessus nommées. Voici de quelle maniere on les employe.

Vous aurez une grande caisse selon vôtre besoin
que vous garnirez de papier bien sec, & dans laquelle vous mettrez un lit de Tabac épais d'un pouce,
puis un lit de fleurs, & continuerez ainsi jusqu'à ce
que vous ayez tout employé, & laisserez de cette
maniere vôtre Tabac parmi les fleurs pendant vingt-
quatre heures : si vous avez les fleurs en abondance
vous les changerez au bout de douze heures. Ensuite vous fasserez vôtre Tabac pour retirer les fleurs,
& les renouvellerez en même temps, & ferez ainsi
pendant quatre ou cinq jours ; & lors que vous sen-
tirez que vôtre Tabac aura bien pris l'odeur des
fleurs, vous l'enfermerez dans vos boetes dans un
lieu sec pour le conserver. Il n'est point nécessaire de
toucher au Tabac pendant que les fleurs sont dedans,
parce qu'il ne s'échauffe pas.

Autre maniere de parfumer le Tabac aux fleurs.

Vous aurez une quantité selon le besoin de feuilles de papier de la grandeur ou à peu près de la caisse dont vous vous servirez ; lesdites feuilles seront

toutes

toutes féchées au feu, & enfuite piquées par tout d'u-
ne groffe épingle, & pour mettre vôtre Tabac en
fleurs, vous mettrez dans vôtre caiffe un lit de Tabac épais d'un doigt, puis vous mettrez fur le Tabac
une feuille de papier, & fur le papier un lit de fleurs,
& fur les fleurs une autre feuille de papier; vous mettrez dérechef fur le papier un lit de Tabac, & continuerez ainfi jufqu'à ce que vous ayez tout employé.
De cette maniere les fleurs font entre deux papiers
& le Tabac de méme, fans que le Tabac touche
aux fleurs, & par cette maniere le Tabac prend l'o-
deur des fleurs bien naturellement, parce que l'odeur
des fleurs n'eft point corrompue par le Tabac. Vous
aurez foin de changer les fleurs felon l'abondance
que vous en aurez, foit au bout de douze heures ou
de vingt-quatre : & lors que vous voudrez les retirer,
il ne faudra que retirer vos feuilles de papier & faffer
vôtre Tabac avec un fas, dont la toile de crin foit
affez claire pour laiffer paffer vôtre Tabac; & retenir vos fleurs, vous donnerez ainfi les fleurs pendant
quatre ou cinq jours; & cela fera fait.

Boutons de Rofes pour le Tabac.

Vous prendrez une quantité de boutons de Rofes
telle que vous voudrez, defquels vous arracherez le
bouton vert & mettrez à la place de chacun un clou
de girofle : enfuite vous les mettrez dans une bouteille de verre & la boucherez bien & la mettrez au Soleil pendant trois femaines ou un mois, & vous fer-
virez de ces boutons pour mettre dans vôtre Tabac:
après qu'il fera purgé cela donne une odeur fort agréable.

Tabac de Mille-fleurs.

Il ne s'agit que de mêler enfemble du Tabac de
plufieurs odeurs de fleurs, & de faire en forte par le
plus de l'un le moins de l'autre que l'on ne puif-
se

fe connoître quelle eſt l'odeur qui domine, & cela
fera fait.

Maniere de faire le Tabac de différente groſſeur de grain.

Il faut avoir des fas différens, les uns de toile ferrée, & d'autre plus claire, & ainſi ſelon la groſſeur
de vos toïles vous tirerez le grain en le faſſant, l'on
ne ſépare le Tabac de cette ſorte que lors qu'il a été
parfumé aux fleurs.

Tabac fin à la façon d'Eſpagne.

Le veritable Tabac d'Eſpagne eſt tout à fait fin &
rougeâtre, il faut pour en faire de ſemblable prendre
du Tabac rouge & grené, & le piler au mortier &
le paſſer bien fin par le Tamis, & comme il aura été
purgé avant que d'avoir été mis en couleur, ainſi que
je l'ai marqué dans le commencement de ce Traité,
il ne faudra pour lors que lui donner les fleurs comme je l'ai enſeigné & le parfumer enſuite de l'odeur
de pointe d'Eſpagne ou autre ſi vous voulez, & il
fera fait.

Pour faire du Tabac de bonne ſenteur il ne ſuffit
pas de le parfumer aux fleurs, il faut encore lui donner d'autres parfums, il eſt bien vrai que l'odeur des
fleurs ſeroit ſuffiſante, & que celui qui eſt ſeulement
purgé pourroit être employé dans les compoſitions
ſuivantes, je laiſſe cela à la volonté de ceux qui l'ac-
commoderont à leur fantaiſie, mais je dirai ſeulement que l'experience m'a fait voir, que l'odeur des
fleurs accompagne fort bien les odeurs les plus déli-
cates & les plus exquiſes, & que les odeurs en ſont
d'une autre qualité & durent bien plus long-temps.

Je ne fais point le détail de pluſieurs petits parfums que l'on peut compoſer ſoi-même ſelon ſa fantaiſie: Je donne ſeulement les memoires des plus excellens parfums, il eſt aiſé à toutes perſonnes d'en
com-

compofer de foi-même ayant la connoiſſance des odeurs qui y font propres.

Maniere de parfumer le Tabac en poudre de pluſieurs odeurs différentes.

Tabac de Cedra ou Bergamotte.

IL n'eſt pas néceſſaire de prendre du Tabac parfumé aux fleurs pour le mettre en odeur de Cedra, il ſuffit qu'il ſoit purge, parce que le Cedra eſt une odeur forte qui pénetre tout, & par conſequent il ſuffit d'en verſer quelque goute dans une once & le bien mêler, & il ſera fait.

Tabac de Neroli.

L'eſſence de Neroli eſt auſſi une eſſence forte qui s'employe comme celle de Cedra, l'odeur en eſt forte & agréable, pourvû que l'on n'en mette gueres, car elle eſt encore plus pénétrante que celle de Cedra. Il faut particuliérement obſerver que ſi l'on veut avoir du Tabac de cette odeur elle doit être pure & veritable: car pour peu qu'elle ſoit mêlée elle devient dans l'uſage d'une odeur déſagréable.

Tabac de Pongibon.

Vous prendrez une livre de Tabac jaune parfumé à la fleur d'Orange, & vous broyerez dans le petit mortier douze grains de Civete avec un petit morceau de Sucre, & l'ayant bien broyé vous y mêlerez un peu de Tabac, & continuerez à l'augmenter en continuant à le mêler avec le pilon tant que vous ayez empli vôtre mortier: vous le renverſerez avec le reſtant de la livre & mêlerez bien le tout avec les mains, puis vous remettrez du même Tabac à moitié plein vôtre mortier, & y verſerez une demi-once d'Eſſence de fleurs d'Orange que vous mêlerez
bien

bien avec le pilon; voûs acheverez d'emplir vôtre mortier de Tabac, afin de mieux mêler l'effence :: vous renverferez par après vôtre mortier fur le reftant. Vous mêlerez bien le tout enfemble avec les mains, & il fera fait. L'odeur en fera fort agréable & durera long-temps & quoi que ce foit de l'effence graffe, cela ne fera point de tort au Tabac & ne paroîtra point gras, pourvû que l'on n'augmente pas la dofe ci-deffus marquée.

Si le Tabac eft parfumé aux fleurs de Jafmin il faudra prendre de l'effence de Jafmin, & ainfi des autres fleurs. Toute forte de Tabac fe peut parfumer de la même maniere.

Tabac Mufqué.

Vous prendrez du Tabac de telle odeur de fleurs que vous voudrez, (fuppofez une livre) vous mettrez dans un petit mortier vingt grains de Mufc avec un petit morceau de Sucre & les broyerez bien enfemble, puis vous y ajoûterez un peu de Tabac, & l'augmenterez en continuant à mêler avec le pilon jufqu'à ce que le mortier foit plein; enfuite le renverferez fur le reftant, & vous mêlerez bien le tout enfemble; & il fera fait.

Tabac à la pointe d'Efpagne.

Vous prendrez une livre de Tabac de telle odeur de fleurs que vous voudrez, vous mettrez dans le petit mortier vingt-grains de Mufc que vous broyerez bien enfemble: enfuite vous y ajoûterez un peu de Tabac & l'augmenterez en continuant à broyer. Vôtre mortier étant plein, vous le renverferez à part & le couvrirez avec une partie du reftant, afin qu'il ne s'évente pas. Vous broyerez par après dans le mortier dix grains de Civete avec un petit morceau de Sucre; puis vous y ajoûterez un peu de Tabac & l'augmenterez en continuant à le mêler : vous le renverferez avec le précedent & mêlerez bien avec les mains le tout enfemble, & il fera fait.

Tabac

Tabac en odeur de Rome.

Vous prendrez une livre de Tabac de telle odeur de fleurs que vous voudrez, vous ferez chauffer le petit mortier & ferez fondre à sa chaleur vingt grains d'Ambre, vous y mêlerez un peu de Tabac & l'augmenterez peu à peu en continuant à le mêler avec le pilon, & vôtre mortier étant à moitié plein vous le renverserez à part & le couvrirez avec une partie du restant : ensuite vous broyerez dans le mortier dix grains de Musc avec un petit morceau de Sucre, y ajoûtant du Tabac, & étant mêlé le renverserez sur le précédent & le couvrirez encore. Vous broyerez aussi cinq grains de Civete avec un peu de Sucre y ajoûtant du Tabac, puis vous le renverserez avec le précédent & mêlerez bien le tout ensemble, & il sera fait.

Tabac en odeur de Malte.

Vous prendrez une livre de Tabac de fleurs d'Orange, puis vous ferez chaufer le petit mortier, & ferez fondre à sa chaleur vingt grains d'Ambre : ensuite vous mêlerez un peu de Tabac que vous augmenterez en continuant à mêler avec le pilon, & vôtre mortier étant plein vous le renverserez à part & le couvrirez avec une partie du restant, puis vous broyerez dans le mortier dix grains de Civete avec un peu de Sucre y ajoûtant du Tabac que vous augmenterez en continuant à mêler avec le pilon : après quoi vous le renverserez avec le précédent & mêlerez bien le tout ensemble, & il sera fait.

Tabac Ambré.

Vous prendrez une livre de Tabac de telle odeur de fleurs que vous voudrez, puis vous ferez chaufer le petit mortier & ferez fondre à sa chaleur vingt-
quatre

quatre grains d'Ambre ; vous y ajoûterez enfuite du Tabac que vous augmenterez peu à peu en continuant à broyer & mêler avec les mains, & il fera fait.

Comme dans les Parfums chacun a fon goût & que plufieurs aimeront le Tabac bien parfumé : il y en a qui voudront une odeur douce, & cependant qui foit toûjours bonne, ils auront lieu de fe contenter avec les compofitions ci-devant marquées. Car fi les odeurs leur femblent trop fortes, ils n'auront qu'à augmenter le Tabac après que l'odeur y fera donnée & elle fera douce puifqu'il n'y va que du plus ou du moins, d'autant que les compofitions en font très-bonnes, & fur toutes chofes il faut avoir foin de bien enfermer le Tabac lors qu'il eft parfumé afin que l'odeur ne s'évente pas.

Remarques pour connoître fi l'Ambre eft bon.

Lors que l'Ambre eft éventé, ou qu'il a quelque méchante qualité on le connoît en ce qu'il eft rempli de petites pipures blanches : c'eft ce qu'on apelle renardé, il faut auffi prendre garde qu'il n'ait pas quelque odeur qui ne convienne pas à fa qualité ; on peut l'éprouver en faifant chaufer une éguille & le piquer ; il fera aifé de fentir fi l'odeur de fa fumée en fera agréable, il n'y a guéres d'autres accidens à éviter à l'Ambre noir.

Pour connoître du Mufc & veffies de Mufc s'il eft bon.

Le Mufc eft un Animal qui fe trouve dans les païs chauds, & que les Chaffeurs laffent à la courfe afin de le prendre en vie, & lors qu'ils l'ont attrapé ils le piquent à tous les endroits du corps avec une éguille pointuë & envenimée par le bout, le venin du fer empêche que le fang de l'Animal ne forte, mais au contraire à chaque piquûre il fe fait une poche de fang : & afin que le fang ne retourne pas dans le corps, ils fendent le ventre de l'Animal duquel ils tirent les plus menus boyaux, avec lefquels ils lient

toutes

toutes les poches de fang qu'il a autour du corps, ils le mettent enfuite fécher au Soleil, de forte que le fang fe caille & fe féche, & puis ils coupent toutes ces poches de fang : c'eſt ce qu'on appelle veffies de Mufc, & le veritable Mufc eſt le fang qui eſt dedans, qui eſt caillé & féché comme j'ai dit. Les veffies ce font toutes les poches qui renferment le fang & non pas les rognons de l'Animal, ni les rognons des Fouïnes comme plufieurs croyent : car les rognons des Fouïnes ne font propres à rien. Ils ont bien quelque petite odeur mais fort foible & inutile dans les parfums. A l'égard du Mufc pour être bon, il fe doit rompre aifément avec les doigts comme du fang fec qui pourtant n'a pas de dureté, car lors qu'il fe trouve trop dur & trop fec c'eſt une marque qu'il eſt trop vieux & par confequent qu'il a perdu fa bonne qualité & n'eſt plus propre à rien.

Pour le conferver il faut le ferrer dans une boëte de plomb, parce que le plomb le tient frais & qu'il y ait boete fur boëte afin qu'il ne s'évente pas.

Pour connoître la Civete, fi elle eſt bonne.

La Civete eſt un Animal qui reffemble à une Fouïne. Elle eſt un peu plus groffe, elle paroît être fort trifte de fon naturel, on la tient enfermée dans une cage de fer, & les perfonnes qui gouvernent ces animaux favent connoître le temps qu'il faut prendre pour les faire fuër, en mettant plufieurs rechauts pleins de feu autour de leurs cages, cela aide au naturel de l'Animal, comme la fueur en eſt fort épaiffe, on ramaffe avec un couteau d'Yvoire toute la fueur qui fe trouve fous fes aiffeles ou entre fes cuiffes, c'eſt ce que nous appellons la Civete, & lors qu'elle eſt trop vieille, elle eſt toute brune, elle n'eſt pas bonne non plus, mais il faut qu'elle foit d'un jaune doré & d'une très-forte odeur qui foit pourtant agréable, & fur tout qu'elle ne file pas, car il y auy auroit danger qu'elle ne fût mêlée de miel. Pour la bien conserver il faut la mettre dans un pot de verre, & mettre le pot de verre dans une boëte de plomb garnie de cotton.

Pour connoître le Benjoin, s'il est bon.

Le Benjoin commun est ordinairement fort brun, pour le meilleur c'est celui qui est perlé, plein de grosses larmes blanches, clair, luisant, l'odeur bien forte & bien net, il ressemble à des amandes qui seroient confites dans du miel, on tient qu'il vient d'Arabie & qu'il se trouve dans la montagne où croît l'Encens, il se durcit & se forme en pierre comme nous le voyons, c'est ce que les Anciens appelloient la Myrrhe.

Pour connoître le Storax, s'il est bon.

Le Storax liquide est bon puis qu'il ne peut être autrement. Quant au Storax sec, il ne faut choisir le plus sec que lors qu'on en a besoin pour mettre en poudre, hors de cela le plus tendre est le meilleur, car quand il est nouveau il se rompt comme du pain d'épice, c'est alors, que son odeur est meilleure, il vient aussi d'Arabie, & c'est une gomme qui provient d'un arbre : l'odeur en est fort bonne particulierement dans les compositions propres à brûler.

Pour connoître le Baume du Perou.

Le Baume du Perou se connoît à la force de l'odeur. Il faut pour être bon qu'elle soit forte & agréable, & pour connoître s'il n'est pas falsifié, il faut tremper un brin de paille dans le Baume & l'égouter sur un verre d'eau, si la goute de Baume va au fond de l'eau sans rien laisser dessus, il est bon.

Pour

Pour connoître le Macanet, s'il est bon.

Il faut casser les grains du Macanet, s'ils se trouvent jaunes c'est une marque qu'il est vieux, car pour être bon & nouveau, le dedans des grains doit être blanc & l'odeur en est beaucoup meilleure.

De l'Esprit de Vin.

Pour éprouver si l'esprit de vin est bon, vous en pouvez mettre plein une cuillier, avec une pincée de poudre à tirer, & y mettre le feu, si la poudre prend feu & enleve l'esprit de vin, il est bon.

Vous pouvez encore en mettre dans une cuillier & y mettre le feu, & le laisser brûler à loisir dans un lieu où il n'y ait point d'air, si la cuillier reste mouillée après le feu éteint, c'est une marque qu'il n'est pas bon.

De l'Amidon.

L'Amidon duquel on se sert pour faire les poudres à poudrer les cheveux, n'est pas celui qui sert à faire l'empois, il y a cette difference que celui pour les poudres est extrémément sec & ainsi le plus blanc, & le plus sec est le meilleur.

Du Savon de Génes.

Comme dans l'emploi du Savon on a besoin du meilleur, il le faut prendre vrai Génes, qu'il soit bien ferme & sec, car s'il est humide & qu'on le garde il diminuera tous les jours du poids, & outre cela il ne pourra manquer de sentir l'huile, parce qu'il sera nouveau fait, ce qui feroit un très-mauvais effet pour les Savonnettes.

Sur les poudres à poudrer les Cheveux.

Toutes les Poudres blanches sont faites d'Amidon, qui sort du blé après que la farine en est tirée, &

il n'y a pas plus d'apprêt à l'Amidon pour la Poudre de haut prix, que pour celle de bas prix. Il ne s'agit que de le piler & le passer bien fin au Tamis: il est seulement nécessaire de s'y rendre sujet quand on le parfume aux fleurs, parce que de là dépend la bonté de la Poudre, & particulierement à celle de fleurs d'Orange & à celle de Roses communes, parce que si on est plus long-temps à la remuer qu'il n'est marqué dans son lieu, cette Poudre sera en danger d'être gâtée, d'autant qu'elle s'echaufera d'une maniere qu'à peine on y pourra soufrir la main. Les fleurs seront reduites en fumier, & rendront l'Amidon tout moite & en pelote & sentira le pourri: cependant s'il arrivoit qu'elles fussent gâtées, il y faudroit remedier promptement de la maniere qui suit. Il faudroit la remuer par tout défaisant avec les mains toutes les mottes qui se feroient faites, & passer à l'instant toutes les fleurs & en remettre de fraîches, & les remuer de trois en trois heures & elle se racommodera. Il n'y a pas de danger aux autres fleurs parce qu'elles ne s'échauffent point, mais il faut toûjours en avoir soin & n'y laisser les fleurs, que le temps qui est marqué dans leurs Articles. Il faut aussi savoir que toutes les fleurs ne sont pas capables de communiquer leur odeur à la poudre, & qu'il n'y a que les fleurs d'Orange, le Jasmin, les Roses communes, les Roses musquées & la Jonquille. Car toutes les autres fleurs ont l'odeur trop foible, & quoi que la Tubereuse semble avoir l'odeur assez forte, neanmoins sa qualité ne permet point cela, & en un mot il est inutile de s'en servir pour les Poudres.

La Poudre de Chypre est faite de mousse de Chêne, la Poudre de Violette est faite de racine d'Iris, & celle de Franchipanne est faite moitié poudre de Chypre & moitié Amidon: il faut que ces sortes de Poudres soient faites l'Eté, autrement elles sont difficiles à faire à cause de l'humidité, & il les faut ser-

rer

rer dans un lieu fec. J'avertis que la mouffe de Chêne de laquelle on fait la Poudre de Chypre, n'eft pas celle qui croît aux piés des Arbres , & qui eft verte , & reffemble à de la frange, mais c'eft celle qui croît fur les branches des vieux Chênes; elle eft blanche & faite en feuille.

Secret des Poudres pour les Cheveux.

Poudre de Rofes communes.

DAns une caiffe où il y aura vingt livres de poudre d'Amidon , vous y mettrez une livre de feuilles de Rofes , que vous mêlerez bien avec la main , enforte qu'il y en ait par tout , de quatre en quatre heures vous ne manquerez pas de la bien remüer , afin que les fleurs ne s'échaufent point , & le lendemain à pareille heure que vous les aurez mifes, vous les fafferez, & vous en remettrez d'autres en pareille quantité, & ainfi de même jufqu'à trois fois , pendant lequel temps vous laifferez la caiffe ouverte depuis la premiere fois que vous y aurez mis les fleurs jufqu'à ce qu'il n'y en ait plus , & la poudre fera faite.

Poudre de Rofes mufquées.

Comme l'on n'a pas les Rofes mufquées en abondance comme les communes, il ne faut prendre du corps de poudre qu'à l'équipollent de ce qu'on a de fleurs , & faire en forte qu'il y en ait par tout , & laiffer les fleurs dans ladite poudre vingt-quatre heures : Au bout duquel temps il faudra faffer les fleurs & en remettre de fraîches, & ainfi faire jufqu'à trois fois. Il n'eft point néceffaire de remuer les fleurs parce qu'elles ne s'échaufent point. La caiffe doit demeurer fermée.

Poudre de fleurs d'Orange.

Dans une caiſſe où il y aura vingt-cinq livres de poudre d'Amidon, vous y mêlerez une livre de fleurs d'Orange, vous ferez en ſorte qu'elles ſoient également miſes par tout, & vous aurez ſoin de les remuer au moins deux fois le jour pour empêcher qu'elles ne s'échaufent, & au bout de vingt-quatre heures vous ſaſſerez, & en remettrez de fraîches en même quantité, & vous ferez ainſi pendant trois jours. Si l'odeur ne vous en paroît pas aſſez forte, vous en pourrez remettre encore une fois, & elle ſera faite. Il faut toûjours tenir la caiſſe fermée, auſſi-bien quand les fleurs y ſont, comme lors qu'elles n'y ſont plus.

Poudre de Jaſmin.

Dans une caiſſe où il y aura vingt livres de poudre d'Amidon, vous y mêlerez un millier de Jaſmin bien également, faiſant un lit de poudre & un lit de fleurs, & vous laiſſerez ainſi vos fleurs l'eſpace de vingt-quatre heures ſans les remuer, car le Jaſmin ne s'echaufe pas. Enſuite vous ſaſſerez vos fleurs, & en remettrez de fraîches en même quantité, vous continuerez ainſi l'eſpace de trois jours, & elle ſera faite, ſi vous ſouhaitez que l'odeur en ſoit plus forte, vous y remettrez des fleurs encore une fois.

Poudre de Jonquille.

Vous en uſerez pour la compoſition de cette poudre, comme à la poudre de Roſes muſquées : Selon la quantité que vous aurez de fleurs vous prendrez de la poudre, en ſorte qu'il y ait des fleurs par toute ladite poudre, ſans être pourtant trop confuſes, & les ayant laiſſées vingt-quatre heures, ſaſſez vos fleurs, & en remettez de fraîches, vous ferez ainſi l'eſpace de trois jours, & elle ſera faite.

Poudre d'Ambrete.

Prenez cinq livres de poudre de Jasmin & cinq livres de poudre de Roses musquées, & les mêlez ensemble. Ensuite emplissez un sas de cette poudre: versez dedans deux gros d'essence d'Ambre & la mêlez, puis sassez vôtre poudre, à la reserve des grumelots que l'essence aura formez : Remettez-y les grumelots de la susdite poudre, & continuez à sasser jusqu'à ce que vous ayez desséché & passé le tout. Puis mêlez bien le tout ensemble, & cela sera fait.

Quoique les Poudres Blanches soient parfumées aux fleurs, ce n'est pas encore assez, il faut faire un parfum comme ci-après, afin de les mettre dans leur perfection, & pour lors il n'y manquera plus rien.

Parfum pour parfumer les autres poudres.

Prenez douze livres de poudre d'Ambrete, ou d'autre sorte si vous voulez, ensuite mettez dans le petit mortier un demi-gros de Civete, & gros comme une petite noix de sucre, & les pilez ensemble: Ajoûtez-y de cette poudre & la passez au sas, & ce qui vous restera de grumelots, repilez-les & les consommez & passez avec de la même poudre, & ayant tout passé vous consommerez de la même maniere un gros de musc: puis vous mêlerez bien le tout ensemble, & elle sera faite.

Vous pouvez mêler deux onces de cette poudre de Jasmin ou de fleurs d'Orange, cela fait un mélange d'odeurs fort agréable, & aide beaucoup à faire pousser les odeurs des fleurs.

Poudre purgée à l'Eau de vie.

Dans une caisse où il y aura dix livres d'Amidon en poudre, vous y verserez une chopine d'Eau de

vie & mêlerez bien le tout. Enfuite vous le laiſſerez ſécher, & étant ſec le pilerez & repaſſerez bien
fin par le Tamis, & cela ſera fait.

Poudre de Violete ou d'Iris.

Il n'y a point d'autre façon à faire que de piler
l'Iris & le paſſer au tamis, cette poudre eſt très-bonne pour les cheveux, & elle ſent naturellement la
violete, & il n'y en a point d'autre de cette odeur,
parce que la fleur n'a pas aſſez de force.

Poudre de mouſſe de Chêne : autrement dite de Chypre.

Il faut premiérement mettre tremper la mouſſe de
Chêne dans beaucoup d'eau, l'eſpace de trois jours
au moins, enfuite la retirer de l'eau & la bien exprimer, puis la laver encore par pluſieurs fois juſqu'à ce que l'eau demeure nette, & pour lors vous
la retirerez de l'eau & l'exprimerez bien, & la mettrez
ſécher au Soleil, & vous aurez ſoin de la remuer de
deux en deux heures, à meſure qu'elle ſéchera, afin
qu'elle ne s'échaufe pas, & étant bien ſéche vous
ferez ce qui ſuit. Pour la mettre en poudre vous
emplirez vôtre mortier de ladite mouſſe, & jetterez
deſſus un verre d'eau & la pilerez, elle ne manquera pas de ſe reduire en miettes, ce qui ne ſe feroit
pas ſi elle n'étoit humeétée de la façon, & après l'a-
voir ainſi reduite, vous la remettrez ſécher au Soleil, & étant bien ſéche, vous la pilerez aiſément
au mortier & la paſſerez au Tamis tout le plus fin,
& elle ſera faite.

La derniere purgation que l'on fait à la poudre de
Chypre, c'eſt de lui donner une fois ou deux les
fleurs de Jaſmin ou de Roſes muſquées tout comme
aux autres poudres. Elle ne prend pas pour cela l'o-
deur des fleurs comme l'Amidon, mais cela la rend
en état de prendre facilement les autres odeurs qu'on
lui veut donner.

X 2

Com-

Comme on a à Lyon la commodité des Trouil-
leurs, qui mettent toutes chofes en poudre, les perfonnes de Lyon pourront par ce moyen la faire mettre en poudre fans en avoir la peine, pourvû qu'elle
foit auparavant bien purgée & féchée ainfi que je
viens de le dire.

Poudre de Frangipane.

Vous prendrez fix livres de poudre de fleurs d'O-
range & fix livres de poudre de mouffe de Chêne,
que vous mêlerez enfemble, puis vous ferez chaufer le cul du petit mortier & le bout de fon pilon affez chaud pour griller la falive; vous y verferez une
once d'effence d'Ambre, & dans le même inftant
plein la main de la fufdite poudre, que vous mêlerez bien avec le pilon, y ajoûtant de la poudre jufqu'à ce que le mortier foit plein, enfuite vous renverferez vôtre mortier dans un fas, & vous remettrez encore de la même poudre par deffus, & la
fafferez dans une caiffe, afin que l'odeur ne s'évente pas, & ce qui reftera de grumelots que l'effence
aura formez, vous les remettrez dans le mortier,
les pilant & mêlant comme auparavant en y ajoûtant de la poudre, & enfin continuerez ainfi jufqu'à
ce que le tout foit confommé & paffé : puis ferez ce
qui fuit.

Vous mettrez dans le mortier un demi-gros de
Civete avec un morceau de fucre gros comme une
noix, vous broyerez vôtre Civete avec le fucre, vous
y ajoûterez peu à peu de la poudre, en la mêlant
avec le pilon, enfuite vous la renverferez dans un
fas & fafferez legerement, puis vous remettrez dans
le mortier les grumelots que la Civete aura formez,
vous les repilerez y ajoûtant de la poudre comme
auparavant, & continuerez ainfi jufqu'à ce que le
tout foit paffé, puis vous mêlerez bien le tout enfemble & elle fera faite.

Cette

Cette poudre est d'une agréable odeur, la couleur en est d'un gris cendré, qui convient parfaitement bien à toutes couleurs de cheveux.

Autre maniere.

Vous pouvez mêler de la poudre de Chypre avec de la poudre d'Amidon en quantité égale, & leur donner les fleurs comme à la poudre de fleurs d'Orange ou de Jasmin, & ensuite quand bon vous semble leur donner l'odeur de l'Ambre & de la Civete, comme il est enseigné ci-dessus, & elle sera très-bonne.

Autre maniere.

Ayant observé l'un des deux articles ci-dessus, si vous voulez la rendre musquée, il faut sur la même quantité de poudre, au lieu d'y mettre un demi-gros de Civete n'y en mettre que dix-huit grains, & y ajoûter un demi-gros de Musc, & le broyer & consommer avec du sucre de la même maniere que l'on consomme la Civete, & l'odeur en sera très-bonne.

Maniere de parfumer la poudre de Chypre comme à Montpelier.

Vous prendrez deux livres de poudre de mousse de Chêne toute pure, qui ait été purgée avec les fleurs, comme il est dit dans son article. Vous y consommerez dix-huit grains de Civete avec un peu de sucre, comme il est ci-devant enseigné. Ensuite vous y consommerez un demi-gros de Musc de la même maniere, ce qui étant fait, vous la mettrez dans une boëte bien close, elle sera d'une odeur admirable, il n'en faudra que très peu sur une perruque ou sur la tête pour sentir parfaitement bon.

Pou-

Poudre fine à la Maréchale propre à faire des pâtes pour des Chapelets.

Vous prendrez deux livres de mousse de chêne, une livre de poudre d'Amidon, une once de clou de Girofle en poudre, une once de Calamus en poudre, deux onces de Souchet en poudre, deux onces de bois vermoulu en poudre, mêlez bien le tout ensemble, & elle sera faite.

Il faut que ce soit du bois de chêne vermoulu, parce qu'il est rouge & qu'il donne une belle couleur à cette poudre.

Secret sur les Savonnetes.

Les plus excellentes & les meilleures Savonnetes étoient autrefois celles de Bologne, car les Bolonnois avoient trouvé le secret de si bien préparer & parfumer le Savon que personne n'avoit jusqu'alors entrepris sur leur maniere ; mais ils ont si fort negligé de les bien parfumer, & l'on s'est si bien étudie que l'on a trouvé le moyen de faire mieux qu'eux : De sorte que presentement toutes les Savonnetes que l'on vend pour Bologne n'en sont point, mais elles sont aussi bonnes, puisque l'on se sert du Savon qu'ils apprêtent, & que tout dépend de la maniere de les parfumer ainsi que vous le verrez.

A l'égard des autres sortes de Savonnetes, tout l'art consiste à bien préparer le Savon comme je l'enseigne, car le Savon ayant de soi-même une assez méchante odeur ; il est besoin de la lui ôter avant que d'y mettre aucun parfum. C'est l'avis le plus important sur ce sujet.

Quant aux communes il n'est pas nécessaire qu'il soit purgé si l'on ne veut, car les essences que l'on y met pénétrent tout.

Si on les veut marquer de quelque marque ou cachet, il faut que ce soit lors qu'elles sont roulées &

un

un peu rafermies, & ſi on les veut dorer, il faut attendre qu'elles ſoient fraîches; il n'y a pour cet effet qu'à humeéter la marque de la Savonnete avec un peu de coton imbibé d'eau de ſenteur, enſuite poſer la Savonnete ſur la feuille d'or, que vous aurez auparavant coupée à peu près de la grandeur de la marque, & appuyer l'or avec un peu de coton ſec, & cela ſera fait.

DES SAVONNETES.

Maniere de purger le Savon.

VOus prendrez une Table de Savon que vous ratifferez bien, enſuite la découperez bien mince & vous mettrez le tout dans un grand chaudron ſur le feu avec cinq ou ſix pintes d'eau; & vous ferez fondre vôtre Savon, toûjours remuant avec un bâton juſqu'à ce qu'il ſoit bien fondu : Enſuite vous le verſerez dans des vaiſſeaux & le laiſſerez pluſieurs jours juſqu'à ce qu'il ſoit bien ferme : Puis vous le découperez tout le plus mince que vous pourrez, & vous le laiſſerez ſécher juſqu'à ce qu'il ſoit dur comme du bois. Enſuite vous le mettrez dans des vaiſſeaux ou baſſins & verſerez de l'eau de vie ſuffiſamment pour le détremper : Vous y jetterez auſſi quelque poignée de ſel, & le tournerez bien deſſus deſſous, afin que le tout ſoit bien imbibé : Puis vous le mettrez derechef ſécher à l'air, juſqu'à ce qu'il ſoit bien ſec, & pour lors quand vous en aurez beſoin vous le ferez ramolir ſelon les Savonnetes que vous voudrez faire : Comme vous trouverez dans leurs articles.

Savonnetes communes.

Prenez cinq livres de Savon que vous ratifferez & le mettrez dans le mortier pour le piler aſſez longtemps : Enſuite maniez bien vôtre Savon pour en retirer les petits morceaux qui n'auront pas été pi-

X 4

lez;

lez ; remettez vôtre Savon dans le mortier, & y mettez aussi deux livres de poudre d'Amidon, une once d'essence d'Orange ou de Citron, & environ un demi-septier d'eau de Macanet préparée de la maniere que je vous le dirai bien-tôt; mêlez doucement le tout ensemble avec le pilon, & ensuite pilez le tout ensen b'e, & cela sera fait. Il ne s'agira plus que de rouler vôtre pâte de la façon que vous voudrez pour en faire des Savonnetes & les laisser sécher, si vôtre pâte se trouve trop mole, il la faut laisser rafermir d'elle-même.

L'Eau de Macanet se fait ainsi. Vous pilerez quatre onces de Macanet dans le mortier, & le mettrez tremper dans une chopine d'eau du jour au lendemain, ensuite vous passerez cette eau par un linge & exprimerez bien le Macanet, puis vous ferez detremper dans la même eau deux onces de blanc de Céruse que vous aurez mise auparavant en poudre, vous y ajoûterez encore une poignée de sel, & vous en servirez comme j'ai dit.

Autre maniere.

Lors que vous aurez pilé cinq livres de Savon comme ci-devant, & retiré les grumelots, vous remettrez vôtre Savon dans le mortier, & vous y ajoûterez deux livres de poudre d'Amidon, environ un demi-septier d'eau de Macanet apprêté comme ci-devant, une cuillerée d'huile d'Aspic, une demi-once d'Orange ou de Citron, & deux cuillerées de Storax liquide apprêté comme ci-après : Vous mêlerez le tout doucement avec le pilon : ensuite vous le pilerez à grands coups jusqu'à ce que le tout soit bien mêlé & incorporé, & cela sera fait.

Le Storax liquide s'apprête ainsi. Vous mettrez une once de Storax liquide dans une terrine avec un demi-verre d'eau, & remuerez le Storax avec une cuillier à mesure qu'il fondra, & étant fondu vous vous en servirez comme il est dit.

Autre

Autre maniere.

Faites fondre cinq livres de Savon coupé bien mince, avec une pinte d'eau de Citron, & étant bien fondu paſſez le tout dans un linge qui ne ſoit point trop fin, enſuite ajoûtez-y deux livres de poudre d'amidon, une once d'eſſence d'Orange ou de Citron, deux onces de Céruſe détrempée dans un verre d'eau, vous pêtrirez bien vôtre pâte avec les mains, juſqu'à ce que le tout ſoit bien mêlé, & lors que vôtre pâte ſera rafermie, vous roulerez vos Savonnetes de la groſſeur que vous voudrez, & les mettrez ſécher.

Pour faire l'eau de citron, vous couperez par morceaux environ une demi-douzaine de Citrons, vieux ou non, il n'importe, que vous ferez bouillir dans une pinte d'eau, l'eſpace d'une demi-heure : Enſuite vous les exprimerez dans un linge, & vous vous ſervirez de cette eau.

Savonnetes de Neroli.

Vous prendrez huit livres de Savon ſec purgé comme il a été enſeigné ci-devant, & le mettrez dans un baſſin : Vous y verſerez de l'eau de fleurs d'Orange ou de Roſe juſqu'à la hauteur du Savon afin de le détremper. Vous aurez ſoin deux fois le jour de remuer le deſſous juſqu'à ce que le Savon ait conſommé l'eau & ſoit ramoli : Et vous le laiſſerez ainſi juſqu'à ce que vous le voyiez en état d'être pilé, puis vous le pilerez aſſez long-temps, & vous le manierez bien après l'avoir pilé, afin de retirer les grumelots qui y reſteront, vous remettrez vôtre Savon dans le mortier, & y ajoûterez une livre de Labdanum en poudre bien fine, & deux onces d'eſſence de Neroli, vous mêlerez doucement le tout enſemble avec le pilon, enſuite vous pilerez aſſez long-temps pour bien mêler & incorporer le tout, & cela ſera fait. Si la pâte ſe trouvoit trop ferme vous y pouvez verſer de

X 5

l'eau

l'eau de fleurs d'Orange à diſcretion, & la pâte en
ſera très-bonne, lors que la pâte ſera rafermie
vous roulerez vos Savonnetes & les mettrez ſécher.

Savonnetes de Bologne.

Vous prendrez trois paquets de Savonnetes des
communes de Bologne, que vous pilerez dans le
mortier juſqu'à ce qu'elles ſoient miſes en mietes,
& les mettrez dans un baſſin, & y verſerez de l'eau
d'Ange juſqu'à la hauteur de la pâte, & la laiſſerez
tremper juſqu'à ce qu'elle ſoit amolie, ce qui pourra
être dans deux ou trois jours, pendant lequel temps
vous aurez ſoin deux fois le jour de remuer le deſſus
deſſous, & lors qu'il n'y aura plus d'eau & que la
pâte ſera rafermie vous la pilerez aſſez long-temps,
puis vous la manierez bien pour en tirer les grumelots, & enſuite vous partagerez vôtre pâte en deux
pains égaux, puis ferez ce qui ſuit.

Vous prendrez un demi-ſeptier d'eau d'Ange &
autant d'eau de Roſe, & vous mettrez dans le petit
mortier deux gros de muſc avec un peu de ladite eau
d'Ange pour le dilayer, vous le pilerez bien en ajoûtant toûjours de cette eau, puis vous le paſſerez par
un linge qui ne ſera ni trop gros ni trop fin : Enſuite vous ramaſſerez avec une cuillier le muſc qui ſera reſté dans le linge, & le pilerez dérechef, y ajoûtant toûjours de l'eau, & vous continuerez juſqu'à
ce que le Muſc ait été paſſé & conſommé avec l'eau
d'Ange & l'eau de Roſe, & le linge ſera lavé avec
de la même eau, afin qu'il n'y reſte point de muſc;
& le tout étant bien mêlé toute l'eau ſera miſe dans
une bouteille de verre pour s'en ſervir comme vous
verrez ci-après.

Vous prendrez un des deux pains de pâte ſuſdits
que vous mettrez en morceaux dans le mortier; vous
mettrez deſſus une bonne poignée de poudre de Labdanum paſſée bien fine, demi-once de baume du Perou,

rou, un bon filet d'essence de Neroli, & environ un demi-septier de la susdite eau, vous mêlerez bien doucement le tout ensemble avec le pilon : Ensuite vous pilerez le tout assez long-temps pour mêler la pâte, & elle sera faite. Et tout ainsi que vous aurez fait sur ce pain vous ferez sur l'autre, & vous les mettrez ensemble bien couverts environ deux jours, afin de leur donner le temps de bien prendre les odeurs ; & ensuite la pâte étant rafermie vous les roulerez comme vous voudrez, & elles seront faites, & vous les mettrez sécher.

Savonnetes de Bologne, les meilleures.

Il faut prendre trois paquets de Savonnetes de Bologne qu'il faut piler & mettre tremper avec de l'eau d'Ange jusqu'à la hauteur de la pate, tout ainsi qu'aux précédentes : & outre l'eau d'Ange ajoûtez-y un demi-septier de lait virginal, & vous remuerez cette pâte deux fois le jour le dessus dessous, afin que le tout se détrempe bien, & l'eau ébûë & la pâte rafermie, il la faudra piler & ensuite la manier pour en retirer les grumelots, & le tout étant bien réduit en pâte il en sera fait deux pains égaux, puis vous ferez ce qui suit.

Vous pilerez demi-once de Musc dans le petit mortier avec de l'eau d'Ange, tout comme il est enseigné dans les Savonnetes précédentes : enfin vous consommerez vôtre Musc le pilant & passant par un linge avec un demi-septier d'eau d'Ange, & autant d'eau de Rose, puis vous vous en servirez comme il suit.

Vous prendrez un des deux pains de pâte que vous mettrez par morceaux dans le mortier, & vous mettrez par dessus ce pain deux onces de baume du Perou, un bon filet d'essence de Neroli, une bonne poignée de poudre composée; savoir un tiers de poudre fine à la Maréchale, un tiers de poudre de racine de Campanne, & un tiers de Labdanum en

X 6

poudre

poudre & un demi septier de l'eau sufdite compofée avec le Musc : vous mêlerez bien tout enfemble
& le pilerez affez long-temps : & la pâte fera faite,
l'odeur en eft fort agréable. Vous roulerez vos Savonnetes lors que vôtre pâte fera ferme, & tout
ainfi que vous aurez fait fur ce pain de pâte vous ferez fur l'autre.

Savonnetes bien parfumées.

Vous prendrez trois paquets de Savonnetes communes de Bologne, vous les cafferez au mortier, &
les mettrez tremper avec de l'eau d'Ange & du lait
Virginal, cômme les précédentes de Bologne, &
étant repilées & mifes en pâte, vous les partagerez
en deux pains égaux, puis vous ferez une compofition comme il fuit.

Vous broyerez demi-gros de Civete dans le petit
mortier avec 2. onces de baume du Perou que vous
y mêlerez peu à peu : Vous y ajoûterez deux gros
d'effence d'Ambre, un bon filet d'effence de Canelle, autant de celle de Girofle, vous mêlerez bien le
tout enfemble & le mettrez à part pour vous en fervir comme vous verrez ci-après.

Vous mettrez dans le mortier un de vos pains de
pâte rompus par morceaux, vous mettrez deffus
deux poignées de poudre compofée ; favoir un tiers
de poudre fine à la Maréchale, & un tiers de poudre de
racines de Campanne, vous y mettrez auffi la moitié de la fufdite compofition, & un demi-feptier d'eau
de mille-fleurs, & une demi-once d'effence de Neroli, & vous mêlerez bien le tout enfemble, & lorf-
que vous aurez pilé affez long-temps pour bien incorporer le tout, la pâte fera faite. Vous en pourrez
faire autant fur l'autre partie de pâte.

Sur le lait Virginal.

Plufieurs entreprennent tous les jours de compofer

fer du lait Virginal & ont peine d'y bien réüffir : le plus fouvent le défaut vient de ce qu'ils y mettent plus de drogues qu'il n'y faut. Ils croyent que fans litarge il ne blanchira point l'eau, & c'eſt un abus. Obfervez exactement ce que j'en dis en fon Article, & vous en ferez qui aura toutes les qualitez qu'il doit avoir. Je vous donne feulement avis de le faire l'Eté au Soleil, parce qu'il y a des gens qui en ont voulu faire l'hiver au Bain-marie qui s'en font mal trouvez, car la bouteille venant à fe caffer comme il eſt arrivé, le feu fe prend à l'efprit de vin & eſt capable de caufer du défordre.

I. Lait Virginal très-bon.

Vous mettrez dans une bouteille de gros verre une pinte d'efprit de vin, & une pinte d'eau de vie, une demi-livre de Benjoin concaffé, un carteron de Storax concaffé, une demi-once de clou de Girofle bien pilé, une once de Canelle bien pilée, quatre Mufcades concaffées : le tout étant dans la bouteille, vous la boucherez bien & l'expoferez au Soleil pofée fur du Sable dans la chaleur de l'Eté, l'efpace d'un Mois, & il fera fait. Vous aurez foin de la retirer de la pluie, & obferverez que la bouteille foit affez grande afin qu'il y reſte au moins quatre doigts de vuide, car autrement l'efprit de vin étant échaufé ne manqueroit pas de la faire caffer.

S'il ne vous fembloit pas affez rouge au bout du temps marqué ci-deffus, quoi qu'il le doive être affez, il ne faudra alors que broyer dans le petit mortier gros comme une féve d'Orcanet, & le dilayer avec du même lait Virginal, vous le verferez dans la bouteille & remettrez deux ou trois fois au Soleil, & il fera fait.

II. Eponges préparées pour le Vifage.

Vous choifirez des Eponges toutes les plus belles
&

& les plus fines , & vous couperez ce qui peut être
autour qui n'y convient pas. Vous les mettrez ensuite tremper dans de l'eau pendant quelques heures,
puis vous les laverez & froterez bien en les changeant d'eau tant de fois que l'eau demeure claire.
Puis vous les mettrez sécher, & étant séches vous les
mettrez tremper dans de l'eau d'Ange , ou bien dans
de l'eau de fleurs d'Orange dans laquelle vous aurez
versé un filet d'essence d'Ambre.

Sur les essences & huiles parfumées aux fleurs , & les Essences naturelles.

Les Essences de fleurs, dont on se sert pour les
Cheveux, ne sont point de veritables essences, ce
sont des huiles aussi bien que les huiles communes
qui servent au même effet, & si on les nomme essences, c'est parce qu'elles sont faites d'une huile
qui prend parfaitement bien l'odeur des fleurs, &
pour en faire la différence d'avec l'huile commune.
Les huiles communes sont l'huile d'amandes douces &
l'huile d'Olive que l'on parfume aux fleurs, & desquelles on se sert journellement pour les Perruques.
Mais l'huile que l'on nomme Essence est tirée du Ben
qui est une noisete à trois quarrez, & dont l'Amande rend une huile si belle & si douce, qu'elle ne sent
quoi que ce soit : De sorte que ne sentant rien d'elle-même, elle prend parfaitement bien l'odeur de la
fleur qu'on lui donne, même de la plus délicate &
plus foible odeur, & si naturellement qu'il n'y a pas
de différence entre l'odeur de la fleur & celle de
l'huile , lors qu'on prend soin de la bien travailler.
Vous verrez dans son lieu de quelle maniere on
parfume les unes & les autres.

A l'égard des Essences naturelles , elles sont de
veritables Essences, puis qu'elles sortent de la fleur
ou du fruit du nom qu'elles portent : les Essences
naturelles sont, l'essence de Neroli, autrement dite,
quintes-

quinteſſence de fleurs d'Orange, l'Eſſence de Cedra qu'on nomme de Bergamote, l'eſſence de Citron, & l'Eſſence d'Orange forte ou de petit grain. Celle de Neroli ſe tire ſur l'eau de fleurs d'Orange, & eſt produite par le fruit qui eſt dans la fleur, celle de Cedra eſt produite par les zeſts que l'on tire de l'écorce de Citron de Bergamote, celle de Citron eſt tirée du Citron diſtilé, & celle d'Orange des Oranges diſtilées. Voilà la différence qu'il y a entre les Eſſences & les huiles. Les fleurs qui nous peuvent ſervir dans ce climat à faire des Eſſences & des huiles pour les Cheveux ou Perruques, ſont le Jaſmin, la fleur d'Orange, la Tubereuſe, la Jonquille, & les Roſes muſquées, d'autant qu'elles ſont les plus communes & les plus fortes en Odeurs, car toutes les autres ont l'ôdeur trop foible. Chacun ſait que c'eſt la force du Soleil qui donne la force aux fleurs, c'eſt pourquoi nous ne pouvons pas employer juſqu'aux moindres fleurs comme dans les païs chauds.

Des Eſſences & Huiles parfumées aux fleurs.

Manierè de faire les Eſſences de fleurs.

LEs fleurs quoi que différentes n'apportent pas plus de difficulté les unes que les autres à faire les Eſſences, car lors que l'on en fait bien d'une fleur on en fait bien de toutes les autres : Voici une maniere générale pour toutes les fleurs qui ont de l'odeur.

Il faut avoir une caiſſe de telle grandeur que l'on voudra, le dedans de laquelle ſera garni de fer blanc, afin que le bois n'offenſe pas l'odeur des fleurs & ne boive pas l'Eſſence qui pourroit égouter.

Il faut avoir des chaſſis, c'eſt-à-dire des cadres de bois qui puiſſent entrer ſur leur plat aiſément dans la caiſſe : le bois en ſera de deux doigts d'epaiſſeur &

tout

tout autour dudit chaſſis il y aura des pointes d'é-
guilles.

Il faut avoir autant de toiles que de chaſſis, ces
toiles feront à peu près comme une ſerviéte, & un
peu plus grandes que les chaſſis, afin de les pouvoir piquer tout autour deſdits chaſſis pour les tenir étendues
deſſus, ainſi il eſt aiſé par cette explication de propor-
tionner les toiles aux chaſſis & les chaſſis à la caiſſe.

Ces toiles doivent être de toile de coton, & qu'elles ayent été à une bonne leſſive, & enſuite bien lavées dans de l'eau bien claire, & qu'elles ſoient bien
ſéches.

Vous tremperez vos toiles en huile de Ben, &
leur laiſſerez boire toute l'huile qu'elles pourront
boire : vous les exprimerez un peu, afin que l'huile
ne dégoute pas, enſuite vous les étendrez ſur vos
chaſſis par le moyen des éguilles qui ſont autour.
Vous mettrez le premier chaſſis au fond de la caiſſe
& des fleurs de Jaſmin, ou enfin celle qu'il vous
plaira, que vous ſemerez également dans le chaſſis
ſur la toile, & remettrez un autre chaſſis par deſſus,
vous continuerez ainſi juſqu'à ce que vous ayez mis
tous vos chaſſis, ou que vôtre caiſſe ſoit pleine.

Comme je vous marque que les chaſſis ſoient de
l'épaiſſeur de deux doigts, il s'enſuit que les fleurs
qui ſe trouvent entre deux chaſſis, ne ſont point
preſſées, & par ce moyen chaque toile a des fleurs
deſſus & deſſous. Vous laiſſerez vos fleurs dans les
chaſſis pendant 12. heures. C'eſt à dire les ayant miſes le matin vous les retirerez le ſoir & en remettrez
de fraîches, & celles du ſoir vous les changerez le
lendemain matin, vous continuerez ainſi pendant
quelques jours, juſqu'à ce que l'odeur vous en paroiſſe aſſez forte.

Vous léverez alors vos toiles de deſſus les chaſſis,
& vous les plierez en quatre, & puis les ayant roulées & liées de pluſieurs tours avec une ficelle, afin
qu'elles ne s'étendent pas trop, vous les mettrez dans

la preſſe pour en tirer l'huile qui eſt l'eſſence en queſtion.

Il faut que la preſſe de laquelle vous vous ſervirez ſoit garnie de fer blanc, afin que l'eſſence ne s'attache pas au bois. Vous mettrez des vaiſſeaux bien propres ſous la preſſe pour recevoir l'eſſence, que vous mettrez enſuite dans des phioles ou bouteilles de verre, & elle ſera faite.

On remarquera qu'il ne ſe peut faire dans une caiſſe que l'eſſence d'une fleur à la fois : car l'odeur de l'une corromproit l'autre ; & les toiles qui auront ſervi à tirer l'odeur d'une fleur, ne pourront ſervir pour une autre, qu'elles n'ayent été à la leſſive, & qu'elles n'ayent été bien lavées en l'eau claire, & qu'elles ne ſoient bien ſéches.

Eſſence de Mille-fleurs.

L'eſſence de Mille-fleurs eſt compoſée d'une partie d'eſſence de toutes les fleurs, que l'on mêle enſemble, mettant un peu plus de celle qui a l'odeur foible, & un peu moins de celle qui a l'odeur plus forte : & enfin faiſant enſorte de les aſſortir ſi bien, que l'on ne puiſſe connoître celle qui domine, & elle ſera faite.

Huile d'Olive parfumée aux fleurs.

L'huile d'Olive dont on ſe ſert doit être de la meilleure & de la plus fine que l'on puiſſe trouver, & c'eſt celle que l'on appelle Huile Vierge, elle ne ſent preſque rien d'elle-même, ainſi elle prend aſſez bien l'odeur des fleurs. Il n'y a point d'autre façon pour lui donner l'odeur que de faire comme l'on a dit à l'Article des Eſſences.

Huile d'Amandes douces parfumée, & pâte pour laver les mains.

Vous pelerez en l'eau chaude telle quantité que
vous

vous voudrez d'Amandes douces, vous les mettrez essuyer à l'air, étant séches vous les pilerez grossierement, pour les pouvoir passer au crible. Vous les mettrez dans une caisse qui sera garnie de fer blanc ou de papier, vous ferez un lit de vôtre poudre d'Amande épais d'un doigt, & par dessus un lit de fleurs de celles que vous voudrez, puis un autre lit d'Amandes & par dessus un lit de fleurs, & vous continuerez ainsi jusqu'à ce que vous ayez employé vos fleurs & vôtre poudre d'Amande. Vous y laisserez vos fleurs du matin au soir, ou si vous n'en avez pas en abondance, vous les y laisserez vingt-quatre heures, & les retirerez avec le crible, & en remettrez de fraiches, vous ferez ainsi jusqu'à ce que vous sentiez que vos Amandes ayent pris l'odeur : Ensuite vous aurez des toiles fortes, grandes d'un quartier en quarré, qui ayent été à la lessive, & qu'elles soient bien séches : Vous mettrez vos Amandes dedans & vous en ferez ainsi des paquets, vous en mettrez deux ensemble pli contre pli dans la presse pour en tirer l'huile, qui ne manquera pas d'avoir l'odeur que vous lui aurez donnée, & outre cela les pains d'Amande que vous aurez auront aussi l'odeur des fleurs. Cela est fort bon pour laver les mains, il faut seulement les piler au mortier & les passer dans un sas, & s'en froter les mains avec de l'eau tiéde, on y peut mêler si l'on veut un peu de poudre d'Iris, c'est cette pâte qu'on appelle pâte de Provence, ou pâte de Jasmin ou de fleurs d'Orange.

Il faut observer que tant pour les Essences que pour les Huiles, les toiles ou la pâte doivent demeurer dans la presse du moins trois heures pour rendre leurs huiles.

Essence de Neroli.

L'essence de Neroli se trouve sur l'eau de fleurs d'Orange, parce qu'elle sort du fruit qui est dans la fleur, & il ne se tire de cette Essence que par petites quantitez,

quantitez, ainsi il faut faire beaucoup d'eau pour en avoir une once. Voici comment on la recueille, lors que vôtre eau de fleurs d'Orange se distile, il la faut recevoir dans une bouteille ou matras, qui ait la pance grosse & le goulot fort long & étroit, & lors que la bouteille est pleine d'eau, il la faut laisser reposer & la boucher : & comme l'essence est la plus légere, elle ne manque pas de monter au dessus de l'eau, & ainsi étant à l'extremité du goulot de la bouteille, il est aisé de la verser dans le commencement, mais lors qu'elle a été un peu gardée, elle est rouge.

Comme il ne se peut en retirant l'essence que l'on n'y mêle de l'eau, il faut pour les separer mettre l'essence avec l'eau qui s'y trouve mêlee dans une moyenne phiole de verre, & boucher le goulot avec le pouce & la renverser de haut en bas, & comme l'essence est legere, elle remonte en haut, & pour lors vous lâchez un peu le pouce pour laisser sortir l'eau doucement, & l'eau étant sortie vous serrez le pouce pour retenir l'essence qui reste seule.

Essence de Cedra ou Bergamote.

L'Essence de Cedra se tire d'un Citron produit par une branche de Citronnier, qui est entée dans le tronc d'un Poirier de Bergamote, ainsi le Citron qui en provient tient des deux qualitez, & pour en tirer l'essence on coupe de petits morceaux d'écorce de ces Citrons, que l'on presse avec les doigts dans une bouteille ou bombe de verre, où l'on peut seulement entrer la main pour presser le zest, comme l'on fait de celui d'Orange dans une tassée de vin, ainsi par la quantité l'on a de l'essence.

Essence d'Orange forte, ou de petit-grain.

Vous mettrez une quantité telle que vous voudrez de petites Oranges, qui ne soient pas trop mûres, dans l'Alambic au refrigeratoire avec de l'eau, & vous

rece-

recevrez la diſtilation dans un matras ou bouteille de verre à long goulot , & étant repoſé , l'eſſence ſe trouvera deſſus. Il la faudra retirer de deſſus l'eau, & la ſerrer dans des phioles de verre, & les bien boucher.

Au Traité de la diſtilation des eaux, vous trouverez la maniere de gouverner l'Alambic.

Eſſence de Citron.

L'eſſence de Citron ſe fait de la même maniere que l'eſſence d'Orange forte, il faudra ſeulement couper les Citrons par la moitié , & les mettre dans l'Alambic au refrigeratoire avec de l'eau , & recevoir la diſtilation comme il eſt dit ci-devant, & retirer l'eſſence de même. Je ne preſcris pas la quantité de Citrons ni d'Oranges, il eſt aiſé à juger qu'il faut qu'il y ait de l'eau ſuffiſamment pour les faire bouillir, ſans brûler, il faut auſſi qu'il y ait du fruit ſuffiſamment pour produire de l'eſſence.

§. I. *Cire blanche pour la Barbe.*

Vous mettrez quatre onces de Cire blanche , & deux onces de pommade de Jaſmin, ou autre odeur, fondre enſemble dans une terrine ſur un rechaut de feu , les remuant doucement, & étant fondués vous y verſerez une cuillerée d'eſſence de Citron ou d'Orange forte, & les ayant mêlées vous emplirez vos moules , & tout auſſi-tôt vous les mettrez tout debout dans un autre vaiſſeau , dans lequel il y aura de l'eau froide pour les faire prendre , & étant refroidis ils ſeront faits.

Les moules à Cire ſont de fer blanc de la grandeur du bâton de Cire , & par un bout ils ont un couvercle ou emboîture comme un étui, & lorſque la Cire eſt refroidie , on tire le couvercle & l'on pouſſe le bâton du bout du doigt pour le faire ſortir.

§. II.

§. II. *Cire noire.*

Dans la même compofition ci-deffus, il ne faudra qu'y mêler pour fix deniers de noir de fumée, & elle fera noire.

Cire grife parfumée.

Dans la compofition de la cire blanche, vous y mêlerez deux cuillerées de poudre fine à la Maréchale, & elle fera grife.

Autre maniere.

Dans la compofition de la cire blanche, vous y mêlerez deux cuillerées de marc d'eau d'Ange en poudre bien fine, & au lieu d'effence d'Orange forte, ou de Citron, vous y mêlerez un bon filet d'effence d'Ambre ou de Neroli, & vous emplirez vos Moules.

Sur les Pommades parfumées aux fleurs.

Les Pommades en odeur de fleurs ne font pas propres au vifage, elles ne le font qu'aux cheveux, elles ne font plus en regne fi fort qu'elles l'ont été, car on a trouvé plus de commodité aux huiles, mais fi les huiles font commodes pour les Perruques, les Pommades font néceffaires pour décraffer les Têtes des Femmes, & en même-temps pour nourrir les cheveux, ainfi elles font toûjours de fervice. Il eft néceffaire pour leur bien faire prendre l'odeur des fleurs de bien purger dans l'eau la panne de quoi elle eft faite, c'eft le principal.

TRAITE' des POMMADES.

Pommade parfumée aux fleurs.

VOus prendrez la quantité que vous voudrez de panne de Porc & vous la mettrez tremper dans
l'eau

l'eau tout en morceaux comme elle eſt tirée du Porc, & la changerez d'eau de trois en trois heures pendant quatre jours, mais vous aurez ſoin pendant les deux derniers jours de la pêtrir dans l'eau avec une cuillier à chaque fois que vous la voudrez changer d'eau, enſuite vous la retirerez de l'eau, & l'égouterez bien : & vous la mettrez fondre doucement ſur le feu dans un pot de terre neuf verniſſé, la remuant doucement, afin qu'elle ne grille pas ; & étant toute fonduevous verſerez vôtre Pommade dans un baſſin plein d'eau, remuant toûjours l'eau & la Pommade enſemble avec une ſpatule, ſans diſcontinuer juſqu'à ce qu'elle ſoit tout à fait refroidie & congelée dans l'eau. Pour lors vous verſerez l'eau dehors, & continuerez à battre & remuer vôtre Pommade, qui peu à peu rendra toute l'eau qui y ſera mêlée, & enfin juſqu'à ce qu'il n'y en reſte plus : puis vous laiſſerez répoſer vôtre Pommade quelques heures, & vous ferez ce qui ſuit.

Vous appareillerez des Plats d'étain ou autres deux à deux de pareille grandeur, enſuite vous étendrez vôtre Pommade dans chaque plat de l'épaiſſeur d'un doigt, & dans l'un vous y ſemerez les fleurs dont vous voudrez donner l'odeur, enſorte qu'il y en ait par tout également & le couvrirez de ſon pareil. Ainſi les fleurs ne ſeront point preſſées & donneront l'odeur à tous les deux.

Vous y laiſſerez les fleurs du matin au ſoir, ou ſi elles ne vous ſont pas communes, vous les y laiſſerez vingt-quatre heures, & vous les retirerez & releverez vôtre Pommade, & la mêlerez un peu, enſuite vous l'étendrez de nouveau, & remettrez des fleurs fraîches comme la premiere fois : vous continuerez ainſi pendant quelques jours le matin, juſqu'à ce que vous la trouviez aſſez forte d'odeur, & elle ſera faite. Il la faudra ſerrer dans des pots de verre.

Il n'y a que la Pommade de Jaſmin, fleurs d'Orange,

range , & Tubereufe , qui fe puiffe faire bonne &
qui fe puiffe garder , les autres fleurs font trop foibles pour y donner une odeur qui dure long-temps.

*Pommade pour rafraîchir le teint & ôter les rou-
geurs du vifage.*

Prenez une demi-livre de panne de Porc mâle ,
& la mettez tremper dans l'eau pendant plufieurs
jours , la changeant fouvent d'eau comme il eft expliqué à l'Article ci-devant , & lors que par ce moyen
vous aurez bien fait blanchir cette panne , vous la
mettrez dans un pot de terre neuf verniflé avec deux
pommes de renette coupées par morceaux fans pe-
ler , & une once des quatre femences froides pilées ,
vous mettrez le pot devant le feu , & ferez cuire ladite Pommade l'efpace d'un quart d'heure : enfuite
vous la retirerez du feu & vous y mêlerez une once
d'huile d'amandes douces , puis vous la pafferez par
un linge bien ferré , & laifferez tomber la coulatu-
re en eau claire : vous remuerez la Pommade & l'eau
avec une fpatule de bois , jufqu'à ce qu'elle foit prife & congelée dans l'eau , puis vous verferez l'eau
& remuerez encore la pommade , pour en faire
fortir toute l'eau qui y fera reftée , & elle fera
faite.

Autre Pommade pour le vifage très-bonne.

Vous prendrez quatre onces de Panne de Porc
mâle , que vous ferez blanchir en la faifant tremper
plufieurs jours , & la changeant fouvent d'eau comme j'ai dit ci-devant , & étant bien blanche , vous
verferez l'eau & l'égouterez bien & la mettrez à
part.

Vous mettrez enfuite pour un fol de cire vierge ,
& pour deux fols de nature de Baleine , & deux onces
d'huile d'Amandes douces fondre enfemble dans une
ter-

terrine fur la cendre chaude, fans les faire bouillir, & pendant qu'ils fondront vous les remuerez avec une fpatule de bois pour les bien incorporer enfemble, puis vous ferez fondre doucement la panne de Porc mâle que vous aurez préparée, & vous la verferez dans la fufdite compofition, vous les mêlerez bien enfemble avec la fpatule, puis vous verferez le tout dans un vaiffeau plein d'eau : vous remuerez la Pommade & l'eau avec la fpatule, jufqu'à ce que la Pommade foit prife & congelée : pour lors vous la changerez d'eau tant de fois en continuànt à la battre avec la fpatule qu'elle demeure bien blanche, & elle fera faite.

Autre Pommade très-fine pour le vifage.

Vous prendrez deux onces d'huile d'Amandes douces tirée fans feu, demi-once de cire vierge, pour quatre fols de nature de Baleine, vous mettrez fondre le tout enfemble dans un plat de terre neuf verniflé, fur un rechaut dans lequel il y aura feulement de la cendre chaude, & vous remuerez doucement la cire avec une fpatule de bois, pour bien mêler & incorporer le tout enfemble, vous ôterez enfuite vôtre compofition de deffus le feu, & vous y verferez peu à peu de l'eau bien claire, en battant vôtre compofition avec la fpatule ; & vous continuerez ainfi jufqu'à ce que le plat foit plein & la Pommade prife & congelée dans l'eau, car il faut qu'elle nage à grande eau, & l'ayant ainfi battue dans cette premiere eau affez long-temps, vous la verferez & en remettrez de nouvelle en la battant toûjours jufqu'à ce qu'elle demeure bien blanche : pour lors elle nagera fur l'eau. Vous la retirerez avec la fpatule & la battrez fans eau jufqu'à ce qu'elle foit blanche en perfection, & lors que l'eau fera fortie de la Pommade, vous y mêlerez gros comme une petite noix de borax paffé bien fin, & pour quinze
fols

ſols de ſemence de perle fine en poudre bien fine auſſi, & le tout étant bien mêlé, elle ſera faite.

Pommade pour les lévres.

Vous prendrez quatre onces de beurre frais, & du
meilleur, & une once de cire vierge : vous les mettrez fondre enſemble, & étant fondus vous y jetterez
les grains d'une grape de raiſin noir : vous ferez
bouillir le tout un quart d'heure, pendant ce temps
vous écraſerez les grains de raiſin avec une cuillier,
enſuite vous paſſerez vôtre Pommade par un linge
aſſez fin, afin de retirer le raiſin : vous remettrez
vôtre Pommade ſur le feu & vous verſerez deux cuillerées d'eau de fleurs d'Orange, & vous la ferez
encore bouillir un bouillon, puis vous écraſerez dans
une écuelle gros comme une féve d'Orcanet, que
vous delayerez avec un peu d'eau de fleurs d'Orange & le verſerez dans votre Pommade, & la mêlerez bien avec la cuillier, & la retirerez du feu,
& elle ſera faite ; & lors qu'elle ſera refroidie, vous
la mettrez dans des pots ou boëtes.

Cette pommade ſe garde deux ans toûjours bonne, & eſt très-ſouveraine pour guérir les lévres
fendues & gerſées, & elle eſt d'une très-belle couleur.

§. I. Pâte d'Amandes liquide pour laver les mains
ſans eau.

Vous prendrez une livre d'Amandes ameres que
vous pélerez à l'eau chaude, & vous les laiſſerez ſécher, puis vous les pilerez dans le mortier de marbre aſſez long-temps, afin qu'il n'y reſte point de
grumelots ; & vous y verſerez un peu de lait, afin
de les lier en pâte, & les mettrez à part.

Vous pilerez enſuite de la mie de pain tout du
plus blanc, la groſſeur d'un pain d'un ſol, avec un
peu de lait long-temps pour la bien reduire en pâte :

Tome I.   Y   vous

Vous mettrez enfuite dans le mortier la pâte d'A-
mandes avec celle de pain, & y ajoûterez dix jaunes
d'œufs, defquels vous aurez ôté les germes, &
vous pilerez bien le tout enfemble y verfant peu à
peu du lait en remuant toûjours & délayant la pâte :
vous y mettrez ainfi trois-chopines de lait, vous verferez le tout dans un chaudron & le mettrez fur le
feu la faifant bien bouillir. Vous ne cefferez de la
remuer ou tourner avec une cuillier jufqu'à ce qu'elle foit cuite. Elle ne fera guere moins d'une heure
à cuire, & vous connoîtrez la cuiffon en ce qu'elle
s'épaiffira.

§. II. *Opiat en poudre pour nettoyer les dents.*

Vous prendrez une demi-livre de brique que vous
pilerez au mortier & la pafferez bien fine par le Tamis, la mettrez à part, quatre onces de porcelaine
que vous mettrez en poudre de la même maniere
que la brique, une once de corail que vous pilerez
& mettrez auffi en poudre : vous mêlerez vos trois
poudres enfemble; vous y verferez enfuite un filet
d'effence de Canelle, autant de celle de Girofle, &
mêlerez bien le tout enfemble, & il fera fait.

Autre maniere.

Prenez une demi-livre de brique, quatre onces de
porcelaine, & demi-once de canelle, & pilez le tout
enfemble & le paffez au Tamis bien fin, jufqu'à la
confommation du tout ou à peu près, & il fera
fait.

Autre maniere.

Prenez une demi-livre de brique, quatre onces de
porcelaine, une once de Corail, deux gros de Canelle, un gros de clou de Girofle, deux gros d'A-
lun calciné, demi-once de croûte de pain brûlé, une
once de Conferve de Rofe, vous pilerez le tout enfemble,

femble, & le pafferez au Tamis bien fin , & il fera fait,

Opiat liquide.

Pour faire d'Opiat liquide il fe faut fervir de Syrop de griotes, parce qu'il ne fe defféche pas : vous
mettrez donc du Syrop de griotes la quantité que vous
voudrez dans un pot de fayance , & vous mettrez
dans ce Syrop à difcretion de l'Opiat en poudre, &
le mêlerez bien avec une fpatule, & s'il vous femble trop liquide vous augmenterez la poudre , que
s'il vous paroît trop épais vous y ajoûterez du Syrop,
& étant bien mêlé, il fera fait.

Lors que vous voudrez vous en fervir , vous en
mettrez , dans un petit pot de fayance & vous y ajoûterez fi vous voulez un petit filet d'effence d'Ambre, ou de Girofle , ou de Canelle , & il fera d'u-
ne odeur & d'un goût fort agréable.

Sur le Parfum pour la bouche.

L'Ambre eft fingulier pour l'eftomac, le Mufc en
quantité n'eft pas bon pour la Bouche, ainfi le moins
que l'on en met dans les compofitions eft toûjours
le mieux & jamais de Civete , elle ne vaut rien à
la bouche.

Traité des Parfums bons pour la bouche.

VOus mettrez dans une bouteille de gros verre
une chopine d'efprit de vin tout du meilleur,
vous pilerez enfuite dans le petit mortier un gros
d'Ambre gris ou noir, & le mettrez dans l'efprit de
vin : vous y mettrez auffi un demi-gros de veffie de
Mufc coupé bien menu : enfuite bouchez bien la
bouteille & la mettez au Soleil pofée fur du fable
dans les chaleurs de l'Eté , & pendant quinze jours
vous remuerez bien la bouteille deux ou trois fois
par jour , dans le temps que le Soleil donnera deffus , afin que l'Ambre ne s'attache pas au fond,

                    mais

mais au contraire qu'il se fonde & qu'il répande son odeur dans l'esprit de vin, vous aurez soin de retirer la bouteille de la pluie & le sable aussi sur lequel elle sera posée, car le sable étant échaufé aide beaucoup à cuire les compositions que l'on expose au Soleil; vous observerez aussi de laisser au moins trois doigts de vuide à la bouteille, pour éviter qu'elle ne casse par la force de l'esprit de vin, & au bout d'un mois vous la retirerez, & elle sera faite. On choisit ordinairement le temps de la canicule pour faire cette Essence.

Si vous en voulez moins faire, vous pouvez diminuer ce qui la compose par moitié; ou par quart, ou huitiéme partie, & pour l'augmentation de même.

Essence d'Hypocras.

Vous mettrez une demi-chopine d'esprit de vin dans une bouteille de gros verre, ensuite vous y mettrez une demi-once de clou de Girofle concassé, une once de canelle concassée, un gros de Gingembre concassé, & une bonne pincée de coriandre concassée aussi, ensuite vous pilerez dans le petit mortier trois ou quatre grains d'Ambre gris ou noir, & les mettrez dans la bouteille; bouchez la bien & l'exposez au Soleil posée sur du sable dans les chaleurs de l'Eté pendant un mois ; vous aurez soin de la retirer de la pluie, & laisserez au moins deux doigts de vuide à la bouteille pour éviter qu'elle ne casse, & au bout du temps vous la retirerez pour vous en servir au besoin.

Cachou Ambré pour la bouche.

Vous pilerez quatre onces de Cachou & dix grains de Musc ensemble dans le mortier, & les passerez au Tamis de crin, repliant ce qui ne sera pas passé & le repassant jusqu'à la consommation du tout, vous ferez ensuite chaufer le cû du petit mortier &   cbou

de

de son pilon & délayerez par la chaleur dudit mortier dix-huit grains d'Ambre gris, y ajoûtant un filet d'essence d'Ambre & gros comme une grosse noix de gomme Adragante, qui aura été détrempée avec de l'eau de fleurs d'Orange, & délayant ainsi le tout ensemble, vous y mettrez peu à peu vôtre poudre de Cachou, vous la mêlerez assez long-temps & la pilerez bien, afin que l'Ambre soit mêlé partout : & la pâte étant bien faite vous le formerez promptement.

Pour le former vous en prendrez un morceau gros comme une noix dans la main, & le ferez pointu par le bout & vous en prendrez une pētite miete à la fois, que vous tordrez avec deux doigts, & enfin vous le rendrez comme de petites crotes de souris, & pour empêcher qu'il ne s'attache à vos doigts en le formant, vous les froterez un peu avec de l'essence de fleurs d'Orange.

Pastilles de bouche parfumées.

Vous prendrez une livre de sucre Royal que vous pilerez dans le petit mortier avec douze grains de Musc, & ensuite vous le passerez au Tamis de crin, & vous repilerez ce qui sera resté, & vous le repasserez jusqu'à ce que le tout soit passé & consommé ; puis vous ferez détremper dans de l'eau de fleurs d'Orange une petite poignée de gomme Adragante du jour au lendemain, & la passerez de force au travers d'un linge qui ne sera ni trop gros ni trop fin. Vous mettrez ensuite vôtre sucre en poudre, y ajoûtant deux gros d'essence d'Ambre, & manierez bien le tout ensemble pour former la pâte. Vous l'aplatirez avec un rouleau & taillerez vos Pastilles à vôtre gré, & à mesure qu'elles seront taillées vous les mettrez sécher sur un papier à l'air. Si c'est l'Eté vous les couvrirez d'un autre papier de peur des Mouches, & ne les serrerez pas qu'elles ne soient bien séches.

 Les

Les moules dont on se sert pour tailler les Pastilles sont de fer blanc; ils sont faits comme si c'étoit un cornet ou étui à mettre le doigt; de sorte qu'appuyant par un bout sur la pâte qui est mince , en tournant le moule, la Pastille demeure dedans & en soufflant par l'autre bout elle sort du moule.

Hypocras excellent & parfumé.

Prenez une demi-livre de sucre & le cassez ou le rapez & le mettez dans un bassin , ensuite versez sur ledit sucre une pinte de vin; le plus vieux & le plus foncé en couleur est le meilleur, remuez doucement vôtre sucre avec une cuillier pour le faire fondre , & étant fondu passez vôtre vin par la chausse cinq ou six fois, étant clarifié versez-y un petit filet d'essence d'Hypocras & le remuez avec la cuillier. Goûtez s'il est assez fort, & s'il ne l'est pas, versez-y encore quelques larmes de vôtre essence, & il sera fait. Vous le verserez promptement dans une bouteille qui sera bouchée à l'instant, afin qu'il ne s'évente pas. La maniere en est prompte, & il est meilleur que l'on ne le peut faire par infusion.

Rossolis ou liqueur parfumée.

Vous mettrez dans une bassine de cuivre rouge sur le feu deux pintes d'eau, & deux livres de sucre que vous ferez bouillir jusqu'à la diminution d'un quart. Ensuite vous y verserez deux cuillerées d'eau de fleurs d'Orange, & ayant encore bouilli un moment vous y jetterez un blanc d'œuf avec la coquille, que vous aurez auparavant rompuë & foüettée avec un brin de verge : vous remuerez bien le blanc d'œuf dans vôtre liqueur avec le brin de verge, & lors qu'elle commencera à bouillir vous la tirerez du feu & la passerez par la chausse plusieurs fois, & étant clarifiée vous y verserez de bonne eau de vie à discretion selon la force que vous lui voudrez donner. Puis vous y ver-

serez

ferez de l'effence d'Ambre felon vôtre goût, plus ou
moins, ou bien de l'effence d'Hypocras, & elle fera faite.

Autre liqueur parfumée.

Faites fondre une livre de fucre dans une pinte de
vin vieux comme fi vous vouliez faire de l'Hypocras,
& la paffez par la chauffe plufieurs fois. Enfuite verfez-y de bonne eau de vie à difcretion felon la force
que vous lui voudrez donner. Puis verfez-y de l'effence d'Hypocras ou de l'effence d'Ambre à difcretion felon vôtre goût, & elle fera faite.

Sur les Eaux de fenteur.

Les Eaux d'Ange fe font de plufieurs façons &
font prefque toûjours la même chofe : & du moment
que l'on a en memoire toutes les drogues qui y peuvent entrer, & que l'on fait à peu près la dofe du
fort & du foible, ainfi que les Articles l'enfeignent,
on la fait facilement auffi bonne que l'on veut en
augmentant ou diminuant la dépenfe.   Ce qu'il y a
de particulier, c'eft que la faifant dans le coquemar,
elle fe fait trouble & épaiffe, & la faifant diftiler au
Bain marie, elle fe fait claire comme eau de roche,
cependant elle a la même odeur que l'autre.

L'eau de la Reine de Hongrie ne fe peut faire fi
bonne qu'à Montpellier, parce qu'ils la font avec les
fleurs de Rômarin qu'ils ont en abondance ; mais
cependant celle que nous faifons avec les feuilles eft
fort bonne & a la même vertu.

A l'égard des Eaux de fleurs, il n'y a que la fleur
d'Orange & celle de Rofe de laquelle on puiffe faire
de l'eau, & s'il s'én trouve d'autre forte elle eft ar-
tificielle. Plufieurs ont voulu faire de l'eau de Jafmin
& n'y ont pas réuffi, la raifon en eft aifée à trouver, c'eft qu'il faut que ce foit une fleur qui ait du
corps pour pouvoir produire de l'eau, autrement il
faut que ce foient des fleurs qui fortent d'un Arbre

                    aroma-

aromatique, comme le Rômarin, ou le Myrthe, desquels on peut se servir des feuilles qui ont beaucoup de force pour aider à la fleur. Exemple, frotez dans vôtre main une fleur d'Orange ou une Rose, & la sentez, vous trouverez qu'elle sentira plus fort qu'auparavant; il en est tout au contraire d'une fleur de Jasmin, ou d'une Tubereuse, car bien loin de communiquer son odeur, elle se reduira en fumier, & sentira mauvais, c'est ainsi que chaque chose porte sa quàlité. Il est aisé de là à juger, que quoi que l'on vende de l'eau d'œillet, on ne peut pourtant en tirer de l'eau, puis que cette fleur n'a pas la force d'en produire; mais parce qu'il tire sur l'odeur du Girofle que l'on a adouci, en tirant de l'eau, c'est par ce moyen que l'on a de l'eau qui a l'odeur de l'œillet.

Traité des Eaux de senteur.

Eau d'Ange bouillie.

Dans un coquemar de terre où vous aurez mis trois pintes d'eau, vous y mettrez une livre de Benjoin concassé, une demi-livre de Storax concassé, une once de Canelle pilée, demi-once de clou de Girofle pilé, deux Citrons coupez en quatre, deux ou trois morceaux de Calamus. Ensuite vous mettrez le coquemar auprès du feu, & le couvrirez & le ferez bouillir jusqu'à la diminution d'un quart, puis vous verserez l'eau dans un bassin & la laisserez refroidir avant que de la serrer dans des bouteilles.

Si vous avez besoin de plus grande quantité de cette eau, remplissez le coquemar comme la premiere fois, & la faites bouillir de même, cette seconde eau sera presque aussi bonne que la premiere, & vous les pourrez mêler ensemble.

Ensuite vous retirerez le Marc qui sera au fond du coquemar avant que d'être refroidi, & le mettrez sécher,

vous

vous en ferez enfuite des Paftilles comme vous verrez dans les articles fuivans, ou vous vous en fervi-
rez dans les compofitions où il eft néceffaire, ainfi
que je l'ai dit dans le traité des Savonnetes.

Autre Maniere.

Vous mettrez dans le Coquemar trois chopines
d'eau de fleurs d'Orange & trois chopines d'eau de
Rofes, vous y mettrez enfuite les mêmes drogues
& la même quantité qu'à l'eau d'Ange précédente,
à la réferve du Citron qu'il ne faut pas : vous y ajoûterez de plus une veffie de Mufc ; vous la ferez cuire de la même maniere, & après avoir tiré l'eau
vous tirerez le marc, & le mettrez fécher pour en
faire des Paftilles à brûler.

Eau de Mille-fleurs.

Vous mettrez dans une bouteille de verre une pinte de bonne eau d'Ange, vous pilerez enfuite douze
grains de Mufc dans le petit mortier, & le délayerez
avec un peu de cette eau d'Ange , & verferez le
tout dans la bouteille que vous boucherez bien & que
vous réferverez pour le befoin.

Vous pourrez au lieu de Mufc y mettre un gros de
veffie de Mufc coupée par petits morceaux , & elle
fera bonne.

Eau d'Ange diftilée au bain-Marie.

Il faut avoir un Alambic de verre , qui eft de trois
pieces : favoir la bombe , le chapiteau, & le matras,
il faut auffi un fourneau pour y faire du feu de charbon, & un chaudron ou autre vaiffeau femblable affez profond pour mettre l'eau & l'Alambic : vous
colerez du papier double autour de la bombe , &
l'endroit où pofe le chapiteau, & vous poferez le
matras au bout de la canule pour recevoir la diftilation.

Y 5

Vous

Vous mettrez dans la bombe une pinte d'eau, vous y mettrez enfuite quatre onces de Benjoin concaffé, deux onces de Storax concaffé, demi-once de Canelle pilée, deux gros de clou de Girofle pilé, un morceau de Calamus, un gros de veffie de Mufc, & l'eau qui fe diftilera fera très-odoriferante & bien claire, & le marc qui reftera après la diftilation faite fera mis à l'air pour fécher, & on le pourra employer parmi les Paftilles à brûler.

Eau d'œillet.

Vous mettrez dans l'Alambic de verre au bain-Marie comme deffus une pinte d'eau & deux onces de clou de Girofle concaffé, & l'eau qui fe tirera fera d'une odeur bien agréable, parce que la force du clou de Girofle étant adoucie au moyen de l'eau, tire plus fur l'œillet que fur le Girofle.

Eau de Canelle.

Vous mettrez dans l'Alambic de verre comme deffus une pinte d'eau & deux onces de Canelle concaffée, & l'eau qui fe diftilera en aura l'odeur bien naturelle.

Eau de Thym.

Vous mettrez comme deffus une pinte d'eau dans l'Alambic de verre avec deux poignées de Thym, & l'eau qui fe diftilera en aura l'odeur.

Toutes les herbes Aromatiques fe peuvent diftiler de la même maniére. Comme ce font des herbes fortes qui gardent leurs odeurs auffi bien étant féches que vertes, il eft aifé par la maniere ci-deffus écrite d'en tirer de l'eau.

Eau de fleurs d'Orange diftilée au refrigeratoire.

Vous mettrez infufer deux livres de fleurs d'Orange dans deux pintes d'eau l'efpace de trois heures,

enfuite

enfuite vous mettrez le tout dans l'Alambic & ferez grand feu deſſous, & vous mettrez un matras ou bouteille à long goulot pour recevoir l'eau qui ſe diſtilera de la canule : vous aurez ſoin de fournir d'eau fraîche dans le refrigeratoire, & auſſi-tôt qu'elle ſera chaude de la renouveller, car c'eſt la fraîcheur d'en-haut qui attire la diſtilation, & qui empêche que l'eau ne ſente le feu, & pour empêcher qu'elle ne ſente le fruit, il faut que vos fleurs ſoient fraîchement cueillies & ſoient bien fraîches, & lors que vôtre eau ſera tirée, vous vous en appercevrez à ce que la diſtilation finira, & qu'elle commencera à ſentir le brûlé, & pour en tirer l'eſſence, voyez les Articles des Eſſences fortes.

Si vous voulez que vôtre eau ſoit plus forte d'odeur, il ne s'agit que de mettre ſi peu d'eau que vous voudrez, car moins vous en mettrez & plus elle ſera forte, mais il faudra pour éviter que les fleurs ne s'attachent au fond, mettre du ſable au fond de l'Alambic & faire moins de feu.

Autre Maniere.

Vous mettrez infuſer deux livres de fleurs d'Orange ſéches dans deux pintes d'eau pendant trois ou quatre heures, enſuite vous mettrez le tout dans l'Alambic & le ferez diſtiler comme il eſt expliqué au précédent Article, l'eau qui en provient eſt propre à bien des choſes, car elle eſt bonne pour employer dans l'eau d'Ange à purger le Tabac, & à toutes ſortes de Peaux & Gands.

Eau de Roſe.

Vous ferez infuſer trois livres de Roſes dans deux pintes d'eau pendant deux ou trois heures, enſuite vous les mettrez diſtiler dans l'Alambic tout comme les fleurs d'Orange fraîches, & vous y obſerverez toutes les mêmes circonſtances : car l'une ſe fait comme l'autre, & on peut diminuer l'eau si on veut la faire plus forte : mais comme l'eau de Rose s'employe dans la purgation du Tabac par quantité, aussi bien que l'eau de fleurs d'Orange, il est nécessaire d'en tirer suffisamment quand c'est pour cet usage : Lors que ce sera pour l'employer autrement, vous la ferez si forte que vous voudrez, ainsi que je l'ai dit ci-devant.

Eau de la Reine de Hongrie.

Vous mettrez dans une bouteille de verre fort, deux pintes d'esprit de vin, deux bonnes poignées de feuilles de Rômarin, une poignée de Thym, une demi-poignée de Marjolaine, de laquelle vous ne prendrez que la feuille, & autant de Sauge que de Marjolaine, bouchez bien la bouteille, & la mettez au Soleil l'espace d'un mois. Ensuite vous délayerez gros comme une féve d'Orcanet avec un peu d'esprit de vin en l'écrasant, & le verserez dans vôtre bouteille, & la remettrez cinq ou six jours au Soleil, & elle sera faite. Elle sera d'un beau rouge & aura beaucoup de vertu, & sera d'une bonne odeur.

Sur les Pastilles à brûler.

Pour les compositions des Pastilles il ne faut entreprendre d'y mêler que des choses qui sont propres à brûler, & qui poussent de l'odeur dans la fumée : car autrement ce seroit autant de perdu. Par exemple, si vous y mettez de la Civete, elle rendra plûtôt une méchante odeur qu'une bonne, pour preuve, mettez un grain de Civete dans le feu, il sentira plus mauvais que bon, & le Musc de même, & au contraire mettez-y de l'Ambre, & vous tirerez une odeur agréable, & ainsi des autres drogues.

§. I. Maniere de faire les Pastilles à brûler.

Vous mettrez dans le mortier une livre de Benjoin commun,

commun, demi-once de clou de Girofle, deux gros de Canelle, un morceau de Calamus, vous pilerez le tout enfemble & le pafferez au Tamis de crin; enfuite vous ferez détremper de la gomme Adragante avec de l'eau commune: & vous mettrez dans le mortier la poudre que vous aurez paffée avec une écuellee de cette gomme, & vous les mêlerez & pilerez enfemble pour former la pâte. Si vous trouvez que vôtre pâte foit molle, vous y remettrez de la poudre; ainfi la pâte eft aifée à faire. Il ne s'agit après que d'applatir vôtre pâte avec un rouleau, & de tailler vos Paftilles avec le moule, ainfi que j'ai dit dans l'Article des Paftillesde bouche, & les mettrez fécher, & elles feront faites.

Paftilles de Rofes & Oijelets.

Vous pilerez & pafferez au Tamis de crin une livre de marc d'eau d'Ange, de celui qui fera forti de l'eau d'Ange du premier Article des Eaux; & duquel vous ôterez les Citrons, & étant réduit en poudre, vous le mettrez dans le mortier, y ajoûtant une poignée de feuilles de Rofes fraîchement cueillies, & une écuellée de gomme Adragante détrempée avec de l'eau de Rofes, vous pilerez le tout enfemble affez long-temps pour bien former la pâte, vous l'aplatirez avec un rouleau, & la couperez avec un couteau par tabletes comme vous voudrez.

Pour en faire des Oifelets vous en prendrez des morceaux que vous roulerez dans les mains comme un bout de bougie, long comme le doigt, auquel vous ferez un bout un peu large pour le faire tenir debout: & les mettrez fécher. Ces fortes de Paftilles s'allument comme une Chandelle, & brûlent jufqu'à la fin fans s'éteindre, & produifent une fumée d'une très-bonne odeur.

Paftilles d'Efpagne.

Vous pilerez & mettrez en poudre, paffée au Tamis

mis de crin, le marc de l'eau d'Ange, du second
Article de l'eau d'Ange, & vous ferez détremper de la
gomme Adragante avec de l'eau de fleurs d'Orange,
& vous en ferez une pâte dans le mortier avec vôtre poudre, vous taillerez enfuite vos Paftilles avec
les moules & les mettrez fécher, & elles feront faites.

Autre maniere.

Vous mettrez dans le mortier une livre de Bèn-
join, demi-livre de Storax bien fec, demi-once de
Canelle, deux gros de Girofle, deux onces de Rofes de provins, & un morceau de Calamus, vous pilerez le tout enfemble & le pafferez au tamis de crin,
jufqu'à ce que le tout foit confommé, vous ferez enfuite détremper la gomme Adragante avec de l'eau
de Mille-fleurs & de l'eau de fleurs d'Orange, autant de l'une que de l'autre, puis vous ferez vôtre
pâte dans le mortier avec vôtre poudre & vôtre gomme comme à l'ordinaire, puis vous les taillerez a vôtre gré & les mettrez fécher, & elles feront faites.

Paftilles de Portugal.

Vous pilerez & pafferez au Tamis de crin une livre du meilleur marc d'eau d'Ange que vous ayez;
enfuite faites détremper de la gomme Adragante avec
l'eau de fleurs d'Orange : & faites vôtre pâte dans
le mortier avec vôtre poudre & vôtre gomme comme à l'ordinaire, à l'exception qu'il faut faire vôtre
pâte un peu plus ferme.

Vous ferez enfuite chaufer le cu du petit mortier
& le bout de fon pilon, & ferez fondre par fa chaleur vingt grains d'Ambre, il n'importe duquel, &
y ajoûterez un filet d'eau de Mille-fleurs pour le délayer, vous augmenterez cette eau jufqu'à la quantité d'un demi-verre, enfuite vous mettrez vôtre
mortier fur un réchaut de feu, & vôtre compofition
étant chaude vous la verferez fur vôtre pâte & la mê-
ferez.

lerez bien, &. elle sera faite ; vous taillerez vos Pastilles avec les moules comme à l'ordinaire & les mettrez sécher.

Maniere de détremper la gomme pour faire les Pâtes des Pastilles.

Vous mettrez détremper vôtre gomme en telle eau que vous voudrez, mais il faut que l'eau ne la surpasse que de la hauteur d'un travers de doigt, parce qu'il ne la faut pas noyer tout d'un coup, & lors qu'elle aura bû l'eau vous en ajoûterez encore, ainsi peu à peu, jusqu'à ce qu'elle soit détrempée, non pas trop liquide, mais seulement bien molete & bien détrempée, & vous en servirez.

§. II. Maniere de faire les Pâtes parfumées pour Chapelets & Médailles.

Prenez de la poudre fine à la Marêchale & en faites une Pâte avec de la gomme Adragante & Arabique détrempée avec de l'eau de Mille-fleurs, & si vôtre pâte se trouvoit trop molle, vous y ajoûterez de la poudre, & si elle se trouvoit trop ferme, ou qu'elle ne se pût lier vous y mettrez de la gomme ; il n'y va que du plus ou du moins de l'un & de l'autre ; il faut un peu froter les moules avec de l'essence de fleurs, afin que la pâte ne s'y attache pas : cette pâte est couleur de caffé.

Autre maniere.

Vous prendrez du parfum à parfumer les autres poudres, & en ferez une pâte avec de la gomme qui aura été détrempée avec de l'eau de fleurs d'Orange ; dans laquelle vous aurez mis un filet d'essence d'ambre ; cette pâte sera blanche, & en y ajoûtant du vermillon vous la ferez si rouge que vous voudrez ; & pour la faire jaune ou blonde, il y faut ajoûter de l'Ocre jaune passée bien fin.

Autre

Autre maniere.

Prenez moitié poudre de Chypre parfumée & moitié poudre de Frangipanne, & en faites une pâte avec de la gomme détrempée avec de l'eau de Mille-fleurs; cette pâte est grise & d'une agréable odeur.

Autre maniere.

Prenez de la poudre fine à la Maréchale, & la moitié d'autant de marc d'eau d'Ange passé bien fin, & en faites une pâte avec de la gomme détrempée en l'eau de Mille-fleurs: cette pâte sera bonne:

Autre maniere.

Prenez de la poudre de Chypre parfumée, de la poudre de Frangipanne, & du Parfum à parfumer les autres poudres, autant de l'une que de l'autre: & en faites une pâte avec de la gomme détrempée avec de l'eau de fleurs d'Orange, dans laquelle vous aurez versé un filet d'essence d'Ambre. Cette pâte sera d'un gris cendré fort beau, & d'une odeur douce & agréable.

Il sera aisé de rendre toutes ces sortes de pâtes, d'aussi bonne & aussi forte odeur que l'on voudra, en augmentant l'Ambre, le Musc, & la Civete, soit dans les poudres, ou dans les eaux avec lesquelles on détrempe la gomme.

Maniere d'apprêter la gomme pour les Pâtes ci-dessus.

Il faut détremper la gomme Adragante, de la même maniere qu'il est expliqué à l'Article qui précéde les pâtes ci-dessus, & ajoûter sur une écuellée de cette gomme, un demi-verre d'eau de gomme Arabique assez épaisse, & les mêler ensemble, & vous en servir pour faire vos pâtes.

Sur les grosses poudres dont on remplit les Sachets
& Toiletes.

Il faut remarquer que toutes ces sortes de compositions, quoi que differentes, ont toutes du rapport les unes avec les autres, parce qu'elles sont presque toutes d'odeurs fortes, & la plus grande subtilité en les composant, est de mélanger toutes les drogues avec tant de précaution, que l'on puisse rendre difficile à connoître laquelle de toutes les odeurs mélangées est celle qui domine, ce qui se peut comprendre facilement par la lecture & pratique des Articles qui les contiennent, appropriant un peu plus d'odeurs douces avec un peu moins de fortes, à quoi on peut remedier, quand même on y auroit manqué, puis que le mélange étant fait, on y peut ajoûter ce que l'on trouve à propos.

Des grosses Poudres à la Maréchale, & de toutes les
manieres de s'en servir.

Grosse Poudre à la Maréchale.

VOus prendrez une livre d'Iris, douze onces de fleurs d'Orange séches, quatre onces de Coriandre, demi-livre de Roses de provins, deux onces de marc d'eau d'Ange, une once de Calamus, deux onces de Souchet, demi-once de clou de Girofle, vous concasserez bien toutes ces drogues dans le mortier l'une après l'autre, & ensuite vous les mêlerez si bien ensemble qu'il n'y ait pas plus d'une drogue à un endroit qu'à l'autre, & elle sera faite.

Autre maniere.

Vous prendrez douze onces d'Iris, demi-livre de fleurs d'Orange séches, quatre onces de Roses de provins, quatre onces de bois de Roses, une de Benjoin.

join, une demi-once d'écorce de Citron féche, demi-once d'écorce d'Orange féche, demi-once de Marjolaine féche, une once de Souchet, demi-once de Calamus, deux gros de Caneile, demi-once de clou de Girofle, deux onces de bois de Sandal Citrin. Vous concafferez toutes ces drogues l'une après l'autre dans le mortier, puis vous les mêlerez bien enfemble, & elle fera faite.

Autre maniere.

Vous prendrez une livre d'Iris, demi-livre de fleurs d'Orange féches, quatre onces de Rofes de provins, deux onces de bois de Sandal Citrin, une once d'écorce d'Orange féche, demi-once de Marjolaine, demi-once de Lavande féche, une once de Calamus, deux onces de Souchet, une once de Benjoin, demi-once de Storax, demi-once de Labdanum. Vous concafferez toutes ces drogues dans le mortier l'une après l'autre, & enfuite vous les mêlerez bien enfemble, & elle fera faite. On peut ajoûter fi l'on veut dans ces poudres des bois de fenteur.

Pot pourri pour faire des Sachets.

Vous prendrez douze onces de Rofes communes éfeuillées, une livre & demie de Lavande, de laquelle vous ne prendrez que la graine, douze onces de Marjolaine, de laquelle vous ne prendrez que les feuilles, fix onces de Thym, duquel vous prendrez aufli les feuilles, quatre onces de feuilles de Myrthe, quatre onces de Melilot, duquel vous prendrez aufli les feuilles, une once de feuilles de Rômarin, une once de feuilles de Laurier, deux onces de clou de Girofle à moitié pilé, une livre de feuilles de Rofes mufcades, le plus de fleurs d'Orange que vous pourrez, des feuilles d'œillet de même quantité que de fleurs d'Orange, vous mettrez le tout dans un pot, faifant une couche de fleurs & une couche de fel, vous ferez

rez ainsi, jusqu'à ce que le pot soit rempli de tout ce qui est ci-dessus nommé; vous le boucherez bien & le remuerez avec un bâton de deux jours l'un, le mettant pendant la chaleur de l'Eté au Soleil : il faut avoir soin de le retirer de la pluye & du serein, & au bout d'un an on en fait des Sachets, y ajoûtant à discretion de la poudre de Chypre parfumée.

Boutons de Roses.

Vous prendrez telle quantité de boutons de Roses que vous voudrez, les plus fermez, vous arracherez les boutons verts, & vous mettrez à la place de chacun un clou de Girofle, & les mettrez sécher au Soleil entre deux papiers, ils seront propres à mettre dans les Sachets, & dans les poudres dont ils sont composez.

Vous pouvez aussi les exposer au Soleil dans un vaisseau de terre couvert de papier, & les arroser les premiers jours de bonne eau d'Ange, & étant secs vous vous en servirez comme ci-dessus.

Fleurs d'Orange séches.

Vous mettrez la quantité que vous voudrez de fleurs d'Orange sécher au Soleil entre deux papiers bien clos tout autour, & étant séches les garderez pour vous en servir au besoin.

Sachets de senteur.

Vous prendrez telle étoffe de Soye qu'il vous plaira, Taffetas ou autre, & vous ferez vos Sachets de la largeur de demi-tiers en quarré, & vous les coudrez tout autour à la reserve d'environ 4 doigts, par où vous ferez entrer douze onces ou environ de grosse poudre à la Maréchale, telle que vous la voudrez choisir, & vous acheverez de coudre vos Sachets, & ils seront faits. Lors qu'au bout du tems l'odeur

des

des Sachets sera diminuée, tirez-en la poudre & faites la piler dans le mortier, & la remettez dans vos Sachets, & elle aura l'odeur comme la premiere fois.

Autre maniere.

Vous taillerez vôtre étoffe comme ci-dessus, & sur la moitié de ladite étoffe vous semerez de la grosse poudre à la Marêchale, puis vous y mettrez dessus un lit de coton parfumé épais d'un pouce, & vous jetterez sur le coton de la même poudre, vous renverserez ensuite l'autre moitié d'étoffe par dessus le tout, & le coudrez tout autour sans le remuer, puis vous le piquerez en matelats, & cela sera fait. Vous pourrez orner les quatre coins de houpes ou de faveurs.

Sachets pour porter sur soi.

Vous prendrez de l'étoffe de Soye un peu jolie, & vous ferez vos Sachets de la grandeur de quatre doigts, un peu plus longs que larges, vous froterez ensuite l'envers de l'étoffe avec un peu de Civete assez légerement, puis vous les emplirez de grosse poudre à la Marêchale, de celle que vous voudrez choisir, à laquelle vous ajoûterez un peu de clou de Girofle & un peu de bois de Sandal Citrin bien pilez, parce que cela reveille bien l'odeur & la change. Vos Sachets étant remplis vous acheverez de les coudre, & les ornerez tout autour de faveurs par bouillons d'une couleur convenable à l'étoffe, & ils seront faits.

Autre maniere.

Vous ferez vos Sachets de la grandeur de quatre doigts, & de si belle étoffe que vous voudrez, avant que de les remplir vous ferez la composition suivante.

Vous broyerez dans le petit mortier, huit grains de Musc, y ajoûtant un petit filet d'eau de Mille-

fleurs

fleurs ; Vous ajoûterez enfuite quatre grains de Civete, que vous broyerez avec le Mufc, vous y verferez auffi un filet de baume du Perou, & une cuillerée d'eau de Mille-fleurs , & ayant bien mêlé le tout enfemble avec le pilon vous en froterez légerement l'envers de vos Sachets, puis vous les emplirez de la compofition du pot pourri & de poudre de Chypre parfumée mêlez enfemble, & acheverez de clorre vos Sachets, vous les ornerez tout autour de faveurs comme les précédens.

Autre maniere.

Vous prendrez toute la plus belle étoffe que vous aurez , & vous fe ez vos Sachets un peu plus grands que les précédens , & lors qu'ils feront prêts à emplir, vous ferez la compofition fuivante.

Vous ferez chaufer le cu du petit mortier, & vous ferez fondre par fa chaleur huit grains. d'Ambre : étant fondus vous y mêlerez quatre grains de Civete en broyant avec le pilon : puis vous y verferez peu à peu deux cuillerées d'eau de Mille fleurs, dans laquelle vous aurez auparavant fait détremper gros comme un pois de gomme Arabique ; vous froterez légerement l'envers de vos Sachets de cette compofition, puis vous les emplirez de poudre de Chypre & de Frangipanne parfumée , autant de l'une que de l'autre, dans lefquelles vous aurez mis plufieurs petits morceaux de veffie de Mufc, & finirez vos Sachets, vous les ornerez de faveurs comme les précédens, & ils feront faits.

Manne d'Ofier parfumée pour mettre fur les habits des Dames.

Vous prendrez une manne d'Ofier fin de la grandeur que vous voudrez , vous prendrez enfuite du Taffetas ce que vous jugerez qu'il en faut pour la garnir, vous étendrez vôtre Taffetas fur un Métier à

bro-

broder, & vous mettrez fur le Taffetas un lit de
Coton parfumé épais de deux écus : puis vous jetterez fur ce Coton de la groffe poudre à la Marêchale
bien également, ajoûtant par deffus cette poudre un
peu de bois de Sandal Citrin bien pilé, puis vous
couvrirez le tout d'un autre Taffetas, & vous le piquerez enfuite par petits carreaux; ce qui étant fait,
vous taillerez vôtre étoffe de la grandeur du fond de
vôtre manne, & des côtez auffi-bien que du couvercle, & vous borderez toutes les coupures avec un
galon de Soye de la couleur de l'Etoffe. Toutes les
parties étant enfemble vous les mettrez dans la manne, & les y coudrez à plufieurs endroits, & elle fera faite.

Poches parfumées pour les Dames.

La même Etoffe, compofitions & piquûres ci-
deffus fervent pour faire les Poches parfumées. Il
ne s'agit que de tailler l'étoffe en forme de poche,
border les coupures avec du galon, & elles feront
faites.

Boëtes à Perruques parfumées.

Vous ferez faire la boëte à Perruques d'un bois
de l'épaiffeur d'un écu, longue d'une demi-aune ou
environ, ronde par les bouts & étroite à proportion
d'une Perruque. Enfuite pour faire la garniture vous
étendrez fur un Métier à broder un morceau de Taffetas, & fur ce Taffetas un lit de Coton parfumé
d'une bonne odeur, bien égal, & fur ce Coton vous
femerez de la meilleure poudre à la Marêchale que
vous ayez, & dont les morceaux ne feront pas trop
gros, & par deffus cette poudre vous y femerez un
peu de bois de Sandal Citrin pilé bien menu, vous
couvrirez enfuite le tout avec un morceau de Tabis
du plus beau, qui aura été froté par l'envers avec
la compofition fuivante : vous piquerez vôtre étoffe
par carreaux, & taillerez enfuite à proportion du fond,

du

du tour, & du dedans du couvercle de la boéte,
& après vous borderez les coupures avec du galon
de Soye de la couleur du Tabis, & en ferez garnir
le dedans de vôtre boéte, tout le dehors de la boéte doit être couvert de peau de senteur, & toutes
les coupures & bordures de la peau doivent être couvertes d'un galon d'or ou d'argent, & la serrure &
la clef dorée.

Composition pour froter l'envers du Tabis.

Vous ferez chaufer le cu du petit mortier, & ferez
fondre par sa chaleur 10 grains d'Ambre en le remuant avec le pilon, y versant un filet d'eau de
fleurs d'Orange vous y ajoûterez six grains de Civete, & ayant bien mêlé le tout ensemble, vous y
verserez deux cuillerées d'eau de Mille-fleurs, dans laquelle vous aurez fait détremper gros comme un
pois de gomme Arabique : le tout étant bien mêlé,
vous en frotterez l'envers de vôtre Tabis bien légerement avec un petit morceau d'éponge, & cela sera fait.

Boëtes parfumées pour mettre le Linge.

Les Boëtes pour le linge se garnissent & se couvrent de la même maniere, & du même Parfum que
les boëtes à perruques, il n'y a de difference que la
façon de la boëte qui est faite en maniere d'un petit
coffre, & pour la grandeur on ne les fait d'ordinaire que d'une grandeur capable de renfermer tout le
menu linge d'une personne de qualité.

Toilette de senteur.

Les Toilettes de senteur se font de deux manieres, la premiere est celle-ci qui ne differe en rien de
la garniture des boëtes à Perruques, il faut assembler vôtre étoffe de la grandeur dont vous voulez la
Toilette, & l'étendre sur un Métier à broder, & la

garnir

garnir d'un lit de Coton parfumé, & mettre la poudre par deſſus : & couvrir le tout d'une étoffe telle que vous voudrez, & la piquer. Si l'étoffe de laquelle vous faites le deſſus n'étoit pas aſſez épaiſſe pour ſupporter la compoſition de laquelle vous la frôtez, vous augmenterez cette compoſition avec de l'eau de Mille-fleurs, & vous la ferez boire à une ſuffiſante quantité de Coton que vous laiſſerez après ſécher, puis vous en ferez un lit bien mince & bien égal par deſſus la poudre que vous aurez miſe, ou du moins vous en mettrez à pluſieurs endroits : & vous couvrirez le tout de vôtre étoffe, & la piquerez de la maniere qu'il vous plaira, & elle ſera faite.

Toilettes de ſenteur de Montpellier.

Vous prendrez de la Toile neuve bien forte & peu ſerrée, & vous la couperez de la grandeur que vous voudrez faire vos Toilettes, & les ferez tremper & bien laver dans pluſieurs eaux, puis les mettrez tremper dans de l'eau d'Ange du jour au lendemain, & les remettrez ſécher. Vous aprêterez enſuite la compoſition ſuivante.

Deux livres d'Iris, une livre de racine de Campanne, deux onçes de bois de Roſes, quatre onces de Sandal Citrin, une once de Calamus, deux onces de Souchet ; demi-once de Canelle, deux gros de clou de Girofle, & une demi-once de Labdanum. Vous mettrez toutes ces drogues en poudre paſſée au Tamis de crin, l'une après l'autre, & enſuite vous les mêlerez enſemble, & les mettrez dans le mortier avec de la gomme Adragante que vous aurez fait détremper avec de l'eau d'Ange, il faut que la gomme ſoit claire, & qu'il y ait beaucoup d'eau afin que là pâte en ſoit claire ; vous froterez vos Toiles avec cette pâte des deux côtez le plus fort que vous pourrez, afin que la pâte pénétre & s'attache à la Toile : vous y laiſſerez tout ce qui s'y attachera, les rendant

dant les plus unies que vous pourrez ; & enſuite vous les mettrez ſécher, & lors qu'elles ſeront preſque ſéches vous prendrez une éponge que vous tremperez dans de l'eau d'Ange, & vous en froterez vos Toiles pour les rendre unies : puis vous les mettrez derechef ſécher, & elles ſeront faites.

Il faudra lors qu'elles ſeront ſéches les plier dans les plis où vous voudrez qu'elles demeurent. Ces ſortes de Toiletes s'enferment entre deux étoffes telles que l'on veut.

Autre compoſition de Toiletes.

Les Toiles étant lavées & purgées & ſéches comme ci-devant, vous ferez la compoſition ſuivante.

Deux livres d'Iris, une livre de racine de Campanne, deux onces d'écorce de Citron ſéche, une oncè d'écorce d'Orange ſéche, une once de clou de Girofle, demi-livre de Benjoin, quatre onces de Storax, deux onces de Souchet, une once de Labdanum. Toutes ces drogues ſeront miſes en poudre, paſſée au Tamis de crin, l'une après l'autre, puis vous les mélerez enſemble & vous en ferez une pâte claire comme à l'Article précédent, vous en froterez vos Toiles & les finirez de même, & elles ſeront faites.

§. I. *Compoſitions pour porter ſur ſoi.*

Broyez dans le petit mortier gros comme un pois de Benjoin, verſez-y un filet de Baume du Perou ; puis y ajoûtez quatre grains de Civete, & ayant bien mêlé le tout avec le pilon, ramaſſez-le avec du coton & le mettez dans vôtre boete ou gland.

Autre maniere.

Faites chaufer le petit mortier & faites fondre à ſa chaleur quatre grains d'Ambre, délayez-le avec un

<table>
<tr><td>Tome I.</td><td>Z</td><td>filet</td></tr>
</table>

filet d'essence d'Ambre, ajoûtez-y deux grains de Civete, & l'ayant mélé ramassez le tout avec du coton & le mettez dans vôtre boëte ou gland.

Autre maniere.

Faites chaufer le petit mortier & faites fondre à sa chaleur six grains d'Ambre, & le délayez avec quatre goutes d'eau de Mille-fleurs, ajoutez-y quatre grains dè Musc; & les ayant broyez ensemble, ramassez le tout avec du coton, que vous aurez froté auparavant avec un grain de Civete, & le mettez dans vôtre boëte ou gland.

Autre maniere.

Broyez dans le mortier quatre grains de Musc, & deux grains de Civete ensemble, ajoûtez-y quatre goutes de Baume du Perou, & ramassez le tout avec un peu de coton & le mettez dans vôtre boëte ou gland.

Autre maniere.

Faites chaufer le petit mortier, & faites fondre à sa chaleur douze grains d'Ambre, ajoûtez-y six grains de Civete, & quelques larmes d'eau de Mille-fleurs, ensuite prenez un peu de coton & l'arrosez légerement de quelque goute d'essence de Girofle & de Canelle, & ramassez vôtre composition avec ce coton. Enfermez le tout dans une petite vessie de Musc, & l'envelopez ensuite avec un morceau de peau de senteur, & la cousez tout autour; & si vous voulez couvrir le tout de quelque étoffe propre vous le pouvez.

Autre maniere.

Dans les boëtes qui ont plusieurs étages on met differentes odeurs le plus souvent sans mélange, par exemple, dans l'un on y met du Baume du Perou, dans un autre de la Civete avec du coton, dans un

autre

autre de l'essence ou de Girofle ou de Canelle avec du coton, ainsi d'autres parfums suivant qu'on les aime.

§. I I. *Maniere de parfumer par la fumée.*

Il faut avoir un coffre de bois que l'on nomme parfumoir, il est fait comme un autre coffre à la réserve qu'il y a en bas une ouverture par laquelle on passe une ou deux petites terrasses de feu pour brûler les compositions avec lesquelles on veut parfumer, & lors que la composition se brûle on ferme le coffre & ladite ouverture. Et à l'entrée du coffre environ demi-pié avant, il y a une grille de bois ou de fil de cuivre pour supporter ce que l'on veut parfumer. On doit avoir soin de remuer & changer de côté ce que l'on parfume, afin que l'odeur soit égale par tout, & la fumée des parfums ne gâte ni ne noircit ce que l'on y met. Cette instruction servira pour tout ce que l'on voudra parfumer par la fumée.

Coton parfumé.

Mettez vôtre Coton sur la grille étendu également, & mettez brûler dans une terrasse celle des Pastilles que vous voudrez & fermez le parfumoir : & il prendra l'odeur.

Autre maniere.

Allumez cinq ou six Oiselets au fond du Parfumoir, & les posez sur des carreaux afin qu'ils ne brûlent pas le bois, & fermez le parfumoir.

Autre maniere.

Mettez dans une cassolete ou dans une écuelle d'argent de l'eau de Mille-fleurs sur une terrasse de feu, & lors que l'eau bouillira elle s'en ira en fumée & parfumera le coton; ou brûlez de la même maniere de l'eau de fleurs d'Orange, dans laquelle vous aurez

Z 2

verſé

verſé un filet d'eſſence d'Ambre, & l'odeur en ſera fort douce.

Pour parfumer une Chambre par la fumée.

Les fenêtres étant fermées allumez des Oiſelets & les poſez aux coins de la Chambre proche les Tapiſſeries, ou faites chaufer la pelle du feu, verſez deſſus de l'eau d'Ange, ou de Mille-fleurs, ou de fleurs d'Orange, avec un filet d'eſſence d'Ambre, & les fumées donneront une bonne odeur.

Autre maniere.

Mettez dans des caſſoletes ou des écuelles d'argent les eaux de ſenteur que vous voudrez, & les poſez ſur des réchauts de feu, & lors que les eaux bouilliront la fumée qui en ſortira donnera une bonne odeur. On peut brûler auſſi toutes ſortes de Paſtilles dans la cendre chaude.

Traité des Peaux & Gands parfumez.

Maniere de purger les Peaux d'Eventails & les parfumer aux fleurs.

IL faut couper les Peaux de Cannepin un peu plus grandes que l'on ne veut qu'elles demeurent, à cauſe qu'il les faut piquer autour des moules comme vous verrez ci après; enſuite vous les laverez dans de l'eau commune tant de fois que l'eau demeure nette, puis vous les laiſſerez tremper juſqu'au lendemain, vous les exprimerez & les etendrez ſur des cordes, & étant ſéches vous les laverez dans de l'eau de fleurs d'Orange, & les y laiſſerez tremper juſqu'au lendemain que vous les tirerez de l'eau ſans les trop exprimer, & les étendrez dérechef ſur des cordes, vous aurez ſoin de les détirer à meſure qu'elles ſécheront,

cheront, parce qu'il faut qu'elles se trouvent séches & détirées en même temps, car autrement on seroit en danger de les déchirer ou de les gâter: ensuite il faudra les colorer des couleurs que vous voudrez par les deux côtez avec une éponge, puis les étendrez sur les moules & les mettrez sécher à l'air.

Les moules à Eventails sont des planchetes de l'épaisseur de deux écus, taillées en éventails qui ont des pointes d'éguilles tout autour, par le moyen desquelles on étend l'éventail: il faut prendre garde que le côté de la chair soit toûjours en dehors.

Lors que vos Peaux d'Eventails seront séches vous les chargerez de composition, telle que vous voudrez la choisir dans celles à charger Gands ou Peaux, du côté de la chair seulement, pendant qu'elles sont étenduës sur les moules, & étant séches pour lors vous les releverez pour leur donner les fleurs.

Lors que vous aurez dessein de parfumer ces Peaux aux fleurs, il faudra choisir les compositions dans lesquelles il y a le plus de Civete pour les charger; sinon vous vous servirez des autres.

Vos Eventails étant préparez comme dessus, vous vous servirez d'une caisse dans laquelle vous mettrez un lit de Peaux, continuant ainsi jusqu'à ce que toutes vos Peaux soient en fleurs: si vous avez les fleurs en abondance vous les renouvellerez, au bout de 12. heures, sinon le lendemain à pareille heure, & leur ayant donné les fleurs cinq ou six fois elles seront faites. Il faut se servir de fleurs d'Orange, ce sont les meilleures à cet usage.

Maniere de purger & parfumer toutes sortes de grandes Peaux.

Vous choisirez des Peaux telles que vous voudrez, soit de Chamois, ou de Mouton, Agneaux, Chevreaux, ou de Chiens, qui n'ayent pas été aprêtées avec des jaunes d'œufs, car d'ordinaire les peaux

Z 3

font

font aprêtées ainfi pour les rendre moeleufes, & cela eft contraire au parfum; il faut auffi qu'elles foient parées.

Il faudra tout ainfi qu'aux Peaux d'Eventails, les laver dans de l'eau commune tant de fois que l'eau demeure nette, puis les laiffer tremper un jour, & les ayant retirées de l'eau les bien exprimer & les mettre fecher fur des cordes, enfuite les bien froter & amolir, & les mettre après tremper dans de l'eau de fleurs d'Orange pendant vingt-quatre heures, puis les retirer de l'eau fans les trop exprimer & les mettre fécher, & pour lors étant feches vous les froterez & les ouvrirez bien, puis vous les mettrez en couleur de celle qu'il vous plaira choifir à la fin de ce Traité; & étant colorées vous les chargerez de telle compofition que vous voudrez choifir avant que de leur donner les fleurs, ou bien vous vous contenterez de les parfumer aux fleurs feulement, de la maniere qui fuit.

Vos Peaux étant préparées comme je viens de dire, vous prendrez une caiffe grande à proportion de ce que vous aurez de Peaux, & vous ferez un lit de fleurs & un lit de Peaux, continuant de même jufqu'à ce que vous ayez tout employé. Vous laifferez vos Peaux dans les fleurs pendant vingt-quatre heures, puis vous les retirerez d'avec les fleurs & les étendrez fur des cordes environ une heure, pour deffécher l'humidité que les fleurs leur pourront avoir donnée, enfuite vous les ouvrirez bien & les remettrez en fleurs comme la première fois, vous ferez ainfi pendant cinq ou fix jours, & elles feront faites.

Maniere de préparer & parfumer les Gands.

Lors que les Peaux font lavées & purgées, comme il eft enfeigné ci-devant, il faut faire tailler & coudre les Gands, & cela étant fait les colorer de la couleur que l'on veut ainfi que vous trouverez à la

fin

fin de ce Traité, enfuite fi l'on veut les charger de quelque legere compofition, il faut le faire avant que de leur donner les fleurs de la maniere que vous trouverez dans les Articles fuivans ; & ayant été ainfi préparez, vous les mettrez en fleurs dans une caiffe, vous fervant à cet effet des fleurs que vous voudrez, faifant un lit de Gands & un lit de fleurs : vous continuerez ainfi jufqu'à ce que vous ayez tout employé, & les ayant ainfi laiffez dans les fleurs du matin au foir, ou tout au plus 24 heures, vous les retirerez des fleurs, & les mettrez à l'air fur des cordes pendant une heure pour deffécher l'humidité des fleurs ; puis vous les froterez & ouvrirez bien & les retournerez & les remettrez en fleurs fraîches par l'envers, vous continuerez ainfi à leur donner les fleurs par l'endroit & par l'envers pendant quatre ou cinq jours, puis vous les froterez & redrefferez, & ils feront faits. Il faudra donner auffi les fleurs une fois ou 2 au papier dans lequel vous les pilerez, afin qu'il n'en diminue pas l'odeur.

A l'égard des Gands ou Peaux que vous chargerez de quelque compofition de confequence, comme vous en trouverez dans la fuite, qui font faites d'Ambre, de Mufc, & de Civete, cela eft fuffifant pour donner une très-bonne odeur fans y employer des fleurs.

Compofition pour charger les Gands ou Peaux avant que de les mettre en fleurs.

Vous broyerez fur le marbre avec une petite molete un gros de Civete avec un filet d'effence de fleurs d'Orange, ou autres fleurs, faite d'huile de Ben, & les ayant bien mêlez enfemble, vous y ajoûterez un peu d'eau de Mille-fleurs, enfuite vous broyerez à part gros comme une noifette de gomme Adragante qui aura été détrempée avec de l'eau de fleurs d'Orange, puis après vous broyerez votre Civete &

Z 4

vôtre

vôtre gomme ensemble y ajoûtant peu à peu de l'eau de Mille-fleurs ; vous continuerez ainsi jusqu'à ce que vous ayez bien incorporé le tout ensemble ; pour lors vous mettrez vôtre composition dans le mortier & augmenterez l'eau en la remuant avec le pilon jusqu'à la quantité d'un poisson, qui est la moitié d'un demi-septier ; puis vous chargerez vos Gands ou Peaux bien également de cette composition avec une éponge, & les mettrez sécher à l'air sur des cordes, & étant secs vous les froterez & les ouvrirez, & leur donnerez les fleurs comme je l'ai dit ci-devant.

Composition Musquée.

Vous broyerez sur le marbre deux gros de Musc avec un filet d'essence de fleurs comme ci-devant, & étant bien broyez, les rangerez sur un coin du marbre, ensuite vous broyerez un demi-gros de Civete avec un filet de la même essence, & la mettrez aussi à part ; puis vous broyerez gros comme une noix de gomme Adragante qui aura été détrempée avec de l'eau de Mille-fleurs, ajoûtant un filet d'essence d'Ambre, vous broyerez ensuite le tout ensemble y ajoûtant peu à peu de l'eau de Mille-fleurs, & lors que la composition sera bien incorporée avec l'eau, vous la mettrez dans le mortier, & augmenterez l'eau en remuant avec le pilon jusqu'à la consistence d'un demi-septier, & en chargerez vos Gands ou Peaux, & les mettrez sécher.

Autre maniere.

Vous broyerez sur le marbre demi-gros de Civete avec un filet d'essence de fleurs comme ci-dessus, & étant broyée la rangerez sur un coin du marbre, ensuite vous broyerez un gros de Musc avec un filet de la même essence, & le rangerez aussi à part, puis vous broyerez gros comme une petite noix de gomme Adragante qui aura été détrempée avec de l'eau

de

de Mille fleurs, après vous rassemblerez vos trois drogues & les broyerez ensemble, y ajoûtant peu à peu de l'eau de Mille-fleurs, & lors que la composition aura été broyée pour pouvoir facilement s'incorporer avec l'eau, vous la mettrez dans le mortier y augmentant l'eau jusqu'à la quantité d'un demi-septier : ensuite vous chargerez vos Gands ou Peaux avec une éponge & les mettrez sécher, & étant secs vous les froterez, & les ouvrirez, & redresserez, & ils seront faits.

Composition à l'Ambrete.

Vous broyerez sur le marbre demi-gros de Civete avec un filet d'essence de fleurs d'Orange ou autre, & étant broyé le rangerez sur un coin du marbre : ensuite vous broyerez gros comme une petite noix de gomme Adragante qui aura été détrempée avec de l'eau de fleurs d'Orange, puis après vous broyerez le tout ensemble afin de les mêler : puis vous ferez chaufer le petit mortier & vous délayerez par sa chaleur un gros d'Ambre, y ajoûtant un petit filet d'eau de fleurs d'Orange que vous augmenterez peu à peu jusqu'à la quantité d'un poisson, puis vous broyerez de nouveau vôtre Civete avec un peu d'eau de fleurs d'Orange, & étant bien incorporée avec l'eau vous mêlerez le tout ensemble dans le mortier, & augmenterez l'eau jusqu'à ce que vôtre composition fasse en tout la quantité d'un demi-septier, vous en chargerez vos Gands ou Peaux avec une éponge & vous les mettrez sécher à l'air.

Compositions de Rome.

Vous broyerez sur le marbre un gros d'Ambre avec un filet d'essence de fleurs, si bien qu'il n'y reste point de grumelots, puis vous le rangerez à un coin du marbre : vous broyerez de même un demi-gros de Musc & le mettrez encore à part : vous

broyerez

broyerez auffi 18. grains de Civete & la mettrez auffi
à part : vous broyerez de plus , gros comme une
petite noix de gomme Adragante , qui aura été détrempée avec de l'eau de fleurs d'Orange , dans laquelle vous aurez verfé un filet d'effence d'Ambre ,
après vous raffemblerez toutes vos drogues & les
broyerez toutes enfemble , y ajoûtant peu à peu de
l'eau de fleurs d'Orange , & lors que l'eau fe pourra
bien incorporer avec la compofition , vous la mettrez dans le mortier, y ajoûtant de la même eau jufqu'à la confiftence d'un demi-feptier, & vous en
chargerez vos Gands ou Peaux que vous mettrez enfuite fécher.

Autre maniere.

Vous broyerez fur le marbre un demi-gros de
Mufc avec un filet d'eau de Mille-fleurs, & l'eau étant
bien mêlée vous le rangerez à part : vous broyerez
enfuite gros comme une noifette de gomme Adragante , qui aura été détrempée avec de l'eau de fleurs
d'Orange , vous broyerez après le Mufc & la gomme enfemble , y ajoûtant peu à peu de l'eau de fleurs
d'Orange, & l'eau étant bien incorporée vous ferez
ce qui fuit.

Vous ferez chaufer le petit mortier & ferez fondre par fa chaleur un gros d'Ambre , que vous délayerez avec un filet d'effence d'Ambre , & étant
bien fondu & délayé vous y ajoûterez un peu d'eau
de Mille-fleurs : enfuite vous mettrez vôtre Mufc
avec l'Ambre dans le mortier , & vous le mêlerez bien
enfemble avec le pilon , y ajoûtant une cuillerée
d'eau de gomme Arabique , & augmenterez cette
compofition avec de l'eau de fleurs d'Orange, jufqu'à la quantité d'un demi-feptier , & lors que vous
en voudrez charger vos Peaux & Gands, vous poferez vôtre mortier fur un rechaut de feu pour la tenir tiéde , & en uferez comme à l'ordinaire.

Pointe

Pointe d'Espagne.

Vous broyerez fur le marbre dix-huit grains de Civete avec un filet d'eau de Mille-fleurs, & les rangerez fur un coin du marbre, enfuite vous broyerez gros comme une noifette de gomme Adragante, qui aura été detrempée avec de l'eau de Mille-fleurs, jufqu'à la quantite d'un poiffon : vous chargerez vos Peaux ou Gands de cette compofition & vous les mettrez enfuite fécher, & étant fecs vous les froterez & les ouvrirez bien, puis vous ferez ce qui fuit.

Vous broyerez fur le marbre un gros de Mufc avec un filet d'eau de Mille fleurs, & étant bien broyé & l'eau bien incorporée vous le laifferez à part : vous ferez chaufer le petit mortier & ferez fondre à fa chaleur deux gros d'Ambre, y ajoûtant un filet d'eau de Mille-fleurs pour le délayer, & étant fondu & mêlé avec cette eau vous y ajouterez le Mufc que vous aurez broyé, & vous mêlerez bien le tout enfemble avec le pilon, y ajoûtant un filet d'effence de Girofle, & vous augmenterez cette compofition avec de la même eau de Mille-fleurs, jufqu'à la quantité d'un demi-feptier : y mettant de plus deux cuillerées d'eau de gomme Arabique, & pour employer cette compofition vous mettrez le mortier dans lequel elle fera fur un réchaut de feu, afin de la tenir tiéde pour en charger vos Gands ou Peaux.

Gands ou Peaux chargez d'Ambre.

Vous broyerez fur le marbre dix-huit grains de Civete avec un filet d'eau de fleurs d'Orange, & la mettrez à part, puis vous broyerez gros comme une noifette de gomme Adragante qui aura été détrempée avec de l'eau de fleurs d'Orange : enfuite vous broyerez la Civete & la gomme enfemble, y ajoûtant de l'eau peu à peu jufqu'à la quantité d'un poiffon,

&

& vous en chargerez vos Peaux ou Gands avec une éponge & les mettrez sécher : & étant secs les froterez & les ouvrirez, puis vous ferez ce qui suit.

Vous ferez chaufer le petit mortier bien chaud, & vous ferez fondre à sa chaleur deux gros d'Ambre, y ajoûtant un filet d'eau de fleurs d'Orange, dans laquelle vous aurez auparavant mis un filet d'essence d'Ambre, & vôtre Ambre étant fondu vous augmenterez peu à peu vôtre composition avec de l'eau de fleurs d'Orange, en la remuant avec le pilon jusqu'à la quantité d'un poisson, y mettant de plus deux cuillerées d'eau de gomme Arabique : & le tout étant mêlé vous mettrez vôtre mortier sur un réchaut de feu pour employer vôtre composition tiéde, de laquelle vous chargerez vos Gands ou Peaux avec une éponge, & les mettrez sécher.

Lors que vos Gands ou Peaux ont été chargez de l'une des susdites compositions, il faut les mettre sécher sur des cordes, & étant bien secs il les faut froter : & ensuite les ouvrir avec les batons, & les redresser & les serrer. Mais à l'égard des Gands de chien & ceux de chevreau, que l'on nomme ordinairement façon de chien, il est nécessaire de les humecter par le dedans, c'est ce qu'on appelle lavez, il faut après que la composition est séche, & qu'ils ont été frotez & ouverts les retourner & froter l'envers de la composition suivante.

Ocaigne pour les Gands.

Vous broyerez sur le marbre une once d'essence de fleurs d'Orange ou de Jasmin avec deux gros d'essence d'Ambre & deux grains de Civete, jusqu'a ce qu'ils soient bien mêlez ensemble : & ensuite vous en froterez l'envers de vos Gands, avec une éponge bien également : puis vous les mettrez un peu sécher à l'air & les redresserez, & ils seront faits.

Vous remarquerez que le dernier Parfum que l'on
donne

donne, & qui eſt le plus néceſſaire à toutes ſortes des
choſes que l'on veut conſerver, c'eſt celui de ſécher
au feu toutes les feuilles de papier deſquelles on ſe
ſert pour plier : car quoi qu'elles paroiſſent ſeches,
elles ont toûjours de l'humidité.

Maniere de mettre les Peaux & Gants en couleur.

Vous broyerez ſur le marbre les couleurs que vous
aurez choſies avec un peu d'huile de Ben, autrement de l'eſſence de Jaſmin ou de fleurs d'Orange,
& les ayant bien broyées vous y ajoûterez de l'eau
de fleurs d'Orange peu à peu en continuant a
broyer pour les bien incorporer enſemble, ce qui
étant fait vous rangerez vôtre couleur ſur un coin du
marbre, & vous broyerez autant de gomme Adragante qu'il y aura de couleur ; la gomme aura été
detrempée avec de l'eau de fleurs d'Orange, &
l'ayant bien broyée vous aſſemblerez la gomme &
la couleur, & vous les broyerez enſemble : puis vous
y ajoûterez peu à peu de l'eau de fleurs d'Orange.
Vous mettrez enſuite le tout dans une terrine &
vous augmenterez l'eau à vôtre diſcretion, vous ferez enſorte qu'elle ne ſoit pas trop épaiſſe, puis vous
en chargerez vos Gands ou Peaux avec des broſſes,
& enſuite les mettrez ſécher à l'air, & etant ſecs
vous les froterez & les ouvrirez bien avec les bàtons.
Vous broyerez enſuite de la gomme Adragante avec
un petit morceau de la même couleur dont vous vous
ferez ſervi pour faire vôtre couleur de Gands. Il
faut que cette gomme ſoit détrempée avec de l'eau
de fleurs d'Orange, & qu'elle ſoit claire, puis vous
froterez vos Gands ou Peaux de cette gomme bien
légerement, & vous les remettrez ſécher, cela fait
que la couleur ne ſe détache pas des Gands, & étant
ſecs pour lors vous les froterez & les redreſſerez, &
cela ſera fait.

Mélange

Mélange des Couleurs.

Isabelle vif.

Beaucoup de blanc, la moitié d'autant de jaune, & les deux tiers de jaune & de rouge.

Isabelle pâle.

Beaucoup de blanc, moitié d'autant de jaune, & la moitié d'autant de rouge.

Couleur de noisete.

Terre d'ombre brûlée, un peu de jaune, peu de blanc, & fort peu de rouge.

Noisete claire.

Terre d'ombre brûlée, presque autant de jaune, un peu de blanc, & autant de rouge.

Noisete brunâtre.

Terre d'ombre brûlée, un peu de pierre noire, un peu de jaune, un peu de rouge.

Couleur d'Ambre.

Beaucoup de jaune, un peu de blanc, peu de rouge.

Couleur d'or.

Beaucoup de jaune, un peu plus de rouge.

Couleur de chair.

Un peu de jaune, un peu de blanc, un peu plus de rouge que de jaune.

Couleur de paille.

Beaucoup de jaune, fort peu de blanc, fort peu de rouge, & beaucoup de gomme.

Couleur brune.

Terre d'ombre brûlée, beaucoup de pierre noire, un peu de noir, & un peu de rouge.

Brun clair.

Terre d'ombre brûlée, un peu de pierre noire, un peu de rouge.

Couleur de musc.

Terre d'ombre brûlée, bien peu de pierre noire, un peu de rouge, un peu de blanc.

Couleur de Frangipanne.

Peu de terre d'ombre, deux fois autant de rouge, & trois fois autant de jaune.

Frangipanne claire.

Peu de terre d'ombre, beaucoup de jaune, peu de blanc, & presque autant de rouge que de jaune.

Couleur d'olive.

Terre d'ombre sans brûler, peu de jaune, le quart de rouge & de jaune.

Couleur de bois.

Beaucoup de jaune, un peu de blanc, peu de terre d'ombre, & la moitié d'autant de rouge que de jaune.

F I N.

T A-

TABLE
DES CHAPITRES

De ce qui est contenu dans ce présent Volume.

DES CHAPITRES.

Suite

DES CHAPITRES.

Eau

TABRE

Toile

DES CHAPITRES.

La

DES CHAPITRES.

          Pour

Au-

DES CHAPITRES.

Ver-

L'Ua-

Pour

DES CHAPITRES.

Pour

Contre

DES CHAPITRES.

Bb   Pour

TABLE

ment

DES CHAPITRES.

Onguent

DES CHAPITRES.

Pour

TABLE

Recepte

Plu-

DES CHAPITRES.

Plusieurs secrets très-experimentez , lesquels font ajoûtez au présent Livre.

De

Pastil-

DES CHAPITRES.

FIN.

AVER-

AVERTISSEMENT.

On avertit tous les *Amateurs de Musique* qu'on en trouve un assortiment général à *Amsterdam*, chez *Etienne Roger*, *Marchand Libraire*, savoir des *Traitez* pour apprendre la *Musique*, à *Chanter*, & la *Composition*; Des *airs serieux* & à *Boire*, & des *Opera François* à une & plusieurs voix avec & sans instrumens, des *Airs* & *Cantates Italiens*, à une & plusieurs voix avec & sans instrumens, des livres de *Messes* & *Mo'ets* à une & plusieurs voix avec & sans instrumens. Des *Pieces* pour les *Chalumeaux*, les *flutes*, les *Hautbois* & les *Violons* à la *Françoise* à 1, 2, 3 & 4 parties, des *Sonates* a l'*Angloise* & à l'*Italienne* pour les mêmes instrumens à 1, 2, 3, 4, 5 & 6 parties, des *Sonates* pour les violons & autres instrumens a 2 Dessus 1 Basse & 1 Basse continue, des *Sonates* pour les mêmes instrumens a 4.5, 6 & 7 parties, des *Sonates* aussi à 1 Dessus & 1 Basse Continue, des *Sonates* & *Airs* pour 1 & 2 violes de gambe avec & sans Basse Continue à l'*Italienne* & à la *Françoise*, des pieces pour le *Clavessin*, l'*Orgue*, la *Guitarre*, le *Luth* &c. Le tout corrigé avec la derniere exactitude, & *Etienne Roger* s'engage de vendre la *Musique* à meilleur marché que quelqu'autre *Libraire* du Monde que ce puisse être, quand même il devroit la donner pour *Rien*. Car outre qu'il reverra toûjours sur la partition avec la derniere exactitude toute la *Musique* qu'on lui contrefera, il en abimera aussi le prix. On trouve les mêmes livres de *Musique* à *Londres*, chez *Paul* & *Isaac Vaillant*, *Marchands Libraires* demeurant dans le *Strand*, & **Etienne Roger** en vend un ample *Catalogue*.

exocculta cari uel ducari Biblioth

Cavus doctor medicus· 1720·

Cavin ou du Cavin docteur en
medecine
1720·